（第2版）

微积分教程 下

韩云瑞 张广远 扈志明 编著

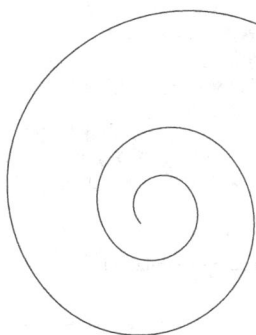

清华大学出版社

北京

内 容 简 介

本书是编者总结多年的教学经验和教学研究成果,参考国内外若干优秀教材,对《微积分教程》进行认真修订而成的.本书概念和原理的表述科学、准确、清晰、平易,语言流畅.例题和习题重视基础训练,丰富且有台阶、有跨度.为了方便教学与自学,在附录中给出习题答案与补充题的提示与解答,并且补充了微积分概念和术语的索引.另外,在附录 A 中,按照"发现—猜测—验证—证明"的模式,指导读者以数学软件 Mathematica 为辅助工具,通过理论、数值和图形各方面的分析研究寻找问题的解答.这些问题紧密结合微积分教学和训练的基本要求,有助于培养学生分析和解决问题的能力.

本书分为上、下两册.上册包括实数和函数的基本概念和性质,极限理论和连续函数,一元函数微积分学,数项级数与函数项级数.下册包括多元函数微分学及其应用,重积分、曲线和曲面积分,向量场初步以及常微分方程初步等.本书可作为大学理工科非数学专业微积分(高等数学)课程的教材.

图书在版编目(CIP)数据

微积分教程. 下/韩云瑞,张广远,扈志明编著.—2 版.—北京:清华大学出版社,2007.2(2025.8重印)
ISBN 978-7-302-14174-7

Ⅰ. 微… Ⅱ. ①韩… ②张… ③扈… Ⅲ. 微积分—高等学校—教材
Ⅳ. O172

中国版本图书馆 CIP 数据核字(2006)第 138909 号

责任编辑:刘　颖　王海燕
责任校对:刘玉霞
责任印制:丛怀宇

出版发行:清华大学出版社　　　　　　　地　　址:北京清华大学学研大厦 A 座
　　　　　https://www.tup.com.cn　　　　邮　　编:100084
　　　　　c-service@tup.tsinghua.edu.cn
　　　　　社 总 机:010-83470000　　　　邮购热线:010-62786544
　　　　　投稿咨询:010-62772015　　　　客户服务:010-62776969
印 装 者:天津鑫丰华印务有限公司
经　　销:全国新华书店
开　　本:140mm×203mm　印张:13　字数:327 千字
版　　次:2007 年 2 月第 2 版　　印次:2025 年 8 月第 13 次印刷
定　　价:38.00 元

产品编号:020979-04

第2版前言

《微积分教程》面世以来,在教学使用中取得了良好的效果,受到许多读者的好评.但是,近年来国内高校的微积分(高等数学)教学的思想与水平都发生了许多变化,本书编者在近几年结合教学实践,从教育数学和数学教学两个方面对于微积分的体系和内容进行了较为深入的分析,同时也广泛地阅读了国内外的有关教材.为了体现当前微积分课程教学的特点与要求,体现编者有关的教学研究成果,使本教材更加适应微积分课程的教学,同时也为了克服本教材存在的若干不足,编者对原教材进行了较大幅度的修订.

修订后的《微积分教程》有以下几个特点:

1. 编者从教育数学的观点对微积分的内容进行深入研究,所以本书的逻辑结构简约而清晰,概念和原理的表述科学、准确、平易.定理证明思路自然、清楚.语言准确、流畅,层次清楚,逻辑性强,表述清楚,易教易学.因此本书为学生和教师提供了一本在教学和学习方面都有参考价值的教科书和教学参考书.

2. 概念、定理与例题配置和谐,例题和习题重视基础训练,同时又丰富且有台阶、有跨度.有许多激发学习兴趣、提高数学水平的独具特色的习题.

3. 对于微积分课程中的某些难点(例如极限概念、多元函数微分概念和曲面积分等),本书不追求完全形式化的抽象,而是以较为直观的、平易的方式适当地改变表述形式,在不失科学性的前提下降低教学难度.

4. 本书的上、下册都有一个名为"探索与发现"的附录.读者需要以数学软件 Mathematica 为辅助工具,通过理论分析和数值、图形分析才能找到解决问题的思路和解答方法.这些问题紧密结合微积分教学和训练的基本要求,既能培养学生运用数学理论分析问题的能力,又能提高学生运用数学软件作为辅助工具来分析、发现和解决问题的能力.这些问题的求解过程体现了"发现—猜测—验证—证明"的模式,有助于学生的创造能力和应用能力的培养.

5. 为了便于教学和自学,本书增加了习题答案与各章补充题的提示.

施学瑜、马连荣、刘智新、刘庆华、章梅荣和谭泽光等教授都曾以不同形式对本书第 1 版做出了贡献,借此机会,编著者向他们表示敬意.

由于编者的水平所限,可能会有一些错误和不妥之处,敬请读者给予批评和指正.

韩云瑞

2006 年 5 月

第 1 版前言

本书是清华大学理工科各系一年级"微积分"课程的教材,它的前身是同名讲义.该讲义从 1991 年以来经过三次修改,并在清华大学各系使用多年,已经成为清华大学"微积分"课程的主要教材之一.清华大学应用数学系先后有十余位教师参与过原讲义的编写与修改工作.现在的这部教材是在原有讲义的基础上再次进行较大的修改而写成的.

随着科学技术的发展与教学改革的深入,近年来清华大学"微积分"课程的教学思想与内容要求发生了很大变化,这部微积分教材从一个侧面反映了清华大学"微积分"课程教学的发展趋势和教学水平.

由于近代数学以及许多有应用价值的数学知识不断地被充实到大学数学的教学内容中来,经典微积分的课时不断地被压缩,在这种情况下,更应当重视"微积分"课程在大学数学课程体系中的基础地位,在适当精简教学内容的同时,应当更好地把握微积分的基本要求,在较短的时间内,使学生掌握微积分的基本思想与基本方法.在为其他数学课程与各专业课程奠定良好的基础的同时,使学生的数学素养和能力得到扎实的提高.这是本书编写的主要指导思想.

在"微积分"课程的教材中,使分析的概念和原理与代数的运算相结合,将现代数学的观点和语言融入经典的微积分素材之中已经是一种趋势,在这方面,本书编者已经做过反复的探索.但是,经典微积分的思想与方法仍然是基础数学与应用数学的非常重要的基础."微积分"课程教学的主要任务,是使大学生掌握经典微积分的基本思想与基本方法. 大学生们可以通过学习后续数学课程了解现代数学的内容与方法. 鉴于这些考虑, 在引进现代数学的原理和语言方面, 本书只作了适量的努力.

尽管本书与传统的微积分教材没有体系上的重大区别, 但是它的内容与叙述方法却有许多变化. 例如, 多元函数微积分与常微分方程的材料处理尽可能地使用线性代数语言, 第二型线、面积分与向量场有机地结合起来, 并更加重视物理背景, 多元函数微分的分析概念更好地与几何直观相结合等.

教材中尽可能地将微积分发展中若干重要思想有机地融会于教学内容之中, 向读者介绍了微积分的重要原理的产生背景与发展过程, 展示一代代数学大师的光辉思想与巨大贡献. 使学生在学习微积分知识的同时, 在微积分前进的历史足迹中, 受到启迪, 吸取力量.

施学瑜教授对于本书的编写给予了热情的关心和指导, 他认真阅读了教材全部内容, 提出了许多有价值的意见和建议. 吴洁华副教授也对教材提出了非常中肯的意见, 他们的许多建议都已经为编者所采纳. 孙念增教授曾经认真审阅过原讲义下册, 并提出了具体的指导意见. 马连荣博士、吕志博士、刘智新博士、杨和平博士、卢旭光博士、章梅荣教授、胡金德教授都曾经参加过原讲义的编写工作, 许甫华副教授、王燕来副教授、刘庆华副教授都曾为本教材的形成作出过贡献. 除此之外, 谭泽光教授、白峰杉教授为本教材的编写提供了多方面的支持和鼓励. 借此机会, 向他们一一致谢.

由于编者水平所限, 错误与疏漏在所难免, 敬请读者批评指正.

编　者

1998 年 11 月于清华大学

目　　录

第9章 空间解析几何

微积分中的许多概念和原理都有直观的几何意义.将抽象的数学概念和原理与几何直观有机地结合,不仅可以加深对问题的理解,而且能够启发人们的想像能力和创造能力.几何的方法是现代数学重要的组成部分,限于篇幅,这里只能介绍多元微积分中常用的一些空间解析几何知识.

9.1 向量及其运算

9.1.1 向量及其线性运算

在物理学中的力、位移和速度等一些量,不仅有量的大小,还有确定的方向,这样的量称为**向量**.在几何上,常常将向量表示为一个有方向的线段,例如图 9.1 中的线段 $\overrightarrow{AB}, \overrightarrow{CD}$ 都表示向量.有时也用小写粗体字母 a, b 等表示向量.

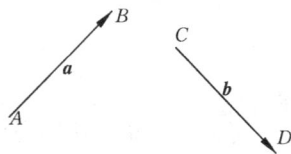

图 9.1

向量的大小称为该向量的**模**或**长度**,也称为向量的**范数**.向量 $\overrightarrow{AB}$ 的范数就等于该线段的长度,并用 $\| \overrightarrow{AB} \|$ 表示.如果 a 表示向量,则用 $\| a \|$ 表示该向量的范数.

如果两个向量 a 和 b 的方向相同且范数相等,则称这两个向量相等,记作 $a = b$;如果 a 和 b 的范数相等但方向相反,则记作 $a = -b$ 或 $b = -a$.

范数等于零的向量称为**零向量**,用 **0** 表示零向量,零向量的方向是不确定的.

对任一非零向量 a,都存在一个范数与 $\|a\|$ 相等但方向相反的向量,将后者记作 $-a$.

下面介绍向量的线性运算.线性运算是向量最主要的一种运算,它包括向量的加法与**数乘**.

向量的加法服从平行四边形法则:设 a,b 是两个任意向量.用 $\overrightarrow{OA}$ 表示 a,将 b 的起点移至点 O,并用 $\overrightarrow{OB}$ 表示 b,然后以 $\overrightarrow{OA}$ 和 $\overrightarrow{OB}$ 为邻边作平行四边形 $OACB$(图 9.2),该平行四边形的对角线 $c=\overrightarrow{OC}$ 就是 a 与 b 的和 $a+b$.

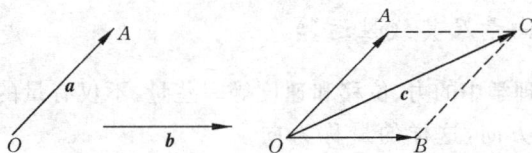

图　9.2

也可以用三角形法则说明向量的加法:设 a 为向量 $\overrightarrow{OA}$,将向量 b 的起点移至 a 的终点 A,此时 b 的终点为 C,那么向量 $\overrightarrow{OC}$ 就是 $a+b$. 这种方式定义的向量加法与平行四边形法则是一致的(图 9.3).

对于非零向量 b,$-b$ 是一个方向与 b 相反,但其范数与 b 范数相等的向量.我们规定

$$a-b = a+(-b). \tag{9.1.1}$$

读者可以根据向量加法的平行四边形法则或者三角形法则说明 $a-b$ 的直观意义.

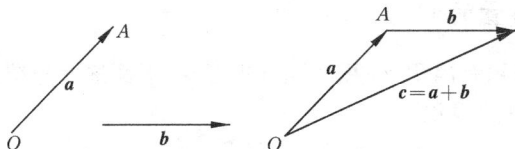

图 9.3

定理 9.1.1 向量的加法具有下列性质:

(1) $a+b=b+a$(交换律);

(2) $a+(b+c)=(a+b)+c$(结合律);

(3) $a+0=0+a=a$;

(4) $a+(-a)=a-a=0$;

(5) $\|a+b\| \leqslant \|a\|+\|b\|$.

最后的不等式具有明显的几何意义:三角形的任意一个边长不超过其他两个边长之和.

向量的**数乘**是这样定义的:设 a 为任意向量,λ 为任意实数. 用 λ 乘 a 得到一个新的向量 λa. 这个向量的范数是 $\|\lambda a\|=|\lambda| \cdot \|a\|$. 它的方向是这样规定的:当 $\lambda>0$ 时,λa 的方向与 a 一致;当 $\lambda<0$ 时,λa 的方向与 a 相反;当 $\lambda=0$ 时,λa 为零向量.

定理 9.1.2 向量的数乘有下列性质:设 a,b 为任意向量,λ,μ 为任意实数,则有

(1) $\lambda(a+b)=\lambda a+\lambda b,(\lambda+\mu)a=\lambda a+\mu a$;

(2) $(\lambda\mu)a=\lambda(\mu a)$;

(3) $1 \cdot a=a,(-1)a=-a$;

(4) $0 \cdot a=0,\lambda 0=0$;

(5) 若 $a \neq 0$,则 $a_0=\dfrac{a}{\|a\|}$ 是一个单位向量(即范数等于 1 的向量),并且 $a=\|a\|a_0$.

9.1.2 向量的积

向量的积有内积、外积和混合积三种.下面逐一介绍.

1. 向量的内积

设 a,b 是两个非零向量, $a=\overrightarrow{OA}$,将 b 的起点移至点 O ,并用 $\overrightarrow{OB}$ 表示 b .此时,线段 $\overrightarrow{OA}$ 和 $\overrightarrow{OB}$ 的夹角 α 称为向量 a 和 b 的**夹角**.

向量 a 与 b 的夹角记作 $\widehat{ab}$,两个向量 a,b 的夹角满足 $0 \leqslant \widehat{ab} \leqslant \pi$ (图 9.4).

定义 9.1.1 设 a,b 是两个向量, $\widehat{ab}$ 是它们的夹角,则 a 与 b 的**内积**定义为

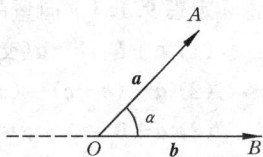

图 9.4

$$(a,b) = \|a\|\|b\|\cos\widehat{ab}. \tag{9.1.2}$$

任意两个向量的内积 (a,b) 是一个实数,所以内积也称作数量积.通常,三维空间中的两个向量 a,b 之间的内积用 a 和 b 之间夹一个圆点 $a \cdot b$ 表示,所以向量的内积又称为**点积**.

另外又规定,任意向量 a 与零向量的内积等于零,即 $a \cdot 0 = 0$.

如果 $a \cdot b = 0$,则称向量 a 与 b **正交**,或者垂直,并记作 $a \perp b$.显然任意向量与零向量正交.

定理 9.1.3 设 a,b,c 为任意向量, λ,μ 为任意实数,则有

(1) $a \cdot b = b \cdot a$;

(2) $(\lambda a + \mu b) \cdot c = \lambda a \cdot c + \mu b \cdot c$;

(3) 令 $a^2 = a \cdot a$,则 $a^2 \geqslant 0$,并且当且仅当 $a = 0$ 时有 $a^2 = 0$;

(4) 若 a,b 为非零向量,则有

$$\cos\widehat{ab} = \frac{a \cdot b}{\|a\|\|b\|} ;$$

(5) $\|a\| = \sqrt{(a,a)}$;

(6) $\|a \cdot b\| \leqslant \|a\|\|b\|$;

(7) 如果 a 与所有向量都正交,则 $a = 0$;

(8) 如果 $a \perp b$, 则 $\| a+b \|^2 = a^2 + b^2$.

以上各条性质请读者自己验证.

现在解释内积的几何意义.

设 $a = \overrightarrow{OA}$ 为单位向量, $b = \overrightarrow{OB}$ 为非零向量. 延长 $\overrightarrow{OA}$ 成直线 l, 自向量 b 的终点 B 向直线 l 引垂线交 l 于点 C (图 9.5), 得到直线 l 上的向量 $c = \overrightarrow{OC}$, 称这个向量 c 为向量 b 在 a 方向的**投影**. 向量 c 的范数为 $\| c \| = | \| a \| \| b \| \cos \widehat{ab} | = \| b \| | \cos \widehat{ab} | = | a \cdot b |$. 它的方向是: 当 $b \cdot a > 0$ 时, c 与 a 的方向一致; 当 $b \cdot a < 0$ 时, 方向相反; 当 $b \cdot a = 0$ 时, $c = 0$.

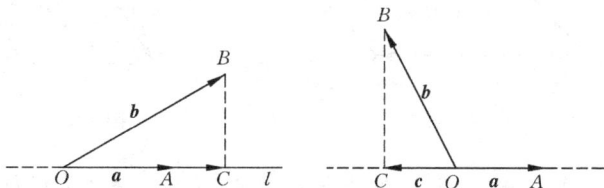

图 9.5

2. 向量的外积

设 a, b 为非零向量, a 和 b 的**外积**记作 $a \times b$, 这是一个新的向量, 它的范数为

$$\| a \times b \| = \| a \| \| b \| \sin \widehat{ab}. \qquad (9.1.3)$$

$a \times b$ 的方向与 a 和 b 都垂直, 并且与 a, b 成右手系. 也就是说, 伸出右手的拇指、食指和中指, 并且使中指与前两者都垂直. 如果拇指代表 a, 食指代表 b, 那么 $a \times b$ 的方向与中指方向是一致的 (图 9.6).

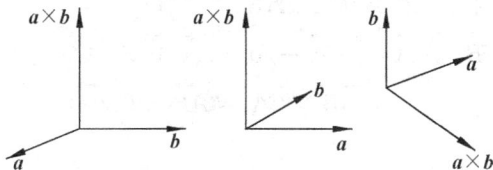

图 9.6

由于 $a \times b$ 是一个向量,所以外积又称为**向量积**.另外,$a \times b$ 又称为 a 与 b 的**叉积**.

由外积的定义直接看出,任意向量 a 与零向量 $\mathbf{0}$ 的叉积 $a \times \mathbf{0} = \mathbf{0}$;如果 a 和 b 共线(即 a 和 b 的方向相同或相反),则 $a \times b = \mathbf{0}$.

向量积 $a \times b$ 的几何意义是:如果用 $a = \overrightarrow{OA}$ 和 $b = \overrightarrow{OB}$ 为邻边构造平行四边形,这个平行四边形的面积就是向量积的范数 $\| a \times b \| = \| a \| \| b \| \sin \widehat{ab}$(图 9.7).

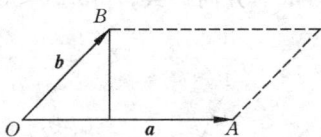
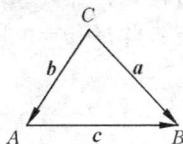

图　9.7　　　　　　　　　图　9.8

定理 9.1.4　向量的外积有下列性质:设 a, b, c 为任意向量,λ, μ 为任意实数,则有

(1) $a \times b = -b \times a$(反交换律);

(2) $(\lambda a + \mu b) \times c = \lambda a \times c + \mu b \times c$;

(3) $a \times a = \mathbf{0}, a \times \mathbf{0} = \mathbf{0}, \mathbf{0} \times a = \mathbf{0}$.

例 9.1.1　如图 9.8,设三角形 ABC 的三个边长分别等于 a,b 和 c,求证:

$$\frac{a}{\sin A} = \frac{b}{\sin B} = \frac{c}{\sin C}. \tag{9.1.4}$$

证明　注意到 $\overrightarrow{CB} = \overrightarrow{CA} + \overrightarrow{AB}$,所以有

$$\begin{aligned} \overrightarrow{CB} \times \overrightarrow{CA} &= (\overrightarrow{CA} + \overrightarrow{AB}) \times \overrightarrow{CA} \\ &= \overrightarrow{AB} \times \overrightarrow{CA} = \overrightarrow{AB} \times (\overrightarrow{CB} + \overrightarrow{BA}) \\ &= \overrightarrow{AB} \times \overrightarrow{CB}, \end{aligned}$$

于是得到

$$\overrightarrow{CB} \times \overrightarrow{CA} = \overrightarrow{AB} \times \overrightarrow{CA} = \overrightarrow{AB} \times \overrightarrow{CB},$$

从而

$$\| \overrightarrow{CB} \times \overrightarrow{CA} \| = \| \overrightarrow{AB} \times \overrightarrow{CA} \| = \| \overrightarrow{AB} \times \overrightarrow{CB} \|,$$

即

$$ab\sin C = cb\sin A = ca\sin B.$$

注意到 a,b,c 均非零,立即得到(9.1.4)式.

3. 向量的混合积

向量 a,b,c 的**混合积**为 $(a \times b) \cdot c$,记作 (a,b,c),这是一个实数.

以 a,b 和 c 为棱作平行六面体(图9.9),六面体的底是由 a 和 b 为邻边的平行四边形,这个平行四边形的面积等于 $\| a \times b \|$. 向量 $a \times b$ 与 a 和 b 都垂直,又用 α 表示向量 c 与 $a \times b$ 的夹角,则平行六面体的体积恰好是 $\| a \times b \| \| c \| \cos\alpha = (a \times b) \cdot c$. 也就是说,混合积 (a,b,c) 等于以 a,b 和 c 为棱的平行六面体的体积.

定理 9.1.5 向量的混合积有下列性质:设 a,b,c 为任意向量;λ,μ 为任意实数,则

(1) $(a,b,c)=(b,c,a)=(c,a,b)=-(b,a,c)=-(a,c,b)=-(c,b,a)$;

(2) $(\lambda a_1 + \mu a_2, b, c)=\lambda(a_1,b,c)+\mu(a_2,b,c)$,其中 a_1,a_2 为任意向量;

(3) 当且仅当 a,b,c 在同一平面时,$(a,b,c)=0$;

(4) 设 a,b,c 为互相正交的单位向量,且构成右手系(图9.10),则有

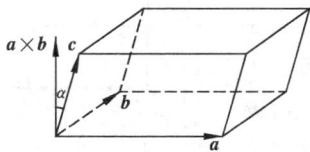

图 9.9

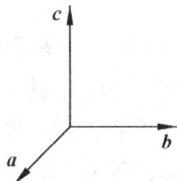

图 9.10

$$a \times b = c, \quad b \times c = a, \quad c \times a = b, \quad (a, b, c) = 1.$$

习　题　9.1

1. 求证：非零向量 a 与 b 互相正交的充分必要条件是对任意实数 $\lambda \neq 0$，有 $\| a + \lambda b \| > \| a \|$.

2. 求证：向量 a 与 b 正交的充分必要条件是对任意实数 λ，都有 $\| a + \lambda b \| = \| a - \lambda b \|$.

3. 设 a, b 为任意向量，则有

$$\| a + b \|^2 + \| a - b \|^2 = 2(\| a \|^2 + \| b \|^2),$$

并说明等式的几何意义.

4. 证明向量 $(a \cdot c)b - (b \cdot c)a$ 与 c 正交.

5. 已知 a, b, c 为单位向量，并满足 $a + b + c = 0$，求 $a \cdot b + b \cdot c + c \cdot a$.

6. 已知 $\| a \| = 3, \| b \| = 26, \| a \times b \| = 72$，计算 $a \cdot b$.

7. 已知 $\| a \| = 10, \| b \| = 2, a \cdot b = 12$，计算 $\| a \times b \|$.

8. 已知向量 a, b, c 满足 $a + b + c = 0$，求证：$a \times b = b \times c = c \times a$.

9. 设 $a \times b = c \times d, a \times c = b \times d$，求证：$a - d$ 与 $b - c$ 平行.

10. 设 a, b 为任意向量，求证：

$$\| a \times b \|^2 + | a \cdot b |^2 = \| a \|^2 \| b \|^2.$$

9.2　空间直角坐标系

9.2.1　直角坐标系的建立

设 i, j, k 为互相正交的三个单位向量，以 O 点为公共起点，并且组成右手系（图 9.11）. 过点 O 沿着三个向量方向作直线 Ox, Oy 和 Oz. 分别以 i, j, k 的方向作为它们的正向，并且取这些向量的长度作为单位，就使得 Ox, Oy 和

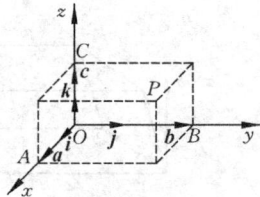

图　9.11

Oz 成为三条实数轴,称为**坐标轴**. 由点 O 和坐标轴 Ox,Oy,Oz 就组成了一个**直角坐标系** $Oxyz$,点 O 称为**坐标原点**.

设 P 为空间任意一点,自 P 向三条坐标轴作垂线,分别交 Ox,Oy,Oz 于点 A,B,C,这三个点分别代表 Ox,Oy,Oz 轴上的三个实数 a,b,c. 这三个数分别称为点 P 的 x 坐标、y 坐标和 z 坐标,记作 $P=(a,b,c)$ 或 $P(a,b,c)$. 反之,任意给定有次序的三个实数 a,b,c,在空间存在惟一的点 P,使得 P 的三个坐标分别为 a, b,c. 这就是说,空间的点和有序数组 (a,b,c) 之间建立了一一对应的关系.

在上述坐标系中,单位向量 $\boldsymbol{i},\boldsymbol{j},\boldsymbol{k}$ 称为**基向量**.

如果点 $P=(a,b,c)$,则向量 $\overrightarrow{OP}$ 可表示为

$$\overrightarrow{OP} = a\boldsymbol{i} + b\boldsymbol{j} + c\boldsymbol{k}. \tag{9.2.1}$$

注意这个表达式中三个实数 a,b,c 与该向量终点 P 的坐标一致. 这里的 a,b,c 也称为向量 $\overrightarrow{OP}$ 的三个坐标. 如果一个向量是以原点 O 为起点的,那么其终点 P 就可以完全确定这个向量. 因此,在空间中,一个点可以看做是以该点为终点的向量,反之向量也可以用它的终点来表示. 今后,我们将把点和向量不加区分.

设 P,Q 是空间的两个点,向量 $\overrightarrow{PQ}$ 的模 $\|\overrightarrow{PQ}\|$ 称为 P 与 Q 之间的**距离**,记作 $d(P,Q)$,即

$$d(P,Q) = \|\overrightarrow{PQ}\| = \|\overrightarrow{QP}\|. \tag{9.2.2}$$

设 $P=(a,b,c)$,即由 P 向三个坐标轴引垂线分别交 Ox,Oy,Oz 轴于点 A,B,C. 这三个点分别代表实数 a,b,c,则向量 $\overrightarrow{OA},\overrightarrow{OB}$, $\overrightarrow{OC}$ 的模分别为

$$\|\overrightarrow{OA}\| = |a|, \quad \|\overrightarrow{OB}\| = |b|, \quad \|\overrightarrow{OC}\| = |c|.$$

注意到这三个向量互相正交,并且

$$\overrightarrow{OP} = \overrightarrow{OA} + \overrightarrow{OB} + \overrightarrow{OC}, \tag{9.2.3}$$

由定理 9.1.3 内积性质(8)就可以推出
$$\parallel \overrightarrow{OP} \parallel^2 = \parallel \overrightarrow{OA} \parallel^2 + \parallel \overrightarrow{OB} \parallel^2 + \parallel \overrightarrow{OC} \parallel^2 = a^2 + b^2 + c^2,$$
于是
$$\parallel \overrightarrow{OP} \parallel = \sqrt{a^2 + b^2 + c^2},$$
即点 P 与原点 O 的距离为
$$d(P,O) = \sqrt{a^2 + b^2 + c^2}.$$

完全类似地可以证明,点 $P(x_1, y_1, z_1)$ 与 $Q(x_2, y_2, z_2)$ 的距离为
$$d(P,Q) = \parallel \overrightarrow{PQ} \parallel = \sqrt{(x_2 - x_1)^2 + (y_2 - y_1)^2 + (z_2 - z_1)^2}.$$
$$(9.2.4)$$

例 9.2.1　在 Oz 轴上求一点 M,使它与 $A(-4,1,7)$ 的距离等于它到 $B(3,5,-2)$ 的距离.

解　设 $M = (0,0,z)$,则由(9.2.4)式,有
$$d(M,A) = \sqrt{(-4)^2 + 1^2 + (7-z)^2} = \sqrt{66 - 14z + z^2},$$
$$d(M,B) = \sqrt{3^2 + 5^2 + (-2-z)^2} = \sqrt{38 + 4z + z^2},$$
令 $d(M,A) = d(M,B)$,得方程
$$66 - 14z + z^2 = 38 + 4z + z^2.$$
解此方程得到 $z = \dfrac{14}{9}$,故 $M = \left(0, 0, \dfrac{14}{9}\right)$.

在直角坐标系 $Oxyz$ 中,平面 xOy, yOz 与 zOx 称为**坐标面**. 这三个坐标面将空间分成八个部分,这八个部分称为八个**卦限**. 在 xOy 平面上方的四个卦限是第一、二、三、四卦限,在 xOy 平面下方的称为第五、六、七、八卦限(图 9.12).

对于空间任一点 $P(a,b,c)$,可以根据它的三个坐标 a,b,c 的不同符号,按下面的表格来判断点 P 所属的卦限.

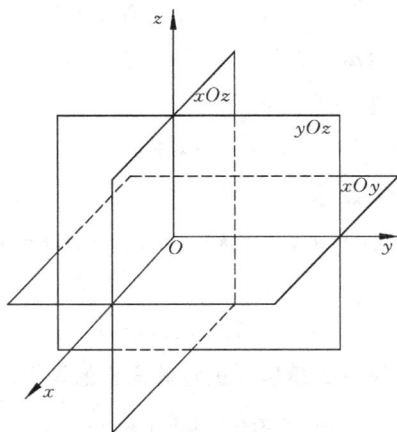

图 9.12

坐标符号	$(+,+,+)$	$(-,+,+)$	$(-,-,+)$	$(+,-,+)$
所在卦限	一	二	三	四
坐标符号	$(+,+,-)$	$(-,+,-)$	$(-,-,-)$	$(+,-,-)$
所在卦限	五	六	七	八

9.2.2 用直角坐标进行向量运算

对于任意一个向量

$$\boldsymbol{a} = \overrightarrow{OP} \quad (P = (a_1, a_2, a_3)),$$

可以将它表示为基向量之和的形式

$$\boldsymbol{a} = a_1 \boldsymbol{i} + a_2 \boldsymbol{j} + a_3 \boldsymbol{k}, \qquad (9.2.5)$$

又可以将其写成坐标形式

$$\boldsymbol{a} = (a_1, a_2, a_3).$$

设 $\boldsymbol{b} = \overrightarrow{OB} = b_1 \boldsymbol{i} + b_2 \boldsymbol{j} + b_3 \boldsymbol{k}$ 是另一个向量,则由向量加法的性质得到

$$a + b = (a_1 i + a_2 j + a_3 k) + (b_1 i + b_2 j + b_3 k)$$
$$= (a_1 + b_1) i + (a_2 + b_2) j + (a_3 + b_3) k, \quad (9.2.6)$$

写成坐标形式就是

$$a + b = (a_1 + b_1, a_2 + b_2, a_3 + b_3). \quad (9.2.7)$$

设 λ 为任一实数,则

$$\lambda a = \lambda(a_1 i + a_2 j + a_3 k) = \lambda a_1 i + \lambda a_2 j + \lambda a_3 k, \quad (9.2.8)$$

或者

$$\lambda a = (\lambda a_1, \lambda a_2, \lambda a_3). \quad (9.2.9)$$

现在讨论如何用直角坐标进行数量积的运算. 设

$$a = a_1 i + a_2 j + a_3 k,$$
$$b = b_1 i + b_2 j + b_3 k.$$

注意到 i, j, k 是互相正交的单位向量,所以

$$i \cdot i = j \cdot j = k \cdot k = 1, \quad (9.2.10)$$
$$i \cdot j = j \cdot k = k \cdot i = 0. \quad (9.2.11)$$

因此,根据内积性质得到

$$a \cdot b = (a_1 i + a_2 j + a_3 k) \cdot (b_1 i + b_2 j + c_3 k),$$
$$= a_1 b_1 + a_2 b_2 + a_3 b_3. \quad (9.2.12)$$

特别又有

$$a^2 = a \cdot a = a_1^2 + a_2^2 + a_3^2, \quad (9.2.13)$$
$$\| a \| = \sqrt{a_1^2 + a_2^2 + a_3^2}. \quad (9.2.14)$$

如果 a 是一个单位向量,即 $\| a \| = 1$,则

$$a = \frac{a}{\| a \|} = \frac{a}{\sqrt{a_1^2 + a_2^2 + a_3^2}}$$

$$= \frac{a_1}{\sqrt{a_1^2 + a_2^2 + a_3^2}} i + \frac{a_2}{\sqrt{a_1^2 + a_2^2 + a_3^2}} j + \frac{a_3}{\sqrt{a_1^2 + a_2^2 + a_3^2}} k$$

$$= \cos\alpha \, i + \cos\beta \, j + \cos\gamma \, k, \quad (9.2.15)$$

其中 α, β, γ 分别是向量 $\boldsymbol{a}$ 与坐标轴 Ox, Oy, Oz 的夹角. 称 $\cos\alpha$, $\cos\beta, \cos\gamma$ 为向量 $\boldsymbol{a}$ 的**方向余弦**或**方向系数**. 显然有

$$\cos^2\alpha + \cos^2\beta + \cos^2\gamma = 1. \tag{9.2.16}$$

进行向量积运算时, 注意到 $\boldsymbol{i}, \boldsymbol{j}, \boldsymbol{k}$ 是一个右手系的三个互相垂直的单位向量, 所以

$$\begin{cases} \boldsymbol{i} \times \boldsymbol{j} = \boldsymbol{k}, \boldsymbol{j} \times \boldsymbol{k} = \boldsymbol{i}, \boldsymbol{k} \times \boldsymbol{i} = \boldsymbol{j}; \\ \boldsymbol{j} \times \boldsymbol{i} = -\boldsymbol{k}, \boldsymbol{k} \times \boldsymbol{j} = -\boldsymbol{i}, \boldsymbol{i} \times \boldsymbol{k} = -\boldsymbol{j}; \\ \boldsymbol{i} \times \boldsymbol{i} = \boldsymbol{j} \times \boldsymbol{j} = \boldsymbol{k} \times \boldsymbol{k} = \boldsymbol{0}. \end{cases} \tag{9.2.17}$$

于是对于向量

$$\boldsymbol{a} = a_1\boldsymbol{i} + a_2\boldsymbol{j} + a_3\boldsymbol{k}, \quad \boldsymbol{b} = b_1\boldsymbol{i} + b_2\boldsymbol{j} + b_3\boldsymbol{k},$$

$$\boldsymbol{a} \times \boldsymbol{b} = (a_1\boldsymbol{i} + a_2\boldsymbol{j} + a_3\boldsymbol{k}) \times (b_1\boldsymbol{i} + b_2\boldsymbol{j} + b_3\boldsymbol{k})$$

$$= (a_2b_3 - a_3b_2)\boldsymbol{i} + (a_3b_1 - a_1b_3)\boldsymbol{j} + (a_1b_2 - a_2b_1)\boldsymbol{k},$$

或者

$$\boldsymbol{a} \times \boldsymbol{b} = \begin{vmatrix} a_2 & a_3 \\ b_2 & b_3 \end{vmatrix}\boldsymbol{i} + \begin{vmatrix} a_3 & a_1 \\ b_3 & b_1 \end{vmatrix}\boldsymbol{j} + \begin{vmatrix} a_1 & a_2 \\ b_1 & b_2 \end{vmatrix}\boldsymbol{k}$$

$$= \begin{vmatrix} \boldsymbol{i} & \boldsymbol{j} & \boldsymbol{k} \\ a_1 & a_2 & a_3 \\ b_1 & b_2 & b_3 \end{vmatrix}. \tag{9.2.18}$$

最后考虑混合积的运算.

设 $\boldsymbol{c} = c_1\boldsymbol{i} + c_2\boldsymbol{j} + c_3\boldsymbol{k}$, 由(9.2.18)式得到

$$(\boldsymbol{a}, \boldsymbol{b}, \boldsymbol{c}) = (\boldsymbol{a} \times \boldsymbol{b}) \cdot \boldsymbol{c}$$

$$= \begin{vmatrix} a_2 & a_3 \\ b_2 & b_3 \end{vmatrix}c_1 + \begin{vmatrix} a_3 & a_1 \\ b_3 & b_1 \end{vmatrix}c_2 + \begin{vmatrix} a_1 & a_2 \\ b_1 & b_2 \end{vmatrix}c_3$$

$$= \begin{vmatrix} a_1 & a_2 & a_3 \\ b_1 & b_2 & b_3 \\ c_1 & c_2 & c_3 \end{vmatrix}. \tag{9.2.19}$$

例 9.2.2 判定 4 个点 $P_1(1,1,3),P_2(0,1,1),P_3(1,0,2)$ 与 $P_4(4,3,11)$ 是否共面.

解 这个问题等价于 3 个向量 $\overrightarrow{P_1P_2}$，$\overrightarrow{P_1P_3}$，$\overrightarrow{P_1P_4}$ 是否共面，为此计算它们的混合积：

$$(\overrightarrow{P_1P_2},\overrightarrow{P_1P_3},\overrightarrow{P_1P_4}) = \begin{vmatrix} -1 & 0 & -2 \\ 0 & -1 & -1 \\ 3 & 2 & 8 \end{vmatrix} = 0.$$

所以这 4 个点共面.

例 9.2.3 已知 3 点 $A(2,3,-1),B(4,0,-2),C(5,-1,3)$，求 $\triangle ABC$ 的面积.

解 由于 $\|\overrightarrow{AB}\times\overrightarrow{AC}\|$ 等于以 $\overrightarrow{AB},\overrightarrow{AC}$ 为边的平行四边形的面积，因此 $\triangle ABC$ 的面积为

$$S = \frac{1}{2}\|\overrightarrow{AB}\times\overrightarrow{AC}\|.$$

又由于

$$\overrightarrow{AB}\times\overrightarrow{AC} = \begin{vmatrix} \boldsymbol{i} & \boldsymbol{j} & \boldsymbol{k} \\ 2 & -3 & -1 \\ 3 & -4 & 4 \end{vmatrix} = -16\boldsymbol{i} - 11\boldsymbol{j} + \boldsymbol{k},$$

故

$$S = \frac{1}{2}\|\overrightarrow{AB}\times\overrightarrow{AC}\| = \frac{1}{2}\sqrt{16^2 + 11^2 + 1^2} = \frac{3}{2}\sqrt{42}.$$

习 题 9.2

1. 设 $\boldsymbol{a}=3\boldsymbol{i}+5\boldsymbol{j}+8\boldsymbol{k},\boldsymbol{b}=2\boldsymbol{i}-4\boldsymbol{j}-7\boldsymbol{k},\boldsymbol{c}=5\boldsymbol{i}+\boldsymbol{j}-4\boldsymbol{k}$，试求 $4\boldsymbol{a}+3\boldsymbol{b}-\boldsymbol{c}$ 的坐标表示.

2. 已知 $\boldsymbol{a}=a_1\boldsymbol{i}+5\boldsymbol{j}-\boldsymbol{k},\boldsymbol{b}=3\boldsymbol{i}+\boldsymbol{j}+b_3\boldsymbol{k}$，两向量互相平行，求 a_1,b_3 的值.

3. 以点 $A(2,4,7)$ 沿着 $\boldsymbol{a}=8\boldsymbol{i}+9\boldsymbol{j}-12\boldsymbol{k}$ 方向取线段 AB，使 $|AB|=35$. 求 B 点的坐标.

4. 在 $\boldsymbol{a}=2\boldsymbol{i}-\boldsymbol{j}-\boldsymbol{k}$ 和 $\boldsymbol{b}=\boldsymbol{i}-3\boldsymbol{j}+\boldsymbol{k}$ 所确定的平面上求一个与 $\boldsymbol{a}$ 垂直的

单位向量.

5. 三角形三个顶点为 $(3,4,-1),(2,0,3),(-3,5,4)$,计算其面积.

6. 平行四边形的两个邻边为 $a=i-3j+k$ 与 $b=2i-j+3k$,求其面积.

7. 设 $a=3i-j+k,b=-4i+3k,c=i+5j+k$,试求以 a,b,c 为三邻边的平行六面体体积.

8. 四面体顶点为 $A(0,0,0),B(3,4,-1),C(2,3,5),D(6,0,-3)$,求这个四面体的体积.

9. 设 $D\subset\mathbb{R}^2$ 为一凸集,即对任意两点 $P,Q\in D$,连接点 P 和点 Q 的线段 PQ 完全在 D 中. M_0 为 D 外的一点. 如果存在点 $M_1\in D$,使得 $\parallel\overrightarrow{M_0M_1}\parallel=\min\{|\overrightarrow{M_0M}|:M\in D\}$,则其必要条件是对任意 $M\in D$,都有 $\overrightarrow{M_0M_1}\cdot\overrightarrow{M_0M}\geqslant0$. 并且将这个结论推广到 $\mathbb{R}^3$.

9.3   空间平面与直线

9.3.1   平面

给定平面 π,与 π 垂直的直线称为 π 的**法线**,与法线平行的非零向量称为 π 的**法向量**. 如果已知平面 π 的一个非零法向量 n 和平面上的一个点 M_0,则可以惟一确定这个平面(图 9.13).

事实上,对平面 π 上任一点 M,向量 $\overrightarrow{M_0M}$ 与 n 垂直,于是

$$n\cdot\overrightarrow{M_0M}=0. \quad (9.3.1)$$

若记 $r_0=\overrightarrow{OM_0}$,$r=\overrightarrow{OM}$,其中 O 为坐标原点,则由(9.3.1)式得到

$$n\cdot(r-r_0)=0. \quad (9.3.2)$$

这就是平面的**向量方程**.

图   9.13

反之,如果 $r=\overrightarrow{OM}$ 满足(9.3.2)式,则 M 必定在平面 π 上. 因此,(9.3.2)式惟一地确定了平面 π.

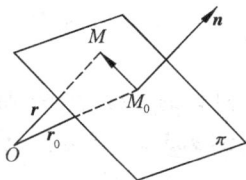

设 $M_0 = (x_0, y_0, z_0)$，$M = (x, y, z)$，$\boldsymbol{n} = (A, B, C)$，则 (9.3.2) 式变为

$$A(x - x_0) + B(y - y_0) + C(z - z_0) = 0, \quad (9.3.3)$$

或者

$$Ax + By + Cz + D = 0, \quad (9.3.4)$$

其中 $D = -(Ax_0 + By_0 + Cz_0)$.

(9.3.4) 式称为平面 π 的**一般方程式**.

反之，对于给定的方程 (9.3.4)，所有满足此方程的点 (x, y, z) 组成了一个平面.

例 9.3.1 已知平面 π 过三点 $(a, 0, 0)$，$(0, b, 0)$，$(0, 0, c)$（图 9.14），求此平面的方程式.

解 当 a, b, c 都不为零时，分别将三点代入平面的一般方程式

$$Ax + By + Cz + D = 0,$$

得到

$$A = -\frac{D}{a}, \quad B = -\frac{D}{b}, \quad C = -\frac{D}{c}.$$

将 A, B, C 代入一般方程式，整理即得

$$\frac{x}{a} + \frac{y}{b} + \frac{z}{c} = 1. \quad (9.3.5)$$

这样的方程称为平面 π 的**截距式方程**.

例 9.3.2 已知三点 $M_1(x_1, y_1, z_1)$，$M_2(x_2, y_2, z_2)$，$M_3(x_3, y_3, z_3)$ 不共线，求过这三点的平面方程.

解 连接 M_1, M_2 与 M_1, M_3 得到平面上的两个向量

$$\overrightarrow{M_1 M_2} = (x_2 - x_1, y_2 - y_1, z_2 - z_1),$$

$$\overrightarrow{M_1 M_3} = (x_3 - x_1, y_3 - y_1, z_3 - z_1).$$

于是该平面的一个法向量为

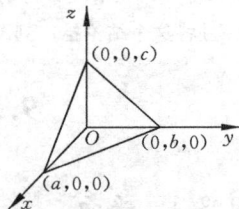

$$n = \overrightarrow{M_1M_2} \times \overrightarrow{M_1M_3}$$

$$= \begin{vmatrix} \boldsymbol{i} & \boldsymbol{j} & \boldsymbol{k} \\ x_2 - x_1 & y_2 - y_1 & z_2 - z_1 \\ x_3 - x_1 & y_3 - y_1 & z_3 - z_1 \end{vmatrix}.$$

对于平面上任一点 $M(x, y, z)$，应当满足

$$\boldsymbol{n} \cdot \overrightarrow{M_1M} = 0,$$

即

$$(\overrightarrow{M_1M_2} \times \overrightarrow{M_1M_3}) \cdot \overrightarrow{M_1M} = 0.$$

因为

$$(\overrightarrow{M_1M_2}, \overrightarrow{M_1M_3}, \overrightarrow{M_1M})$$

$$= \begin{vmatrix} x - x_1 & y - y_1 & z - z_1 \\ x_2 - x_1 & y_2 - y_1 & z_2 - z_1 \\ x_3 - x_1 & y_3 - y_1 & z_3 - z_1 \end{vmatrix},$$

于是得到

$$\begin{vmatrix} x - x_1 & y - y_1 & z - z_1 \\ x_2 - x_1 & y_2 - y_1 & z_2 - z_1 \\ x_3 - x_1 & y_3 - y_1 & z_3 - z_1 \end{vmatrix} = 0. \tag{9.3.6}$$

此式称为平面的**三点式方程**.

例 9.3.3 已知平面 π 过两点 $M_1(1, 0, -1)$，$M_2(-2, 1, 3)$，并且与向量 $\boldsymbol{a} = 2\boldsymbol{i} - \boldsymbol{j} + \boldsymbol{k}$ 平行，求此平面的方程式.

解 此平面的法向量 $\boldsymbol{n}$ 与向量 $\overrightarrow{M_1M_2}$ 和 $\boldsymbol{a}$ 都垂直，故可取平面的法向量为

$$\boldsymbol{n} = \boldsymbol{a} \times \overrightarrow{M_1M_2}$$

$$= \begin{vmatrix} \boldsymbol{i} & \boldsymbol{j} & \boldsymbol{k} \\ 2 & -1 & 1 \\ -3 & 1 & 4 \end{vmatrix}$$

$$= -5\boldsymbol{i} - 11\boldsymbol{j} - \boldsymbol{k}.$$

又知平面上一点 $M_1(1,0,-1)$,设 $M(x,y,z)$ 为此平面上任意一点,则平面的向量方程为

$$\boldsymbol{n} \cdot \overrightarrow{M_1M} = 0,$$

即

$$-5(x-1) - 11(y-0) - (z+1) = 0,$$

或者一般式为

$$5x + 11y + z - 4 = 0.$$

9.3.2　直线

如果已知直线 l 通过一点 M_0,并且与非零向量 $\boldsymbol{v}$ 平行,则可以惟一确定这条直线. 此非零向量 $\boldsymbol{v}$ 称为直线 l 的方向向量(图 9.15).事实上,设 M 是 l 上任一点,则向量 $\overrightarrow{M_0M}$ 与 $\boldsymbol{v}$ 平行,于是存在实数 t,使得

$$\overrightarrow{M_0M} = t\boldsymbol{v}.$$

若记 $\boldsymbol{r}_0 = \overrightarrow{OM_0}$,$\boldsymbol{r} = \overrightarrow{OM}$,则上式变为

$$\boldsymbol{r} - \boldsymbol{r}_0 = t\boldsymbol{v},$$

或者

$$\boldsymbol{r} = \boldsymbol{r}_0 + t\boldsymbol{v}. \qquad (9.3.7)$$

反之,任给实数 t,由(9.3.7)式确定的 $\boldsymbol{r}$ 的终点必在直线 l 上.因此由此方程就惟一确定了直线 l. 称 (9.3.7)式为直线 l 的**向量方程式**.

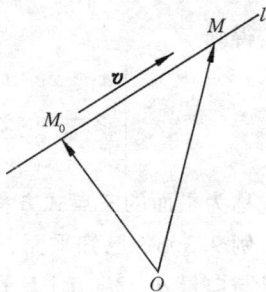

图　9.15

现在设 $M_0 = (x_0, y_0, z_0)$,$\boldsymbol{v} = (v_1, v_2, v_3)$,并令 $M = (x,y,z)$,则方程(9.3.7)可改写为

$$\begin{cases} x = x_0 + tv_1, \\ y = y_0 + tv_2, \quad t \in \mathbb{R}. \\ z = z_0 + tv_3, \end{cases} \qquad (9.3.8)$$

此式称为直线 l 的**参数方程式**,称实数 t 为参数.

在参数方程(9.3.8)中,若 v_1, v_2, v_3 皆不为零,则可以消去参数 t,得到

$$\frac{x - x_0}{v_1} = \frac{y - y_0}{v_2} = \frac{z - z_0}{v_3}, \qquad (9.3.9)$$

这是 l 的**点向式方程**.

当 v_1, v_2, v_3 有一个为零,例如,$v_1 = 0$ 时,仍可将直线方程写为

$$\frac{x - x_0}{0} = \frac{y - y_0}{v_2} = \frac{z - z_0}{v_3}, \qquad (9.3.10)$$

此时 l 平行向量 $(0, v_2, v_3)$ 且与 Ox 轴垂直.

在直线的点向式方程(9.3.9)中包含两个独立的等式:

$$\frac{x - x_0}{v_1} = \frac{y - y_0}{v_2},$$

$$\frac{y - y_0}{v_2} = \frac{z - z_0}{v_3}.$$

每个等式都是一个平面方程.而直线 l 上的点同时满足这两个等式,所以这两个平面的交线就是直线 l.

一般情况下,如果两个平面 π_1, π_2 有非空的交集,则其交集就是一条直线.设 π_1, π_2 的方程为

$$A_1 x + B_1 y + C_1 z + D_1 = 0,$$
$$A_2 x + B_2 y + C_2 z + D_2 = 0,$$

那么,联立这两个方程就可以确定其交线 l,这样的方程称为 l 的**一般方程式**.

例 9.3.4 已知直线 l 经过两点 $M_1(x_1, y_1, z_1)$ 与 $M_2(x_2, y_2, z_2)$,求此直线方程.

解 显然,该直线的一个方向向量(即与 l 平行的非零向量)为

$$\overrightarrow{M_1 M_2} = (x_2 - x_1)\boldsymbol{i} + (y_2 - y_1)\boldsymbol{j} + (z_2 - z_1)\boldsymbol{k},$$

所以直线 l 的方程为

$$\frac{x - x_1}{x_2 - x_1} = \frac{y - y_1}{y_2 - y_1} = \frac{z - z_1}{z_2 - z_1}. \tag{9.3.11}$$

这个等式称为 l 的**两点式方程**.

例 9.3.5 已知直线 l 的一般方程为

$$\begin{cases} 3x + 2y + 4z - 11 = 0, \\ 2x + y - 3z - 1 = 0, \end{cases} \tag{9.3.12}$$

求其点向式方程.

解 一般方程式中的两个方程分别表示平面 π_1, π_2. 它们的法向量分别是

$$\boldsymbol{n}_1 = (3, 2, 4),$$
$$\boldsymbol{n}_2 = (2, 1, -3).$$

由于直线 l 既在 π_1 上又在 π_2 上, 故 l 的方向向量与 $\boldsymbol{n}_1, \boldsymbol{n}_2$ 都正交, 所以可取

$$\boldsymbol{v} = \boldsymbol{n}_1 \times \boldsymbol{n}_2$$

为 l 的方向向量, 即

$$\boldsymbol{v} = \boldsymbol{n}_1 \times \boldsymbol{n}_2 = \begin{vmatrix} \boldsymbol{i} & \boldsymbol{j} & \boldsymbol{k} \\ 3 & 2 & 4 \\ 2 & 1 & -3 \end{vmatrix} = -10\boldsymbol{i} + 17\boldsymbol{j} - \boldsymbol{k}.$$

再求直线上一点, 取 $x = 1$ 代入原方程 (9.3.12), 得

$$\begin{cases} 2y + 4z - 8 = 0, \\ y - 3z + 1 = 0. \end{cases}$$

解此方程得

$$y = 2, \quad z = 1.$$

因此 $M_0 = (1, 2, 1)$ 为 l 上一点. 于是 l 的点向式方程为

$$\frac{x - 1}{-10} = \frac{y - 2}{17} = \frac{z - 1}{-1}.$$

如果平面 π 的方程为

$$Ax + By + Cz + D = 0, \tag{9.3.13}$$

则其法线方程为

$$\frac{x - x_0}{A} = \frac{y - y_0}{B} = \frac{z - z_0}{C}, \tag{9.3.14}$$

其中(x_0, y_0, z_0)可以是直线l上的任意一点.

与直线l垂直的平面称为l的**法平面**. 如果l的方程为(9.3.14)式,则l的法平面π的方程就是(9.3.13)式. 其中D可以为任意实数.

9.3.3 夹角

1. 直线与直线的夹角

两条直线的夹角就是它们的方向向量的夹角,并且规定两条直线之间的夹角θ满足$0 \leqslant \theta \leqslant \frac{\pi}{2}$,因此,如果已知直线$l_1$和$l_2$的方向向量$\boldsymbol{v}_1$和$\boldsymbol{v}_2$,可以由公式

$$\theta = \arccos \frac{\parallel \boldsymbol{v}_1 \cdot \boldsymbol{v}_2 \parallel}{\parallel \boldsymbol{v}_1 \parallel \parallel \boldsymbol{v}_2 \parallel} \tag{9.3.15}$$

求出它们的夹角.

2. 两个平面之间的夹角

平面π_1与π_2之间的夹角就是它们的法线l_1与l_2之间的夹角,这个夹角也规定介于0到$\frac{\pi}{2}$之间.

例 9.3.6 设平面π_1与π_2的方程为

$$4x - 5y - 3z - 1 = 0,$$
$$-x + 4y - z + 2 = 0.$$

试求π_1和π_2的夹角.

解 π_1和π_2的法向量分别为

$$\boldsymbol{n}_1 = 4\boldsymbol{i} - 5\boldsymbol{j} - 3\boldsymbol{k}, \quad \boldsymbol{n}_2 = -\boldsymbol{i} + 4\boldsymbol{j} - \boldsymbol{k},$$

于是两条法线之间的夹角等于

$$\theta = \arccos \frac{\| \boldsymbol{n}_1 \cdot \boldsymbol{n}_2 \|}{\| \boldsymbol{n}_1 \| \| \boldsymbol{n}_2 \|} = \arccos \frac{\| -4 - 20 + 3 \|}{\sqrt{50} \times \sqrt{18}}$$

$$= \arccos \frac{7}{10} \approx \frac{\pi}{4}.$$

这就是 π_1 和 π_2 之间的夹角.

3. 直线与平面的夹角

直线与平面的夹角即该直线与平面法线夹角的余角.

例 9.3.7　求直线 $x-2=y-3=\dfrac{z-4}{2}$ 与平面 $2x-y+z-6=0$ 的夹角.

解　该直线的方向向量为 $\boldsymbol{v}=(1,1,2)$,平面法向量为 $\boldsymbol{n}=(2,-1,1)$.于是直线与法线之间的夹角为

$$\theta = \arccos \frac{\| \boldsymbol{v} \cdot \boldsymbol{n} \|}{\| \boldsymbol{v} \| \| \boldsymbol{n} \|} = \arccos \frac{| 2 - 1 + 2 |}{\sqrt{6} \times \sqrt{6}} = \arccos \frac{1}{2} = \frac{\pi}{3},$$

直线与平面的夹角为 $\alpha = \dfrac{\pi}{2} - \theta = \dfrac{\pi}{6}.$

9.3.4　平面的参数方程

我们已经知道如果已知直线 l 上的一点 $M_0(x_0,y_0,z_0)$ 和它的一个方向向量 $\boldsymbol{v}=(v_1,v_2,v_3)$,则 l 的参数方程就是

$$\begin{cases} x = x_0 + v_1 t, \\ y = y_0 + v_2 t, \\ z = z_0 + v_3 t. \end{cases} \tag{9.3.16}$$

也就是说,对任意实数 t,由上式确定的点 (x,y,z) 一定在直线 l 上.反之,对于直线上任意一点 (x,y,z),都存在实数 t,使得 (9.3.16) 式成立.

如果令 $\boldsymbol{r}=(x,y,z)$,$\boldsymbol{r}_0=(x_0,y_0,z_0)$,则 (9.3.16) 式可以写为

$$\boldsymbol{r} = \boldsymbol{r}_0 + t\boldsymbol{v}. \tag{9.3.17}$$

对于空间平面,除了以上的各种方程式之外,也有参数方程式. 如果已知平面 π 上的一个点 $M_0(x_0, y_0, z_0)$,以及平面上两个不共线(线性无关)的向量 $\boldsymbol{u} = (u_1, u_2, u_3)$ 与 $\boldsymbol{v} = (v_1, v_2, v_3)$,那么对于该平面上的任何一个点 $M(x, y, z)$ 都可以写成 $\overrightarrow{M_0M} = s\boldsymbol{u} + t\boldsymbol{v}$ 或者 $(x, y, z) = (x_0 + su_1 + tv_1, y_0 + su_2 + tv_2, z_0 + su_3 + tv_3)$. 于是平面 π 可以写成如下的参数方程:

$$\begin{cases} x = x_0 + su_1 + tv_1, \\ y = y_0 + su_2 + tv_2, \\ z = z_0 + su_3 + tv_3. \end{cases} \quad (9.3.18)$$

或者

$$\overrightarrow{M_0M} = s\boldsymbol{u} + t\boldsymbol{v}. \quad (9.3.19)$$

此时平面 π 的一个法向量是

$$\boldsymbol{u} \times \boldsymbol{v} = \begin{vmatrix} \boldsymbol{i} & \boldsymbol{j} & \boldsymbol{k} \\ u_1 & u_2 & u_3 \\ v_1 & v_2 & v_3 \end{vmatrix} = \begin{vmatrix} u_2 & u_3 \\ v_2 & v_3 \end{vmatrix}\boldsymbol{i} + \begin{vmatrix} u_3 & u_1 \\ v_3 & v_1 \end{vmatrix}\boldsymbol{j} + \begin{vmatrix} u_1 & u_2 \\ v_1 & v_2 \end{vmatrix}\boldsymbol{k}.$$

如果已知平面 π 上的 $M_0(x_0, y_0, z_0)$ 和一个法向量(即与该平面垂直的非零向量)$\boldsymbol{n} = (A, B, C)$,那么对于平面上的任意一点 $M(x, y, z)$,向量 $\overrightarrow{M_0M}$ 与向量 $\boldsymbol{n}$ 垂直,即

$$(x - x_0, y - y_0, z - z_0) \cdot (A, B, C) = 0,$$

于是有

$$A(x - x_0) + B(y - y_0) + C(z - z_0) = 0,$$

就是平面 π 的一般方程.

例 9.3.8 已知平面 π 上三点 $M_1(2, -3, 1)$,$M_2(4, 1, 3)$,$M_3(1, 0, 2)$,求平面 π 的参数方程与一般方程.

解 由这三个点得到平面 π 上的两个向量 $\boldsymbol{u} = \overrightarrow{M_1M_2} = (2, 4, 2)$ 与 $\boldsymbol{v} = \overrightarrow{M_1M_3} = (-1, 3, 1)$. 于是平面 π 的参数方程为

$$\begin{cases} x = 2 + 2s - t, \\ y = -3 + 4s + 3t, \\ z = 1 + 2s + t. \end{cases}$$

另外,平面 π 的一个法向量是

$$\boldsymbol{n} = \boldsymbol{u} \times \boldsymbol{v} = \begin{vmatrix} \boldsymbol{i} & \boldsymbol{j} & \boldsymbol{k} \\ 2 & 4 & 2 \\ -1 & 3 & 1 \end{vmatrix}$$

$$= \begin{vmatrix} 4 & 2 \\ 3 & 1 \end{vmatrix} \boldsymbol{i} + \begin{vmatrix} 2 & 2 \\ 1 & -1 \end{vmatrix} \boldsymbol{j} + \begin{vmatrix} 2 & 4 \\ -1 & 3 \end{vmatrix} \boldsymbol{k}$$

$$= -2\boldsymbol{i} - 4\boldsymbol{j} + 10\boldsymbol{k};$$

又因为 $M_1(2, -3, 1)$ 是平面 π 上的一点,所以平面 π 的一般方程为

$$-2(x - 2) - 4(y + 3) + 10(z - 1) = 0.$$

有了以上的讨论,我们希望读者自己研究下列问题:

(1) 在什么条件下两条直线 l_1 与 l_2 平行或重合?

(2) 两个平面在什么条件下平行或重合?

(3) 在什么条件下两条直线共面?

(4) 在什么条件下,一条直线 l 位于已知平面 π 上?

9.3.5 平面外一点到平面的距离

如图 9.16,设 $P_0(x_0, y_0, z_0)$ 是平面 $\pi: ax + by + cz + d = 0$ 之外的一点,求 P_0 到 π 的距离.

自 P_0 向 π 引垂线交 π 于点 $P_1 = (x_1, y_1, z_1)$. 则 P_0 到 π 的距离等于 $\| \overrightarrow{P_1 P_0} \|$. 又设 $\boldsymbol{n}$ 是平面 π 的单位法向量,即

$$\boldsymbol{n} = \frac{a\boldsymbol{i} + b\boldsymbol{j} + c\boldsymbol{k}}{\sqrt{a^2 + b^2 + c^2}},$$

则显然有

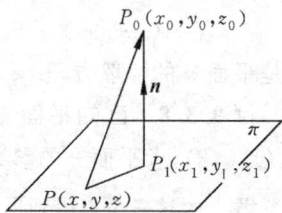

图 9.16

$$\parallel \overrightarrow{P_1P_0} \parallel = \parallel \overrightarrow{P_1P_0} \cdot \boldsymbol{n} \parallel.$$

又在平面 π 上任取一点 $P(x,y,z)$,则易见

$$\overrightarrow{PP_0} \cdot \boldsymbol{n} = \overrightarrow{P_1P_0} \cdot \boldsymbol{n}.$$

因此,点 P_0 到 π 的距离等于

$$\parallel \overrightarrow{P_1P_0} \parallel = \parallel \overrightarrow{P_1P_0} \cdot \boldsymbol{n} \parallel = \parallel \overrightarrow{PP_0} \cdot \boldsymbol{n} \parallel$$

$$= \frac{\mid a(x-x_0) + b(y-y_0) + c(z-z_0) \mid}{\sqrt{a^2+b^2+c^2}}.$$

将上式右端分子展开,注意到由于 $P(x,y,z)$ 是 π 上的一点,故有 $ax+by+cz=d$,从而得到

$$\parallel \overrightarrow{P_1P_0} \parallel = \frac{\mid ax_0 + by_0 + cz_0 + d \mid}{\sqrt{a^2+b^2+c^2}}. \qquad (9.3.20)$$

习 题 9.3

1. 求过点 $P_0(1,-1,2)$ 且平行于平面 $x-3y+4z-1=0$ 的平面方程.

2. 求过两点 $P_1(1,0,-1)$, $P_2(-2,1,3)$ 并且与向量 $\boldsymbol{a}=2\boldsymbol{i}-\boldsymbol{j}+\boldsymbol{k}$ 平行的平面方程.

3. 一平面 π 过点 $P(1,-3,2)$ 并且垂直于 $A(0,0,3)$ 与 $B(1,-3,-4)$ 的连线,求平面方程.

4. 平面 π 过点 $(1,1,1)$ 并且垂直于下列两平面: $x-y+z=7$ 与 $3x+2y-12z+5=0$,求 π 的方程.

5. 平面 π 过点 $(4,-3,-1)$ 并且通过 Oz 轴,求其方程.

6. 求平面 $2x-y+z=7$ 与 $x+y+2z=11$ 的夹角.

7. 平面 π 过 Oz 轴并且与平面 $2x+y-\sqrt{5}z=0$ 的夹角为 $\dfrac{\pi}{2}$,求 π 的方程.

8. 求点 $(1,2,1)$ 到平面 $x+2y+2z-10=0$ 的距离.

9. 求两平行平面 $3x+2y+6z-35=0$ 与 $3x+2y+6z-56=0$ 的距离.

10. 在 Oy 轴上确定一点 M,使其到平面 $2x+3y-6z-6=0$ 及 $8x+9y-72z+73=0$ 有相等的距离.

11. 平面 π 通过两平面 $2x+y-4=0$ 及 $y+2z=0$ 的交线,并且通过点

$(2,-1,-1)$,求其方程.

12. 平面 π 通过 $2x+y-4=0$ 与 $y+2z=0$ 的交线,并且垂直于平面 $3x+2y+3z-6=0$,求其方程.

13. 求过下列两点的直线方程:

(1) $(2,5,-3),(-1,3,-8)$;　　 (2) $(2,5,-3),(0,4,-3)$.

14. 求过点 $(2,3,-8)$ 并且满足下列条件的直线方程:

(1) 平行于直线 $\dfrac{x-2}{3}=\dfrac{y}{2}=\dfrac{z+8}{5}$;

(2) 垂直于平面 $x-y+2z+1=0$.

15. 一直线过点 $A(2,-3,4)$ 并且与 Ox,Oz 轴垂直,求其方程.

16. 求过点 $(-1,-4,3)$ 并且与下列直线都垂直的直线方程:

$$\begin{cases} 2x-4y+z=1, \\ x+3y=-5; \end{cases} \qquad \begin{cases} x=2+4t, \\ y=-1-t, \\ z=-3+2t. \end{cases}$$

17. 判断下列两直线

$$\dfrac{x}{2}=\dfrac{y+3}{3}=\dfrac{z}{4} \quad 与 \quad \dfrac{x-1}{1}=\dfrac{y+2}{1}=\dfrac{z-2}{2}$$

是否共面;若是,求其交点.

9.4 空 间 曲 面

三维空间中的曲面 S 常常可以用变量 x,y,z 之间的某个约束关系来描述,即

$$S=\{(x,y,z)\in \mathbb{R}^3 \mid F(x,y,z)=0\},$$

其中 $F(x,y,z)$ 是一个三元函数,曲面 S 上的每个点 (x,y,z) 都满足方程 $F(x,y,z)=0$;反之,每个满足此方程的点 (x,y,z) 必定在曲面 S 上,此时称 $F(x,y,z)=0$ 为曲面 S 的方程(一般方程式).

9.4.1 旋 转 曲 面

一条平面曲线 L 绕同一平面上的一条直线 l 旋转一周所形成的曲面称为 **旋转曲面**,旋转曲线 L 和定直线 l 分别称为旋转曲面

的**母线**和**旋转轴**.

设 L 是 yOz 坐标面上的一条曲线,它的方程为
$$F(y,z) = 0,$$
将曲线 L 绕 Oz 轴旋转一周,就会得到一个以 Oz 轴为旋转轴的旋转曲面,其方程为
$$F(\pm \sqrt{x^2 + y^2}, z) = 0,$$
其中点 (x,y,z) 是此旋转曲面上的任意一点.

类似地,曲线 L 绕 Oy 轴旋转一周所得旋转曲面的方程为
$$F(y, \pm \sqrt{x^2 + z^2}) = 0.$$

例如,由抛物线 $z=y^2$ 绕 Oz 轴旋转所得旋转曲面的方程就是
$$z = x^2 + y^2.$$
此曲面又称为旋转抛物面.

9.4.2 二次曲面

在 $\mathbb{R}^3$ 中,由方程
$$a_1 x^2 + a_2 y^2 + a_3 z^2 + b_1 xy + b_2 yz + b_3 zx +$$
$$c_1 x + c_2 y + c_3 z + d = 0$$
确定的曲面称为**二次曲面**.这里只列出几个特殊的二次曲面.

1. **球面与椭球面**

以点 $P_0(x_0, y_0, z_0)$ 为中心,以 $R(R>0)$ 为半径的球面由下述方程确定:
$$(x - x_0)^2 + (y - y_0)^2 + (z - z_0)^2 = R^2.$$

中心在原点,以 $R(R>0)$ 为半径的球面方程为(图 9.17)
$$x^2 + y^2 + z^2 = R^2. \tag{9.4.1}$$

对于空间中的任意一点 $P(x,y,z)$,设 $\rho = \sqrt{x^2 + y^2 + z^2}$,用 φ 表示向量 $\overrightarrow{OP}$ 与 Oz 轴正向的夹角;又设点 $P(x,y,z)$ 在 xOy 平面上的投影为 $P_1(x,y,0)$,用 θ 表示 xOy 平面上的向量 $\overrightarrow{OP_1}$ 与 Ox

轴正向的夹角(图 9.18). 利用如此定义的 φ 和 θ, 可以给出球面 (9.4.1)的参数方程

$$\begin{cases} x = R\sin\varphi\,\cos\theta, \\ y = R\sin\varphi\,\sin\theta, & 0 \leqslant \varphi \leqslant \pi, 0 \leqslant \theta \leqslant 2\pi. \\ z = R\cos\varphi, \end{cases}$$

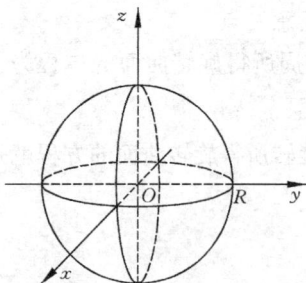

图　9.17

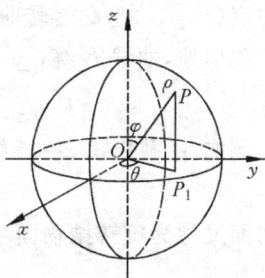

图　9.18

椭球面(图 9.19)由下述方程确定:

$$\frac{x^2}{a^2} + \frac{y^2}{b^2} + \frac{z^2}{c^2} = 1, \quad (9.4.2)$$

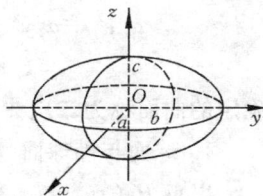

图　9.19

其中正数 a,b,c 为椭球面(9.4.2)的三个半轴,$(a,0,0),(0,b,0),(0,0,c)$ 是椭球面(9.4.2)与三个坐标轴正半轴的交点,用平面 $z=k(0\leqslant|k|<c)$ 去截椭球面(9.4.2),得到椭圆

$$\begin{cases} \dfrac{x^2}{a^2} + \dfrac{y^2}{b^2} = 1 - \dfrac{k^2}{c^2}, \\ z = k. \end{cases}$$

椭球面(9.4.2)与 xOy 坐标面的交线是椭圆

$$\frac{x^2}{a^2} + \frac{y^2}{b^2} = 1.$$

同样,椭球面(9.4.2)与 yOz 坐标面和 zOx 坐标面的交线分别是椭圆

$$\frac{y^2}{b^2} + \frac{z^2}{c^2} = 1$$

与

$$\frac{z^2}{c^2} + \frac{x^2}{a^2} = 1.$$

如果用上述参数 φ,θ 表示椭球面,则得到椭球面(9.4.2)的参数方程为

$$\begin{cases} x = a\sin\varphi\,\cos\theta, \\ y = b\sin\varphi\,\sin\theta, \quad 0 \leqslant \varphi \leqslant \pi, 0 \leqslant \theta \leqslant 2\pi. \\ z = c\cos\varphi, \end{cases}$$

2. 椭圆抛物面

由下述方程确定的曲面称为椭圆抛物面(图 9.20).

$$z = ax^2 + by^2, \quad a > 0, b > 0.$$
$$(9.4.3)$$

它的顶点位于原点.用平面 $z = k(k > 0)$ 截抛物面(9.4.3),得到椭圆 $ax^2 + by^2 = k$.

3. 双曲抛物面

由方程

$$\frac{x^2}{a^2} - \frac{y^2}{b^2} = z \qquad (9.4.4)$$

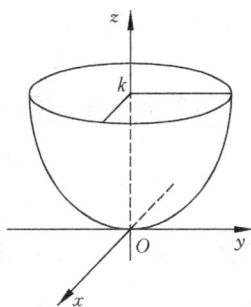

图 9.20

确定的曲面称为双曲抛物面(图 9.21),由于它的形状像马鞍,所以又称马鞍面.(9.4.4)式是双曲抛物面的标准方程.用平面 $z = k$ 去截双曲抛物面(9.4.4),得到的曲线是双曲线(图 9.22).可以分成三种情况:

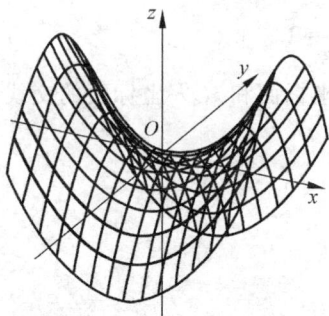

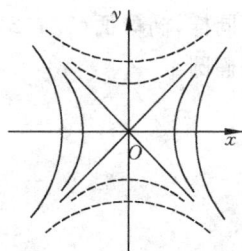

图 9.21   图 9.22

(1) $k>0$ 时,得到双曲线

$$\begin{cases} \dfrac{x^2}{(a\sqrt{k})^2} - \dfrac{y^2}{(b\sqrt{k})^2} = 1, \\ z = k > 0. \end{cases}$$

(2) $k<0$ 时,得到双曲线

$$\begin{cases} \dfrac{x^2}{(a\sqrt{-k})^2} - \dfrac{y^2}{(b\sqrt{-k})^2} = -1, \\ z = k < 0. \end{cases}$$

(3) $k=0$ 时,得到 xOy 平面上的两条相交直线

$$\frac{x}{a} + \frac{y}{b} = 0, \quad \frac{x}{a} - \frac{y}{b} = 0.$$

分别用平面 $x=k$,$y=k$ 去截双曲抛物面(9.4.4),得到的曲线都是抛物线.例如,用平面 $x=0$ 去截双曲抛物面(9.4.4),得到的曲线是 yOz 平面上的抛物线 $z = -\dfrac{y^2}{b^2}$;用平面 $y=0$ 去截双曲抛物面(9.4.4),得到的曲线是 zOx 平面上的抛物线 $z = \dfrac{x^2}{a^2}$.

4. 单叶双曲面

设 a,b,c 为正数,由方程

$$\frac{x^2}{a^2} + \frac{y^2}{b^2} - \frac{z^2}{c^2} = 1 \qquad\qquad (9.4.5)$$

确定的曲面称为单叶双曲面,其图形如图 9.23 所示.

用平行于 xOy 坐标面的平面 $z=k$ 去截单叶双曲面(9.4.5),得到椭圆

$$\begin{cases} \dfrac{x^2}{a^2} + \dfrac{y^2}{b^2} = 1 + \dfrac{k^2}{c^2}, \\ z = k. \end{cases}$$

如果用平面 $x=0$ 和 $y=0$ 去截单叶双曲面(9.4.5),则分别得到双曲线

$$\begin{cases} \dfrac{y^2}{b^2} - \dfrac{z^2}{c^2} = 1, \\ x = 0 \end{cases}$$

和

$$\begin{cases} \dfrac{x^2}{a^2} - \dfrac{z^2}{c^2} = 1, \\ y = 0. \end{cases}$$

5. 双叶双曲面

设 a,b,c 为正数,由方程

$$-\dfrac{x^2}{a^2} - \dfrac{y^2}{b^2} + \dfrac{z^2}{c^2} = 1 \qquad\qquad (9.4.6)$$

确定的曲面称为双叶双曲面,其图形如图 9.24 所示.

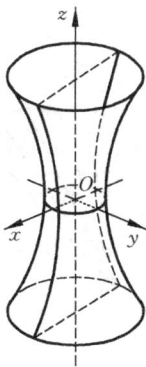

图 9.23

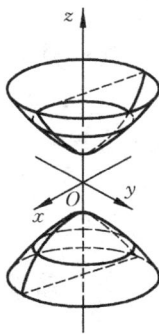

图 9.24

如果用平面 $x=0$ 和 $y=0$ 去截双叶双曲面(9.4.6),则分别得到双曲线

$$\begin{cases} \dfrac{z^2}{c^2} - \dfrac{y^2}{b^2} = 1, \\ x = 0 \end{cases}$$

和

$$\begin{cases} \dfrac{z^2}{c^2} - \dfrac{x^2}{a^2} = 1, \\ y = 0. \end{cases}$$

当 $|k|>c$ 时,用平行于坐标面 xOy 的平面 $z=k$ 去截双叶双曲面(9.4.6),得到椭圆

$$\begin{cases} \dfrac{x^2}{a^2} + \dfrac{y^2}{b^2} = \dfrac{k^2}{c^2} - 1, \\ z = k. \end{cases}$$

6. 圆锥面

设有一条空间曲线 L,以及曲线外的一点 M_0. 由 M_0 和 L 上的点的连线构成的曲面称为锥面,称 M_0 为该锥面的顶点,曲线 L 为该锥面的准线(图 9.25).

例 9.4.1　求以原点为顶点,以曲线 L

$$\begin{cases} F(x,y) = 0, \\ z = h, \quad h \neq 0 \end{cases}$$

为准线的锥面方程.

解　设 $M(x,y,z)$ 为锥面上任意一点($z \neq 0$),则 $M(x,y,z)$ 在准线上的点 $\left(\dfrac{hx}{z}, \dfrac{hy}{z}, h\right)$ 与原点的连线上,因此满足方程

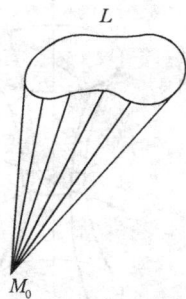

图　9.25

$$F\left(\frac{hx}{z},\frac{hy}{z}\right)=0,$$

这就是锥面的方程.

以 Oz 轴为中心轴的正圆锥面(图 9.26)的方程是

$$z^2=a^2(x^2+y^2), \quad a>0.$$

用平面 $z=k$ 去截此正圆锥面,得到圆

$$\begin{cases} x^2+y^2=\dfrac{k^2}{a^2}, \\ z=k. \end{cases}$$

方程

$$z=a\sqrt{x^2+y^2}, \quad a>0$$

表示此正圆锥面位于 xOy 平面上方的一半.

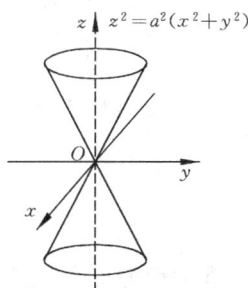

图 9.26

7. 柱面

设 L 是一条空间曲线,l 是空间中的一条直线,动直线沿着曲线 L 运动,并且在运动中与直线 l 保持平行,那么动直线运动产生的曲面称为柱面.其中动直线称为该柱面的母线,曲线 L 称为该柱面的准线.

例如,方程

$$x^2+y^2=a^2, \quad a>0$$

表示以 Oz 轴为轴线的正圆柱面.它的准线为 xOy 平面上的圆 $x^2+y^2=a^2(a>0)$,母线与 Oz 轴平行(图 9.27).

又如,下述方程表示抛物柱面

$$y^2=2px, \quad p>0.$$

它的准线是 xOy 平面上的抛物线(图 9.28)

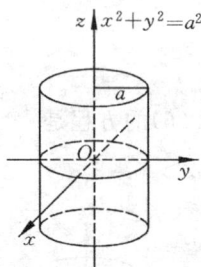

图　9.27

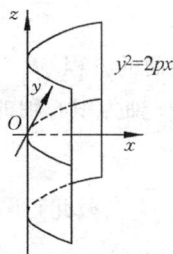

图　9.28

$$\begin{cases} y^2 = 2px, \\ z = 0. \end{cases}$$

在柱面方程中,往往有一个变量不出现. 例如,在上面的圆柱面与抛物柱面中,变量 z 没有出现. 这表示 z 可以取任何数. 也就是说,如果对于某个 z_0,点 (x_0, y_0, z_0) 在某个柱面上,则对于任意的 z,点 (x_0, y_0, z) 也在这个柱面上. 这时,柱面的母线是平行于 z 轴的直线.

习　题　9.4

1. 下列各题中的方程表示什么曲面,画出略图:

(1) $16x^2 + 9y^2 + 16z^2 = 144$;　　(2) $x^2 - 4y^2 + 36z^2 = 144$;

(3) $x^2 + 4y^2 - z^2 + 9 = 0$;　　(4) $x^2 + 2y^2 + 4z^2 = 0$;

(5) $y^2 + z^2 = x$;　　　　　　　(6) $z = \sqrt{x^2 + y^2}$.

2. 画出下列各题中各组曲面所围成的立体图形:

(1) $2x + 3y + 6z = 6, x = 0, y = 0, z = 0$;

(2) $z = \sqrt{4 - x^2 - y^2}, z = 0$;

(3) $z = x^2 + y^2 + 2, z = 3$;

(4) $y = x^2, y = 2, z = 0, z = 2$;

(5) $x^2 + y^2 = 2y, z = 0, z = 3$.

9.5 空间曲线

9.5.1 空间曲线的一般方程

空间曲线可以看做是两个曲面的交线. 设曲面 S_1 与 S_2 的方程分别为

$$F_1(x,y,z) = 0 \quad 和 \quad F_2(x,y,z) = 0,$$

它们的交线为 L, 则曲线 L 的方程为

$$\begin{cases} F_1(x,y,z) = 0, \\ F_2(x,y,z) = 0. \end{cases} \tag{9.5.1}$$

(9.5.1)式称为空间曲线 L 的**一般方程**.

例如, 方程组

$$\begin{cases} x^2 + y^2 = 1, \\ x + z = 1 \end{cases}$$

表示的就是平面 $x+z=1$ 与圆柱面 $x^2+y^2=1$ 的交线, 而方程组

$$\begin{cases} x^2 + y^2 + z^2 = 4, \\ x^2 + y^2 = 1 \end{cases}$$

表示的则是圆柱面 $x^2+y^2=1$ 与球面 $x^2+y^2+z^2=4$ 的交线, 它由上、下半空间中的两条封闭曲线构成.

9.5.2 空间曲线的参数方程

空间曲线可以看做是一动点的运动轨迹, 因此, 空间曲线除了用一般方程给出外, 也可以用参数形式表示, 为此, 只要将曲线 L 上的动点 $P(x,y,z)$ 的坐标 x,y,z 表示成参数 t 的函数

$$\begin{cases} x = x(t), \\ y = y(t), \\ z = z(t). \end{cases} \tag{9.5.2}$$

(9.5.2)式就称为曲线 L 的参数方程.

　　当空间中的点 P 在圆柱面 $x^2+y^2=a^2(a>0)$ 上以角速度 ω 绕 Oz 轴旋转,同时又以线速度 v 沿平行于 Oz 轴的正方向上升时,点 P 的运动轨迹称为**螺旋线**. 若取时间 t 为参数,且设 $t=0$ 时,点 P 位于 $(a,0,0)$ 处,则螺旋线的参数方程为

$$\begin{cases} x = a\cos\omega t, \\ y = a\sin\omega t, \\ z = vt, \end{cases}$$

其中 x,y,z 表示在 t 时间点 P 所处位置的坐标.

9.5.3　空间曲线在坐标面上的投影

　　设 P 是空间中的一点,过 P 作垂直于坐标面的直线交坐标面于点 P',则称 P' 为 P 在该坐标面上的投影.空间曲线 L 上的点在坐标面上的投影构成的曲线 L' 就称为 L 在该坐标面上的投影曲线,简称投影.已知曲线 L 的方程时,如何求得 L 在坐标面上的投影曲线的方程呢?

　　当曲线 L 的一般方程为

$$\begin{cases} F_1(x,y,z) = 0, \\ F_2(x,y,z) = 0 \end{cases} \tag{9.5.3}$$

时,从方程组(9.5.3)中消去变量 z 后就会得到 x 与 y 满足的方程为

$$G(x,y) = 0. \tag{9.5.4}$$

显然,(9.5.4)式表示的柱面一定包含曲线 L.以曲线 L 为准线,母线平行于 Oz 轴的柱面又称为曲线 L 关于坐标面 xOy 的投影柱面.投影柱面与 xOy 平面的交线就是空间曲线 L 在 xOy 平面上的投影曲线.从而 L 的投影曲线的方程为

$$\begin{cases} G(x,y) = 0, \\ z = 0. \end{cases}$$

类似地,将(9.5.3)式中的变量 x 消去,得到
$$G_1(y,z) = 0,$$
从而曲线 L 在 yOz 平面上的投影曲线的方程为
$$\begin{cases} G_1(y,z) = 0, \\ x = 0. \end{cases}$$

将(9.5.3)式中的变量 y 消去,就会得到 L 在 zOx 平面上的投影曲线的方程为
$$\begin{cases} G_2(x,z) = 0, \\ y = 0. \end{cases}$$

例 9.5.1 已知球面的方程为 $x^2+y^2+z^2=1$,平面的方程为 $x+y+z=0$,求此球面与平面的交线 L 在坐标面上的投影方程.

解 将 $x^2+y^2+z^2=1$ 与 $x+y+z=0$ 中的变量 z 消去得
$$2x^2 + 2xy + 2y^2 = 1,$$
所以曲线 L 在 xOy 平面上的投影方程为
$$\begin{cases} 2x^2 + 2xy + 2y^2 = 1, \\ z = 0. \end{cases}$$

根据对称性,易知 L 在 yOz 平面上的投影曲线的方程为
$$\begin{cases} 2y^2 + 2yz + 2z^2 = 1, \\ x = 0. \end{cases}$$

L 在 xOz 平面上的投影曲线的方程为
$$\begin{cases} 2x^2 + 2xz + 2z^2 = 1, \\ y = 0. \end{cases}$$

习　题　9.5

1. 说明下列方程组在平面和空间中所表示的图形:

(1) $\begin{cases} y=4x+1, \\ y=2x-3; \end{cases}$　　(2) $\begin{cases} \dfrac{x^2}{4} + \dfrac{y^2}{9} = 1, \\ y = 3. \end{cases}$

2. 求以曲线

$$\begin{cases} 2x^2 + y^2 + z^2 = 16, \\ x^2 + y^2 - z^2 = 0 \end{cases}$$

为准线,母线分别平行于 Ox 轴和 Oy 轴的柱面方程.

3. 求球面 $x^2 + y^2 + z^2 = 9$ 与平面 $x + z = 1$ 的交线在 yOz 平面上的投影曲线的方程.

4. 分别求上半球体 $0 \leqslant z \leqslant \sqrt{a^2 - x^2 - y^2}$ 与圆柱体 $x^2 + y^2 \leqslant ax (a > 0)$ 的公共部分在 xOy 平面和 xOz 平面上的投影.

5. 求旋转抛物面 $z = x^2 + y^2 (0 \leqslant z \leqslant 4)$ 在三个坐标面上的投影.

第10章 多元函数微分学

10.1 多元连续函数

10.1.1 多元函数概念

在许多实际问题中,某个量的取值受到多个因素的影响.例如,在一个密闭的容器中的气体压强,既与气体密度有关,又和气体的绝对温度有关;在电源、电阻、电容器以及扼流线圈组成的闭合电路中,电流强度既和电源的电动势有关,又和回路电阻、电容器的电容量以及扼流线圈的电感量有关;生产某种商品能够获得的利润,既与原料价格、劳动力成本有关,又和当时的社会需求程度有关,等等.如果一个变量的变化依赖于两个以上的变量,这种依赖关系就可以用多元函数描述.

如果变量 z 只依赖于两个变量 x,y,则称 z 是 x,y 的二元函数.二元函数的概念可以描述如下.

定义 10.1.1 设 D 是 $\mathbb{R}^2$ 中的一个非空集合,定义在 D 上的函数 f 是一个对应法则.按照这个法则,集合 D 中的每一个点 (x,y),都惟一地对应一个实数.用 $f(x,y)$ 表示点 (x,y) 对应的这个实数.集合 D 称为函数 f 的**定义域**.当 (x,y) 取遍定义域 D 时,所有函数值 $f(x,y)$ 组成的集合称为函数 f 的**值域**.用 $D(f)$ 表示 f 的定义域,$R(f)$ 表示 f 的值域.

微积分中最常见的函数是初等函数.由两个自变量 x 和 y 经过有限次四则运算、指数、对数、三角函数和反三角函数,或者它们的有限次复合运算所得到的函数表达式称为二元初等函数.例如,$f(x,y)=$

$\sqrt{1-x^2-y^2}$，$g(x,y)=\ln(xy-1)$，$z=x^y+\cos(x-y)$ 等都是初等函数.

在许多情形，二元函数有一个确定的表达式.除了上面所列举的初等函数外，还可以用分段初等函数表示函数，例如

$$f(x,y)=\begin{cases} \dfrac{x^2+y^2}{\mid x\mid+\mid y\mid}, & (x,y)\neq(0,0),\\ 0, & (x,y)=(0,0); \end{cases}$$

或者用极限、级数、积分和导数等工具给出函数表达式，例如

$$B(\alpha,\beta)=\int_0^1 x^{\alpha-1}(1-x)^{\beta-1}\mathrm{d}x,\quad g(x,y)=\sum_{i,j=0}^{\infty}a_{ij}x^iy^j.$$

以上函数有一个共同特点，就是因变量能够用自变量的一个表达式表示.在另外的某些情形，因变量 z 对于自变量 x 和 y 依赖关系不能表示成关于 x 和 y 某个表达式.例如，考察方程

$$x^3+y^3+z^3-\mathrm{e}^{xyz}=0. \tag{10.1.1}$$

当 x 和 y 确定之后，为了使 x,y,z 满足方程(10.1.1)，变量 z 就不能任意变化.因此由方程(10.1.1)确定了变量 z 和变量 x,y 之间的某种互相依赖关系.当某些条件具备时，这个方程能够确定一个函数 $z=z(x,y)$.这就是说，在平面上的某个非空集合 D 中，任意给定 (x,y)，都有惟一的 z，使得 x,y,z 满足方程(10.1.1).虽然 z 对于变量 x,y 的函数关系 $z=z(x,y)$ 是客观存在的，但是一般不能将因变量 z 表示为关于 x,y 的一个显函数表达式.这样的函数 $z=z(x,y)$ 称为由方程(10.1.1)确定的**隐函数**.

10.1.2　二元函数的图形和等值线

在一定条件下，二元函数 $z=f(x,y)$ 的图形是空间的一张曲面 S.若 f 的定义域为 D，则曲面 S 由所有形如 $(x,y,f(x,y))$（$(x,y)\in D$）的点组成.函数 f 的定义域 D 恰好是这张曲面在 xOy 平面上的投影.

设实数 C 属于二元函数 f 的值域,在一定条件下,平面 $z=C$ 和曲面 S 的交集是一条水平曲线,称这条水平曲线为曲面 S 在平面 $z=C$ 中的轨迹,或者曲面 S 与平面 $z=C$ 的交线. 它在 xOy 平面上的投影是一条曲线 L_C: $\begin{cases} f(x,y)=C, \\ z=0. \end{cases}$ 称 L_C 为函数 f 的**等值线**. 图 10.1(a)和图 10.1(b)分别画出二元函数

$$z = (x^2 - y^2)\mathrm{e}^{-x^2-y^2}, \quad -2 \leqslant x, y \leqslant 2$$

的图形以及它的等值线图. 在图 10.1(b)中每一条曲线都是等值线. 颜色愈浅的区域,函数值愈大;反之,颜色愈深的区域函数值愈小.

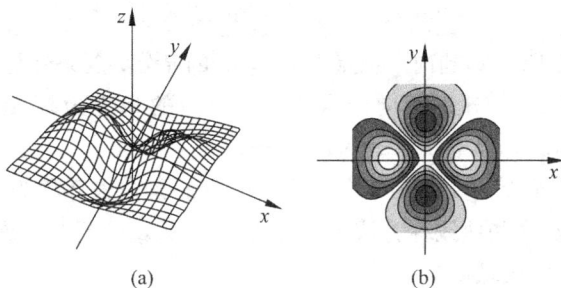

(a)   (b)

图　10.1

10.1.3　二元函数的极限

我们以二元函数为例研究函数极限. 首先介绍关于二维空间 $\mathbb{R}^2$ 的距离以及若干简单的术语.

在二维空间 $\mathbb{R}^2$ 中,对于任意两点 $P_1(x_1, y_1)$ 与 $P_2(x_2, y_2)$,规定它们之间的距离为

$$d(P_1, P_2) = \sqrt{(x_2 - x_1)^2 + (y_2 - y_1)^2}.$$

有了距离概念之后,就可以引入点列收敛的概念和动点趋向于定点的概念.

设 $\{P_n = (x_n, y_n)\}$ 是 $\mathbb{R}^2$ 中的一列点，$P_0(x_0, y_0)$ 是 $\mathbb{R}^2$ 中的一个确定点. 如果当 $n \to +\infty$ 时，距离 $d(P_n, P_0)$ 趋向于零，则称点列 $\{P_n\}$ 收敛于点 P_0. 这时称 $\{P_n\}$ 为**收敛点列**，并且称 P_0 为点列 $\{P_n\}$ 的**极限**，记作 $P_0 = \lim\limits_{n \to +\infty} P_n$.

设 $P_0(x_0, y_0)$ 为定点，$P(x, y)$ 为动点，如果距离 $d(P, P_0) \to 0$，则称动点 $P(x, y)$ 趋向于定点 $P_0(x_0, y_0)$，记作 $P \to P_0$.

不难验证，点列 $\{P_n\}$ 收敛于点 P_0 的充分必要条件是 $P_n = (x_n, y_n)$ 的两个坐标 x_n, y_n 分别收敛于点 $P_0 = (x_0, y_0)$ 的相应坐标 x_0, y_0，即有

$$\lim_{n \to +\infty} x_n = x_0, \qquad \lim_{n \to +\infty} y_n = y_0.$$

动点 $P(x, y)$ 趋向于定点 $P_0(x_0, y_0)$ 的充分必要条件是 $P(x, y)$ 的两坐标 x, y 分别趋向于点 $P_0(x_0, y_0)$ 的相应坐标 x_0, y_0，即 $(x, y) \to (x_0, y_0)$ 等价于 $x \to x_0, y \to y_0$.

在平面 $\mathbb{R}^2$ 上，由几条连续曲线围成的集合内部称为开区域，简称**区域**. 这些曲线称为该区域的边界. 开区域连同其边界构成的集合称为**闭区域**.

例如，在 $\mathbb{R}^2$ 中以 P_0 为中心、正数 δ 为半径的开圆 $U_\delta(P_0) = \{P \in \mathbb{R}^2 \mid d(P, P_0) < \delta\}$ 是开区域；闭圆 $\{P \in \mathbb{R}^2 \mid d(P, P_0) \leqslant \delta\}$ 是闭区域；圆周 $\{P \in \mathbb{R}^2 \mid d(P, P_0) = \delta\}$ 是这个区域的边界.

又例如，在 $\mathbb{R}^2$ 中，由直线 $x = a, x = b (a < b)$，x 轴，以及连续曲线 $y = f(x) (a \leqslant x \leqslant b)$ 围成的集合内部是一个开区域. 以上直线段和曲线构成了这个区域的边界 (图 10.2).

设 $D \subseteq \mathbb{R}^2$ 是一个区域，如果存在正数 M，使得所有的 $(x, y) \in D$，都有 $x^2 + y^2 \leqslant M$，则称 D 是一个有界区域，否则称 D 是无界区域.

在 $\mathbb{R}^2$ 中，圆域 $\{(x, y) \mid x^2 + y^2 < a^2\}$

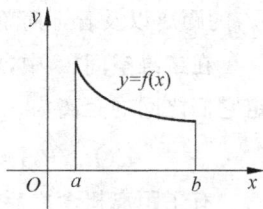

图 10.2

和矩形区域 $D=\{(x,y)\,|\,a<x<b\,;\;c<y<d\}$ 是有界区域；第一象限 $A=\{(x,y)\,|\,x>0,y>0\}$ 是无界区域.

在 $\mathbb{R}^3$ 中，由连续曲面围成的集合 D 内部称为（开）区域，这些曲面称为区域 D 的边界. 区域 D 连同其边界构成的集合称为闭区域.

例如，在 $\mathbb{R}^3$ 中，所有满足条件 $0<x^2+y^2<z,0<z<1$ 的点构成的集合是一个开区域. 这是一个由抛物面 $z=x^2+y^2$ 和平面 $z=1$ 围成的区域. 它的边界由抛物面 $z=x^2+y^2$ 和平面 $z=1$ 的一部分组成（图 10.3）.

现在研究二元函数的极限. 引入二元函数 $f(x,y)$ 在一点 P_0 的极限的概念，是为了描述当动点 P 趋向于某个定点 P_0 时，函数值 $f(x,y)$ 的各种变化趋势.

用 $N(P_0,\delta)$ 表示以 P_0 为中心、以某个正数 δ 为半径的开圆盘，称 $N(P_0,\delta)$ 为点 P_0 的 δ 邻域，简称邻域. 在 $N(P_0,\delta)$ 中除去点 P_0 得到的集合称为点 P_0 的去心邻域，记作 $N^*(P_0,\delta)$.

图 10.3

定义 10.1.2（二元函数在一点的极限）　设 P_0 为 $\mathbb{R}^2$ 中一点，A 是某个实数，函数 f 在 P_0 的某个空心邻域 $N^*(P_0,\delta)$ 内有定义. 如果对于任一正数 ε，都能够找到正数 δ，使得对于所有满足 $0<d(P,P_0)<\delta$ 的 P 都有 $|f(P)-A|<\varepsilon$，则称当 P 趋向于 P_0 时，$f(P)$ 有**极限** A，记作 $\lim\limits_{P\to P_0}f(P)=A$.

动点 $P(x,y)$ 趋向于定点 $P_0(x_0,y_0)$ 等价于 $x\to x_0,y\to y_0$，因此可将 $\lim\limits_{P\to P_0}f(P)=A$ 写作 $\lim\limits_{\substack{x\to x_0\\y\to y_0}}f(x,y)=A$.

以下我们分析几个例子，用以说明多元函数极限的存在与不存在.

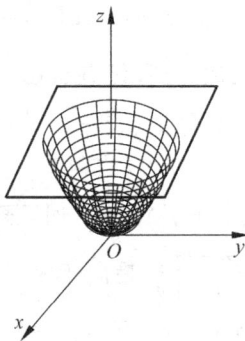

例 10.1.1 设 $f(x,y)=\dfrac{x^2+y^2}{|x|+|y|},(x,y)\neq(0,0)$. 研究极限 $\lim\limits_{(x,y)\to(0,0)}f(x,y)$ 的存在性.

解 对于任意的 $(x,y)\neq(0,0)$, 有 $0<x^2+y^2\leqslant(|x|+|y|)^2\leqslant 2(x^2+y^2)$, 所以

$$|f(x,y)-0|=\frac{x^2+y^2}{|x|+|y|}\leqslant|x|+|y|\leqslant 2(x^2+y^2)^{\frac{1}{2}}.$$

又注意到,任意点 (x,y) 到原点 $(0,0)$ 的距离等于 $(x^2+y^2)^{\frac{1}{2}}$. 所以当点 (x,y) 到原点 $(0,0)$ 的距离 $d((x,y),(0,0))=(x^2+y^2)^{\frac{1}{2}}\to 0$ 时, 函数值 $f(x,y)=\dfrac{x^2+y^2}{|x|+|y|}$ 趋向于零. 于是由极限定义得到 $\lim\limits_{(x,y)\to(0,0)}f(x,y)=0$. 图 10.4 是函数 $z=f(x,y)$ 的图形.

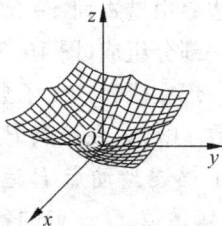

图 10.4

例 10.1.2 设

$$f(x,y)=\begin{cases}1, & x>0,且\ y=x^2,\\ 0, & 其他情形.\end{cases}$$

研究极限 $\lim\limits_{(x,y)\to(0,0)}f(x,y)$ 的存在性.

解 当 $y=0$ 或者 $x=0$ 时, 由于该函数恒等于零. 因此当动点 (x,y) 沿 x 轴, 或者 y 轴趋向于原点 $(0,0)$ 时, $f(x,y)$ 趋向于零. 又不难验证, 当动点沿任意一条经过原点的直线趋向于原点时, $f(x,y)$ 都趋向于零. 但是可以证明 $\lim\limits_{(x,y)\to(0,0)}f(x,y)$ 不存在.

事实上, 如果上述极限存在, 则一定等于零. 于是对于正数 $\varepsilon=1$, 存在正数 δ, 只要点 (x,y) 到原点 $(0,0)$ 的距离 $(x^2+y^2)^{\frac{1}{2}}$ 小于 δ, 就有 $|f(x,y)-0|<1$.

但是实际上并非如此. 因为无论正数 δ 多么小, 总可以在抛物线

$y=x^2(x>0)$ 上找到一点 (x,y),使得 (x,y) 到原点 $(0,0)$ 的距离小于 δ. 然而由函数表达式可以看出,这时 $f(x,y)=1$,从而 $|f(x,y)-0|=1$. 这说明不可能有 $\lim\limits_{(x,y)\to(0,0)} f(x,y)=0$.

以上分析证明了极限 $\lim\limits_{(x,y)\to(0,0)} f(x,y)$ 不存在.

例 10.1.3 设 $f(x,y)=\dfrac{xy}{x^2+y^2}$,$(x,y)\neq(0,0)$,研究极限 $\lim\limits_{(x,y)\to(0,0)} f(x,y)$ 的存在性.

解 当 $x=0$ 或者 $y=0$ 时,$f(x,y)\equiv 0$. 因此,动点 (x,y) 沿 x 轴或者沿 y 轴趋向于原点 $(0,0)$ 时,$f(x,y)$ 趋向于零. 但是当 $y=x$ 时,$f(x,y)\equiv\dfrac{1}{2}$,所以当动点 (x,y) 沿射线 $y=x$ 趋向于原点时,$f(x,y)$ 趋向于 $\dfrac{1}{2}$. 因此极限 $\lim\limits_{(x,y)\to(0,0)} f(x,y)$ 不存在.

这个函数的图像见图 10.5.

由以上两个例题可以看出:多元函数的极限问题要比一元函数的情形复杂得多. 主要原因在于:为了判断极限 $\lim\limits_{\substack{x\to 0 \\ y\to 0}} f(x,y)$ 是否存在,往往需要考察动点 (x,y) 以各种不同方式趋向于定点 (x_0,y_0) 时函数的变化趋势.

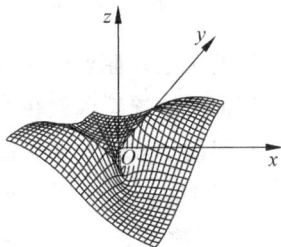

图 10.5

10.1.4 连续函数

定义 10.1.3 设二元函数 f 在点 $P_0(x_0,y_0)$ 的某个邻域中有定义. 如果 $\lim\limits_{P\to P_0} f(P)=f(P_0)$,则称函数 f 在点 P_0 **连续**.

仿照一元函数关于初等函数连续性的讨论,可以推出所有多元初等函数在它们的定义域内部是处处连续的. 但是非初等函数的连续性需要具体讨论.

例 10.1.4 讨论函数

$$f(x,y) = \begin{cases} \dfrac{x^2 + y^2}{\mid x \mid + \mid y \mid}, & (x,y) \neq (0,0), \\ 0, & (x,y) = (0,0) \end{cases}$$

的连续性.

解 在 $\mathbb{R}^2$ 中去掉原点之后剩下的集合是 $\mathbb{R}^2$ 中的一个开区域,在这个开区域中,$f(x,y)$ 是初等函数,因此它处处连续.但是在原点的邻域中,该函数不是初等函数.需要用定义检验该函数在原点处的连续性.

注意到在例 10.1.1 中已经证明了极限 $\lim\limits_{\substack{x \to 0 \\ y \to 0}} f(x,y) = 0$,同时这里又有 $f(0,0) = 0$,所以该函数在原点 $(0,0)$ 连续.

另外,在例 10.1.2 和 10.1.3 中,由于 $\lim\limits_{\substack{x \to 0 \\ y \to 0}} f(x,y)$ 不存在,所以那里的函数在原点 $(0,0)$ 不连续.

下面考察连续函数在有界闭区域上的性质,为此首先介绍函数在有界闭区域上的连续性概念.

定义 10.1.4 假定 $D \subset \mathbb{R}^2$ 是由闭合曲线 L 围成的有界闭区域.假设函数 $f(x,y)$ 在区域 D 内部每点 (x,y) 处连续.对于 D 的边界 L 上的每一点 P_0,当动点 P 在 D 的范围中趋向于 P_0 时(即 $P \in D$,且 $d(P,P_0) \to 0$),有 $f(P) \to f(P_0)$,则称 $f(x,y)$ 在有界闭区域 D 上连续.记作 $f \in C(D)$.

以下是有关连续函数的几个重要定理.

定理 10.1.1(最大、最小值定理) 设 $D \subseteq \mathbb{R}^2$ 是有界闭区域,$f \in C(D)$(即 $f(x,y)$ 在闭区域 D 上处处连续),则 f 在区域 D 上有界,并且存在 $P_1 \in D, P_2 \in D$,使得

$$f(P_1) = \min_{P \in D} f(P), \quad f(P_2) = \max_{P \in D} f(P).$$

定理 10.1.2(介值定理)   设 $D \subseteq \mathbb{R}^2$ 是有界闭区域;$f \in C(D)$. $m = \min\limits_{P \in D} f(P)$,$M = \max\limits_{P \in D} f(P)$. 则对介于 m 和 M 之间的每个实数 μ,都存在 $P \in D$,满足 $f(P) = \mu$.

推论(零点定理)   设 $D \subseteq \mathbb{R}^2$ 为区域,$f \in C(D)$. 如果存在 $P_1 \in D$,$P_2 \in D$,使得 $f(P_1) < 0$,$f(P_2) > 0$,则存在 $P_* \in D$,满足 $f(P_*) = 0$.

定理 10.1.3(一致连续性)   设 $D \subseteq \mathbb{R}^2$ 是有界闭区域,$f \in C(D)$. 则 f 在 D 上一致连续. 即对于任意给定的正数 ε,都能找到正数 δ,对于 D 中任意两点 P_1,P_2,只要它们之间的距离满足 $d(P_1, P_2) < \delta$,就有 $|f(P_1) - f(P_2)| < \varepsilon$.

习 题 10.1

1. 求下列二元函数的定义域.

(1) $f(x,y) = \sqrt{x}\ln(x+y)$;   (2) $f(x,y) = \ln(y-x^2)$;

(3) $f(x,y) = \dfrac{\mathrm{e}^{\frac{x}{y}}}{x-y^2}$;   (4) $f(x,y) = \arcsin\dfrac{x}{y}$.

2. 下列函数在 $(0,0)$ 点的极限是否存在?若存在请求其值.

(1) $f(x,y) = \dfrac{x+y}{|x|+|y|}$;   (2) $f(x,y) = \dfrac{x^2+y^2}{|x|+|y|}$;

(3) $f(x,y) = \dfrac{\sin(x^2+y^2)}{x^2+y^2}$;   (4) $f(x,y) = \dfrac{1-\cos(xy)}{x^2+y^2}$.

3. 设 P_0 是 $\mathbb{R}^2$ 中一个确定点,在 $\mathbb{R}^2$ 上定义函数 $f(P) = d(P,P_0)$,求证这是一个连续函数.

10.2 多元函数的偏导数

偏导数是多元函数微分学最基本的概念之一,有关多元函数的所有微分运算都离不开偏导数. 在这一节,我们首先引入偏导数概念,在以后的各节中,将要以偏导数为工具,研究二元函数微分学的基本概念和原理.

10.2.1　偏导数

定义 10.2.1　设二元函数 $f(x,y)$ 在点 $P_0=(x_0,y_0)$ 的某个邻域中有定义,固定 $y=y_0$,将 $f(x,y_0)$ 看做 x 的一元函数,并在 x_0 求导数,即求极限

$$\lim_{\Delta x \to 0} \frac{f(x_0+\Delta x, y_0) - f(x_0, y_0)}{\Delta x}.$$

如果这个导数存在,则称其为二元函数 $f(x,y)$ 在点 $P_0=(x_0,y_0)$ 关于变元 x 的**偏导数**,记作 $\dfrac{\partial f(x_0,y_0)}{\partial x}$,$\dfrac{\partial f}{\partial x}\Big|_{P_0}$,或者 $f_x'(x_0,y_0)$ 等.

同样可以定义另一个偏导数 $\dfrac{\partial f(x_0,y_0)}{\partial y}$ $\Big($ 或者表示为 $\dfrac{\partial f}{\partial y}\Big|_{P_0}$ 和 $f_y'(x_0,y_0)\Big)$,即

$$\frac{\partial f}{\partial y}\bigg|_{(x_0,y_0)} = \lim_{\Delta y \to 0} \frac{f(x_0, y_0+\Delta y) - f(x_0, y_0)}{\Delta y}.$$

根据上述定义,$\dfrac{\partial f(x_0,y_0)}{\partial x}$ 是函数 $f(x,y)$ 在点 $P_0(x_0,y_0)$ 对于变元 x 的变化率;$\dfrac{\partial f(x_0,y_0)}{\partial y}$ 是函数 $f(x,y)$ 在点 $P_0(x_0,y_0)$ 对于变元 y 的变化率.

图 10.6 可以解释两个偏导数的几何意义.

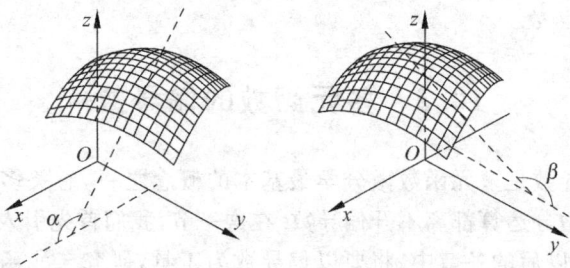

图　10.6

在空间过点 $(x_0, y_0, f(x_0, y_0))$ 作平行于 x 轴的平面 $\pi_1: y = y_0$,该平面与曲面 $S: z = f(x, y)$ 的交集是曲线 $L_1: z = f(x, y_0)$,$y = y_0$. 这条曲线在点 $(x_0, y_0, f(x_0, y_0))$ 的切线斜率(切线相对于 Ox 轴倾角的正切)等于 $\dfrac{\partial f(x_0, y_0)}{\partial x}$. 同样,过点 $(x_0, y_0, f(x_0, y_0))$ 作平行于 y 轴的平面 $\pi_2: x = x_0$,该平面与曲面 $S: z = f(x, y)$ 的交集是曲线 $L_2: z = f(x_0, y)$,$x = x_0$. 这条曲线在点 $(x_0, y_0, f(x_0, y_0))$ 的切线斜率(切线相对于 Oy 轴倾角的正切)等于 $\dfrac{\partial f(x_0, y_0)}{\partial y}$.

例 10.2.1　设 $f(x, y) = \arctan \dfrac{x+y}{1-xy}$,求 $\left. \dfrac{\partial f}{\partial x} \right|_{(1,2)}$ 和 $\left. \dfrac{\partial f}{\partial y} \right|_{(1,2)}$.

解　先求在任意点的偏导数,当对于变元 x 求偏导数时,将 y 看做常数;当对于变元 y 求偏导数时,将 x 看做常数. 于是下列运算在任意一点成立:

$$\frac{\partial f}{\partial x} = \frac{1}{1 + \left(\dfrac{x+y}{1-xy}\right)^2} \cdot \frac{1 - xy + y(x+y)}{(1-xy)^2} = \frac{1}{1+x^2};$$

$$\frac{\partial f}{\partial y} = \frac{1}{1 + \left(\dfrac{x+y}{1-xy}\right)^2} \cdot \frac{1 - xy + x(x+y)}{(1-xy)^2} = \frac{1}{1+y^2}.$$

令 $x = 1, y = 2$,得到

$$\left. \frac{\partial f}{\partial x} \right|_{(1,2)} = \frac{1}{1+1} = \frac{1}{2}, \quad \left. \frac{\partial f}{\partial y} \right|_{(1,2)} = \frac{1}{1+2^2} = \frac{1}{5}.$$

也可以直接按照函数在一点的偏导数定义计算 $\left. \dfrac{\partial f}{\partial x} \right|_{(1,2)}$ 和 $\left. \dfrac{\partial f}{\partial y} \right|_{(1,2)}$:

$$\left. \frac{\partial f}{\partial x} \right|_{(1,2)} = \left. \frac{\mathrm{d}}{\mathrm{d}x} f(x, 2) \right|_{x=1} = \left. \frac{\mathrm{d}}{\mathrm{d}x} \left(\arctan \frac{x+2}{1-2x} \right) \right|_{x=1} = \frac{1}{2},$$

$$\left. \frac{\partial f}{\partial y} \right|_{(1,2)} = \left. \frac{\mathrm{d}}{\mathrm{d}y} f(1, y) \right|_{y=2} = \left. \frac{\mathrm{d}}{\mathrm{d}y} \left(\arctan \frac{1+y}{1-y} \right) \right|_{y=2} = \frac{1}{5}.$$

类似的方式可以定义并且计算三元函数和其他多元函数的偏导数.

例 10.2.2　已知 $u = \mathrm{e}^{x+z}\sin(x+y)$,求三元函数 u 在任意一点 (x, y, z) 处的三个偏导数.

解　在计算 $\dfrac{\partial u}{\partial x}$ 时,将 y, z 看做常数,对于变量 x 求导得到

$$\frac{\partial u}{\partial x} = \mathrm{e}^{x+z}\sin(x+y) + \mathrm{e}^{x+z}\cos(x+y).$$

类似可以得到

$$\frac{\partial u}{\partial y} = \mathrm{e}^{x+z}\cos(x+y), \quad \frac{\partial u}{\partial z} = \mathrm{e}^{x+z}\sin(x+y).$$

对于一元函数 $f(x)$,可导性与连续性的关系是简单的:导数 $f'(x_0)$ 存在蕴含 $f(x)$ 在点 x_0 的连续性,但是 $f(x)$ 在点 x_0 连续不能推出 $f'(x_0)$ 存在.

然而,对于多元函数,函数的偏导数存在与连续性互不蕴含,这可以由下面的两个例题看出.

例 10.2.3　设

$$f(x, y) = \begin{cases} 1, & y = x^2, x > 0, \\ 0, & \text{其他}. \end{cases}$$

由于 $f(x, 0) \equiv 0, f(0, y) \equiv 0$,所以 $f(x, y)$ 在原点的两个偏导数 $\dfrac{\partial f}{\partial x}, \dfrac{\partial f}{\partial y}$ 都存在并且等于零. 但是,因为 $\lim\limits_{(x,y) \to (0,0)} f(x, y)$(参见例 10.1.2)不存在,所以该函数在原点不连续.

例 10.2.4　函数 $f(x, y) = \sqrt{x^2 + y^2}$ 在原点连续,但是下列两个极限都不存在:

$$\lim_{x \to 0} \frac{f(x, 0) - f(0, 0)}{x} = \lim_{x \to 0} \frac{\sqrt{x^2}}{x},$$

$$\lim_{y \to 0} \frac{f(0, y) - f(0, 0)}{y} = \lim_{x \to 0} \frac{\sqrt{y^2}}{y}.$$

所以在原点 $\dfrac{\partial f}{\partial x}$, $\dfrac{\partial f}{\partial y}$ 都不存在.

10.2.2 高阶偏导数

对于二元函数 $f(x,y)$, 如果 f 在区域 D 中处处有偏导数 $\dfrac{\partial f(x,y)}{\partial x}$, $\dfrac{\partial f(x,y)}{\partial y}$, 则各个偏导数就是定义在 D 上的函数, 称为 $f(x,y)$ 的偏导函数. 对于各个偏导函数, 我们仍然可以考虑它们的各个偏导数, 这就引出了高阶偏导数的概念. 例如 $\dfrac{\partial^2 f}{\partial x^2} = \dfrac{\partial}{\partial x}\left(\dfrac{\partial f}{\partial x}\right)$ 称为 f 关于 x 的二阶偏导数, $\dfrac{\partial^2 f}{\partial y^2} = \dfrac{\partial}{\partial y}\left(\dfrac{\partial f}{\partial y}\right)$ 称为 f 关于 y 的二阶偏导数, $\dfrac{\partial^2 f}{\partial y \partial x} = \dfrac{\partial}{\partial y}\left(\dfrac{\partial f}{\partial x}\right)$ 称为 f 先对 x 后对 y 的二阶混合偏导数, $\dfrac{\partial^2 f}{\partial x \partial y} = \dfrac{\partial}{\partial x}\left(\dfrac{\partial f}{\partial y}\right)$ 称为 f 先对 y 后对 x 的二阶混合偏导数.

例 10.2.5 已知 $z = x\cos y + y\mathrm{e}^x$, 求 $\dfrac{\partial^2 z}{\partial x^2}$, $\dfrac{\partial^2 z}{\partial y^2}$, $\dfrac{\partial^2 z}{\partial x \partial y}$, $\dfrac{\partial^2 z}{\partial y \partial x}$.

解 先求一阶偏导数

$$\frac{\partial z}{\partial x} = \cos y + y\mathrm{e}^x, \qquad \frac{\partial z}{\partial y} = -x\sin y + \mathrm{e}^x,$$

再计算二阶导数

$$\frac{\partial^2 z}{\partial x^2} = \frac{\partial}{\partial x}\left(\frac{\partial z}{\partial x}\right) = y\mathrm{e}^x, \qquad \frac{\partial^2 z}{\partial y^2} = \frac{\partial}{\partial y}\left(\frac{\partial z}{\partial y}\right) = -x\cos y,$$

$$\frac{\partial^2 z}{\partial y \partial x} = \frac{\partial}{\partial y}\left(\frac{\partial z}{\partial x}\right) = \frac{\partial}{\partial y}(\cos y + y\mathrm{e}^x) = -\sin y + \mathrm{e}^x,$$

$$\frac{\partial^2 z}{\partial x \partial y} = \frac{\partial}{\partial x}\left(\frac{\partial z}{\partial y}\right) = \frac{\partial}{\partial x}(-x\sin y + \mathrm{e}^x) = -\sin y + \mathrm{e}^x.$$

同样可以定义更高阶的偏导数, 例如

$$\frac{\partial^5 f(x,y,z)}{\partial y^2 \partial x \partial z^2} = \frac{\partial}{\partial y}\left(\frac{\partial}{\partial y}\left(\frac{\partial}{\partial x}\left(\frac{\partial}{\partial z}\left(\frac{\partial f(x,y,z)}{\partial z}\right)\right)\right)\right).$$

读者可能已经注意到在例 10.2.5 中恰好有 $\dfrac{\partial^2 z}{\partial x \partial y} = \dfrac{\partial^2 z}{\partial y \partial x}$，但是对于任意的二元函数，这两个混合偏导数未必相等. 这就是说，多元函数的混合偏导数一般情况下与求导顺序有关. 请看下面的例子.

例 10.2.6 已知

$$f(x,y) = \begin{cases} xy\,\dfrac{x^2-y^2}{x^2+y^2}, & x^2+y^2 \neq 0, \\ 0, & x^2+y^2 = 0, \end{cases}$$

求 $\dfrac{\partial^2 f(0,0)}{\partial x \partial y}$, $\dfrac{\partial^2 f(0,0)}{\partial y \partial x}$.

解 先求一阶偏导数得

$$\frac{\partial f(x,y)}{\partial x} = \begin{cases} y\,\dfrac{x^4-y^4+4x^2y^2}{(x^2+y^2)^2}, & x^2+y^2 \neq 0, \\ 0, & x^2+y^2 = 0, \end{cases}$$

$$\frac{\partial f(x,y)}{\partial y} = \begin{cases} x\,\dfrac{x^4-y^4-4x^2y^2}{(x^2+y^2)^2}, & x^2+y^2 \neq 0, \\ 0, & x^2+y^2 = 0. \end{cases}$$

由二阶偏导数的定义得

$$\frac{\partial^2 f(0,0)}{\partial x \partial y} = \lim_{x \to 0} \frac{x-0}{x-0} = 1, \qquad \frac{\partial^2 f(0,0)}{\partial y \partial x} = \lim_{y \to 0} \frac{-y-0}{y-0} = -1.$$

所以

$$\frac{\partial^2 f(0,0)}{\partial x \partial y} \neq \frac{\partial^2 f(0,0)}{\partial y \partial x}.$$

那么在什么条件下，多元函数的混合偏导数与求导顺序才能没有关系？下述定理回答了这个问题.

定理 10.2.1 对于二元函数 $f(x,y)$，如果它的两个混合偏导数 $\dfrac{\partial^2 f}{\partial x \partial y}$, $\dfrac{\partial^2 f}{\partial y \partial x}$ 同时在某点连续，则两者在该点相等.

基于篇幅的原因,我们略去这个定理的证明.

对于其他多元函数,有完全相同的结论.

例如,对于 n 元函数 $f(x_1, x_2, \cdots, x_n)$,如果它的任意两个混合偏导数

$$\frac{\partial^2 f}{\partial x_i \partial x_j}, \frac{\partial^2 f}{\partial x_j \partial x_i}, \quad i, j = 1, 2, \cdots, n; \ i \neq j$$

同时在某点连续,则两者在该点相等.

另外,对于更高阶的混合偏导数也有相同的结论:如果多元函数 f 所有的 k 阶偏导数都连续,则它所有的 2 至 k 阶混合偏导数都与求导顺序无关.

例如,如果函数 $f(x, y, z)$ 的下列混合偏导数都在区域 D 中处处存在且连续,则它们处处相等,即

$$\frac{\partial^5 f(x, y, z)}{\partial y \partial x \partial y \partial z^2} = \frac{\partial^5 f(x, y, z)}{\partial y \partial z^2 \partial y \partial x} = \frac{\partial^5 f(x, y, z)}{\partial y^2 \partial z \partial x \partial z}$$

$$= \frac{\partial^5 f(x, y, z)}{\partial x \partial y^2 \partial z^2} = \cdots.$$

习 题 10.2

1. 若 $f(x, y)$ 在点 (x, y) 处连续,能否推出 $f(x, y)$ 在点 (x, y) 的两个偏导数存在?若 $f(x, y)$ 在点 (x, y) 的两个偏导数都存在,能否推出 $f(x, y)$ 在点 (x, y) 处连续?

2. 设 $z = \sqrt{|xy|}$,求 $\dfrac{\partial z}{\partial x}$.

3. 求下列偏导数:

(1) $z = \dfrac{x+y}{x-y}$,求 $\dfrac{\partial z}{\partial x}, \dfrac{\partial z}{\partial y}$;

(2) $f(x, y) = \arctan \dfrac{y}{x}$,求 $\dfrac{\partial f}{\partial x}, \dfrac{\partial f}{\partial y}$;

(3) $z = \cos \dfrac{y}{x} \sin \dfrac{x}{y}$,求 $\dfrac{\partial z(2, \pi)}{\partial x}, \dfrac{\partial z(2, \pi)}{\partial y}$;

(4) $z = \arcsin \sqrt{\dfrac{x}{y}} + \dfrac{1}{xy} e^{\frac{x}{z}}$，求 $\dfrac{\partial z(1,2)}{\partial x}, \dfrac{\partial z(1,2)}{\partial y}$；

(5) $z = \ln(\sqrt{x} + \sqrt{y})$，求 $x \dfrac{\partial z}{\partial x} + y \dfrac{\partial z}{\partial y}$；

(6) $z = \dfrac{x-y}{x+y} \ln \dfrac{y}{x}$，求 $x \dfrac{\partial z}{\partial x} + y \dfrac{\partial z}{\partial y}$；

(7) $u = \sqrt{x^2 + y^2 + z^2}$，求 $\left(\dfrac{\partial u}{\partial x}\right)^2 + \left(\dfrac{\partial u}{\partial y}\right)^2 + \left(\dfrac{\partial u}{\partial z}\right)^2$.

4. 求下列高阶导数：

(1) $z = x + y + \dfrac{1}{xy}$，求 $\dfrac{\partial^2 z(1,1)}{\partial x \partial y}$；

(2) $z = y^{\ln x}$，求 $\dfrac{\partial^2 z}{\partial x \partial y}$；

(3) $z = \ln(x + \sqrt{x^2 + y^2})$，求 $\dfrac{\partial^2 z}{\partial x \partial y}$；

(4) $z = \ln(\sqrt{(x-a)^2 + (y-b)^2})$，求 $\dfrac{\partial^2 z}{\partial x^2} + \dfrac{\partial^2 z}{\partial y^2}$；

(5) $u = \sqrt{x^2 + y^2 + z^2}$，求 $\dfrac{\partial^2 u}{\partial x^2} + \dfrac{\partial^2 u}{\partial y^2} + \dfrac{\partial^2 u}{\partial z^2}$；

(6) $z = \sin(xy)$，求 $\dfrac{\partial^3 z}{\partial x \partial y^2}$；

(7) $f(x, y, z) = xy^2 + yz^2 + zx^2$，求 $\dfrac{\partial^2 f(0,0,1)}{\partial x^2}, \dfrac{\partial^2 f(1,0,2)}{\partial x \partial z}$，$\dfrac{\partial^2 f(0,-1,0)}{\partial y \partial z}, \dfrac{\partial^3 f(2,0,1)}{\partial x \partial z^2}$.

10.3　多元函数的微分

10.3.1　微分的概念

对于一元函数 $f(x)$，如果导数 $f'(x_0)$ 存在，则当 $\Delta x \to 0$ 时，有

$$\Delta f = f(x_0 + \Delta x) - f(x_0) = f'(x_0) \Delta x + o(\Delta x).$$

也就是说，如果 $f(x)$ 在点 x_0 可导，则存在一个关于 Δx 的线性函

数 $f'(x_0)\Delta x$,使得当 $\Delta x \to 0$ 时,函数改变量 $\Delta f = f(x_0 + \Delta x) - f(x_0)$ 可以近似地表示为 Δx 的线性函数 $f'(x_0)\Delta x$.产生的误差与自变量改变量 Δx 相比是高阶无穷小.Δx 的这个线性函数称为 $f(x)$ 在点 x_0 的微分,记作 $\mathrm{d}f(x_0)$.

对于二元函数 $f(x,y)$,我们可以提出类似的问题:假定 $f(x,y)$ 在点 (x_0,y_0) 存在两个偏导数 $\dfrac{\partial f}{\partial x}$ 和 $\dfrac{\partial f}{\partial y}$.$\Delta x$ 和 Δy 表示自变量 x 和 y 的改变量.如果用 Δx 与 Δy 的线性函数 $\dfrac{\partial f}{\partial x}\Delta x + \dfrac{\partial f}{\partial y}\Delta y$ 作为函数改变量 $\Delta f = f(x_0 + \Delta x, y_0 + \Delta y) - f(x_0,y_0)$ 的近似值,产生的误差与自变量改变量的长度 $\sqrt{(\Delta x)^2 + (\Delta y)^2}$ 比较是不是高阶无穷小量(当 $\sqrt{(\Delta x)^2 + (\Delta y)^2} \to 0$ 时)?

这里问题的核心是:函数改变量 Δf 能够近似地表示成 Δx 与 Δy 的线性函数.这个问题不像一元函数那样简单.尽管两个偏导数都存在,但是一般情形,这样的期望未必成立.为此有下述概念.

定义 10.3.1　设二元函数 $f(x,y)$ 在点 (x_0,y_0) 存在两个偏导数 $\dfrac{\partial f}{\partial x},\dfrac{\partial f}{\partial y}$.令

$$\alpha = f(x_0 + \Delta x, y_0 + \Delta y) - f(x_0,y_0) - \left(\frac{\partial f}{\partial x}\Delta x + \frac{\partial f}{\partial y}\Delta y\right).$$

如果当 $\Delta x \to 0, \Delta y \to 0$ 时,有

$$\frac{\alpha}{\sqrt{(\Delta x)^2 + (\Delta y)^2}} \to 0,$$

则称 $f(x,y)$ 在点 (x_0,y_0) **可微**,并且称

$$\frac{\partial f}{\partial x}\bigg|_{(x_0,y_0)} \Delta x + \frac{\partial f}{\partial y}\bigg|_{(x_0,y_0)} \Delta y$$

为 $f(x,y)$ 在点 (x_0,y_0) 的**微分**.

当 $f(x,y)$ 在点 (x_0,y_0) 可微时,用 $\mathrm{d}f(x_0,y_0)$ 表示 $f(x,y)$ 在点 (x_0,y_0) 的微分,即

$$\mathrm{d}f(x_0,y_0) = \frac{\partial f}{\partial x}\bigg|_{(x_0,y_0)} \Delta x + \frac{\partial f}{\partial y}\bigg|_{(x_0,y_0)} \Delta y.$$

将自变量的改变量 $\Delta x, \Delta y$ 写做 $\mathrm{d}x$ 和 $\mathrm{d}y$(如果将 x 和 y 看做函数,则这两个函数的微分就是 $\mathrm{d}x$ 和 $\mathrm{d}y$). 于是

$$\mathrm{d}f(x_0,y_0) = \frac{\partial f}{\partial x}\bigg|_{(x_0,y_0)} \mathrm{d}x + \frac{\partial f}{\partial y}\bigg|_{(x_0,y_0)} \mathrm{d}y. \quad (10.3.1)$$

例 10.3.1　用定义 10.3.1 讨论函数

$$f(x,y) = \begin{cases} \dfrac{xy}{\sqrt{x^2+y^2}}, & x^2+y^2 \neq 0, \\ 0, & x^2+y^2 = 0 \end{cases}$$

在原点 $(0,0)$ 是否可微.

解　因为 $f(x,0)=0, f(0,y)=0$,所以

$$f'_x(0,0) = \lim_{x\to 0} \frac{f(x,0)-f(0,0)}{x} = 0,$$

$$f'_y(0,0) = \lim_{y\to 0} \frac{f(0,y)-f(0,0)}{y} = 0.$$

如果 $f(x,y)$ 在点 $(0,0)$ 可微,则根据定义 10.3.1,$f(x,y)$ 在点 $(0,0)$ 的微分就是

$$\mathrm{d}f(0,0) = f'_x(0,0)\Delta x + f'_y(0,0)\Delta y = 0 \cdot \Delta x + 0 \cdot \Delta y = 0.$$

注意到这时 $\Delta x = x, \Delta y = y$,所以

$$\alpha = f(x_0+\Delta x, y_0+\Delta y) - f(x_0,y_0) - \left(\frac{\partial f}{\partial x}\Delta x + \frac{\partial f}{\partial y}\Delta y\right)$$

$$= \frac{xy}{\sqrt{x^2+y^2}}.$$

当 $x \to 0, y \to 0$ 时,应当有

$$\frac{\alpha}{\sqrt{x^2+y^2}} \to 0.$$

在本例中，$\Delta x = x, \Delta y = y, \alpha = f(x,y)$，因此应当有

$$\frac{1}{\sqrt{x^2+y^2}} \cdot \frac{xy}{\sqrt{x^2+y^2}} = \frac{xy}{x^2+y^2} \to 0, \quad x \to 0, y \to 0.$$

但是这不成立！因为在例 10.1.3 中已经看到，当 (x,y) 沿不同射线趋向于原点时，等式右端的函数趋向于不同的值. 因此该函数在原点不可微.

由微分概念看出，如果 $f(x,y)$ 在点 (x_0,y_0) 可微，则当 $\Delta x \to 0$，$\Delta y \to 0$ 时，函数改变量 Δf 趋向于零. 于是得到一个重要结论.

定理 10.3.1 若 $f(x,y)$ 在点 (x_0,y_0) 可微，则 $f(x,y)$ 在点 (x_0,y_0) 连续.

10.3.2 函数可微的充分条件

上面例题说明，偏导数的存在不能保证函数的可微性. 因此需要回答这样的问题：满足什么条件时，$f(x,y)$ 在点 (x_0,y_0) 才是可微的？

下面的定理叙述了二元函数在一点可微的充分条件，这是多元函数微分学中的一个非常重要的结论.

定理 10.3.2 如果函数 $f(x,y)$ 的两个偏导数 $\frac{\partial f}{\partial x}, \frac{\partial f}{\partial y}$ 都在 $P_0(x_0,y_0)$ 处连续，则 $f(x,y)$ 在 $P_0(x_0,y_0)$ 处可微.

证明 由于两个偏导数 $\frac{\partial f}{\partial x}, \frac{\partial f}{\partial y}$ 都在 $P_0(x_0,y_0)$ 处连续，所以存在点 $P_0(x_0,y_0)$ 的一个邻域，使得在这个邻域中处处存在 $\frac{\partial f}{\partial x}$，$\frac{\partial f}{\partial y}$. 当 $\Delta x, \Delta y$ 都充分小时，下面出现的点 $(x_0+\Delta x, y_0+\Delta y)$，$(x_0, y_0+\Delta y)$ 都位于这个邻域内部.

考察

$$\Delta f - [f'_x(x_0,y_0)\Delta x + f'_y(x_0,y_0)\Delta x]$$
$$=[f(x_0+\Delta x,y_0+\Delta y) - f(x_0,y_0+\Delta y)] - f'_x(x_0,y_0)\Delta x$$
$$+[f(x_0,y_0+\Delta y) - f(x_0,y_0)] - f'_y(x_0,y_0)\Delta y. \quad (10.3.2)$$

由一元函数的拉格朗日中值定理得到

$$f(x_0+\Delta x,y_0+\Delta y) - f(x_0,y_0+\Delta y) = f'_x(x_0+\lambda\Delta x,y_0+\Delta y)\Delta x,$$
$$f(x_0,y_0+\Delta y) - f(x_0,y_0) = f'_y(x_0,y_0+\theta\Delta y)\Delta y,$$

其中 $0<\lambda<1,0<\theta<1.$ 将这两个结果代入 (10.3.2) 式,得到

$$\Delta f - [f'_x(x_0,y_0)\Delta x + f'_y(x_0,y_0)\Delta x]$$
$$=[f'_x(x_0+\lambda\Delta x,y_0+\Delta y) - f'_x(x_0,y_0)]\Delta x$$
$$+[f'_y(x_0,y_0+\theta\Delta y) - f'_y(x_0,y_0)]\Delta y.$$

记

$$\varepsilon_1 = f'_x(x_0+\lambda\Delta x,y_0+\Delta y) - f'_x(x_0,y_0),$$
$$\varepsilon_2 = f'_y(x_0,y_0+\theta\Delta y) - f'_y(x_0,y_0),$$

则上式变成

$$\Delta f - [f'_x(x_0,y_0)\Delta x + f'_y(x_0,y_0)\Delta x] = \varepsilon_1\Delta x + \varepsilon_2\Delta y.$$

因为两个偏导数 f'_x, f'_y 都在 $P_0(x_0,y_0)$ 处连续,所以当 $x \to x_0, y \to y_0$ 时,$\varepsilon_1 \to 0, \varepsilon_2 \to 0.$ 由此推出,当 $x \to x_0, y \to y_0$ 时,

$$\Delta f - [f'_x(x_0,y_0)\Delta x + f'_y(x_0,y_0)\Delta x]$$
$$=o(\Delta x) + o(\Delta y)$$
$$=o\left(\sqrt{(\Delta x)^2 + (\Delta y)^2}\right).$$

于是函数 $f(x,y)$ 在点 $P_0(x_0,y_0)$ 可微. 证毕.

需要说明的是,偏导数连续仅仅是在函数可微的充分条件,而不是必要条件.

对于三元函数,同样可以建立函数微分的概念.

定义 10.3.2 设三元函数 $f(x,y,z)$ 在点 (x_0,y_0,z_0) 存在三个偏导数 $\dfrac{\partial f}{\partial x}, \dfrac{\partial f}{\partial y}, \dfrac{\partial f}{\partial z}.$ 令

$$\alpha = f(x_0+\Delta x,y_0+\Delta y,z_0+\Delta z) - f(x_0,y_0,z_0)$$

$$- \left(\frac{\partial f}{\partial x} \Delta x + \frac{\partial f}{\partial y} \Delta y + \frac{\partial f}{\partial z} \Delta z \right).$$

如果当 $\Delta x \to 0, \Delta y \to 0, \Delta z \to 0$ 时,有

$$\frac{\alpha}{\sqrt{(\Delta x)^2 + (\Delta y)^2 + (\Delta z)^2}} \to 0,$$

则称 $f(x, y, z)$ 在点 (x_0, y_0, z_0) **可微**,并且称

$$\frac{\partial f}{\partial x} \bigg|_{(x_0, y_0, z_0)} \Delta x + \frac{\partial f}{\partial y} \bigg|_{(x_0, y_0, z_0)} \Delta y + \frac{\partial f}{\partial z} \bigg|_{(x_0, y_0, z_0)} \Delta z$$

为 $f(x, y, z)$ 在点 (x_0, y_0, z_0) 的**微分**.

当 $f(x, y, z)$ 在点 (x_0, y_0, z_0) 可微时,用 $\mathrm{d}f(x_0, y_0, z_0)$ 表示 $f(x, y, z)$ 在点 (x_0, y_0, z_0) 的微分,即

$$\mathrm{d}f(x_0, y_0, z_0) = \frac{\partial f}{\partial x} \bigg|_{(x_0, y_0, z_0)} \Delta x$$

$$+ \frac{\partial f}{\partial y} \bigg|_{(x_0, y_0, z_0)} \Delta y + \frac{\partial f}{\partial z} \bigg|_{(x_0, y_0, z_0)} \Delta z.$$

习惯上将自变量的改变量 $\Delta x, \Delta y, \Delta z$ 写做 $\mathrm{d}x, \mathrm{d}y$ 和 $\mathrm{d}z$,于是

$$\mathrm{d}f(x_0, y_0, z_0) = \frac{\partial f}{\partial x} \bigg|_{(x_0, y_0, z_0)} \mathrm{d}x + \frac{\partial f}{\partial y} \bigg|_{(x_0, y_0, z_0)} \mathrm{d}y + \frac{\partial f}{\partial z} \bigg|_{(x_0, y_0, z_0)} \mathrm{d}z.$$

$$(10.3.3)$$

定理 10.3.3 如果函数 $f(x, y, z)$ 的三个偏导数 $\dfrac{\partial f}{\partial x}, \dfrac{\partial f}{\partial y}, \dfrac{\partial f}{\partial z}$ 都在 $P_0(x_0, y_0, z_0)$ 处连续,则 $f(x, y, z)$ 在 $P_0(x_0, y_0, z_0)$ 处可微.

例 10.3.2 求函数 $f(x, y) = \dfrac{x}{y}$ 在任意点 (x, y) 的微分 $\mathrm{d}f(x, y)$ 和点 $(1,1)$ 处的微分 $\mathrm{d}f(1,1)$.

解 因为当 $y \neq 0$ 时,$\dfrac{\partial f}{\partial x} = \dfrac{1}{y}$,$\dfrac{\partial f}{\partial y} = \dfrac{-x}{y^2}$,并且两个偏导数都连续,所以函数可微,并且

$$\mathrm{d}f(x, y) = \frac{\partial f}{\partial x} \mathrm{d}x + \frac{\partial f}{\partial y} \mathrm{d}y = \frac{y\mathrm{d}x - x\mathrm{d}y}{y^2}.$$

当 $(x, y) = (1, 1)$ 时，

$$\mathrm{d}f(1, 1) = \frac{\partial f(1, 1)}{\partial x}\mathrm{d}x + \frac{\partial f(1, 1)}{\partial y}\mathrm{d}y = \mathrm{d}x - \mathrm{d}y.$$

例 10.3.3　设 $u = \dfrac{x}{z} - \ln\dfrac{z}{y}$，求 $\mathrm{d}u(x, y, z)$ 和 $\mathrm{d}u(1, 2, -1)$.

解　注意到这个函数的各个偏导数在其定义域内处处连续，所以根据定理 10.3.3 可以知道，该函数在它的定义域内处处可微. 又因为

$$\frac{\partial u}{\partial x} = \frac{1}{z}, \quad \frac{\partial u}{\partial y} = \frac{1}{y}, \quad \frac{\partial u}{\partial z} = -\frac{1}{z} - \frac{x}{z^2},$$

所以

$$\mathrm{d}u = \frac{\partial u}{\partial x}\mathrm{d}x + \frac{\partial u}{\partial y}\mathrm{d}y + \frac{\partial u}{\partial z}\mathrm{d}z = \frac{\mathrm{d}x}{z} + \frac{\mathrm{d}y}{y} - \frac{x+z}{z^2}\mathrm{d}z.$$

当 $(x, y, z) = (1, 2, -1)$ 时，$\mathrm{d}u(1, 2, -1) = -\mathrm{d}x + \dfrac{\mathrm{d}y}{2}$.

10.3.3　微分在函数近似计算中的应用

微分可以用于近似运算，它的原理是：用函数的微分作为函数改变量的近似值，就得到函数的近似公式

$$f(x_0 + \Delta x, y_0 + \Delta y) = f(x_0, y_0) + \Delta f$$

$$\approx f(x_0, y_0) + \frac{\partial f}{\partial x}\Delta x + \frac{\partial f}{\partial y}\Delta y. \quad (10.3.4)$$

例 10.3.4　计算 $\sqrt{3.01^2 + 3.98^2}$ 的近似值.

解　考察二元函数 $f(x, y) = \sqrt{x^2 + y^2}$，$f(3, 4) = 5$. 这个函数在点 $M_0(3, 4)$ 的全微分（函数）是

$$\mathrm{d}f(3, 4) = \frac{\partial f(3, 4)}{\partial x}\mathrm{d}x + \frac{\partial f(3, 4)}{\partial y}\mathrm{d}y = \frac{3}{5}\mathrm{d}x + \frac{4}{5}\mathrm{d}y.$$

取 $\mathrm{d}x = 0.01$，$\mathrm{d}y = -0.02$，用全微分代替函数值改变量作为近似值得到

$$\sqrt{3.01^2 + 3.98^2} \approx 5 + \left[\frac{3}{5} \times 0.01 + \frac{4}{5} \times (-0.02)\right] = 4.99.$$

例 10.3.5　两个电阻 R_1 和 R_2 并联以后的电阻为 $R = \dfrac{R_1 R_2}{R_1 + R_2}$. 假设 R_1 的标定值为 300Ω, 相对误差不超过 2%; R_2 的标定值为 500Ω, 相对误差不超过 3%. 试确定并联电阻 R 的最大相对误差.

解　根据题意, 有

$$\left|\frac{\Delta R_1}{R_1}\right| < 0.02, \quad \left|\frac{\Delta R_2}{R_2}\right| < 0.03.$$

由于

$$\frac{\partial R}{\partial R_1} = \frac{R_2^2}{(R_1 + R_2)^2}, \quad \frac{\partial R}{\partial R_2} = \frac{R_1^2}{(R_1 + R_2)^2},$$

所以

$$\Delta R \approx \mathrm{d}R = \frac{R_2^2 \Delta R_1 + R_1^2 \Delta R_2}{(R_1 + R_2)^2}.$$

于是 R 的相对误差近似地等于

$$\frac{\Delta R}{R} \approx \frac{R_2^2 \Delta R_1 + R_1^2 \Delta R_2}{(R_1 + R_2)^2} \frac{R_1 + R_2}{R_1 R_2} = \frac{R_2}{R_1 + R_2} \frac{\Delta R_1}{R_1} + \frac{R_1}{R_1 + R_2} \frac{\Delta R_2}{R_2}.$$

因而近似地得到

$$\left|\frac{\Delta R}{R}\right| \leqslant \frac{R_2}{R_1 + R_2} \left|\frac{\Delta R_1}{R_1}\right| + \frac{R_1}{R_1 + R_2} \left|\frac{\Delta R_2}{R_2}\right|$$

$$= \frac{300}{300 + 500} \times 0.02 + \frac{500}{300 + 500} \times 0.03 = 0.02375.$$

10.3.4　二元函数的原函数问题

假设 $f(x)$ 是连续函数, 那么 $f(x)\mathrm{d}x$ 必定是某个函数 $F(x)$ 的微分. 现在对于二元函数考虑类似的问题: 假定 $u(x, y)$ 与 $v(x, y)$ 是两个连续函数, 那么 $u(x, y)\mathrm{d}x + v(x, y)\mathrm{d}y$ 是不是某个二元函数 $f(x, y)$ 的微分 (全微分)? 如果是, 则称 $f(x, y)$ 是

$u(x,y)\mathrm{d}x+v(x,y)\mathrm{d}y$ 的一个原函数.

不过这个问题的答案不像一元函数那样简单. 为了弄清楚这个问题, 我们需要假设 $u(x,y)$ 与 $v(x,y)$ 有连续的偏导数. 如果 $u(x,y)\mathrm{d}x+v(x,y)\mathrm{d}y$ 是某个二元函数 $f(x,y)$ 的微分(全微分), 则有

$$\frac{\partial f}{\partial x}=u(x,y),\quad \frac{\partial f}{\partial y}=v(x,y).$$

由于 $u(x,y)$ 与 $v(x,y)$ 有连续的偏导数, 所以 $f(x,y)$ 的二阶混合偏导数连续, 从而根据混合偏导数与求导次序无关得到

$$\frac{\partial u}{\partial y}=\frac{\partial^2 f}{\partial y\partial x}=\frac{\partial^2 f}{\partial x\partial y}=\frac{\partial v}{\partial x}.$$

于是我们得到了表达式 $u(x,y)\mathrm{d}x+v(x,y)\mathrm{d}y$ 存在原函数的必要条件: $\dfrac{\partial u}{\partial y}=\dfrac{\partial v}{\partial x}$.

关于这个条件的充分性, 我们将在第 13 章讨论. 现在研究如何求原函数.

例 10.3.6　假设 $f(x,y)$ 是 $(2xy+y^2)\mathrm{d}x+(x^2+2xy+1)\mathrm{d}y$ 的一个原函数, 满足 $f(1,y)=y^2+2y$, 求 $f(x,y)$.

解　下面用不定积分的方法求原函数 $f(x,y)$.

因为 $\dfrac{\partial f}{\partial x}=y^2+2xy$, 所以

$$f(x,y)=\int\frac{\partial f}{\partial x}\mathrm{d}x+C(y)=\int(y^2+2xy)\mathrm{d}x+C(y)$$
$$=xy^2+x^2y+C(y),$$

这里 $C(y)$ 是 y 的某个函数.

另一方面, 由 $\dfrac{\partial f}{\partial y}=x^2+2xy+1$ 推出

$$\frac{\partial}{\partial y}[xy^2+x^2y+C(y)]=x^2+2xy+1,$$

于是 $2xy + x^2 + C'(y) = x^2 + 2xy + 1$, 即 $C'(y) = 1, C(y) = y + C$.
进而得到

$$f(x,y) = xy^2 + x^2 y + y + C.$$

再由 $f(1,y) = y^2 + 2y$ 又得到 $C=0$. 因此 $f(x,y) = xy^2 + x^2 y + y$.

习　题　10.3

1. 求下列函数在指定点的全微分：

(1) $z = \arctan \dfrac{x+y}{x-y}$, 在任意点 (x,y)；

(2) $z = \ln \sqrt{1 + x^2 + y^2}$, 在点 $(1,1)$；

(3) $z = \mathrm{e}^{-\left(\frac{y}{x} - \frac{x}{y}\right)}$, 在点 $(1,-1)$；

(4) $z = \arctan \dfrac{x}{1+y^2}$, 求 $\mathrm{d}z(1,1)$；

(5) $u = \left(\dfrac{x}{y}\right)^z$, 在任一点 (x,y,z).

2. 试证明下列函数在 $(0,0)$ 点不可微：

(1) $f(x,y) = \sqrt{x}\, \cos y$；

(2) $f(x,y) = \begin{cases} \dfrac{2xy}{\sqrt{x^2+y^2}}, & (x,y) \neq (0,0), \\ 0, & (x,y) = (0,0). \end{cases}$

3. 已知函数 $g(x), h(x)$ 分别在区间 $[x_0, x_1]$ 与 $[y_0, y_1]$ 上连续，试证函数

$$f(x,y) = \int_{x_0}^{x} g(s)\,\mathrm{d}s \int_{y_0}^{y} h(t)\,\mathrm{d}t$$

在点 (x,y) 可微，其中 $(x,y) \in D = \{(x,y) \mid x_0 \leqslant x \leqslant x_1, y_0 \leqslant y \leqslant y_1\}$.

4. 用函数微分计算下列数值的近似值：

(1) $\sqrt{1.02^2 + 1.97^2}$；　　(2) $0.97^{1.05}$.

5. 设二元函数 $z(x,y)$ 满足方程 $\dfrac{\partial^2 z}{\partial x \partial y} = x + y$, 并且 $z(x,0) = x, z(0,y) = y^2$. 试求 $z(x,y)$.

6. 求 $y^2 \mathrm{e}^{x+y}(\mathrm{d}x + \mathrm{d}y) + 2y\mathrm{e}^{x+y}\mathrm{d}y$ 的原函数.

10.4　复合函数微分法

10.4.1　复合函数求导法则

在一元函数微分学部分,我们已经研究过复合函数微分法.设 $y=f(u)$, $u=g(x)$ 都是可导函数, $u_0=g(x_0)$,则复合函数 $y=f\circ g(x)=f(g(x))$ 可导,并且

$$\frac{\mathrm{d}y}{\mathrm{d}x}\Big|_{x_0} = \frac{\mathrm{d}f}{\mathrm{d}u}\Big|_{u_0} \cdot \frac{\mathrm{d}g}{\mathrm{d}x}\Big|_{x_0}.$$

本节研究多元函数的复合函数微分法则.

首先研究一个求导数的例子,设 $z=\sin\dfrac{x}{y}\cos\dfrac{y}{x}$,求 $\dfrac{\partial z}{\partial x}$ 及 $\dfrac{\partial z}{\partial y}$.

如果令 $u=\dfrac{x}{y}$, $v=\dfrac{y}{x}$,那么可以将 z 看做 x,y 的复合函数,即

$$z = f(u,v) = \sin u \cos v, \quad u = \frac{x}{y}, \quad v = \frac{y}{x}.$$

虽然这是多元复合函数,但是我们仅仅需要掌握偏导数概念和一元函数的复合函数微分法则,就可以求出它的偏导数:

$$\frac{\partial z}{\partial x} = \cos\frac{x}{y} \cdot \frac{1}{y}\cos\frac{y}{x} - \sin\frac{y}{x} \cdot \left(-\frac{y}{x^2}\right)\cdot \sin\frac{y}{x},$$

$$\frac{\partial z}{\partial y} = \cos\frac{x}{y} \cdot \left(-\frac{x}{y^2}\right)\cos\frac{y}{x} - \sin\frac{y}{x} \cdot \frac{1}{x}\sin\frac{x}{y}.$$

实际上,任意初等多元函数都可以直接运用一元函数的各种微分法则,特别是复合函数微分法计算偏导数.但是为了对于更广泛的函数类型进行微分运算,以及由于理论分析的需要,必须对多元复合函数微分运算的一般规律进行研究,建立多元函数复合函数微分法则.

尽管可以运用映射和矩阵等工具将多元函数的复合函数微分

法写成统一的形式,但是为了便于读者理解和掌握,我们将复合函数微分法分成几种情形表述.

定理 10.4.1 设 $z = f(x, y)$ 是 (x, y) 的可微函数,$x = x(t)$,$y = y(t)$ 是 t 的可导函数,则复合函数 $z = f(x(t), y(t))$ 是 t 的可导函数,并且

$$\frac{\mathrm{d}z}{\mathrm{d}t} = \frac{\partial f(x, y)}{\partial x} \frac{\mathrm{d}x(t)}{\mathrm{d}t} + \frac{\partial f(x, y)}{\partial y} \frac{\mathrm{d}y(t)}{\mathrm{d}t}. \quad (10.4.1)$$

证明 假设自变量 t 的增量 Δt 产生了变量 x, y 的增量

$$\Delta x = x(t + \Delta t) - x(t), \quad \Delta y = y(t + \Delta t) - y(t).$$

由 Δt 产生的函数 z 的改变量为

$$\Delta z = f(x(t + \Delta t), y(t + \Delta t)) - f(x(t), y(t)).$$

由于 $z = f(x, y)$ 可微,所以

$$\Delta z = f(x + \Delta x, y + \Delta y) - f(x, y)$$

$$= \frac{\partial z}{\partial x} \Delta x + \frac{\partial z}{\partial y} \Delta y + \alpha. \quad (10.4.2)$$

其中当 $x \to 0, y \to 0$ 时,有

$$\alpha = o(\sqrt{(\Delta x)^2 + (\Delta y)^2})$$

$$= o(|\Delta x| + |\Delta y|). \quad (10.4.3)$$

因为 $x(t)$ 和 $y(t)$ 可导,所以当 $\Delta t \to 0$ 时,

$$\Delta x = x'(t)\Delta t + o(\Delta t), \quad \Delta y = y'(t)\Delta t + o(\Delta t).$$

$$(10.4.4)$$

将(10.4.4)式代入(10.4.3)式得到

$$\alpha = o(|x'(t)\Delta t + o(\Delta t)| + |y'(t)\Delta t + o(\Delta t)|).$$

进而推出

$$\lim_{\Delta t \to 0} \frac{\alpha}{\Delta t} = 0. \quad (10.4.5)$$

(10.4.2)式两端同除以 Δt,令 $\Delta t \to 0$,并利用(10.4.5)式,得到

$$\lim_{\Delta t \to 0} \frac{\Delta z}{\Delta t} = \lim_{\Delta t \to 0} \frac{f_x'(x,y)\Delta x + f_y'(x,y)\Delta y}{\Delta t} + \lim_{\Delta t \to 0} \frac{\alpha}{\Delta t}$$
$$= f_x'(x,y)x'(t) + f_y'(x,y)y'(t).$$

由此立即得到(10.4.1)式.

例 10.4.1　设 $y = (\cos)^{\sin x}$，求 $\dfrac{\mathrm{d}y}{\mathrm{d}x}$.

解　考虑二元函数 $y = u^v$ 以及 $u = \cos x$，$v = \sin x$，应用定理 10.4.1 得到

$$\frac{\mathrm{d}y}{\mathrm{d}x} = \frac{\partial y}{\partial u}\frac{\mathrm{d}u}{\mathrm{d}x} + \frac{\partial y}{\partial v}\frac{\mathrm{d}v}{\mathrm{d}x} = vu^{v-1}(-\sin x) + (\ln u)u^v \cos x$$
$$= (\cos x)^{\sin x - 1}(\cos^2 x \ln \cos x - \sin^2 x).$$

运用与定理 10.4.1 相同的方法可以证明下面的定理 10.4.2.

定理 10.4.2　设 $y = f(u_1, u_2, \cdots, u_m)$ 可微，$u_i = u_i(t)(i = 1, 2, \cdots, m)$ 可导，则有

$$\frac{\mathrm{d}y}{\mathrm{d}t} = \sum_{i=1}^{m} \frac{\partial y}{\partial u_i} \frac{\mathrm{d}u_i}{\mathrm{d}t}. \tag{10.4.6}$$

如果有两个自变量和两个中间变量，则有下述定理.

定理 10.4.3　设二元函数 $z = z(u, v)$ 在点 (u, v) 处可微，二元函数 $u = u(x, y)$ 和 $v = v(x, y)$ 在点 (x, y) 存在各个偏导数，则有

$$\begin{cases} \dfrac{\partial z}{\partial x} = \dfrac{\partial z}{\partial u}\dfrac{\partial u}{\partial x} + \dfrac{\partial z}{\partial v}\dfrac{\partial v}{\partial x}, \\[2mm] \dfrac{\partial z}{\partial y} = \dfrac{\partial z}{\partial u}\dfrac{\partial u}{\partial y} + \dfrac{\partial z}{\partial v}\dfrac{\partial v}{\partial y}, \end{cases} \tag{10.4.7}$$

其中偏导数 $\dfrac{\partial z}{\partial u}$，$\dfrac{\partial z}{\partial v}$ 在点 (u, v) 计算；$\dfrac{\partial u}{\partial x}$，$\dfrac{\partial u}{\partial y}$，$\dfrac{\partial v}{\partial x}$，$\dfrac{\partial v}{\partial y}$ 在点 (x, y) 计算.

证明　固定 y 而使 x 变化，在函数关系 $z = z(u(x, y), v(x, y))$ 中将 x 看做自变量，u，v 看做中间变量，y 为常数，利用定理 10.4.1 的结论就得到

$$\frac{\partial z}{\partial x} = \frac{\partial z}{\partial u}\frac{\mathrm{d}u}{\mathrm{d}x} + \frac{\partial z}{\partial v}\frac{\mathrm{d}v}{\mathrm{d}x}.$$

根据偏导数定义,此式中的$\frac{\mathrm{d}u}{\mathrm{d}x}$,$\frac{\mathrm{d}v}{\mathrm{d}x}$恰好是偏导数$\frac{\partial u}{\partial x}$,$\frac{\partial v}{\partial x}$,因此得到 (10.4.7)式中的第一等式.同样的方法可以得出(10.4.7)式中的第二等式.

当复合函数中有多个自变量和多个中间变量时,有如下结果.

定理 10.4.4 设 m 元函数 $y = f(u_1, u_2, \cdots, u_m)$ 在点 $(u_1, u_2, \cdots, u_m)$ 处可微,n 元函数 $u_1 = u_1(x_1, x_2, \cdots, x_n)$, $u_2 = u_2(x_1, x_2, \cdots, x_n)$, $\cdots$, $u_m = u_m(x_1, x_2, \cdots, x_n)$ 在点 $(x_1, x_2, \cdots, x_n)$ 存在各个偏导数 $\frac{\partial u_i}{\partial x_j}$ ($i = 1, 2, \cdots, m$; $j = 1, 2, \cdots, n$),则

$$\frac{\partial y}{\partial x_j}\Big|_{(x_1, x_2, \cdots, x_n)} = \sum_{i=1}^{m} \frac{\partial y}{\partial u_i}\Big|_{(u_1, u_2, \cdots, u_m)} \cdot \frac{\partial u_i}{\partial x_j}\Big|_{(x_1, x_2, \cdots, x_n)}$$
$$(j = 1, 2, \cdots, n). \tag{10.4.8}$$

以上复合函数求导公式(10.4.1)及(10.4.2)~(10.4.8)称为 **链式法则**.

例 10.4.2 设 $z = f\left(xy, \dfrac{x}{y}\right)$,其中函数 f 有二阶连续偏导数,求 $\dfrac{\partial^2 z}{\partial x^2}$.

解 记

$$u = xy, \quad v = \frac{x}{y}, \quad f_1' = \frac{\partial f}{\partial u}, \quad f_2' = \frac{\partial f}{\partial v}, \quad f_{11}'' = \frac{\partial^2 f}{\partial u^2}, \quad f_{22}'' = \frac{\partial^2 f}{\partial v^2},$$

$$f_{12}'' = \frac{\partial^2 f}{\partial u \partial v} = \frac{\partial}{\partial u}\left(\frac{\partial f}{\partial v}\right), \quad f_{21}'' = \frac{\partial^2 f}{\partial v \partial u} = \frac{\partial}{\partial v}\left(\frac{\partial f}{\partial u}\right),$$

则有

$$\frac{\partial z}{\partial x} = \frac{\partial f}{\partial u}\frac{\partial u}{\partial x} + \frac{\partial f}{\partial v}\frac{\partial v}{\partial x} = y f_1' + \frac{1}{y} f_2',$$

$$\frac{\partial^2 z}{\partial x^2} = \frac{\partial}{\partial x}\left(\frac{\partial z}{\partial x}\right) = \frac{\partial}{\partial x}\left(y f_1' + \frac{1}{y} f_2'\right)$$

$$= y \frac{\partial}{\partial x}\left(\frac{\partial f}{\partial u}\right) + \frac{1}{y}\frac{\partial}{\partial x}\left(\frac{\partial f}{\partial v}\right). \tag{10.4.9}$$

注意到 $\dfrac{\partial f}{\partial u}, \dfrac{\partial f}{\partial v}$ 都是以 u, v 为中间变量,以 x, y 为自变量的复合函数,并且注意到二阶混合偏导数连续可以推出 $f''_{12} = f''_{21}$,所以

$$\frac{\partial}{\partial x}\left(\frac{\partial f}{\partial u}\right) = \frac{\partial}{\partial u}\left(\frac{\partial f}{\partial u}\right)\frac{\partial u}{\partial x} + \frac{\partial}{\partial v}\left(\frac{\partial f}{\partial u}\right)\frac{\partial v}{\partial x}$$

$$= y\frac{\partial^2 f}{\partial u^2} + \frac{1}{y}\frac{\partial^2 f}{\partial v \partial u} = yf''_{11} + \frac{1}{y}f''_{21},$$

$$\frac{\partial}{\partial x}\left(\frac{\partial f}{\partial v}\right) = \frac{\partial}{\partial u}\left(\frac{\partial f}{\partial v}\right)\frac{\partial u}{\partial x} + \frac{\partial}{\partial v}\left(\frac{\partial f}{\partial v}\right)\frac{\partial v}{\partial x}$$

$$= y\frac{\partial^2 f}{\partial u \partial v} + \frac{1}{y}\frac{\partial^2 f}{\partial v^2} = yf''_{12} + \frac{1}{y}f''_{22}.$$

将以上两式代入(10.4.9)式得到

$$\frac{\partial^2 z}{\partial x^2} = y^2 f''_{11} + 2f''_{12} + \frac{1}{y^2}f''_{22}.$$

例 10.4.3　设 $u = u(x, y)$ 二阶连续可微,并且满足方程

$$\frac{\partial^2 u}{\partial x^2} - \frac{\partial^2 u}{\partial y^2} = 0.$$

令 $\xi = x - y, \eta = x + y$,试证 $\dfrac{\partial^2 u}{\partial \xi \partial \eta} = 0$ 成立.

解　将 x, y 看成自变量,ξ, η 看成中间变量,利用链式法则(10.4.7)式得到

$$\frac{\partial u}{\partial x} = \frac{\partial u}{\partial \xi}\frac{\partial \xi}{\partial x} + \frac{\partial u}{\partial \eta}\frac{\partial \eta}{\partial x} = \frac{\partial u}{\partial \xi} + \frac{\partial u}{\partial \eta},$$

$$\frac{\partial u}{\partial y} = \frac{\partial u}{\partial \xi}\frac{\partial \xi}{\partial y} + \frac{\partial u}{\partial \eta}\frac{\partial \eta}{\partial y} = \frac{\partial u}{\partial \eta} - \frac{\partial u}{\partial \xi},$$

$$\frac{\partial^2 u}{\partial x^2} = \frac{\partial}{\partial x}\left(\frac{\partial u}{\partial x}\right) = \frac{\partial}{\partial x}\left(\frac{\partial u}{\partial \xi} + \frac{\partial u}{\partial \eta}\right)$$

$$= \frac{\partial}{\partial \xi}\left(\frac{\partial u}{\partial \xi}\right)\frac{\partial \xi}{\partial x} + \frac{\partial}{\partial \eta}\left(\frac{\partial u}{\partial \xi}\right)\frac{\partial \eta}{\partial x} + \frac{\partial}{\partial \xi}\left(\frac{u}{\partial \eta}\right)\frac{\partial \xi}{\partial x} + \frac{\partial}{\partial \eta}\left(\frac{\partial u}{\partial \eta}\right)\frac{\partial \eta}{\partial x}$$

$$= \frac{\partial^2 u}{\partial \xi^2} \frac{\partial \xi}{\partial x} + \frac{\partial^2 u}{\partial \xi \partial \eta} \left(\frac{\partial \eta}{\partial x} + \frac{\partial \xi}{\partial x} \right) + \frac{\partial^2 u}{\partial \eta^2} \frac{\partial \eta}{\partial x}$$

$$= \frac{\partial^2 u}{\partial \xi^2} + 2 \frac{\partial^2 u}{\partial \xi \partial \eta} + \frac{\partial^2 u}{\partial \eta^2}.$$

同样可得

$$\frac{\partial^2 u}{\partial y^2} = \frac{\partial^2 u}{\partial \xi^2} - 2 \frac{\partial^2 u}{\partial \xi \partial \eta} + \frac{\partial^2 u}{\partial \eta^2},$$

将 $\dfrac{\partial^2 u}{\partial x^2}, \dfrac{\partial^2 u}{\partial y^2}$ 代入 $\dfrac{\partial^2 u}{\partial x^2} - \dfrac{\partial^2 u}{\partial y^2} = 0$，便得 $\dfrac{\partial^2 u}{\partial \xi \partial \eta} = 0.$

10.4.2 函数的方向导数和梯度

1. 方向导数

我们知道，一元函数 $f(x)$ 在点 x_0 的导数 $\dfrac{\mathrm{d}f(x)}{\mathrm{d}x}$ 反映函数 $f(x)$ 在点 x_0 沿 x 轴正向的变化率. 二元函数 $f(x,y)$ 在点 $M_0 = (x_0, y_0)$ 的两个偏导数 $\dfrac{\partial f}{\partial x}$ 和 $\dfrac{\partial f}{\partial y}$ 分别反映了函数 $f(x,y)$ 在 x 轴正向和 y 轴正向的变化率.

由于二元函数的自变量是向量 (x,y)（也称为点），(x,y) 可以以任意方式、沿任意方向变动，因此动点 (x,y) 可以沿经过点 $M_0 = (x_0, y_0)$ 的任意一条直线 l 趋近于 $M_0 = (x_0, y_0)$（图 10.7）.

当动点 (x,y) 沿不同直线趋近于 $M_0 = (x_0, y_0)$ 时，函数 $f(x,y)$ 的变化率一般是不同的. 这就引出了方向导数的概念.

设 $M_0(x_0, y_0) \in \mathbb{R}^2$ 为一定点，$\boldsymbol{v} = (v_1, v_2)^{\mathrm{T}} \in \mathbb{R}^2$ 是一个单位向量. 经过点 $M_0(x_0, y_0)$，并且以单位向量 $\boldsymbol{v} = (v_1, v_2)^{\mathrm{T}}$ 为方向向量的直

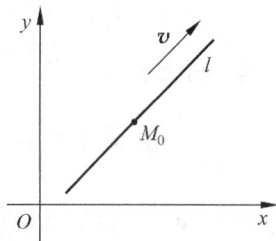

图 10.7

线 l 的方程式为

$$l = \{\overrightarrow{OM_0} + t\boldsymbol{v} = (x_0 + v_1 t, y_0 + v_2 t) \mid -\infty < t < +\infty\}.$$

$$(10.4.10)$$

如果将自变量 (x,y) 限制在这条直线上,即令 $(x,y) = (x_0 + v_1 t, y_0 + v_2 t)$,则 $f(x,y)$ 就变成变量 t 的一元函数 $g(t) = f(x_0 + v_1 t, y_0 + v_2 t)$,并且 $g(0) = f(x_0, y_0)$.

定义 10.4.1(方向导数)　设 $f(x,y)$ 在点 $M_0(x_0, y_0)$ 的某个邻域中有定义,$\boldsymbol{v} = (v_1, v_2)^{\mathrm{T}} \in \mathbb{R}^2$ 是单位向量,如果 t 的函数 $g(t) = f(x_0 + v_1 t, y_0 + v_2 t)$ 在 $t = 0$ 存在导数,即极限

$$\lim_{t \to 0} \frac{f(M_0 + t\boldsymbol{v}) - f(M_0)}{t}$$

$$= \lim_{t \to 0} \frac{f(x_0 + tv_1, y_0 + tv_2) - f(x_0, y_0)}{t} \quad (10.4.11)$$

存在,则称这个极限为函数 $f(x,y)$ 在点 $M_0(x_0, y_0)$ 沿方向 $\boldsymbol{v}$ 的**方向导数**,记作 $\left. \dfrac{\partial f}{\partial \boldsymbol{v}} \right|_{M_0}$ 或者 $\dfrac{\partial f(x_0, y_0)}{\partial \boldsymbol{v}}$.

根据上述定义,$\dfrac{\partial f(x_0, y_0)}{\partial \boldsymbol{v}}$ 是函数 $f(x,y)$ 在点 $M_0(x_0, y_0)$ 沿方向 $\boldsymbol{v}$ 的变化率.

例 10.4.4　求二元函数 $f(x,y) = x^2 + y^2$ 在点 $M_0(2,1)$ 沿方向 $\boldsymbol{w} = (3, -4)^{\mathrm{T}}$ 的方向导数.

解　将向量 $\boldsymbol{w} = (3, -4)^{\mathrm{T}}$ 单位化得单位向量 $\boldsymbol{v} = \dfrac{\boldsymbol{w}}{\|\boldsymbol{w}\|} = \left(\dfrac{3}{5}, -\dfrac{4}{5} \right)^{\mathrm{T}}$.设 $\boldsymbol{r} = (2,1)^{\mathrm{T}}$,注意到

$$f(\boldsymbol{r} + t\boldsymbol{v}) - f(M_0) = \left(2 + \frac{3t}{5} \right)^2 + \left(1 - \frac{4t}{5} \right)^2 - (2^2 + 1^2)$$

$$= \frac{4t}{5} + t^2,$$

所以

$$\frac{\partial f(M_0)}{\partial \boldsymbol{v}} = \lim_{t \to 0} \frac{f(\boldsymbol{r} + t\boldsymbol{v}) - f(M_0)}{t} = \lim_{t \to 0} \frac{\dfrac{4t}{5} + t^2}{t} = \frac{4}{5}.$$

由偏导数的定义不难看出,函数在一点 $M_0(x_0, y_0)$ 的两个偏导数 $\dfrac{\partial f(x_0, y_0)}{\partial x}$ 和 $\dfrac{\partial f(x_0, y_0)}{\partial y}$ 分别是 $f(x, y)$ 在 $M_0(x_0, y_0)$ 处沿向量 $\boldsymbol{i}$ 和 $\boldsymbol{j}$ 方向的方向导数. 因此偏导数是两个特殊的方向导数.

函数在一点方向导数的存在性与函数在该点的连续性没有直接的因果关系. 我们已经知道,函数 $f(x, y)$ 在某个点连续不能推出函数在这一点存在偏导数;同样,偏导数存在也不能推出函数的连续性. 另外,即使在某点存在所有的方向导数,也不能推出函数在该点处的连续性.

例如,考察例 10.1.2 中的函数

$$f(x, y) = \begin{cases} 1, & y = x^2, x > 0, \\ 0, & \text{其他}. \end{cases}$$

这个函数在原点间断,但是对于任意单位向量 $\boldsymbol{v}$,方向导数 $\dfrac{\partial f(0, 0)}{\partial \boldsymbol{v}}$ 存在且等于零. 这是因为,若设 l 为通过原点 $O(0, 0)$,并且以 $\boldsymbol{v}$ 为方向向量的直线,则该直线充分靠近原点的线段与曲线 $y = x^2 \, (x > 0)$ 没有公共点,因而在这一小段直线上 $f(x, y) \equiv 0$,因此,根据方向导数定义可以推出 $\dfrac{\partial f(0, 0)}{\partial \boldsymbol{v}} = 0$.

2. 梯度(向量)与方向导数的计算

假定函数 $f(x, y)$ 在点 (x_0, y_0) 可微,称向量 $\left(\dfrac{\partial f(x_0, y_0)}{\partial x}, \right.$ $\left. \dfrac{\partial f(x_0, y_0)}{\partial y} \right)^{\mathrm{T}}$ 为 $f(x, y)$ 在点 (x_0, y_0) 的**梯度(向量)**,记作 $\mathrm{grad}\, f(x_0, y_0)$.

下面建立方向导数的计算公式.

设 $\boldsymbol{v} \in \mathbb{R}^2$ 是单位向量,它的方向余弦为 $\cos\alpha$ 和 $\cos\beta(\alpha,\beta$ 分别是向量 $\boldsymbol{v}$ 与 x,y 坐标轴正向的夹角),这时 $\boldsymbol{v} = (\cos\alpha,\cos\beta)^{\mathrm{T}}$. 按照定义,函数 $f(x,y)$ 在点 $M(x_0,y_0)$ 的方向导数是极限

$$\lim_{t \to 0} \frac{f(\boldsymbol{r} + t\boldsymbol{v}) - f(M_0)}{t}$$

$$= \lim_{t \to 0} \frac{f(x_0 + t\cos\alpha, y_0 + t\cos\beta) - f(x_0,y_0)}{t},$$

其中 $\boldsymbol{r} = (x_0,y_0)^{\mathrm{T}}$. 因此,如果记 $z = g(t) = f(x_0 + t\cos\alpha, y_0 + t\cos\beta)$,那么上述极限就是

$$\left.\frac{\partial f}{\partial \boldsymbol{v}}\right|_{(x_0,y_0)} = \left.\frac{\mathrm{d}z}{\mathrm{d}t}\right|_{(t=0)} = \lim_{t \to 0} \frac{g(t) - g(0)}{t},$$

其中 z 与 t 的关系是复合函数

$$z = f(x,y), \quad x = x_0 + t\cos\alpha, \quad y = y_0 + t\cos\beta.$$

根据复合函数微分法((10.4.1)式)得到

$$\left.\frac{\partial f}{\partial \boldsymbol{v}}\right|_{(x_0,y_0)} = \left.\frac{\mathrm{d}z}{\mathrm{d}t}\right|_{t=t_0} = \left.\frac{\partial z}{\partial x}\right|_{(x_0,y_0)} \left.\frac{\mathrm{d}x}{\mathrm{d}t}\right|_{t=0} + \left.\frac{\partial z}{\partial y}\right|_{(x_0,y_0)} \left.\frac{\mathrm{d}y}{\mathrm{d}t}\right|_{t=0}$$

$$= \left.\frac{\partial z}{\partial x}\right|_{(x_0,y_0)} \cos\alpha + \left.\frac{\partial z}{\partial y}\right|_{(x_0,y_0)} \cos\beta. \tag{10.4.12}$$

注意到 $\boldsymbol{v} = (\cos\alpha,\cos\beta)^{\mathrm{T}}$；函数 $f(x,y)$ 在点 $M(x_0,y_0)$ 的梯度向量是 $\mathrm{grad} f(x_0,y_0) = \left.\left(\frac{\partial f}{\partial x}, \frac{\partial f}{\partial y}\right)^{\mathrm{T}}\right|_{(x_0,y_0)}$. 所以如果用向量的数量积表示方向导数,则有

$$\left.\frac{\partial f}{\partial \boldsymbol{v}}\right|_{(x_0,y_0)} = \mathrm{grad} f(x_0,y_0) \cdot \boldsymbol{v}. \tag{10.4.13}$$

如果 $\mathrm{grad} f(x_0,y_0) \neq \boldsymbol{0}$,令

$$\boldsymbol{w} = \frac{\mathrm{grad} f(x_0,y_0)}{\parallel \mathrm{grad} f(x_0,y_0) \parallel}.$$

这里 $\boldsymbol{w}$ 是单位向量,并且与梯度 $\mathrm{grad} f(x_0,y_0)$ 同向. 注意到

$$\frac{\partial f(x_0, y_0)}{\partial \boldsymbol{w}} = \mathrm{grad} f(x_0, y_0) \cdot \boldsymbol{w} = \| \mathrm{grad} f(x_0, y_0) \|,$$

$$(10.4.14)$$

所以,$\dfrac{\partial f(x_0, y_0)}{\partial \boldsymbol{w}}$ 是 $f(x, y)$ 在点 (x_0, y_0) 所有的方向导数的最大值(对于不同的单位向量 $\boldsymbol{v}$ 而言). 也就是说,在任意一点,如果梯度是非零向量,则梯度方向是函数值增加最快的方向,梯度向量的长度等于方向导数的最大值.

例 10.4.5 求函数 $z = f(x, y) = x^2 + 4y^2$ 在点 $M(1, 2)$ 沿抛物线 $y = 2x^2$ 的切向的方向导数.

解 抛物线 $y = 2x^2$ 在点 $M(1, 2)$ 处的切向量是 $\pm \left(1, \dfrac{\mathrm{d} y}{\mathrm{d} x} \Big|_{x=1} \right)^{\mathrm{T}} = \pm (1, 4)^{\mathrm{T}}$,将其单位化得到两个方向相反的单位切向量 $\boldsymbol{v}_{1,2} = \pm \dfrac{1}{\sqrt{17}} (1, 4)^{\mathrm{T}}$. 又因为

$$\mathrm{grad} f(1, 2) = \left(\frac{\partial f}{\partial x}, \frac{\partial f}{\partial y}\right)^{\mathrm{T}} \Big|_{(1,2)} = (2, 16)^{\mathrm{T}},$$

所以

$$\frac{\partial f(1, 2)}{\partial \boldsymbol{v}_1} = \mathrm{grad} f(1, 2) \cdot \boldsymbol{v}_1 = \frac{66}{\sqrt{17}},$$

$$\frac{\partial f(1, 2)}{\partial \boldsymbol{v}_2} = \mathrm{grad} f(1, 2) \cdot \boldsymbol{v}_2 = \frac{-66}{\sqrt{17}}.$$

10.4.3 雅可比矩阵

设 Ω 是 $\mathbb{R}^n$ 中的一个非空区域,如果按照某种法则 $\boldsymbol{f}$,使每一个 $\boldsymbol{x} = (x_1, x_2, \cdots, x_n)^{\mathrm{T}} \in \Omega$ 惟一地对应于某个 $\boldsymbol{y} = (y_1, y_2, \cdots, y_m)^{\mathrm{T}} \in \mathbb{R}^m$,则称 $\boldsymbol{f}$ 为 Ω 到 $\mathbb{R}^m$ 的一个**映射**,称 Ω 为该映射的**定义域**,映射 $\boldsymbol{f}$ 的定义域记作 $D(\boldsymbol{f})$. 与 $\boldsymbol{x} \in \Omega$ 对应的 $\boldsymbol{y}$ 表示为 $\boldsymbol{y} = \boldsymbol{f}(\boldsymbol{x})$. 当 $\boldsymbol{x}$ 取遍 Ω 时,$\boldsymbol{y} = \boldsymbol{f}(\boldsymbol{x})$ 在 $\mathbb{R}^m$ 中的取值范围称为映射 $\boldsymbol{f}$ 的

值域,映射 f 的值域表示为 $R(f)$.

将映射 f 写成分量形式或者坐标形式 $f = (f_1, f_2, \cdots, f_m)^{\mathrm{T}}$,即

$$\begin{cases} y_1 = f_1(x_1, x_2, \cdots, x_n), \\ y_2 = f_2(x_1, x_2, \cdots, x_n), \\ \vdots \\ y_m = f_m(x_1, x_2, \cdots, x_n), \end{cases} \tag{10.4.15}$$

其中 $f_1, f_2, \cdots, f_m$ 都是定义在 Ω 上的 n 元函数.

定义 10.4.2　设 Ω 是 $\mathbb{R}^n$ 中的一个区域,f 为 Ω 到 $\mathbb{R}^m$ 的一个映射,$x_0 \in \Omega$. 如果每一个函数 $f_i(x_1, x_2, \cdots, x_n)$ 在点 $(x_1^0, x_2^0, \cdots, x_n^0)$ 可微,则所有偏导数 $\dfrac{\partial f_i}{\partial x_j}$ $(j = 1, 2, \cdots, n, i = 1, 2, \cdots, m)$ 构成的 $m \times n$ 矩阵

$$\begin{bmatrix} \dfrac{\partial f_1}{\partial x_1} & \dfrac{\partial f_1}{\partial x_2} & \cdots & \dfrac{\partial f_1}{\partial x_n} \\[2mm] \dfrac{\partial f_2}{\partial x_1} & \dfrac{\partial f_2}{\partial x_2} & \cdots & \dfrac{\partial f_2}{\partial x_n} \\[2mm] \vdots & \vdots & & \vdots \\[2mm] \dfrac{\partial f_m}{\partial x_1} & \dfrac{\partial f_m}{\partial x_2} & \cdots & \dfrac{\partial f_m}{\partial x_n} \end{bmatrix}_{x_0} \tag{10.4.16}$$

称为映射 $y = f(x)$ 在点 $x_0 = (x_2^0, x_2^0, \cdots, x_n^0)$ 的**雅可比矩阵**,记作 $J(f(x_0))$,或者

$$\left. \frac{\partial(y_1, y_2, \cdots, y_m)}{\partial(x_1, x_2, \cdots, x_n)} \right|_{x_0}. \tag{10.4.17}$$

设 $[\alpha, \beta] \subset \mathbb{R}^1$ 为非空有界闭区间,$x(t), y(t), z(t)$ 是定义在 $[\alpha, \beta]$ 上的连续函数,则由下式确定了一个由 $[\alpha, \beta]$ 到 $\mathbb{R}^3$ 的连续映射:

$$x = x(t), \quad y = y(t), \quad z = z(t) \quad (\alpha \leqslant t \leqslant \beta). \tag{10.4.18}$$

如果令 $\boldsymbol{r}=(x,y,z)^{\mathrm{T}}$,则这个映射又可以写成

$$\boldsymbol{r} = \boldsymbol{r}(t) \quad (\alpha \leqslant t \leqslant \beta). \tag{10.4.19}$$

这个映射的值域是 $\mathbb{R}^3$ 中的一条连续曲线,(10.4.18)式或者 (10.4.19)式称为这条曲线的参数方程,其中 t 为曲线的**参数**. 这个映射的雅可比矩阵是

$$\frac{\partial(x,y,z)}{\partial t} = \begin{bmatrix} \dfrac{\partial x}{\partial t} \\[2mm] \dfrac{\partial y}{\partial t} \\[2mm] \dfrac{\partial z}{\partial t} \end{bmatrix}.$$

例 10.4.6　由方程

$$x = a\cos t, \; y = b\sin t, \; z = \frac{ct}{2\pi} \quad (0 \leqslant t \leqslant 2\pi) \tag{10.4.20}$$

确定了一个由 $[0,2\pi]$ 到 $\mathbb{R}^3$ 的一个连续映射,它的值域是螺线的一段(图 10.8(a)).

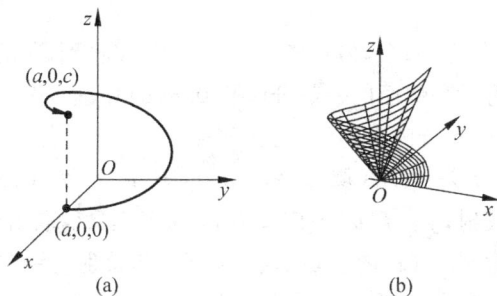

图　10.8

设 D 是 $\mathbb{R}^2$ 中的一个区域,$x(u,v),y(u,v),z(u,v)((u,v)\in D)$ 是定义在 D 上的三个连续函数,则由下式确定了一个由 D 到 $\mathbb{R}^3$ 的一个连续映射:

$$x = x(u,v), \quad y = y(u,v), \quad z = z(u,v) \quad ((u,v) \in D).$$
$$(10.4.21)$$

令 $\boldsymbol{r} = (x,y,z)^{\mathrm{T}}$,则这个映射又可以写成

$$\boldsymbol{r} = \boldsymbol{r}(u,v), \tag{10.4.22}$$

它的值域是 $\mathbb{R}^3$ 中的连续曲面,方程(10.4.21)或(10.4.22)称为这个曲面的参数方程,其中 u,v 是曲面的参数.这个映射的雅可比矩阵为

$$\frac{\partial(x,y,z)}{\partial(u,v)} = \begin{bmatrix} \dfrac{\partial x}{\partial u} & \dfrac{\partial x}{\partial v} \\[2mm] \dfrac{\partial y}{\partial u} & \dfrac{\partial y}{\partial v} \\[2mm] \dfrac{\partial z}{\partial u} & \dfrac{\partial z}{\partial v} \end{bmatrix}.$$

例 10.4.7 由方程

$$x = ar\cos\theta, \quad y = br\sin\theta, \quad z = \frac{cr\theta}{2\pi} \quad (0 \leqslant r \leqslant 1, 0 \leqslant \theta \leqslant 2\pi)$$
$$(10.4.23)$$

确定了一个由 $D = \{(r,\theta) \mid 0 \leqslant r \leqslant 1, 0 \leqslant \theta \leqslant 2\pi\}$ 到 $\mathbb{R}^3$ 的一个连续映射,它的值域是螺面的一部分(图 10.8(b)).

现在研究复合映射的雅可比矩阵.

设 $\Omega \subseteq \mathbb{R}^n$ 是一个区域,$\boldsymbol{u} = (u_1, u_2, \cdots, u_m)^{\mathrm{T}} = \boldsymbol{g}(\boldsymbol{x})$ 是从 Ω 到 $\mathbb{R}^m$ 的一个映射,$\boldsymbol{y} = \boldsymbol{f}(\boldsymbol{u})$ 为定义在区域 $D \subseteq \mathbb{R}^m$,取值于 $\mathbb{R}^k$ 的映射.如果映射 $\boldsymbol{u} = \boldsymbol{g}(\boldsymbol{x})$ 的值域 $R(g) \subseteq \mathbb{R}^m$ 和映射 $\boldsymbol{y} = \boldsymbol{f}(\boldsymbol{u})$ 的定义域 D 的交集非空,则确定了一个复合映射:

$$\boldsymbol{y} = \boldsymbol{f} \circ \boldsymbol{g}(\boldsymbol{x}) \xlongequal{\text{def}} \boldsymbol{f}(\boldsymbol{g}(\boldsymbol{x})). \tag{10.4.24}$$

下面的定理给出了复合映射的微分法则.

定理 10.4.5 设 $\boldsymbol{u} = \boldsymbol{g}(\boldsymbol{x})$ 是从 $\mathbb{R}^n$ 到 $\mathbb{R}^m$ 的映射,$\boldsymbol{y} = \boldsymbol{f}(\boldsymbol{u})$ 是从 $\mathbb{R}^m$ 到 $\mathbb{R}^k$ 的映射.假设各个函数 $u_i(x_1, x_2, \cdots, x_n)$, $y_k(u_1, u_2, \cdots, u_m)(i=1,2,\cdots,m; k=1,2,\cdots,k)$ 的所有偏导数连续,则复合映射

$y = f \circ g(x)$ 的雅可比矩阵为

$$J(f \circ g)(x) = J(f(u)) \cdot J(g(x)), \qquad (10.4.25)$$

即

$$\frac{\partial(y_1, y_2, \cdots, y_k)}{\partial(x_1, x_2, \cdots, x_n)} = \frac{\partial(y_1, y_2, \cdots, y_k)}{\partial(u_1, u_2, \cdots, u_m)} \frac{\partial(u_1, u_2, \cdots, u_m)}{\partial(x_1, x_2, \cdots, x_n)},$$

$$(10.4.26)$$

其中 x_i, u_j, y_k 和 y 满足下列关系:

$$u_j = u_j(x_1, x_2, \cdots, x_n),$$
$$y_l = y_l(u_1, u_2, \cdots, u_m), \qquad j = 1, 2, \cdots, m; \ l = 1, 2, \cdots, k.$$

(10.4.25)式和(10.4.26)式也称为多元复合映射微分法的**链式法则**.

例 10.4.8 已知

$$\begin{cases} y_1 = u_1 u_2 - u_1 u_3, \\ y_2 = u_1 u_3 - u_2^2, \end{cases} \qquad \begin{cases} u_1 = x_1 \cos x_2 + (x_1 + x_2)^2, \\ u_2 = x_1 \sin x_2 + x_1 x_2, \\ u_3 = x_1^2 - x_1 x_2 + x_2^2. \end{cases}$$

求 $\dfrac{\partial y_1}{\partial x_1}$,并计算 $\dfrac{\partial(y_1, y_2)}{\partial(x_1, x_2)}\bigg|_{(1,0)}$.

解 由复合函数微分法得

$$\frac{\partial y_1}{\partial x_1} = \frac{\partial y_1}{\partial u_1} \frac{\partial u_1}{\partial x_1} + \frac{\partial y_1}{\partial u_2} \frac{\partial u_2}{\partial x_1} + \frac{\partial y_1}{\partial u_3} \frac{\partial u_3}{\partial x_1}$$

$$= (u_2 - u_3)[\cos x_2 + 2(x_1 + x_2)]$$
$$+ u_1(\sin x_2 + x_2) - u_1(2x_1 - x_2).$$

由复合映射的链式法则(10.4.26)得到

$$\frac{\partial(y_1, y_2)}{\partial(x_1, x_2)} = \frac{\partial(y_1, y_2)}{\partial(u_1, u_2, u_3)} \frac{\partial(u_1, u_2, u_3)}{\partial(x_1, x_2)}$$

$$= \begin{bmatrix} u_2 - u_3 & u_1 & -u_1 \\ u_3 & -2u_2 & u_1 \end{bmatrix}$$

$$\times \begin{bmatrix} \cos x_2 + 2(x_1 + x_2) & -x_1 \sin x_2 + 2(x_1 + x_2) \\ \sin x_2 + x_2 & x_1 \cos x_2 + x_1 \\ 2x_1 - x_2 & 2x_2 - x_1 \end{bmatrix}.$$

当 $(x_1, x_2) = (1,0)$ 时, $(u_1, u_2, u_3) = (2,0,1)$,于是

$$\frac{\partial(y_1, y_2)}{\partial(x_1, x_2)}\bigg|_{(1,0)} = \frac{\partial(y_1, y_2)}{\partial(u_1, u_2, u_3)}\bigg|_{(2,0,1)} \frac{\partial(u_1, u_2, u_3)}{\partial(x_1, x_2)}\bigg|_{(1,0)}$$

$$= \begin{bmatrix} -1 & 2 & -2 \\ 1 & 0 & 2 \end{bmatrix} \begin{bmatrix} 3 & 2 \\ 0 & 2 \\ 2 & -1 \end{bmatrix} = \begin{bmatrix} -7 & 4 \\ 7 & 0 \end{bmatrix}.$$

由此又可以得到,当 $x_1 = 1, x_2 = 0$ 时,

$$\frac{\partial y_1}{\partial x_1} = -7, \quad \frac{\partial y_1}{\partial x_2} = 4, \quad \frac{\partial y_2}{\partial x_1} = 7, \quad \frac{\partial y_2}{\partial x_2} = 0.$$

由复合函数微分法(10.4.26)可以推出多元函数的**反函数微分法**(即**逆映射微分法则**).

定理 10.4.6　设 $\Omega \subseteq \mathbb{R}^n$ 是一个区域,$y = f(x)$ 是从 Ω 到 $\mathbb{R}^n$ 的一个可微映射,$x_0 \in \Omega$. 如果这个映射在点 x_0 的雅可比矩阵 $Jf(x_0)$ 可逆,则存在 $y_0 = f(x_0)$ 的某个邻域 U,使得在 U 上定义了映射 $y = f(x)$ 的逆映射 $x = f^{-1}(y)$,满足 $x_0 = f^{-1}(y_0)$. 逆映射 $x = f^{-1}(y)$ 在点 y_0 的雅可比矩阵为

$$\frac{\partial(x_1, x_2, \cdots, x_n)}{\partial(y_1, y_2, \cdots, y_n)}\bigg|_{y_0} = \left[\frac{\partial(y_1, y_2, \cdots, y_k)}{\partial(x_1, x_2, \cdots, x_n)}\bigg|_{x_0}\right]^{-1}.$$

$$(10.4.27)$$

(10.4.27)式说明:逆映射的雅可比矩阵等于原映射雅可比矩阵的逆矩阵.

证明　我们用定理 10.4.3 来证明这个结论.

用 I 表示 $\mathbb{R}^n$ 中的恒等映射,则 I 可以表示为 $y = f(x)$ 和 $x = f^{-1}(y)$ 组成的复合映射:

$$I(x) = x = f^{-1} \circ f(x).$$

注意到恒等映射 I 的雅可比矩阵是 $\mathbb{R}^n$ 上的单位矩阵 E, 所以根据公式(10.4.25)得到

$$E = J(f^{-1}(y_0)) \cdot J(f(x_0)).$$

这就是(10.4.27)式.

例 10.4.9 设

$$\begin{cases} x = r\sin\varphi\cos\theta, \\ y = r\sin\varphi\sin\theta, \quad 0 \leqslant r < +\infty, 0 \leqslant \varphi \leqslant \pi, 0 \leqslant \theta < 2\pi. \\ z = r\cos\varphi, \end{cases}$$

$$(10.4.28)$$

这是一个从区域 $\Omega = \{(r,\varphi,\theta) \mid 0 \leqslant r < \infty, 0 \leqslant \varphi \leqslant \pi, 0 \leqslant \theta < 2\pi\}$ 到 $\Lambda = \{(x,y,z) \mid -\infty < x,y,z < +\infty\}$ 的连续可微映射. 对于任意一点 $(r,\varphi,\theta) \in \Omega(r \neq 0)$, 它的雅可比矩阵为

$$\frac{\partial(x,y,z)}{\partial(r,\varphi,\theta)} = \begin{bmatrix} \sin\varphi\cos\theta & r\cos\varphi\cos\theta & -r\sin\varphi\sin\theta \\ \sin\varphi\sin\theta & r\cos\varphi\sin\theta & r\sin\varphi\cos\theta \\ \cos\varphi & -r\sin\varphi & 0 \end{bmatrix},$$

$$(10.4.29)$$

雅可比行列式

$$\det\frac{\partial(x,y,z)}{\partial(r,\varphi,\theta)} = \begin{vmatrix} \sin\varphi\cos\theta & r\cos\varphi\cos\theta & -r\sin\varphi\sin\theta \\ \sin\varphi\sin\theta & r\cos\varphi\sin\theta & r\sin\varphi\cos\theta \\ \cos\varphi & -r\sin\varphi & 0 \end{vmatrix} = r^2\sin\varphi.$$

因此当 $r \neq 0$ 且 $\varphi \neq 0, \varphi \neq \pi$ 时, 雅可比矩阵(10.4.29)是可逆的. 于是这个映射的逆映射存在并且可微. 根据公式(10.4.27), 有

$$\frac{\partial(r,\varphi,\theta)}{\partial(x,y,z)} = \begin{bmatrix} \sin\varphi\cos\theta & r\cos\varphi\cos\theta & -r\sin\varphi\sin\theta \\ \sin\varphi\sin\theta & r\cos\varphi\sin\theta & r\sin\varphi\cos\theta \\ \cos\varphi & -r\sin\varphi & 0 \end{bmatrix}^{-1}.$$

当 $(r,\varphi,\theta) = \left(1, \dfrac{\pi}{2}, 0\right)$ 时, $(x,y,z) = (1,0,0)$,

$$\frac{\partial(x,y,z)}{\partial(r,\varphi,\theta)}\bigg|_{(1,\frac{\pi}{2},0)} = \begin{bmatrix} 1 & 0 & 0 \\ 0 & 0 & 1 \\ 0 & 1 & 0 \end{bmatrix},$$

因此

$$\frac{\partial(r,\varphi,\theta)}{\partial(x,y,z)}\bigg|_{(1,0,0)} = \begin{bmatrix} 1 & 0 & 0 \\ 0 & 0 & 1 \\ 0 & 1 & 0 \end{bmatrix}^{-1} = \begin{bmatrix} 1 & 0 & 0 \\ 0 & 0 & 1 \\ 0 & 1 & 0 \end{bmatrix}.$$

习　题　10.4

1. 求下列复合函数的偏导数:

(1) $z = xy + xf(u)$, $u = \dfrac{y}{x}$, 其中 f 为 C^1 类函数, 求 $x\dfrac{\partial z}{\partial x} + y\dfrac{\partial z}{\partial y}$;

(2) $z = f(u,v)$, $u = x$, $v = \dfrac{x}{y}$, 其中 f 为 C^2 类函数, 求 $\dfrac{\partial^2 z}{\partial y^2}$;

(3) $z = xf\left(\dfrac{y}{x}\right) + yg\left(\dfrac{x}{y}\right)$, 其中 f,g 为 C^2 类函数, 求 $\dfrac{\partial^2 z}{\partial x\partial y}$;

(4) $z = \dfrac{y}{f(x^2 - y^2)}$, 其中 f 为可微函数, 求 $\dfrac{1}{x}\dfrac{\partial z}{\partial x} + \dfrac{1}{y}\dfrac{\partial z}{\partial y}$;

(5) $u = f(x, xy, xyz)$, 其中 f 为可微函数, 求 $\dfrac{\partial u}{\partial x}, \dfrac{\partial u}{\partial y}, \dfrac{\partial u}{\partial z}$;

(6) $z = e^{x-2y}$, $x = \sin t$, $y = t^3$, 求 $\dfrac{\mathrm{d}z}{\mathrm{d}t}$.

2. 已知 $z = f(x^2 + y^2)$, 其中函数 f 二阶可导, 试求 $\dfrac{\partial^2 z}{\partial x^2}, \dfrac{\partial^2 z}{\partial y^2}, \dfrac{\partial^2 z}{\partial x\partial y}$.

3. 设 $z = yf\left(x^2 y, \dfrac{y}{x}\right)$, 其中 f 具有连续的二阶偏导数, 求 z''_{xx}, z''_{xy}.

4. 设函数 f, g 有连续导数, 令 $u = yf\left(\dfrac{x}{y}\right) + xg\left(\dfrac{y}{x}\right)$, 求 $x\dfrac{\partial^2 u}{\partial x^2} + y\dfrac{\partial^2 u}{\partial x\partial y}$.

5. 求 $z = \ln\left(e^{-x} + \dfrac{x^2}{y}\right)$ 在点 $(1,1)$ 处沿 $\boldsymbol{v} = (a,b)^{\mathrm{T}} (a \neq 0)$ 的方向导数.

6. 已知 $f(x,y) = x^2 - xy + y^2$.

(1) 当 $\boldsymbol{v}$ 分别为何向量时,方向导数 $\dfrac{\partial f(1,1)}{\partial \boldsymbol{v}}$ 会取到最大值、最小值和零值? 并求出其最大值和最小值.

(2) 试求 $\operatorname{grad} f(1,1)$,并说明其方向与大小的意义.

10.5 隐函数微分法

10.5.1 隐函数的背景和概念

在学习一元函数的微分法时,我们曾经遇到过隐函数求导数问题,当时由于受所学知识的限制,对隐函数的有关理论未进行任何讨论. 在这一节,将应用多元函数微分学的理论与方法对隐函数的存在性和微分法则做比较深入的研究.

设 F 是一个二元函数,考察方程

$$F(x, y) = 0. \tag{10.5.1}$$

如果满足这个方程的 (x, y) 构成的集合不是空集,那么由这个方程就可以确定变量 x 与 y 之间的某种互相依赖关系,但一般情况下,这种关系并不一定能构成函数关系,也就是说,这种关系并不一定能表示为 y 对于 x(或者 x 对于 y)的单值依赖关系 $y = y(x)$,即对于 x 的每一个值,有惟一的一个值 y 与其对应.

如果对于某个区间 (a, b) 中的所有的 x,都存在惟一的 y,使得 (x, y) 满足方程(10.5.1),那么就由方程(10.5.1)确定了 (a, b) 上的一个函数 $y = y(x)$,并且当 $x \in (a, b)$ 时恒有

$$F(x, y(x)) \equiv 0.$$

这个函数 $y = y(x)$ 称为由方程(10.5.1)确定的**隐函数**.

在几何上,我们考察这样的问题:设 F 是一个二元函数,那么方程(10.5.1)是否确定 xOy 平面上的一条曲线? 如果能,那么这条曲线能否表示为 $y = y(x)$(或者 $x = x(y)$). 如果这条曲线不能整个地表示为 $y = y(x)$(或者 $x = x(y)$),那么这条曲线的某一部

分能否表示为 $y=y(x)$（或者 $x=x(y)$）？

　　例如，考察圆周 C：$x^2+y^2=1$. 显然，整个圆周既不能表示为 $y=y(x)$，也不能表示为 $x=x(y)$. 但是在点 $(0,1)$ 的某个邻域中的那部分曲线可以表示为 $y=\sqrt{1-x^2}$，在点 $(1,0)$ 的某个邻域中的那部分曲线可以表示为 $x=\sqrt{1-y^2}$（图 10.9）.

　　以上背景正是隐函数定理的几何意义.

　　对于隐函数，首先有以下几个问题需要研究：

　　(1) 如何判定隐函数的存在性？

　　(2) 如何通过已知函数

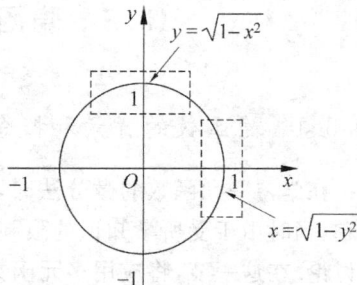

图　10.9

$F(x,y)$ 的性质去研究隐函数 $y=f(x)$ 的性质，如连续性、可微性等.

　　(3) 如何计算隐函数的（偏）导数与（全）微分？

　　隐函数定理就是要回答这些问题.

10.5.2　一个方程确定的隐函数

　　定理 10.5.1　设 $n+1$ 元函数 $F(x_1,x_2,\cdots,x_n,y)$ 在点 $(x_1^0,x_2^0,\cdots,x_n^0,y_0)\in\mathbb{R}^{n+1}$ 的某个邻域 W 中有定义，并且满足下列条件：

　　(1) $F(x_1^0,x_2^0,\cdots,x_n^0,y_0)=0$；

　　(2) 函数 $F(x_1,x_2,\cdots,x_n,y)$ 在 W 中有连续的 q 阶偏导数；

　　(3) 在点 $(x_1^0,x_2^0,\cdots,x_n^0,y_0)$ 满足 $\dfrac{\partial F}{\partial y}\neq0$.

则存在点 $(x_1^0,x_2^0,\cdots,x_n^0)\in\mathbb{R}^n$ 的一个邻域 U，以及定义在 U 上的一个 n 元函数 $y=y(x_1,x_2,\cdots,x_n)$，使得下列结论成立：

　　(1) $y_0=y(x_1^0,x_2^0,\cdots,x_n^0)$，并且当 $(x_1,x_2,\cdots,x_n)\in U$ 时恒有

$$F(x_1, x_2, \cdots, x_n, y(x_1, x_2, \cdots, x_n)) \equiv 0;$$

(2) 函数 $y = y(x_1, x_2, \cdots, x_n)$ 在 U 中有连续的 q 阶偏导数;

(3) 当 $(x_1, x_2, \cdots, x_n) \in U$ 时有

$$\frac{\partial y(x_1, x_2, \cdots, x_n)}{\partial x_i} = -\frac{\dfrac{\partial F(x_1, x_2, \cdots, x_n, y)}{\partial x_i}}{\dfrac{\partial F(x_1, x_2, \cdots, x_n, y)}{\partial y}}, \quad i = 1, \cdots, n,$$

$$(10.5.2)$$

其中 $y = y(x_1, x_2, \cdots, x_n)$.

我们略去这个定理的证明细节. 但是可以解释定理中条件和结论之间的联系, 以及由 (10.5.2) 式表示的隐函数微分法则是如何得出的.

条件 (1) 是必要的, 它说明满足条件 $F(x_1, x_2, \cdots, x_n, y) = 0$ 的 $x_1, x_2, \cdots, x_n, y$ 组成的集合非空. 否则, 由方程 $F(x_1, x_2, \cdots, x_n, y) = 0$ 就不可能确定隐函数 $y = y(x_1, x_2, \cdots, x_n)$.

条件 (2) 和结论 (2) 说明, 函数 $F(x_1, x_2, \cdots, x_n, y)$ 的可微性可以推出隐函数 (如果存在) 具有相同阶数的可微性.

条件 (3) 对于证明隐函数 $y = y(x_1, x_2, \cdots, x_n)$ 的存在是一个关键性的条件 (虽然不是必要条件), 当然, 如果仅仅是证明隐函数存在, 而不涉及隐函数的可微性, 这个条件可以用更弱的条件代替.

结论 (3) 给出了隐函数的求导公式. 我们简要地说明这个公式是如何得到的.

将 y 看做是 $x_1, x_2, \cdots, x_n$ 的函数 $y = y(x_1, x_2, \cdots, x_n)$, 对于方程

$$F(x_1, x_2, \cdots, x_n, y) = 0,$$

两端分别关于 x_i 求偏导数得到

$$\frac{\partial}{\partial x_i} F(x_1, x_2, \cdots, x_n, y(x_1, x_2, \cdots, x_n)) = \frac{\partial F}{\partial x_i} + \frac{\partial F}{\partial y} \frac{\partial y}{\partial x_i} = 0.$$

由这个方程求解 $\dfrac{\partial y}{\partial x_i}$ 就可以得到 (10.5.2) 式.

当 $n=1$ 时,得到如下结论.

推论　设二元函数 $F(x,y)$ 在点 $(x_0,y_0) \in \mathbb{R}^2$ 的某个邻域 U 中有定义,并且满足下列条件:

(1) $F(x_0,y_0)=0$;

(2) 函数 $F(x,y)$ 有连续的 q 阶偏导数;

(3) 在点 (x_0,y_0) 满足 $\dfrac{\partial F}{\partial y} \neq 0$.

则存在一个包含 x_0 的区间 (a,b) 以及在 (a,b) 上定义的函数 $y= y(x)$,满足:

(1) $y_0=y(x_0)$,并且当 $x \in (a,b)$ 时,恒有 $F(x,y(x)) \equiv 0$;

(2) 函数 $y=y(x)$ 有连续的 q 阶导数;

(3) 当 $x \in (a,b)$,$y=f(x)$ 时,有

$$\frac{\mathrm{d}f(x)}{\mathrm{d}x} = -\frac{\dfrac{\partial F(x,y)}{\partial x}}{\dfrac{\partial F(x,y)}{\partial y}}. \tag{10.5.3}$$

例 10.5.1　已知函数 $y=f(x)$ 由方程

$$x^3 + y^3 - 3axy = 0, \quad a > 0 \tag{10.5.4}$$

确定(图 10.10),试求其极值.

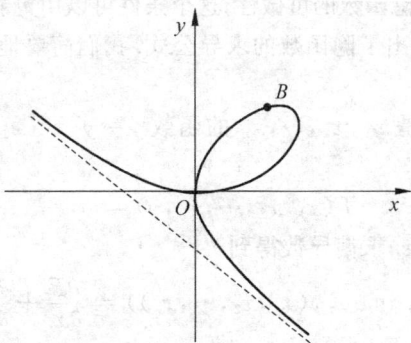

图　10.10

解　令 $F(x,y) = x^3 + y^3 - 3axy$，则

$$\frac{\partial F}{\partial x} = 3(x^2 - ay), \quad \frac{\partial F}{\partial y} = 3(y^2 - ax). \quad (10.5.5)$$

于是当 $y^2 - ax \neq 0$ 时，$\dfrac{\partial F(x,y)}{\partial y} \neq 0$。

如果函数 $y = f(x)$ 在某点 $x = x_0$ 达到极值 y_0，则 x_0 与 y_0 必须满足方程(10.5.4)，并且使 $f'(x_0) = 0$。

于是需要求解以下方程组

$$\begin{cases} F(x,y) = x^3 + y^3 - 3axy = 0, \\ \dfrac{\mathrm{d}y}{\mathrm{d}x} = -\dfrac{\partial F(x,y)}{\partial x} \Big/ \dfrac{\partial F(x,y)}{\partial y} = \dfrac{x^2 - ay}{ax - y^2} = 0. \end{cases}$$

由此得到两个点 $O(0,0)$，$B(\sqrt[3]{2}a, \sqrt[3]{4}a)$。

第一个点 $O(0,0)$ 虽然满足 $F(0,0) = 0$，但是不满足隐函数定理中的条件(3)，事实上在点 $O(0,0)$ 的附近并不存在隐函数(见图 10.10)。在点 $B(\sqrt[3]{2}a, \sqrt[3]{4}a)$ 处，满足隐函数定理中的全部条件，于是在以 $x_0 = \sqrt[3]{2}a$ 为中心的某个区间上存在一个隐函数 $y = f(x)$，满足 $f'(x_0) = 0$，即 $x_0 = \sqrt[3]{2}a$ 是这个函数的驻点。为了进一步判定隐函数 $y = f(x)$ 是否在 $x_0 = \sqrt[3]{2}a$ 取到极值，计算 $y = f(x)$ 的二阶导数如下：

$$f''(\sqrt[3]{2}a) = \frac{\mathrm{d}}{\mathrm{d}x}\left(\frac{x^2 - ay}{ax - y^2}\right)\Big|_{\sqrt[3]{2}a}$$

$$= \frac{(2x - ay')(ax - y^2) - (a - 2yy')(x^2 - ay)}{(ax - y^2)^2}\Big|_{\sqrt[3]{2}a}.$$

由于在 $x_0 = \sqrt[3]{2}a$ 处满足 $f'(x_0) = 0$，于是 $x^2 - ay = 0$，因此由上式得

$$\frac{\mathrm{d}^2 f}{\mathrm{d}x^2}\Big|_{\sqrt[3]{2}a} = \frac{(2x - ay')(ax - y^2)}{(ax - y^2)^2}\Big|_{\sqrt[3]{2}a} = \frac{2x}{(ax - y^2)}\Big|_{\sqrt[3]{2}a}.$$

注意到当 $x = \sqrt[3]{2}a$ 时，$y = \sqrt[3]{4}a$，所以上式右端分子为正数，而分母

为负数,故 $f''(\sqrt[3]{2}a)<0$,因此隐函数 $y=f(x)$ 在 $x_0=\sqrt[3]{2}a$ 取到极大值.

例 10.5.2　方程 $x^2+y^2+z^2-1=0$ 在哪些点的邻域中能够确定隐函数 $z=z(x,y)$? 在隐函数存在之处,求 $\dfrac{\partial z}{\partial x},\dfrac{\partial z}{\partial y},\dfrac{\partial^2 z}{\partial x^2}$.

解　方程 $x^2+y^2+z^2-1=0$ 表示中心位于原点、半径等于 1 的球面.

取 $F(x,y,z)=x^2+y^2+z^2-1$,因为 $\dfrac{\partial F}{\partial z}=2z$,所以只要 $z\neq0$,根据定理 10.5.1,在点 (x,y) 的某个邻域中存在隐函数 $z=z(x,y)$,也就是说,该球面在点 (x,y,z) 某个邻域中的一小片可以表示为 $z=z(x,y)$. 这个隐函数 $z=z(x,y)$ 定义在 (x,y) 的某个邻域中,并且有

$$\frac{\partial z}{\partial x}=-\frac{\partial F}{\partial x}\bigg/\frac{\partial F}{\partial z}=-\frac{x}{z},\quad \frac{\partial z}{\partial y}=-\frac{\partial F}{\partial y}\bigg/\frac{\partial F}{\partial z}=-\frac{y}{z},$$

$$\frac{\partial^2 z}{\partial x^2}=\frac{\partial}{\partial x}\left(\frac{\partial z}{\partial x}\right)=\frac{\partial}{\partial x}\left(-\frac{x}{z}\right)=-\frac{z-x\dfrac{\partial z}{\partial x}}{z^2}=-\frac{x^2+z^2}{z^3}.$$

当 $y\neq0$ 时,在点 (x,y,z) 的某个邻域中存在隐函数 $y=y(z,x)$,也就是说,该球面在点 (x,y,z) 某个邻域中的一小片可以表示为 $y=y(z,x)$. 这个隐函数定义在 (z,x) 的某个邻域中.

同样,当 $x\neq0$ 时,在点 (x,y,z) 的某个邻域中存在隐函数 $x=x(y,z)$,也就是说,该球面在点 (x,y,z) 某个邻域中的一小片可以表示为 $x=x(y,z)$. 这个隐函数定义在 (y,z) 的某个邻域中.

10.5.3　方程组确定的隐函数

下面的定理 10.5.2 说明:在一定条件下,函数方程组可以同时确定多个隐函数.

考察两个方程的情形.

定理 10.5.2 设有两个三元函数 $F(x,y,z),G(x,y,z)$,它们在点 $(x_0,y_0,z_0)\in\mathbb{R}^3$ 的某个邻域 W 中有定义,并且满足下列条件:

(1) $F(x_0,y_0,z_0)=0,G(x_0,y_0,z_0)=0$;

(2) 函数 F,G 在 W 中有 q 阶连续的偏导数;

(3) 行列式 $\begin{vmatrix} \dfrac{\partial F}{\partial y} & \dfrac{\partial F}{\partial z} \\ \dfrac{\partial G}{\partial y} & \dfrac{\partial G}{\partial z} \end{vmatrix}_{(x_0,y_0,z_0)} \neq 0.$

则存在 $x_0\in\mathbb{R}$ 的某个邻域 U,以及定义在 U 上的两个一元函数 $y=y(x),z=z(x)$,满足下列条件:

(1) $y(x_0)=y_0,z(x_0)=z_0$;当 $x\in U$ 时,$F(x,y(x),z(x))\equiv0$,$G(x,y(x),z(x))\equiv0$;

(2) 函数 $y=y(x),z=z(x)$ 在 U 上有 q 阶连续偏导数;

(3)

$$\begin{bmatrix} \dfrac{\mathrm{d}y}{\mathrm{d}x} \\ \dfrac{\mathrm{d}z}{\mathrm{d}x} \end{bmatrix} = - \begin{bmatrix} \dfrac{\partial F}{\partial y} & \dfrac{\partial F}{\partial z} \\ \dfrac{\partial G}{\partial y} & \dfrac{\partial G}{\partial z} \end{bmatrix}^{-1} \begin{bmatrix} \dfrac{\partial F}{\partial x} \\ \dfrac{\partial G}{\partial x} \end{bmatrix}. \tag{10.5.6}$$

我们略去这个定理的证明细节.但是可以解释定理结论(3)中运算法则(10.5.6)是如何得到的.

将 y,z 看做是 x 的函数 $y=y(x),z=z(x)$,对于两个方程
$$F(x,y(x),z(x))=0, \quad G(x,y(x),z(x))=0$$
的两端分别关于 x 求导数,注意运用复合函数微分法,得到

$$\frac{\mathrm{d}}{\mathrm{d}x}F(x,y(x),z(x))=\frac{\partial F}{\partial x}+\frac{\partial F}{\partial y}\frac{\mathrm{d}y}{\mathrm{d}x}+\frac{\partial F}{\partial z}\frac{\mathrm{d}z}{\mathrm{d}x}=0,$$

$$\frac{\mathrm{d}}{\mathrm{d}x}G(x,y(x),z(x))=\frac{\partial G}{\partial x}+\frac{\partial G}{\partial y}\frac{\mathrm{d}y}{\mathrm{d}x}+\frac{\partial G}{\partial z}\frac{\mathrm{d}z}{\mathrm{d}x}=0.$$

将 $\dfrac{\mathrm{d}y}{\mathrm{d}x},\dfrac{\mathrm{d}z}{\mathrm{d}y}$ 作为未知数,解这个方程组就可以得到(10.5.6)式.

对于多个方程确定的多个隐函数,有类似的结论,由于篇幅的原因,这里不再讨论.

例 10.5.3　设函数 $x=x(z), y=y(z)$ 由方程组

$$\begin{cases} x^2 + y^2 + z^2 - 1 = 0, \\ x^2 + 2y^2 - z^2 - 1 = 0 \end{cases}$$

确定,求 $\dfrac{\mathrm{d}x}{\mathrm{d}z}, \dfrac{\mathrm{d}y}{\mathrm{d}z}$.

解　令 $F(x,y,z) = x^2 + y^2 + z^2 - 1, G(x,y,z) = x^2 + 2y^2 - z^2 - 1$. 注意到

$$\frac{\partial(F,G)}{\partial(x,y)} = \begin{bmatrix} 2x & 2y \\ 2x & 4y \end{bmatrix}, \quad \det \frac{\partial(F,G)}{\partial(x,y)} = 4xy,$$

因此只要点 (x_0, y_0, z_0) 满足 $F(x_0, y_0, z_0) = G(x_0, y_0, z_0) = 0$ 且 $x_0 y_0 \neq 0$,那么在 z_0 的某个邻域中就存在隐函数 $x = x(z), y = y(z)$,并且根据(10.5.6)式得到

$$\begin{bmatrix} \dfrac{\mathrm{d}x}{\mathrm{d}z} \\ \dfrac{\mathrm{d}y}{\mathrm{d}z} \end{bmatrix} = -\left(\frac{\partial(F,G)}{\partial(x,y)} \right)^{-1} \begin{bmatrix} \dfrac{\partial F}{\partial z} \\ \dfrac{\partial G}{\partial z} \end{bmatrix}$$

$$= -\frac{1}{4xy} \begin{bmatrix} 4y & -2y \\ -2x & 2x \end{bmatrix} \begin{bmatrix} 2z \\ -2z \end{bmatrix} = -\frac{1}{4xy} \begin{bmatrix} 12yz \\ -8xz \end{bmatrix},$$

由此得到

$$\frac{\mathrm{d}x}{\mathrm{d}z} = -\frac{3z}{x}, \quad \frac{\mathrm{d}y}{\mathrm{d}z} = \frac{2z}{y}.$$

例 10.5.4　设二元函数 $F(u,v)$ 有连续偏导数. $z = z(x,y)$ 由方程 $F(x-z, y-z) = 0$ 确定. 求 $\dfrac{\partial z}{\partial x} + \dfrac{\partial z}{\partial y}$.

解　记 $F_1' = \dfrac{\partial F}{\partial u}, F_2' = \dfrac{\partial F}{\partial v}$. 注意到

$$\frac{\partial F(x-z, y-z)}{\partial x} = F_1', \quad \frac{\partial F(x-z, y-z)}{\partial y} = F_2',$$

$$\frac{\partial F(x-z, y-z)}{\partial z} = -F_1' - F_2',$$

于是,由定理 10.4.1 得到

$$\frac{\partial z}{\partial x} = -\frac{\dfrac{\partial F(x-z, y-z)}{\partial x}}{\dfrac{\partial F(x-z, y-z)}{\partial z}} = \frac{F_1'}{F_1' + F_2'},$$

$$\frac{\partial z}{\partial y} = -\frac{\dfrac{\partial F(x-z, y-z)}{\partial y}}{\dfrac{\partial F(x-z, y-z)}{\partial z}} = \frac{F_2'}{F_1' + F_2'}.$$

$$\frac{\partial z}{\partial x} + \frac{\partial z}{\partial y} = \frac{1}{F_1' + F_2'}(F_1' + F_2') = 1.$$

习 题 10.5

1. 设 $y = y(x), z = z(x)$ 是由方程 $z = xf(x+y)$ 和 $F(x, y, z) = 0$ 所确定的函数,其中 f 和 F 分别具有连续导数和偏导数,求 $\dfrac{\mathrm{d}z}{\mathrm{d}x}$.

2. 设由方程 $F\left(\dfrac{x}{z}, \dfrac{z}{y}\right) = 0$ 可以确定隐函数 $z = z(x, y)$,求 $\dfrac{\partial z}{\partial x}, \dfrac{\partial z}{\partial y}$.

3. 证明:方程 $F\left(x + \dfrac{z}{y}, y + \dfrac{z}{x}\right) = 0$ 所确定的隐函数 $z = z(x, y)$ 满足方程

$$x\frac{\partial z}{\partial x} + y\frac{\partial z}{\partial y} = z - xy.$$

4. 设 $z = f(u)$,且 $u = u(x, y)$ 满足 $u = \varphi(u) + \displaystyle\int_y^x p(t)\mathrm{d}t$(其中 f 可导,$\varphi \in C^1$,且 $\varphi'(u) \neq 1, p \in C$). 求证:$p(y)\dfrac{\partial z}{\partial x} + p(x)\dfrac{\partial z}{\partial y} = 0$.

5. 已知方程 $F(x+y, y+z) = 1$ 确定了隐函数 $z = z(x, y)$,其中 F 具有连续的二阶偏导数,求 $\dfrac{\partial^2 z}{\partial y \partial x}$.

6. 设方程组 $\begin{cases} x^2 + y^2 + z^2 = 3x, \\ 2x - 3y + 5z = 4 \end{cases}$ 确定 y 与 z 是 x 的函数,求 $\dfrac{\mathrm{d}y}{\mathrm{d}x}, \dfrac{\mathrm{d}z}{\mathrm{d}x}$.

10.6 二元函数的泰勒公式

10.6.1 二元函数的微分中值定理

首先回忆一元函数的微分中值定理(拉格朗日定理).

假设 $f(x)$ 在区间 $[x_0,x]$ 连续、在 (x_0,x) 可导,则存在 $\theta \in (0,1)$,使得

$$f(x) = f(x_0) + f'(x_0 + \theta(x-x_0))(x-x_0).$$

对于二元函数 $f(x,y)$,可以得到一个类似的结论.

设有两点 $P_0(x_0,y_0)$ 和 $P(x,y)$,二元函数 $f(x,y)$ 在线段 $\overline{P_0P}$ 上处处存在连续偏导数(从而处处可微).令 $h = x - x_0, k = y - y_0$,则线段 $\overline{P_0P}$ 上的点可以表示为 $(x_0 + ht, y_0 + tk)(0 \leqslant t \leqslant 1)$,且 $t = 0, t = 1$ 分别对应点 $P_0(x_0,y_0)$ 和 $P(x,y)$.在这条线段上,$f(x,y)$ 可以表示成参数 t 的一元函数

$$g(t) = f(x_0 + ht, y_0 + tk), \quad 0 \leqslant t \leqslant 1,$$

其中 $g(0) = f(x_0,y_0), g(1) = f(x,y)$.

注意到 $f(x,y)$ 具有连续偏导数,利用二元函数的复合函数微分法可以推出:一元函数 $g(t)$ 在 $[0,1]$ 连续、在 $(0,1)$ 可导,并且对于任意的 $t \in (0,1)$,有

$$g'(t) = \left(h \frac{\partial f}{\partial x} + k \frac{\partial f}{\partial y} \right) \bigg|_{(x_0+ht, y_0+kt)}. \tag{10.6.1}$$

对于一元函数 $g(t)$,在 $[0,1]$ 运用拉格朗日中值定理,得到

$$g(1) = g(0) + g'(\theta), \quad 0 < \theta < 1. \tag{10.6.2}$$

由此得到

$$f(x,y) = f(x_0,y_0) + \left(h \frac{\partial f}{\partial x} + k \frac{\partial f}{\partial x} \right) \bigg|_{(x_0+\theta h, y_0+\theta k)}, \quad 0 < \theta < 1.$$

$$\tag{10.6.3}$$

这就是二元函数的微分中值定理.

10.6.2 二元函数的泰勒公式

对于一元函数,假定 $f(x)$ 在包含点 x_0 的某个开区间中存在 $n+1$ 阶导数,则对于这个区间中每一个 x,有

$$f(x) = f(x_0) + f'(x_0)(x - x_0) + \frac{1}{2!}f''(x_0)(x - x_0)^2 + \cdots$$

$$+ \frac{1}{n!}f^{(n)}(x_0)(x - x_0)^n + \alpha_n, \tag{10.6.4}$$

其中 α_n 是 n 阶拉格朗日余项,

$$\alpha_n = \frac{1}{(n+1)!}f^{(n+1)}(x_0 + \theta(x - x_0))(x - x_0)^{n+1}, \quad 0 < \theta < 1.$$

如果仅知道函数在点 x_0 的 1 到 n 阶导数 $f'(x_0), f''(x_0), \cdots,$ $f^{(n)}(x_0)$ 存在,则可以将余项写成佩亚诺形式:

$$\alpha_n = o[(x - x_0)^n].$$

现在对于二元函数 $f(x, y)$ 建立泰勒公式.

为了叙述简明,引进高阶微分的概念和记号.

固定点 (x_0, y_0),用 h, k 分别表示变元 x 和 y 的改变量(即 $h = \Delta x = x - x_0, k = \Delta y = y - y_0$),则函数 $f(x, y)$ 在点 (x_0, y_0) 的

微分是 $\dfrac{\partial f}{\partial x}\Big|_{(x_0, y_0)} h + \dfrac{\partial f}{\partial y}\Big|_{(x_0, y_0)} k.$

用记号 $\left(h\dfrac{\partial}{\partial x} + k\dfrac{\partial}{\partial y}\right)f(x_0, y_0)$ 表示 $\dfrac{\partial f}{\partial x}\Big|_{(x_0, y_0)} h + \dfrac{\partial f}{\partial y}\Big|_{(x_0, y_0)} k.$

又称

$$\frac{\partial^2 f}{\partial x^2}\Big|_{(x_0, y_0)} h^2 + 2\frac{\partial^2 f}{\partial x \partial y}\Big|_{(x_0, y_0)} hk + \frac{\partial^2 f}{\partial y^2}\Big|_{(x_0, y_0)} k^2$$

为函数 $f(x, y)$ 在点 (x_0, y_0) 的二阶微分,为简明起见,用记号

$$\left(h\frac{\partial}{\partial x} + k\frac{\partial}{\partial y}\right)^2 f(x_0, y_0)$$

表示这个二阶微分.

对于一般情形,称

$$\sum_{i=0}^{m} C_m^i \frac{\partial^m f}{\partial x^i \partial y^{m-i}} \bigg|_{(x_0, y_0)} h^i k^{m-i}$$

为函数 $f(x, y)$ 在点 (x_0, y_0) 的 m 阶微分. 同样,用记号

$$\left(h \frac{\partial}{\partial x} + k \frac{\partial}{\partial y} \right)^m f(x_0, y_0)$$

表示 m 阶微分.

二元函数带有拉格朗日余项的泰勒公式可以陈述为下面的定理.

定理 10.6.1　假设二元函数 $f(x, y)$ 在包含点 $M_0(x_0, y_0)$ 的某个区域 D 内有连续的 $q+1$ 阶偏导数. $M(x, y)$ 是 D 中一点,线段 $\overline{M_0 M}$ 完全包含于 D 内(图 10.11),则有

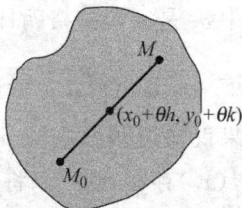

图　10.11

$$f(x, y) = f(x_0, y_0) + \left(h \frac{\partial}{\partial x} + k \frac{\partial}{\partial y} \right) f(x_0, y_0)$$

$$+ \frac{1}{2} \left(h \frac{\partial}{\partial x} + k \frac{\partial}{\partial y} \right)^2 f(x_0, y_0) + \cdots$$

$$+ \frac{1}{q!} \left(h \frac{\partial}{\partial x} + k \frac{\partial}{\partial y} \right)^q f(x_0, y_0) + \alpha_n, \quad (10.6.5)$$

其中 $h = x - x_0, k = y - y_0, 0 < \theta < 1, \alpha_n$ 是 q 阶余项:

$$\alpha_n = \frac{1}{(q+1)!} \left(h \frac{\partial}{\partial x} + k \frac{\partial}{\partial y} \right)^{q+1} f(x_0 + \theta h, y_0 + \theta k), \quad 0 < \theta < 1.$$

$$(10.6.6)$$

证明　线段 $\overline{M_0 M}$ 可以表示为 $\{(x, y) \mid x = x_0 + th, y = y_0 + tk; 0 \leqslant t \leqslant 1\}$. $t = 0$ 和 $t = 1$ 分别对应 $M_0(x_0, y_0)$ 和 $M(x, y)$.

将 $f(x, y)$ 中的自变量 (x, y) 限制在线段 $\overline{M_0 M}$ 上,那么

$f(x,y)$ 就变成变量 t 的一元函数 $g(t) \overset{\text{def}}{=\!=} f(x_0 + th, y_0 + tk)$ $(0 \leqslant t \leqslant 1)$. 由于线段 $\overline{M_0 M}$ 完全属于区域 D, 因此对于所有的 $t \in [0,1]$, $g(t)$ 都有定义, 并且 $g(0) = f(x_0, y_0)$, $g(1) = f(x, y)$.

写出一元函数 $g(t)$ 在点 $t = 0$ 处的带有拉格朗日余项的 q 阶泰勒公式:

$$g(t) = g(0) + g'(0)t + \frac{1}{2!}g''(0)t^2 + \cdots + \frac{1}{k!}g^{(q)}(0)t^q$$

$$+ \frac{1}{(k+1)!}g^{(q+1)}(\theta t)t^{q+1}, \quad 0 < \theta < 1. \quad (10.6.7)$$

令 $t = 1$, 得到

$$g(1) = g(0) + g'(0) + \frac{1}{2!}g''(0) + \cdots + \frac{1}{q!}g^{(q)}(0)$$

$$+ \frac{1}{(q+1)!}g^{(q+1)}(\theta), \quad 0 < \theta < 1. \quad (10.6.8)$$

现在计算导数 $g'(0)$. 注意到

$$g(t) = f(x_0 + t(x - x_0), y_0 + t(y - y_0))$$
$$= f(x_0 + th, y_0 + tk).$$

根据复合函数微分法得到

$$g'(t) = \frac{\mathrm{d}}{\mathrm{d}t}f(x_0 + th, y_0 + tk)$$

$$= h \frac{\partial f(x_0 + th, y_0 + tk)}{\partial x} + k \frac{\partial f(x_0 + th, y_0 + tk)}{\partial y},$$

$$(10.6.9)$$

于是

$$g'(0) = h \frac{\partial f(x_0, y_0)}{\partial x} + k \frac{\partial f(x_0 y_0)}{\partial y}$$

$$= \left(h \frac{\partial}{\partial x} + k \frac{\partial}{\partial y}\right)f(x_0, y_0). \quad (10.6.10)$$

再计算 $g''(0)$. 在 (10.6.9) 式两端对于 t 求导数得到:

$$g''(t) = \frac{\mathrm{d}}{\mathrm{d}t} \left[h \frac{\partial f(x_0 + th, y_0 + tk)}{\partial x} + k \frac{\partial f(x_0 + th, y_0 + tk)}{\partial y} \right]$$

$$= h \frac{\mathrm{d}}{\mathrm{d}t} \frac{\partial f(x_0 + th, y_0 + tk)}{\partial x} + k \frac{\mathrm{d}}{\mathrm{d}t} \frac{\partial f(x_0 + th, y_0 + tk)}{\partial y}.$$

$$(10.6.11)$$

由复合函数微分法得

$$\frac{\mathrm{d}}{\mathrm{d}t} \frac{\partial f(x_0 + th, y_0 + tk)}{\partial x}$$

$$= h \frac{\partial^2 f(x_0 + th, y_0 + tk)}{\partial x^2} + k \frac{\partial^2 f(x_0 + th, y_0 + tk)}{\partial x \partial y},$$

$$\frac{\mathrm{d}}{\mathrm{d}t} \frac{\partial f(x_0 + th, y_0 + tk)}{\partial y}$$

$$= h \frac{\partial^2 f(x_0 + th, y_0 + tk)}{\partial y \partial x} + k \frac{\partial^2 f(x_0 + th, y_0 + tk)}{\partial y^2}.$$

将这些结果代入(10.6.11)式,得到

$$g''(t) = h^2 \frac{\partial^2 f(x_0 + th, y_0 + tk)}{\partial x^2} + 2hk \frac{\partial^2 f(x_0 + th, y_0 + tk)}{\partial x \partial y}$$

$$+ k^2 \frac{\partial^2 f(x_0 + th, y_0 + tk)}{\partial y^2}.$$

于是

$$g''(0) = h^2 \frac{\partial^2 f(x_0, y_0)}{\partial x^2} + 2hk \frac{\partial^2 f(x_0, y_0)}{\partial x \partial y} + k^2 \frac{\partial^2 f(x_0, y_0)}{\partial y^2}$$

$$= \left(h \frac{\partial}{\partial x} + k \frac{\partial}{\partial y} \right)^2 f(x_0, y_0). \qquad (10.6.12)$$

利用归纳法可以得到

$$g^{(i)}(0) = \left(h \frac{\partial}{\partial x} + k \frac{\partial}{\partial y} \right)^i f(x_0, y_0), \quad i = 1, 2, \cdots, q.$$

$$g^{(q+1)}(\theta) = \left(h \frac{\partial}{\partial x} + k \frac{\partial}{\partial y} \right)^{q+1} f(x_0 + \theta h, y_0 + \theta k).$$

$$(10.6.13)$$

将这些结果代入(10.6.8)式,就得到(10.6.5)式和(10.6.6)式.
定理得证.

另外,带有佩亚诺余项的泰勒公式可以陈述为下述定理.

定理 10.6.2 假设二元函数 $f(x,y)$ 在点 $M_0(x_0,y_0)$ 存在 q
阶连续偏导数,则当 $h=\Delta x \to 0, k=\Delta y \to 0$ 时,有

$$f(x,y) = f(x_0,y_0) + \left(h\frac{\partial}{\partial x} + k\frac{\partial}{\partial y}\right)f(x_0,y_0)$$

$$+ \frac{1}{2}\left(h\frac{\partial}{\partial x} + k\frac{\partial}{\partial y}\right)^2 f(x_0,y_0) + \cdots$$

$$+ \frac{1}{n!}\left(h\frac{\partial}{\partial x} + k\frac{\partial}{\partial y}\right)^q f(x_0,y_0) + o\left[(\sqrt{h^2+k^2})^q\right].$$

$$(10.6.14)$$

二元函数 $f(x,y)$ 在点 $M_0(x_0,y_0)$ 带有拉格朗日余项的一阶
泰勒公式为

$$f(x,y) = f(x_0,y_0) + \left(h\frac{\partial}{\partial x} + k\frac{\partial}{\partial y}\right)f(x_0,y_0)$$

$$+ \frac{1}{2}\left(h\frac{\partial}{\partial x} + k\frac{\partial}{\partial y}\right)^2 f(x_0+\theta h, y_0+\theta k), \quad 0 < \theta < 1.$$

$$(10.6.15)$$

$f(x,y)$ 在点 $M_0(x_0,y_0)$ 带有佩亚诺余项的二阶泰勒公式为

$$f(x,y) - f(x_0,y_0) = \left(h\frac{\partial}{\partial x} + k\frac{\partial}{\partial y}\right)f(x_0,y_0)$$

$$+ \frac{1}{2}\left(h\frac{\partial}{\partial x} + k\frac{\partial}{\partial y}\right)^2 f(x_0,y_0) + o(h^2+k^2).$$

$$(10.6.16)$$

如果 $\dfrac{\partial f(x_0,y_0)}{\partial x} = 0, \dfrac{\partial f(x_0,y_0)}{\partial y} = 0$(这时称 $M_0(x_0,y_0)$ 为
$f(x,y)$ 的**驻点**,或者临界点),则(10.6.15)式和(10.6.16)式就
变成

$$f(x,y) - f(x_0,y_0) = \frac{1}{2}\left(h\frac{\partial}{\partial x} + k\frac{\partial}{\partial y}\right)^2 f(x_0 + \theta h, y_0 + \theta k)$$

$$(10.6.17)$$

和

$$f(x,y) - f(x_0,y_0) = \frac{1}{2}\left(h\frac{\partial}{\partial x} + k\frac{\partial}{\partial y}\right)^2 f(x_0,y_0) + o(h^2 + k^2).$$

$$(10.6.18)$$

例 10.6.1　写出函数 $f(x,y) = \ln(2 + x + y + xy)$ 在点 $(0,0)$ 带拉格朗日余项的一阶泰勒公式和带佩亚诺余项二阶泰勒公式.

解　$f(0,0) = \ln 2$，$\dfrac{\partial f}{\partial x} = \dfrac{1+y}{2+x+y+xy}$，$\dfrac{\partial f}{\partial y} = \dfrac{1+x}{2+x+y+xy}$，

$$\frac{\partial^2 f}{\partial x^2} = -\frac{(1+y)^2}{(2+x+y+xy)^2},$$

$$\frac{\partial^2 f}{\partial y^2} = -\frac{(1+x)^2}{(2+x+y+xy)^2},$$

$$\frac{\partial^2 f}{\partial x \partial y} = \frac{\partial^2 f}{\partial x \partial y} = \frac{1}{(2+x+y+xy)^2}.$$

于是

$$\left(h\frac{\partial}{\partial x} + k\frac{\partial}{\partial y}\right)f(0,0) = \frac{h+k}{2},$$

$$\left(h\frac{\partial}{\partial x} + k\frac{\partial}{\partial y}\right)^2 f(0,0) = -\frac{h^2 - 2hk + k^2}{4},$$

$$\left(h\frac{\partial}{\partial x} + k\frac{\partial}{\partial y}\right)^2 f(\theta h, \theta k) = -\frac{(1+\theta k)^2 h^2 - 2hk + (1+\theta h)^2 k^2}{2 + \theta(h+k) + \theta^2 hk}.$$

注意到这里有 $(x_0,y_0) = (0,0)$，$h = \Delta x = x$，$k = \Delta y = y$，因此 $f(x,y) = \ln(2 + x + y + xy)$ 在点 $(0,0)$ 带拉格朗日余项的一阶泰勒公式为

$$\ln(2+x+y+xy)$$
$$=\ln2+\frac{x+y}{2}-\frac{1}{2}\cdot\frac{(1+\theta y)^2x^2-2xy+(1+\theta x)^2y^2}{2+\theta(x+y)+\theta^2xy}.$$

带佩亚诺余项二阶泰勒公式为

$$\ln(2+x+y+xy)$$
$$=\ln2+\frac{x+y}{2}-\frac{1}{8}(x^2-2xy+y^2)+o(x^2+y^2).$$

习　题　10.6

1. 写出 $f(x,y)=x^y$ 在点 $(1,1)$ 带佩亚诺余项的三阶泰勒公式,由此计算 $1.1^{1.02}$.

2. 证明当 $|x|,|y|$ 充分小时,有 $\dfrac{\cos x}{\cos y}\approx 1-\dfrac{1}{2}(x^2-y^2)$.

3. 写出 $f(x,y)=\sqrt{1+y^2}\cos x$ 在点 $(0,1)$ 的一阶泰勒多项式及拉格朗日余项.

第 10 章补充题

1. 设 $f(x,y)$ 是定义在整个平面上的连续函数,当 $x^2+y^2\to+\infty$ 时, $f(x,y)\to+\infty$.求证存在 (x_0,y_0),使

$$f(x_0,y_0)=\min\{f(x,y)\mid(x,y)\in\mathbb{R}^2\}.$$

2. 设 $f(x,y)$ 是定义在整个平面上的连续函数,$f(0,0)=0$,且当 $(x,y)\neq(0,0)$ 时,$f(x,y)>0$,又设对于任意的 (x,y) 和任意实数 c,都有

$$f(cx,cy)=c^2f(x,y).$$

求证存在正数 a,b,使得对于任意的 (x,y),都有

$$a(x^2+y^2)\leqslant f(x,y)\leqslant b(x^2+y^2).$$

3. 若对于任意实数 t,函数 $f(x,y,z)$ 满足 $f(tx,ty,tz)=t^kf(x,y,z)$,则称 $f(x,y,z)$ 为 k 次齐次函数.试证 k 次齐次函数 $f(x,y,z)$ 满足方程

$$x\frac{\partial f}{\partial x}+y\frac{\partial f}{\partial y}+z\frac{\partial f}{\partial z}=kf(x,y,z).$$

4. 设 F 为三元可微函数，$u = u(x, y, z)$ 是由方程 $F(u^2 - x^2, u^2 - y^2, u^2 - z^2) = 0$ 确定的隐函数. 求证

$$\frac{u'_x}{x} + \frac{u'_y}{y} + \frac{u'_z}{z} = \frac{1}{u}.$$

5. 求方程 $\dfrac{\partial^2 z}{\partial x \partial y} = x + y$ 满足条件 $z(x, 0) = x, z(0, y) = y^2$ 的解 $z(x, y)$.

6. 设 $z = f(x, y)$ 处处可微，a, b 不全等于零. 求证满足方程 $bz'_x = az'_y$ 的充分条件是存在一元函数 $g(u)$，使得 $z = f(x, y) = g(ax + by)$.

7. 设 D 为包含原点 $O(0, 0)$ 的一个圆域. $f(x, y)$ 在 D 中处有连续偏导数，并且满足 $xf'_x + yf'_y = 0$. 求证 $f(x, y)$ 在 D 中恒等于某个常数.

第 11 章　多元函数微分学的应用

11.1　向量值函数的导数和积分

11.1.1　向量值函数

设 $x(t),y(t)$ 和 $z(t)$ 是定义在区间 I 上的三个函数,令

$$\boldsymbol{r}(t) = (x(t),y(t),z(t)) = x(t)\boldsymbol{i} + y(t)\boldsymbol{j} + z(t)\boldsymbol{k}, \quad t \in I,$$
$$(11.1.1)$$

则对于每一个 $t\in I$,在 $\mathbb{R}^3$ 中都有惟一的一个向量 $\boldsymbol{r}(t)$ 与之对应,因此,这是定义在区间 I 上的一个**向量值函数**,或者是定义于区间 I 取值于 $\mathbb{R}^3$ 的一个映射.

$x(t),y(t)$ 和 $z(t)$ 分别称为向量值函数 $\boldsymbol{r}(t)$ 的 x 分量、y 分量和 z 分量. 如果 $x(t),y(t)$ 和 $z(t)$ 都在某个点 t_0 连续,则称向量值函数 $\boldsymbol{r}(t)$ 在点 t_0 连续. 这时有

$$\boldsymbol{r}(t_0) = (x(t_0),y(t_0),z(t_0)) = (\lim_{t \to t_0}x(t),\lim_{t \to t_0}y(t),\lim_{t \to t_0}z(t))$$
$$= \lim_{t \to t_0}(x(t),y(t),z(t)) = \lim_{t \to t_0}\boldsymbol{r}(t).$$

如果 $x(t),y(t)$ 和 $z(t)$ 都在区间 I 上连续,则称 $\boldsymbol{r}(t)$ 是区间 I 上的连续向量值函数.

向量 $\boldsymbol{r}(t) = (x(t),y(t),z(t))$ 与 $\mathbb{R}^3$ 中的点 M 惟一地对应. 如果 $\boldsymbol{r}(t)$ 在区间 I 上连续,那么当自变量 t 在区间 I 上连续变动时,点 $\boldsymbol{r}(t) = (x(t),y(t),z(t))$ 的变动轨迹就是 $\mathbb{R}^3$ 中的一条连续曲线 L.(11.1.1)式就称为曲线 L 的向量方程.

将向量方程(11.1.1)写成坐标形式

$$
\begin{cases}
x = x(t), \\
y = y(t), \quad t \in I, \\
z = z(t),
\end{cases}
\tag{11.1.2}
$$

则(11.1.2)式称为曲线 L 的**参数方程**,其中变量 t 称为**参数**.

当参数 t 表示时间,$\boldsymbol{r}(t) = (x(t), y(t), z(t))$ 代表某个质点在时刻 t 的空间位置,这时 (11.1.1) 式或(11.1.2)式就表示质点的运动规律,曲线 L 表示质点的**运动轨迹**.

例 11.1.1　已知直线 L 通过点 $M(x_0, y_0, z_0)$ 并以非零向量 $\boldsymbol{v} = (v_1, v_2, v_3)$ 为方向向量,则 L 的向量方程为

$$
\boldsymbol{r}(t) = \boldsymbol{r}_0 + t\boldsymbol{v},
$$

其中 $\boldsymbol{r}_0 = (x_0, y_0, z_0)$. L 的参数方程为

$$
\begin{cases}
x = x_0 + tv_1, \\
y = y_0 + tv_2, \quad -\infty < t < +\infty. \\
z = z_0 + tv_3,
\end{cases}
$$

例 11.1.2　由方程

$$
x = a\cos t, \quad y = a\sin t, \quad z = ct,
$$
$$
a > 0, \quad c > 0
$$

或者

$$
\boldsymbol{r} = a\cos t \boldsymbol{i} + a\sin t \boldsymbol{j} + ct\boldsymbol{k}
$$

确定的曲线称为圆柱螺线,它的图形如图 11.1.

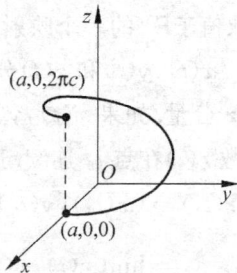

图　11.1

11.1.2　向量值函数的导数

定义 11.1.1　假设向量值函数 $\boldsymbol{r}(t)$ 在点 t_0 的某个邻域中有定义,令 $\Delta t = t - t_0$,$\Delta \boldsymbol{r} = \boldsymbol{r}(t_0 + \Delta t) - \boldsymbol{r}(t_0)$. 如果极限 $\lim\limits_{\Delta t \to 0} \dfrac{\Delta \boldsymbol{r}}{\Delta t}$ 存在,则称向量值函数 $\boldsymbol{r}(t)$ 在点 t_0 可导,并称该极限为向量值函数 $\boldsymbol{r}(t)$ 在点 t_0 的**导数**,记作 $\boldsymbol{r}'(t_0)$,或者 $\dfrac{\mathrm{d}\boldsymbol{r}}{\mathrm{d}t}\Big|_{t_0}$.

显然,如果 $\boldsymbol{r}'(t_0)$ 存在,那么它是一个确定的、只与 t_0 有关的向量.

因为 $\boldsymbol{r}(t) = (x(t), y(t), z(t))$,所以

$$
\begin{aligned}
\boldsymbol{r}'(t_0) &= \lim_{\Delta t \to 0} \frac{\Delta \boldsymbol{r}}{\Delta t} \\
&= \Big(\lim_{\Delta t \to 0} \frac{x(t_0 + \Delta t) - x(t_0)}{\Delta t}, \\
&\qquad \lim_{\Delta t \to 0} \frac{y(t_0 + \Delta t) - y(t_0)}{\Delta t}, \lim_{\Delta t \to 0} \frac{z(t_0 + \Delta t) - z(t_0)}{\Delta t} \Big) \\
&= (x'(t_0), y'(t_0), z'(t_0)).
\end{aligned}
$$

因此,$\boldsymbol{r}'(t_0)$ 存在的充分必要条件是三个分量的导数 $x'(t_0)$,$y'(t_0)$,$z'(t_0)$ 都存在.

现在研究空间曲线的切线问题.

假设空间曲线的向量方程式与参数方程式分别为 (11.1.1) 式和 (11.1.2) 式. $M_0(x_0, y_0, z_0) = M_0(x(t_0), y(t_0), z(t_0))$ 为曲线 L 上的一点,向量值函数 $\boldsymbol{r}(t)$ 在点 t_0 可导. 在 L 上 M_0 的附近任取一点 $M(x(t), y(t), z(t))$,过 M_0 和 M

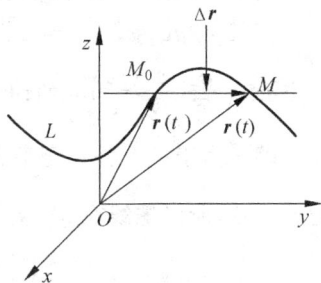

图 11.2

两点作曲线 L 的割线 $\overline{M_0 M}$(图 11.2),此割线的一个方向向量为

$$
\begin{aligned}
\boldsymbol{v}_t &= \Big(\frac{x(t) - x(t_0)}{t - t_0}, \frac{y(t) - y(t_0)}{t - t_0}, \frac{z(t) - z(t_0)}{t - t_0} \Big) \\
&= \frac{\boldsymbol{r}(t_0 + \Delta t) - \boldsymbol{r}(t_0)}{\Delta t} = \frac{\Delta \boldsymbol{r}}{\Delta t}.
\end{aligned}
$$

由于 $\boldsymbol{r}(t)$ 在点 t_0 可导,所以当 $t \to t_0$ 时,向量 $\boldsymbol{v}_t$ 就趋向于极限向量

$$\boldsymbol{v} = \boldsymbol{r}'(t_0) = (x'(t_0), y'(t_0), z'(t_0)). \tag{11.1.3}$$

如果三个导数 $x'(t_0)$,$y'(t_0)$,$z'(t_0)$ 不全等于零(即 $[x'(t_0)]^2 +$

$[y'(t_0)]^2 + [z'(t_0)]^2 \neq 0)$，则 $\boldsymbol{r}'(t_0)$ 是一个非零向量. 向量 $\boldsymbol{v} = \boldsymbol{r}'(t_0) = (x'(t_0), y'(t_0), z'(t_0))$ 称为曲线 L 在点 M_0 处的**切向量**.

经过点 M_0 并且以 $\boldsymbol{r}'(t_0)$ 为方向向量的直线称为曲线 L 在点 M_0 处的**切线**，切线的向量方程式为

$$\boldsymbol{r} = \boldsymbol{r}_0 + \boldsymbol{r}'(t_0)t, \quad -\infty < t < +\infty, \tag{11.1.4}$$

其中 $\boldsymbol{r}_0 = \boldsymbol{r}(t_0) = (x(t_0), y(t_0), z(t_0))$.

切线的参数方程是

$$\begin{cases} x = x_0 + x'(t_0)t, \\ x = y_0 + y'(t_0)t, \quad -\infty < t < +\infty. \\ z = z_0 + z'(t_0)t, \end{cases} \tag{11.1.5}$$

例 11.1.3　求圆柱螺线

$$x = a\cos t, \quad y = a\sin t, \quad z = ct, \quad a > 0, c > 0$$

在点 $M_0\left(\dfrac{a}{\sqrt{2}}, \dfrac{a}{\sqrt{2}}, \dfrac{\pi c}{4}\right)$ 处的切线.

解　由于三个分量函数都是可导函数，而点 M_0 对应的参数为 $t_0 = \dfrac{\pi}{4}$，所以螺线在 M_0 处的切向量是

$$\boldsymbol{v} = \boldsymbol{r}'\left(\frac{\pi}{4}\right) = \left(x'\left(\frac{\pi}{4}\right), y'\left(\frac{\pi}{4}\right), z'\left(\frac{\pi}{4}\right)\right) = \left(\frac{-a}{\sqrt{2}}, \frac{a}{\sqrt{2}}, c\right),$$

因而所求切线的参数方程为

$$x = \frac{a}{\sqrt{2}} - \frac{a}{\sqrt{2}}t, \quad y = \frac{a}{\sqrt{2}} + \frac{a}{\sqrt{2}}t, \quad z = \frac{\pi}{4}c + ct.$$

若参数 t 表示时间，$\boldsymbol{r}(t) = (x(t), y(t), z(t))$ 代表某个质点在时刻 t 的空间位置，则导数 $\boldsymbol{r}'(t)$ 和二阶导数 $\boldsymbol{r}''(t)$ 分别表示质点在时刻 t 的运动速度和加速度（运动质点的速度和加速度都是向量）.

例 11.1.4　设空间某质点的运动轨迹为例 11.1.3 中的圆柱螺线，求质点在任意时刻 t 的速度和加速度.

解　因为质点的运动轨迹为 $\boldsymbol{r}(t) = (a\cos t, a\sin t, ct)$，所以质

点在时刻 t 的运动速度为

$$\boldsymbol{r}'(t) = (x'(t), y'(t), z'(t)) = (-a\sin t, a\cos t, c),$$

质点在时刻 t 的加速度为

$$\boldsymbol{r}''(t) = (x''(t), y''(t), z''(t)) = (-a\cos t, -a\sin t, 0).$$

在以后各种问题的分析过程中,经常运用向量值函数的求导法则,下述定理中列举了关于向量值函数的求导法则,它们与数量值函数的求导法则非常类似.

定理 11.1.1 设 $\boldsymbol{u}(t), \boldsymbol{v}(t)$ 是可导的向量值函数,$\lambda(t)$ 为可导的数量值函数,c 为任意常数,则下列运算法则成立:

(1) $\dfrac{\mathrm{d}}{\mathrm{d}t}(c\boldsymbol{u}(t)) = c\dfrac{\mathrm{d}}{\mathrm{d}t}\boldsymbol{u}(t)$;

(2) $\dfrac{\mathrm{d}}{\mathrm{d}t}(\boldsymbol{u}(t) + \boldsymbol{v}(t)) = \dfrac{\mathrm{d}}{\mathrm{d}t}\boldsymbol{u}(t) + \dfrac{\mathrm{d}}{\mathrm{d}t}\boldsymbol{v}(t)$;

(3) $\dfrac{\mathrm{d}}{\mathrm{d}t}(\lambda(t)\boldsymbol{u}(t)) = \dfrac{\mathrm{d}\lambda(t)}{\mathrm{d}t}\boldsymbol{u}(t) + \lambda(t)\dfrac{\mathrm{d}}{\mathrm{d}t}\boldsymbol{v}(t)$;

(4) $\dfrac{\mathrm{d}}{\mathrm{d}t}(\boldsymbol{u}(t) \cdot \boldsymbol{v}(t)) = \left(\dfrac{\mathrm{d}}{\mathrm{d}t}\boldsymbol{u}(t)\right) \cdot \boldsymbol{v}(t) + \boldsymbol{u}(t) \cdot \left(\dfrac{\mathrm{d}}{\mathrm{d}t}\boldsymbol{v}(t)\right)$;

(5) $\dfrac{\mathrm{d}}{\mathrm{d}t}(\boldsymbol{u}(t) \times \boldsymbol{v}(t)) = \left(\dfrac{\mathrm{d}}{\mathrm{d}t}\boldsymbol{u}(t)\right) \times \boldsymbol{v}(t) + \boldsymbol{u}(t) \times \left(\dfrac{\mathrm{d}}{\mathrm{d}t}\boldsymbol{v}(t)\right)$.

证明 结论(1)和(2)的证明非常简单,我们将其留给读者. 结论(3)、(4)、(5)的证明方法类似,我们只给出结论(5)的证明.

注意到

$$\dfrac{\mathrm{d}}{\mathrm{d}t}(\boldsymbol{u}(t) \times \boldsymbol{v}(t))$$

$$= \lim_{h \to 0} \frac{\boldsymbol{u}(t+h) \times \boldsymbol{v}(t+h) - \boldsymbol{u}(t) \times \boldsymbol{v}(t)}{h}$$

$$= \lim_{h \to 0} \frac{\boldsymbol{u}(t+h) \times \boldsymbol{v}(t+h) - \boldsymbol{u}(t+h) \times \boldsymbol{v}(t) + \boldsymbol{u}(t+h) \times \boldsymbol{v}(t) - \boldsymbol{u}(t) \times \boldsymbol{v}(t)}{h}$$

$$= \lim_{h \to 0} \left(\boldsymbol{u}(t+h) \times \frac{\boldsymbol{v}(t+h) - \boldsymbol{v}(t)}{h} + \frac{\boldsymbol{u}(t+h) - \boldsymbol{u}(t)}{h} \times \boldsymbol{v}(t)\right)$$

$$= \boldsymbol{u}(t) \times \left(\frac{\mathrm{d}}{\mathrm{d}t}\boldsymbol{v}(t)\right) + \left(\frac{\mathrm{d}}{\mathrm{d}t}\boldsymbol{u}(t)\right) \times \boldsymbol{v}(t),$$

于是命题得证.

定理 11.1.2 $\boldsymbol{r}(t)$ 为常向量的充分必要条件是 $\dfrac{\mathrm{d}}{\mathrm{d}t}\boldsymbol{r}(t) \equiv \boldsymbol{0}$.

这个命题的证明留给读者.

定理 11.1.3 $\boldsymbol{r}(t)$ 为定长向量(即 $\|\boldsymbol{r}(t)\|$ 等于常数)的充分必要条件是

$$\boldsymbol{r}(t) \cdot \boldsymbol{r}'(t) = 0.$$

证明 对 $\|\boldsymbol{r}(t)\| = c$ 应用由定理 11.1.1 的(4)可以推出

$$\frac{\mathrm{d}}{\mathrm{d}t}\|\boldsymbol{r}(t)\|^2 = \frac{\mathrm{d}}{\mathrm{d}t}(\boldsymbol{r}(t) \cdot \boldsymbol{r}(t)) = 2\boldsymbol{r}(t) \cdot \boldsymbol{r}'(t) = 0,$$

于是 $\|\boldsymbol{r}(t)\|$ 等于常数与 $\boldsymbol{r}(t) \cdot \boldsymbol{r}'(t) = 0$ 是等价的.

11.1.3 向量值函数的积分

向量值函数的积分是通过对它的各个分量函数的积分来定义的.

设 $\boldsymbol{r}(t) = (x(t), y(t), z(t))$ 在区间 $[\alpha, \beta]$ 上连续,则定义 $\boldsymbol{r}(t)$ 在区间 $[\alpha, \beta]$ 上的积分为

$$\int_{\alpha}^{\beta} \boldsymbol{r}(t)\mathrm{d}t = \left(\int_{\alpha}^{\beta} x(t)\mathrm{d}t, \int_{\alpha}^{\beta} y(t)\mathrm{d}t, \int_{\alpha}^{\beta} z(t)\mathrm{d}t\right)$$

$$= \left(\int_{\alpha}^{\beta} x(t)\mathrm{d}t\right)\boldsymbol{i} + \left(\int_{\alpha}^{\beta} y(t)\mathrm{d}t\right)\boldsymbol{j} + \left(\int_{\alpha}^{\beta} z(t)\mathrm{d}t\right)\boldsymbol{k}.$$

例 11.1.5 设空间某质点在任一时刻 t 的运动速度为 $(\cos t, \sin t, 1)$,又知在时刻 $t=0$ 质点位于点 $M_0(-1, 0, 2)$,求当 $t = \pi$ 时质点所处的空间位置.

解 质点所处的空间位置可以通过积分求得. $t=0$ 时质点的位置是 $M_0(-1, 0, 2)$, $t = \pi$ 时质点的位置是

$$\boldsymbol{r}(\pi) = \boldsymbol{r}(0) + \int_0^{\pi} \boldsymbol{r}'(t)\mathrm{d}t$$

$$= (-1,0,2) + \left(\int_0^\pi \cos t \, dt, \int_0^\pi \sin t \, dt, \int_0^\pi dt \right)$$

$$= (-1,2,\pi+2).$$

例 11.1.6 假设质点作平面运动,运动轨迹 $r = r(\theta)$. 由射线 $\theta = \alpha, \theta = \beta (\alpha < \beta)$ 和曲线 $r = r(\theta)$ 围成的区域的面积 S 称为向径 $r(\theta)$ 在区间 $[\alpha, \beta]$ 扫过的面积. 求证:

(1) 向径 $r(\theta)$ 在区间 $[\alpha, \beta]$ 扫过的面积为 $S = \dfrac{1}{2} \int_\alpha^\beta \| r \times dr \|$,其中 $dr = \dfrac{dr}{d\theta} d\theta$,$\|v\|$ 表示向量 v 的范数(即向量的模),参看图 11.3;

(2) 向径 $r(\theta)$ 扫过的面积对于角度 θ 的导数(即扫过面积的速度)为

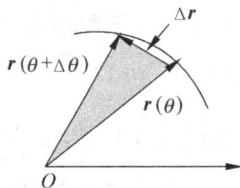

图 11.3

$$\frac{dS}{d\theta} = \frac{1}{2} \| r(\theta) \times r'(\theta) \|. \tag{11.1.6}$$

证明 当 $\Delta\theta$ 很小时,向径 $r(\theta)$ 在区间 $[\theta, \theta + \Delta\theta]$ 内扫过的面积 ΔS 近似地等于由 $r(\theta), r(\theta + \Delta\theta)$ 以及向量 $\Delta r = r(\theta + \Delta\theta) - r(\theta)$ 围成的三角形的面积,而这个面积又近似地等于 $\left\| \dfrac{1}{2} r \times \Delta r \right\|$(当 $\Delta\theta \to 0$ 时,误差与 $\Delta\theta$ 相比较是高阶无穷小). 于是得到面积微分 $dS = \dfrac{1}{2} \| r \times dr \|$,所以 $S = \dfrac{1}{2} \int_\alpha^\beta \| r \times dr \|$.

由(1)的结论容易推出(2).

习 题 11.1

1. 设 $u(t), v(t)$ 是可导的向量值函数,$\lambda(t)$ 为可导数值函数,求证:

(1) $\dfrac{d}{dt}(\lambda(t)u(t)) = \dfrac{d\lambda(t)}{dt} u(t) + \lambda(t) \dfrac{d}{dt} v(t)$;

(2) $\dfrac{d}{dt}(u(t) \cdot v(t)) = \left(\dfrac{d}{dt} u(t) \right) \cdot v(t) + u(t) \cdot \left(\dfrac{d}{dt} v(t) \right)$.

2. 求下列曲线在指定点的单位切向量：

(1) $\boldsymbol{r}(t)=(\mathrm{e}^{2t},\mathrm{e}^{-2t},t\mathrm{e}^{2t}),t=0$；

(2) $\boldsymbol{r}(t)=t\boldsymbol{i}+2\sin t\boldsymbol{j}+3\cos t\boldsymbol{k},t=\dfrac{\pi}{6}$.

3. 求下列曲线在指定点的切线方程：

(1) $\boldsymbol{r}(t)=(1+2t,1+t-t^2,1-t+t^2-t^3),M=(1,1,1)$；

(2) $\boldsymbol{r}(t)=\sin(\pi t)\boldsymbol{i}+\sqrt{t}\ \boldsymbol{j}+\cos(\pi t)\boldsymbol{k},M=(0,1,-1)$.

4. 求下列向量值函数的积分：

(1) $\displaystyle\int_0^{\pi/4}\left[\cos(2t)\boldsymbol{i}+\sin(2t)\boldsymbol{j}+t\sin t\boldsymbol{k}\right]\mathrm{d}t$；

(2) $\displaystyle\int_1^4\left(\sqrt{t}\ \boldsymbol{i}+t\mathrm{e}^{-t}\boldsymbol{j}+\dfrac{1}{t^2}\boldsymbol{k}\right)\mathrm{d}t$.

5. 已知 $\boldsymbol{r}'(t),\boldsymbol{r}(0)$，求 $\boldsymbol{r}(t)$：

(1) $\boldsymbol{r}'(t)=(t^2,4t^3,-t^2),\boldsymbol{r}(0)=(0,1,0)$；

(2) $\boldsymbol{r}'(t)=\sin t\boldsymbol{i}-\cos t\boldsymbol{j}+2t\boldsymbol{k},\boldsymbol{r}(0)=\boldsymbol{i}+\boldsymbol{j}+2\boldsymbol{k}$.

6. 证明下列等式：

(1) $\dfrac{\mathrm{d}}{\mathrm{d}t}(\boldsymbol{r}(t)\times\boldsymbol{r}'(t))=\boldsymbol{r}(t)\times\boldsymbol{r}''(t)$；

(2) $\dfrac{\mathrm{d}}{\mathrm{d}t}\parallel\boldsymbol{r}(t)\parallel=\dfrac{\boldsymbol{r}(t)\cdot\boldsymbol{r}'(t)}{\parallel\boldsymbol{r}(t)\parallel}\quad(\boldsymbol{r}(t)\neq\boldsymbol{0})$；

(3) $\dfrac{\mathrm{d}}{\mathrm{d}t}[\boldsymbol{r}(t)\cdot(\boldsymbol{r}'(t)\times\boldsymbol{r}''(t))]=\boldsymbol{r}(t)\cdot[\boldsymbol{r}'\times\boldsymbol{r}'''(t)]$.

7. 求等速圆周运动 $\boldsymbol{r}=R\cos(\omega t)\boldsymbol{i}+R\sin(\omega t)\boldsymbol{j}$ 在 t 时刻的速度与加速度.

8. 已知螺旋线的向量方程为 $\boldsymbol{r}=a\cos\theta\boldsymbol{i}+a\sin\theta\boldsymbol{j}+b\theta\boldsymbol{k}(a>0,b>0)$，求在 θ_0 处的切线方程.

9. 设 $\boldsymbol{r}=-a\sin\theta\boldsymbol{i}+a\cos\theta\boldsymbol{j}+b\theta\boldsymbol{k}$，求 $\dfrac{1}{2}\displaystyle\int_0^{2\pi}(\boldsymbol{r}\times\boldsymbol{r}')\mathrm{d}\theta$.

11.2　空间曲面的切平面与法向量

本节研究空间曲面的切平面和法向量. 几何问题是多元函数微分学的重要应用之一.

11.2.1 曲面 $z = z(x, y)$ 的切平面

设二元函数 $z(x, y)$ 的定义域是 xOy 平面上的区域 D. 在一定条件下,这个函数的图形(即空间的集合 $\{(x, y, z) \mid (x, y) \in D, z = f(x, y)\}$)构成一张曲面 S,曲面的方程就是 $z = z(x, y)$. 用 $\Delta x, \Delta y$ 和 $\Delta z = z(x_0 + \Delta x, y_0 + \Delta y) - z(x_0, y_0)$ 分别表示 x, y 和 z 的改变量. 则曲面 S 的方程又可表示为 $z = z(x_0, y_0) + \Delta z$. 如果在这个方程中函数 $z(x, y)$ 在点 (x_0, y_0) 可微,用微分 $\mathrm{d}z$ 代替改变量 Δz 就得到一个平面的方程

$$z = z_0 + z'_x(x_0, y_0)(x - x_0) + z'_y(x_0, y_0)(y - y_0).$$

$$(11.2.1)$$

用 π 表示这张平面,称 π 为曲面 S 在点 $M(x_0, y_0, z_0)$ 的**切平面**(其中 $z_0 = z(x_0, y_0)$). 过点 M 且与切平面垂直的直线称为曲面 S 在点 M 的法线. 法线的方程为

$$\frac{x - x_0}{z'_x(x_0, y_0)} = \frac{x - x_0}{z'_y(x_0, y_0)} = -(z - z_0). \quad (11.2.2)$$

法线的方向向量 $\pm(z'_x(x_0, y_0), z'_y(x_0, y_0), -1)$ 称为曲面 S 在点 M 的**法向量**.

根据微分与改变量之间的关系以及切平面 π 的方程与曲面 S 的方程之间的区别可以看出:当 $\sqrt{(\Delta x)^2 + (\Delta y)^2} \to 0$ 时,切平面与曲面在竖直方向的距离与 $\sqrt{(\Delta x)^2 + (\Delta y)^2}$ 相比较是高阶无穷小(图 11.4).

例 11.2.1 求曲面 $z = 1 - x^2 - y^2$ 在点 $M(1, 2, -4)$ 的切平面和法向量.

解 由于

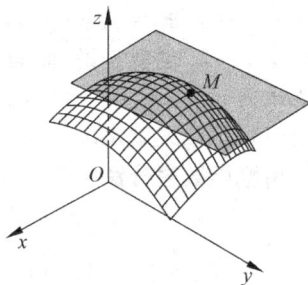

图 11.4

$$z(1,2) = -4, \quad \frac{\partial z(1,2)}{\partial x} = -2, \quad \frac{\partial z(1,2)}{\partial y} = -4,$$

所以曲面 $z = z(x,y)$ 在点 $M(1,2,-4)$ 的切平面为

$$z = z(1,2) + \frac{\partial z(1,2)}{\partial x}(x-1) + \frac{\partial z(1,2)}{\partial y}(y-2)$$
$$= -4 - 2(x-1) - 4(y-2),$$

即

$$2x + 4y + z = 6.$$

法向量为 $\boldsymbol{n} = (2,4,1)$.

11.2.2　一般方程下曲面的切平面

如果曲面 S 由方程

$$F(x,y,z) = C \qquad (11.2.3)$$

确定(即曲面 S 是三元函数 $F(x,y,z)$ 的一个等值面),$M_0(x_0,y_0,z_0)$ 是 S 上一点,那么如何求 S 在点 $M_0(x_0,y_0,z_0)$ 处的法向量和切平面?

假设 $F(x,y,z)$ 有连续的偏导数,并且在点 $M_0(x_0,y_0,z_0)$ 处满足条件 $\mathrm{grad}F(M_0) \neq \boldsymbol{0}$. 这时在点 $M_0(x_0,y_0,z_0)$ 处的三个偏导数 $\frac{\partial F}{\partial x}, \frac{\partial F}{\partial y}, \frac{\partial F}{\partial z}$ 中至少有一个不为零. 不妨设 $\frac{\partial F(M_0)}{\partial z} \neq 0$. 于是由隐函数定理可以推出在 (x_0,y_0) 的某个邻域 U 中存在隐函数 $z = z(x,y)$,满足 $z_0 = z(x_0,y_0)$,并且当 $(x,y) \in U$ 时恒有 $F(x,y,z(x,y)) = 0$. 也就是说,曲面 S 在点 (x_0,y_0,z_0) 附近的一小片可以表示为 $z = z(x,y)$. 于是,该曲面在点 (x_0,y_0,z_0) 处的切平面方程由(11.2.1)式给出.

由隐函数微分法得到

$$\frac{\partial z(x_0,y_0)}{\partial x} = -\frac{\dfrac{\partial F(M_0)}{\partial x}}{\dfrac{\partial F(M_0)}{\partial z}}, \quad \frac{\partial z(x_0,y_0)}{\partial y} = -\frac{\dfrac{\partial F(M_0)}{\partial y}}{\dfrac{\partial F(M_0)}{\partial z}},$$

$$(11.2.4)$$

代入(11.2.1)式,整理得到曲面 S 在点(x_0, y_0, z_0)处的切平面方程为

$$\frac{\partial F(M_0)}{\partial x}(x - x_0) + \frac{\partial F(M_0)}{\partial y}(y - y_0) + \frac{\partial F(M_0)}{\partial z}(z - z_0) = 0,$$

$$(11.2.5)$$

法线方程为

$$\begin{cases} x = x_0 + \dfrac{\partial F(M_0)}{\partial x} t, \\[2mm] y = y_0 + \dfrac{\partial F(M_0)}{\partial y} t, \\[2mm] z = z_0 + \dfrac{\partial F(M_0)}{\partial z} t. \end{cases} \qquad (11.2.6)$$

由此可见当 $\mathrm{grad}F(M_0) \neq \mathbf{0}$ 时,由方程 $F(x,y,z)=0$ 确定的曲面 S 在 M_0 处的法向量为 $\mathrm{grad}F(M_0)$.

例 11.2.2 证明球面 S_1:$x^2 + y^2 + z^2 = R^2$ 与锥面 S_2:$x^2 + y^2 = a^2 z^2$ 正交.

解 所谓两曲面正交是指它们在交点处的法向量互相垂直.记

$$F(x,y,z) = x^2 + y^2 + z^2 - R^2,$$
$$G(x,y,z) = x^2 + y^2 - a^2 z^2,$$

则曲面 S_1 上任意一点 $M(x,y,z)$处的法向量是 $\mathrm{grad}F(x,y,z) = (2x, 2y, 2z)$或者$\mathbf{v}_1 = (x,y,z)$.

同样地,曲面 S_2 上任意一点 $M(x,y,z)$处的法向量为 $\mathbf{v}_2 = (x, y, -a^2 z)$.设点 $M(x,y,z)$ 是两曲面的公共点,则在该点有

$$\mathbf{v}_1 \cdot \mathbf{v}_2 = (x,y,z) \cdot (x, y, -a^2 z) = x^2 + y^2 - a^2 z^2 = 0,$$

即在公共点处两曲面的法向量相互垂直,因此两曲面正交(图 11.5).

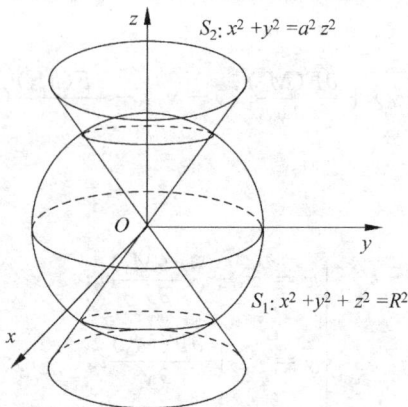

图　11.5

11.2.3　一般方程下空间曲线的切线

假定空间曲线 L 是曲面 S_1 与 S_2 的交线,且 S_1 的方程为 $F(x,y,z)=0$,S_2 的方程为 $G(x,y,z)=0$,则 L 的方程是

$$\begin{cases} F(x,y,z) = 0, \\ G(x,y,z) = 0. \end{cases} \tag{11.2.7}$$

若 $M_0(x_0,y_0,z_0)$ 是 L 上的一点,那么如何求曲线 L 在该点的切向量?

假设 P_1,P_2 分别是曲面 S_1 与 S_2 在点 $M_0(x_0,y_0,z_0)$ 的切平面,l 是曲线 L 在点 M_0 的切线. 由于曲线 L 既在曲面 S_1 上,又在曲面 S_2 上,可以证明切线 l 既位于 P_1 上,又位于 P_2 上. 因此 L 在点 M_0 的切向量 $\boldsymbol{\tau}$ 既与 S_1 的法向量 $\mathrm{grad}F(M_0)$ 垂直,又与 S_2 的法向量 $\mathrm{grad}G(M_0)$ 垂直. 于是切向量 $\boldsymbol{\tau}$ 与向量 $\boldsymbol{v}=\mathrm{grad}F(M_0)\times\mathrm{grad}G(M_0)$ 共线. 如果在点 $M_0(x_0,y_0,z_0)$ 处两个梯度向量 $\mathrm{grad}F(M_0)$ 与 $\mathrm{grad}G(M_0)$ 不共线,则非零向量

$$\boldsymbol{v} = \mathrm{grad}F(M_0) \times \mathrm{grad}G(M_0)$$

就是 L 在点 $M_0(x_0, y_0, z_0)$ 处的一个切向量.

综合上面的讨论,得到下述结论.

设曲线 L 的方程为(11.2.7)式,M_0 是 L 上一点. 假设函数 $F(x,y,z)$ 与 $G(x,y,z)$ 有连续的偏导数,并且在点 M_0 的两个梯度向量 $\mathrm{grad}F(M_0)$,$\mathrm{grad}G(M_0)$ 不共线,则曲线 L 在点 M_0 处的切向量是

$$\boldsymbol{v} = \mathrm{grad}F(M_0) \times \mathrm{grad}G(M_0).$$

例 11.2.3 求曲线

$$\begin{cases} x^2 + y^2 + z^2 - 6 = 0, \\ z - x^2 - y^2 = 0 \end{cases}$$

在点 $M_0(1,1,2)$ 处的切线方程.

解 取 $F(x,y,z) = x^2 + y^2 + z^2 - 6$,$G(x,y,z) = z - x^2 - y^2$,则

$$\mathrm{grad}F(M_0) = (2,2,4), \quad \mathrm{grad}G(M_0) = (-2,-2,1).$$

所以曲线在 $M_0(1,1,2)$ 处的切向量为

$$\boldsymbol{v} = \mathrm{grad}F(M_0) \times \mathrm{grad}G(M_0) = (10, -10, 0).$$

于是所求的切线方程为

$$\begin{cases} x = 1 + 10t, \\ y = 1 - 10t, \\ z = 2. \end{cases}$$

11.2.4 参数方程下曲面的切平面

假设曲面 S 由参数方程

$$x = x(u,v), \quad y = y(u,v), \quad z = z(u,v), \quad (u,v) \in D$$

$$(11.2.8)$$

表示,其中 D 是 $\mathbb{R}^2$ 中的一个区域,函数 $x(u,v), y(u,v), z(u,v)((u,v) \in D)$ 具有连续的偏导数. 则由(11.2.8)式确定了从 D 到 $\mathbb{R}^3$ 的一个

连续可微映射. 设 $(u_0, v_0) \in D$, 令

$$x_0 = x(u_0, v_0), \quad y_0 = (u_0, v_0), \quad z_0 = z(u_0, v_0).$$

这个映射在点 (u_0, v_0) 的雅可比矩阵为

$$\begin{bmatrix} \dfrac{\partial x}{\partial u} & \dfrac{\partial x}{\partial v} \\[2mm] \dfrac{\partial y}{\partial u} & \dfrac{\partial y}{\partial v} \\[2mm] \dfrac{\partial z}{\partial u} & \dfrac{\partial z}{\partial v} \end{bmatrix}_{(u_0, v_0)}.$$

由这个矩阵确定了从 $\mathbb{R}^2$ 到 $\mathbb{R}^3$ 的一个线性映射, 即

$$\begin{bmatrix} x - x_0 \\ y - y_0 \\ z - z_0 \end{bmatrix} = \begin{bmatrix} \dfrac{\partial x}{\partial u} & \dfrac{\partial x}{\partial v} \\[2mm] \dfrac{\partial y}{\partial u} & \dfrac{\partial y}{\partial v} \\[2mm] \dfrac{\partial z}{\partial u} & \dfrac{\partial z}{\partial v} \end{bmatrix}_{(u_0, v_0)} \begin{bmatrix} u - u_0 \\ v - v_0 \end{bmatrix}, \quad (11.2.9)$$

或者

$$\begin{cases} x = x_0 + \dfrac{\partial x}{\partial u}(u - u_0) + \dfrac{\partial x}{\partial v}(v - v_0), \\[2mm] y = y_0 + \dfrac{\partial y}{\partial u}(u - u_0) + \dfrac{\partial y}{\partial v}(v - v_0), \quad (11.2.10) \\[2mm] z = z_0 + \dfrac{\partial z}{\partial u}(u - u_0) + \dfrac{\partial z}{\partial v}(v - v_0). \end{cases}$$

方程 (11.2.10) 表示空间经过点 $M_0(x_0, y_0, z_0)$ 的一张平面 P, 这张平面就是曲面 S 在点 $M_0(x_0, y_0, z_0)$ 的切平面.

现在根据切平面方程 (11.2.10) 可以求出曲面 S 在点 $M_0(x_0, y_0, z_0)$ 的法向量.

在方程 (11.2.10) 中令 $u = u_0 + 1, v = v_0$, 得到

$$(x - x_0, y - y_0, z - z_0) = \left(\frac{\partial x}{\partial u}, \frac{\partial y}{\partial u}, \frac{\partial z}{\partial u} \right)_{(u_0, v_0)}.$$

因为 $(x - x_0, y - y_0, z - z_0)$ 是切平面 P 上的一个向量, 所以由此推出 $\left(\dfrac{\partial x}{\partial u}, \dfrac{\partial y}{\partial u}, \dfrac{\partial z}{\partial u} \right)_{(u_0, v_0)}$ 是切平面 P 上的一个向量. 同样可以知道,

$\left(\dfrac{\partial x}{\partial v}, \dfrac{\partial y}{\partial v}, \dfrac{\partial z}{\partial v}\right)_{(u_0, v_0)}$ 也是切平面 P 上的一个向量. 如果这两个向量不共线,那么曲面 S 在点 $M_0(x_0, y_0, z_0)$ 的法向量就是

$$\boldsymbol{n} = \left(\frac{\partial x}{\partial u}, \frac{\partial y}{\partial u}, \frac{\partial z}{\partial u}\right)_{(u_0, v_0)} \times \left(\frac{\partial x}{\partial v}, \frac{\partial y}{\partial v}, \frac{\partial z}{\partial v}\right)_{(u_0, v_0)}. \quad (11.2.11)$$

计算得到

$$\boldsymbol{n} = A\boldsymbol{i} + B\boldsymbol{j} + C\boldsymbol{k}, \quad (11.2.12)$$

其中

$$A = \det \begin{bmatrix} \dfrac{\partial y}{\partial u} & \dfrac{\partial z}{\partial u} \\ \dfrac{\partial y}{\partial v} & \dfrac{\partial z}{\partial v} \end{bmatrix}, \quad B = \det \begin{bmatrix} \dfrac{\partial z}{\partial u} & \dfrac{\partial x}{\partial u} \\ \dfrac{\partial z}{\partial v} & \dfrac{\partial x}{\partial v} \end{bmatrix}, \quad C = \det \begin{bmatrix} \dfrac{\partial x}{\partial u} & \dfrac{\partial y}{\partial u} \\ \dfrac{\partial x}{\partial v} & \dfrac{\partial y}{\partial v} \end{bmatrix}.$$

$$(11.2.13)$$

于是,曲面 S 在点 $M(x_0, y_0, z_0)$ 的法向量是 $A\boldsymbol{i} + B\boldsymbol{j} + C\boldsymbol{k}$,切平面的方程又可以写成

$$A(x - x_0) + B(y - y_0) + C(z - z_0) = 0. \quad (11.2.14)$$

例 11.2.4 以原点为中心,a 为半径的球面 S 的参数方程为

$$x = a\sin\varphi\cos\theta, \quad y = a\sin\varphi\sin\theta, \quad z = a\cos\varphi,$$

$$0 \leqslant \varphi \leqslant \pi, 0 \leqslant \theta < 2\pi.$$

当 $\varphi = \dfrac{\pi}{6}, \theta = \dfrac{\pi}{3}$ 时,求 S 的切平面和法向量.

解 $\dfrac{\partial x}{\partial \varphi} = a\cos\varphi\cos\theta, \quad \dfrac{\partial y}{\partial \varphi} = a\cos\varphi\sin\theta, \quad \dfrac{\partial z}{\partial \varphi} = -a\sin\varphi,$

$\dfrac{\partial x}{\partial \theta} = -a\sin\varphi\sin\theta, \quad \dfrac{\partial y}{\partial \theta} = a\sin\varphi\cos\theta, \quad \dfrac{\partial z}{\partial \theta} = 0.$

当 $\varphi = \dfrac{\pi}{6}, \theta = \dfrac{\pi}{3}$ 时,$x = \dfrac{1}{4}a, y = \dfrac{\sqrt{3}}{4}a, z = \dfrac{\sqrt{3}}{2}a,$

$$\frac{\partial x}{\partial \varphi} = \frac{\sqrt{3}}{4}a, \quad \frac{\partial y}{\partial \varphi} = \frac{3}{4}a, \quad \frac{\partial z}{\partial \varphi} = -\frac{1}{2}a,$$

$$\frac{\partial x}{\partial \theta} = -\frac{\sqrt{3}}{4}a, \quad \frac{\partial y}{\partial \theta} = \frac{1}{4}a, \quad \frac{\partial z}{\partial \theta} = 0.$$

由(11.2.10)式得到切平面方程为

$$\begin{cases} x = \dfrac{1}{4}a + \dfrac{\sqrt{3}}{4}a\left(\varphi - \dfrac{\pi}{6}\right) - \dfrac{\sqrt{3}}{4}a\left(\theta - \dfrac{\pi}{3}\right), \\[3mm] y = \dfrac{\sqrt{3}}{4}a + \dfrac{3}{4}a\left(\varphi - \dfrac{\pi}{6}\right) + \dfrac{1}{4}a\left(\theta - \dfrac{\pi}{3}\right), \\[3mm] z = \dfrac{\sqrt{3}}{2}a - \dfrac{1}{2}a\left(\varphi - \dfrac{\pi}{6}\right). \end{cases}$$

根据(11.2.12)式得到法向量为

$$\boldsymbol{n} = \left(\frac{\sqrt{3}}{4}, \frac{3}{4}, -\frac{1}{2}\right) \times \left(-\frac{\sqrt{3}}{4}, \frac{1}{4}, 0\right) = \frac{1}{16}\left(2, 2\sqrt{3}, 4\sqrt{3}\right).$$

习 题 11.2

1. 求下列曲面在指定点的法线方程与切平面方程:

(1) $x^2 + y^2 + z^2 = 14$,在点$(1, 2, 3)$;

(2) $z = \dfrac{1}{2}x^2 - y^2$,在点$(2, -1, 1)$;

(3) $(2a^2 - z^2)x^2 - a^2 y^2 = 0$,在点$(a, a, a)$;

(4) $\dfrac{x^2}{a^2} + \dfrac{y^2}{b^2} + \dfrac{z^2}{c^2} = 1$,在点$\left(\dfrac{a}{\sqrt{3}}, \dfrac{b}{\sqrt{3}}, \dfrac{c}{\sqrt{3}}\right)$;

(5) $\begin{cases} x = u\cos v, \\ y = u\sin v, \\ z = av, \end{cases}$ 在$(u, v) = (u_0, v_0)$处.

2. 按要求求下列曲面的切平面方程:

(1) 曲面$x^2 + 2y^2 + 3z^2 = 21$ 的与平面$x + 4y + 6z = 0$ 平行的切平面;

(2) 曲面$z = x^2 + y^2$ 的与直线$\begin{cases} x + 2z = 1, \\ y + 2z = 2 \end{cases}$ 垂直的切平面;

(3) 双曲抛物面$\boldsymbol{r} = (u + v, u - v, uv)$在$u = 1, v = -1$ 处的切平面.

3. 求证:曲面$\sqrt{x} + \sqrt{y} + \sqrt{z} = \sqrt{a}\ (a > 0)$在任意点处的切平面在各坐标

轴上的截距之和为 a.

4. 证明二次曲面 $ax^2 + by^2 + cz^2 = 1$ 在点 $M_0(x_0, y_0, z_0)$ 处的切平面方程为

$$ax_0 x + by_0 y + cz_0 z = 1.$$

5. 设函数 f 可微,试证曲面 $z = yf\left(\dfrac{x}{y}\right)$ 的所有切平面相交于一个公共点.

6. 已知函数 f 可微,证明曲面 $f\left(\dfrac{x-a}{z-c}, \dfrac{y-b}{z-c}\right) = 0$ 上任意一点处的切平面通过一定点,并求出此点的位置.

7. 设曲面 S_1 和 S_2 的方程分别为 $F_1(x, y, z) = 0$,$F_2(x, y, z) = 0$,其中 F_1 和 F_2 是可微函数,试证 S_1 与 S_2 垂直的充分必要条件是对交线上的任意一点 (x, y, z),均有

$$\frac{\partial F_1}{\partial x} \frac{\partial F_2}{\partial x} + \frac{\partial F_1}{\partial y} \frac{\partial F_2}{\partial y} + \frac{\partial F_1}{\partial z} \frac{\partial F_2}{\partial z} = 0.$$

8. 已知函数 F 可微,若 T 为曲面 $S: F(x, y, z) = 0$ 在点 $M_0(x_0, y_0, z_0)$ 处的切平面,l 为 T 上任意一条过 M_0 的直线,求证:在 S 上存在一条曲线,该曲线在 M_0 处的切线恰好为 l.

11.3 多元函数的极值

11.3.1 极值的概念与必要条件

设 $\boldsymbol{u}_0$ 是 $\mathbb{R}^n$ 中一点,若存在 $\boldsymbol{u}_0$ 的某个邻域 U,使得对于所有的 $\boldsymbol{u} \in U$ 都有

$$f(\boldsymbol{u}) \leqslant f(\boldsymbol{u}_0) \quad (f(\boldsymbol{u}) \geqslant f(\boldsymbol{u}_0)),$$

则称 $f(\boldsymbol{u}_0)$ 是 $f(\boldsymbol{u})$ 的一个**极大(小)值**,并称 $\boldsymbol{u}_0 \in \mathbb{R}^n$ 为 f 的一个**极大(小)值点**.

函数的极大值或者极小值 $f(\boldsymbol{u}_0)$ 仅仅是将这个函数值与在 $\boldsymbol{u}_0$ 的某个邻域 U 内的点比较的结果. 因此这个极值又称为**局部极值**,或者**相对极值**.

图 11.6 中的曲面是某个二元函数 $z=f(x,y)$ 的图形. 由图形可以看出,一个函数可以有多个极值,也可能没有极值. 例如从直观图形可以看出线性函数 $z=ax+by$(假定 a,b 不全等于零)就没有极值(图 11.7).

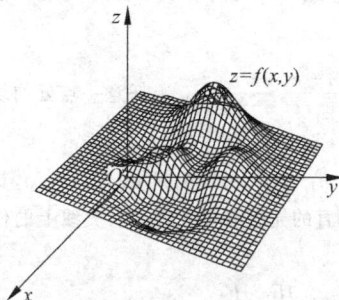
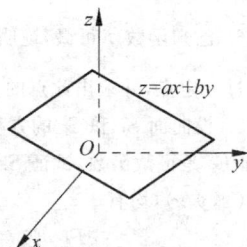

图 11.6　　　　　　　　图 11.7

对于一元函数 $f(x)$,我们已经知道取极值的必要条件:设函数 $f(x)$ 在点 x_0 达到极值(极小值或极大值),如果 $f(x)$ 在点 x_0 可导,则必有 $f'(x_0)=0$(使得 $f'(x_0)=0$ 的点 x_0 称为函数 $f(x)$ 的驻点或临界点).

关于多元函数的极值的必要条件,我们有与一元函数类似的结论. 以二元函数为例,有下述的定理.

定理 11.3.1(极值点的必要条件)　假设二元函数 $f(x,y)$ 在点 (x_0,y_0) 达到极值(极小值或极大值),如果 $f(x,y)$ 在点 (x_0,y_0) 存在偏导数 $\dfrac{\partial f}{\partial x},\dfrac{\partial f}{\partial y}$,则必有 $\dfrac{\partial f}{\partial x}=0,\dfrac{\partial f}{\partial y}=0$.

证明　令 $g(x)=f(x,y_0)$,则 x_0 是一元函数 $g(x)$ 的极值点,由于 $g'(x_0)=\dfrac{\partial f(x_0,y_0)}{\partial x}$ 存在,所以根据一元函数极值的必要条件推出 $g'(x_0)=0$,从而 $\dfrac{\partial f(x_0,y_0)}{\partial x}=0$. 同样的道理可以断定

$$\frac{\partial f(x_0, y_0)}{\partial y} = 0.$$

类似的方法可以得到下面的定理.

定理 11.3.2(多元函数极值点的必要条件) 设 n 元函数 $f(\boldsymbol{u})$ 在点 $\boldsymbol{u}_0 \in \mathbb{R}^n$ 达到极值,如果 $f(\boldsymbol{u})$ 在点 $\boldsymbol{u}_0$ 存在偏导数 $\frac{\partial f}{\partial u_i}$,则

$$\frac{\partial f}{\partial u_i} = 0 (i = 1, 2, \cdots, n).$$

根据函数在一点的梯度定义,容易推出下面的推论.

推论 设 n 元函数 $f(\boldsymbol{u})$ 在点 $\boldsymbol{u}_0 \in \mathbb{R}^n$ 达到极值,如果 $f(\boldsymbol{u})$ 在点 $\boldsymbol{u}_0$ 可微,则有 $\operatorname{grad} f(\boldsymbol{u}_0) = \boldsymbol{0}$.

使得所有偏导数 $\frac{\partial f}{\partial u_i} (i = 1, 2, \cdots, n)$ 等于零的点 $\boldsymbol{u}_0$ 称为 $f(\boldsymbol{u})$ 的**驻点**或**临界点**.

关于定理 11.3.1 和 11.3.2,这里需要说明两点:

(1) 对于偏导数不存在的函数 f,极值点未必是驻点. 例如二元函数 $f(x, y) = \sqrt{x^2 + y^2}$ 在原点 $(0, 0)$ 达到极小值(也是最小值),由于该函数在原点的两个偏导数均不存在,所以原点 $(0, 0)$ 不是 $f(x, y) = \sqrt{x^2 + y^2}$ 的驻点.

(2) 定理 11.3.1 和 11.3.2 说明,可微函数只能在驻点取得极值. 但是驻点并非极值的充分条件. 例如考察二元函数 $f(x, y) = x^2 - y^2$,原点 $(0, 0)$ 是它的一个驻点,但是该函数在原点不取极值,这是因为,在 x 轴上原点以外的点 $(x, 0)$ 处处有 $f(x, y) = x^2 - y^2 = x^2 > f(0, 0)$;但是在 y 轴上原点以外的点处处有

$$f(x, y) = x^2 - y^2 = -y^2 < f(0, 0).$$

所以虽然 $(0, 0)$ 是该函数的驻点,但是 $f(0, 0)$ 既不是极大值,也不是极小值(图 11.8).

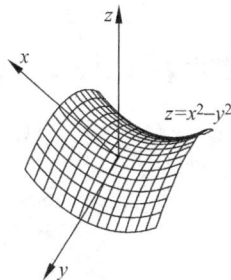

图 11.8

11.3.2 函数极值充分条件

下面我们利用二阶偏导数讨论二元函数极值的充分条件. 在推导过程中需要线性代数中的有关二次型的某些知识. 不熟悉线性代数知识的读者可以略去推导过程, 而直接掌握有关的结论.

定理 11.3.3 假设 (x_0, y_0) 是二元函数 $f(x, y)$ 的一个驻点, $f(x, y)$ 在 (x_0, y_0) 的某个邻域中存在连续的二阶偏导数. 记

$$A = \frac{\partial^2 f(x_0, y_0)}{\partial x^2}, \quad B = \frac{\partial^2 f(x_0, y_0)}{\partial x \partial y}, \quad C = \frac{\partial^2 f(x_0, y_0)}{\partial y^2},$$

$$(11.3.1)$$

则有下列结论:

(1) 若 $A > 0, AC - B^2 > 0$, 则 $f(x, y)$ 在 (x_0, y_0) 达到极小值;

(2) 若 $A < 0, AC - B^2 > 0$, 则 $f(x, y)$ 在 (x_0, y_0) 达到极大值;

(3) 若 $AC - B^2 < 0$, 则 $f(x_0, y_0)$ 不是极值.

证明 (梗概)

由于 (x_0, y_0) 是 $f(x, y)$ 的一个驻点, 所以 $\dfrac{\partial f(x_0, y_0)}{\partial x} = 0$, $\dfrac{\partial f(x_0, y_0)}{\partial y} = 0$. 于是 $f(x, y)$ 在 (x_0, y_0) 的一阶泰勒公式变为

$$f(x, y) - f(x_0, y_0) = \frac{1}{2} \left(h \frac{\partial}{\partial x} + k \frac{\partial}{\partial y} \right)^2 f \Bigg|_{(\xi, \eta)}$$

其中 $\xi = x_0 + \theta(x - x_0), \eta = y_0 + \theta(y - y_0)$, 即

$$
\begin{aligned}
f(x, y) - f(x_0, y_0) = \frac{1}{2} \Bigg[&\frac{\partial^2 f(\xi, \eta)}{\partial x^2}(x - x_0)^2 \\
&+ 2 \frac{\partial^2 f(\xi, \eta)}{\partial x \partial y}(x - x_0)(y - y_0) \\
&+ \frac{\partial^2 f(\xi, \eta)}{\partial y^2}(y - y_0)^2 \Bigg]. \quad (11.3.2)
\end{aligned}
$$

利用矩阵记号,可以将上式重新写成

$$f(x,y) - f(x_0,y_0)$$
$$= \frac{1}{2}(x - x_0, y - y_0)\begin{bmatrix} \dfrac{\partial^2 f(\xi,\eta)}{\partial x^2} & \dfrac{\partial^2 f(\xi,\eta)}{\partial x \partial y} \\ \dfrac{\partial^2 f(\xi,\eta)}{\partial x \partial y} & \dfrac{\partial^2 f(\xi,\eta)}{\partial y^2} \end{bmatrix}\begin{bmatrix} x - x_0 \\ y - y_0 \end{bmatrix}.$$

$$(11.3.3)$$

记

$$A(\xi,\eta) = \frac{\partial^2 f(\xi,\eta)}{\partial x^2}, \quad B(\xi,\eta) = \frac{\partial^2 f(\xi,\eta)}{\partial x \partial y}, \quad C(\xi,\eta) = \frac{\partial^2 f(\xi,\eta)}{\partial y^2},$$

则(11.3.3)式变为

$$f(x,y) - f(x_0,y_0)$$
$$= \frac{1}{2}[x - x_0, y - y_0]\begin{bmatrix} A(\xi,\mu) & B(\xi,\mu) \\ B(\xi,\mu) & C(\xi,\mu) \end{bmatrix}\begin{bmatrix} x - x_0 \\ y - y_0 \end{bmatrix}.$$

$$(11.3.4)$$

(1) 若 $A > 0, AC - B^2 > 0$,则矩阵

$$\begin{bmatrix} A & B \\ B & C \end{bmatrix}$$

是正定的. 由于 $f(x,y)$ 的二阶偏导数在点 (x_0,y_0) 连续,当点 $M(x,y)$ 距离 $M_0(x_0,y_0)$ 充分近时,矩阵

$$\begin{bmatrix} A(\xi,\mu) & B(\xi,\mu) \\ B(\xi,\mu) & C(\xi,\mu) \end{bmatrix}$$

也是正定的. 由此推出,当自变量改变量 $(x - x_0, y - y_0)$ 不为零时,函数改变量 $f(x,y) - f(x_0,y_0)$ 为正值. 因此 $f(x,y)$ 在点 (x_0,y_0) 达到极小值.

(2) 若 $A < 0, AC - B^2 > 0$,则矩阵

$$\begin{bmatrix} A & B \\ B & C \end{bmatrix}$$

是负定的. 由于 $f(x,y)$ 的二阶偏导数在点 (x_0,y_0) 连续, 当点 $M(x,y)$ 距离 $M_0(x_0,y_0)$ 充分近时, 矩阵

$$\begin{bmatrix} A(\xi,\mu) & B(\xi,\mu) \\ B(\xi,\mu) & C(\xi,\mu) \end{bmatrix}$$

也是负定的. 由此推出, 当自变量改变量 $(x-x_0,y-y_0)$ 不为零时, 函数改变量 $f(x,y)-f(x_0,y_0)$ 为负值. 因此 $f(x,y)$ 在点 (x_0,y_0) 达到极大值.

(3) 若 $AC-B^2<0$, 则矩阵

$$\begin{bmatrix} A & B \\ B & C \end{bmatrix}$$

既不是正定的, 也不是负定的. $f(x,y)$ 在点 $M_0(x_0,y_0)$ 既不取极小值, 也不取极大值.

当 $AC-B^2=0$ 时, 仅仅根据 $f(x,y)$ 在点 $M_0(x_0,y_0)$ 的二阶导数不足以判定 $f(x,y)$ 在点 $M_0(x_0,y_0)$ 是否取得极值, 需要做进一步讨论, 这里从略.

例 11.3.1 求函数 $f(x,y)=2x^4+y^4-2x^2-2y^2$ 的所有局部极值.

解 求偏导数得 $\dfrac{\partial f}{\partial x}=8x^3-4x, \dfrac{\partial f}{\partial y}=4y^3-4y$, 解方程组

$$\begin{cases} \dfrac{\partial f}{\partial x}=8x^3-4x=0, \\[2mm] \dfrac{\partial f}{\partial y}=4y^3-4y=0, \end{cases}$$

得到 9 个驻点:

$$(x_1,y_1)=(0,0), \quad (x_2,y_2)=(0,1), \quad (x_3,y_3)=(0,-1),$$

$$(x_4,y_4)=\left(\frac{1}{\sqrt{2}},0\right), \quad (x_5,y_5)=\left(\frac{1}{\sqrt{2}},1\right),$$

$$\left(x_6,y_6\right) = \left(\frac{1}{\sqrt{2}},-1\right), \quad \left(x_7,y_7\right) = \left(-\frac{1}{\sqrt{2}},0\right),$$

$$\left(x_8,y_8\right) = \left(-\frac{1}{\sqrt{2}},1\right), \quad \left(x_9,y_9\right) = \left(-\frac{1}{\sqrt{2}},-1\right).$$

求二阶偏导数得 $\dfrac{\partial^2 f}{\partial x^2} = 24x^2 - 4, \dfrac{\partial^2 f}{\partial y^2} = 12y^2 - 4, \dfrac{\partial^2 f}{\partial x \partial y} = 0.$ 在上述每个点分别计算 A,B,C 得到下表:

i	1	2	3	4	5	6	7	8	9
A_i	-4	-4	-4	8	8	8	8	8	8
B_i	0	0	0	0	0	0	0	0	0
C_i	-4	8	8	-4	8	8	-4	8	8
$A_iC_i - B_i^2$	16	-32	-32	-32	64	64	-32	64	64

由极值的充分条件可知,函数 $f(x,y)$ 在 $(x_5,y_5),(x_6,y_6),$ $(x_8,y_8),(x_9,y_9)$ 取局部极小值,$(0,0)$ 是极大值点,其他点均为鞍点(非极值点).

例 11.3.2(最小二乘法) 设变量 y 与 x 之间的关系是 $y = ax+b$,其中 a,b 是待定常数. 现在通过实验测得了 y 与 x 的一组数据 $(x_1,y_1),(x_2,y_2),\cdots,(x_n,y_n)$,问如何由这一组数据得到最佳的待定常数 a,b.

解 所谓最佳,是指测量值与精确值之间的误差平方和达到最小,即使 a,b 的函数 $f(a,b) = \sum_{i=1}^{n} [y_i - (ax_i + b)]^2$ 达到最小值. 令

$$\begin{cases} \dfrac{\partial f}{\partial a} = -2\sum_{i=1}^{n}(y_i - ax_i - b)x_i = 0, \\[2mm] \dfrac{\partial f}{\partial b} = -2\sum_{i=1}^{n}(y_i - ax_i - b) = 0. \end{cases}$$

由此得到

$$\begin{cases} \left(\sum_{i=1}^n x_i^2\right)a + \left(\sum_{i=1}^n x_i\right)b = \sum_{i=1}^n x_i y_i, \\ \left(\sum_{i=1}^n x_i\right)a + nb = \sum_{i=1}^n y_i. \end{cases}$$

当 $n\sum\limits_{i=1}^n x_i^2 - \left(\sum\limits_{i=1}^n x_i\right)^2 \neq 0$ 时,由此解出

$$a = \frac{n\sum\limits_{i=1}^n x_i y_i - \left(\sum\limits_{i=1}^n x_i\right)\left(\sum\limits_{i=1}^n y_i\right)}{n\sum\limits_{i=1}^n x_i^2 - \left(\sum\limits_{i=1}^n x_i\right)^2},$$

$$b = \frac{\left(\sum\limits_{i=1}^n y_i\right)\sum\limits_{i=1}^n x_i^2 - \left(\sum\limits_{i=1}^n x_i\right)\left(\sum\limits_{i=1}^n x_i y_i\right)}{n\sum\limits_{i=1}^n x_i^2 - \left(\sum\limits_{i=1}^n x_i\right)^2}.$$

这种求待定参数 a,b 的方法就称为最小二乘法.

11.3.3 n 元函数极值的充分条件

对于 n 元函数 $f(x_1, x_2, \cdots, x_n)$,如果它在点 $M_0(x_1^0, x_2^0, \cdots, x_n^0)$ 的某个邻域中有连续的二阶偏导数,则对于这个邻域中任意一点 $M(x_1, x_2, \cdots, x_n)$,函数改变量 $\Delta f = f(M) - f(M_0)$ 可以表示为

$$f(x_1, x_2, \cdots, x_n) - f(x_1^0, x_2^0, \cdots, x_n^0)$$

$$= \sum_{i=1}^n \frac{\partial f(x_1^0, x_2^0, \cdots, x_n^0)}{\partial x_i}(x_i - x_i^0)$$

$$+ \frac{1}{2!}\sum_{i,j=1}^n \frac{\partial^2 f(x_1^0, x_2^0, \cdots, x_n^0)}{\partial x_i \partial x_j}(x_i - x_i^0)(x_j - x_j^0)$$

$$+ o\left(\sum_{i=1}^n (x_i - x_i^0)^2\right). \tag{11.3.5}$$

当 $M_0(x_1^0, x_2^0, \cdots, x_n^0)$ 为 $f(x_1, x_2, \cdots, x_n)$ 的驻点时,(11.3.5)式

变为

$$f(x_1, x_2, \cdots, x_n) - f(x_1^0, x_2^0, \cdots, x_n^0)$$

$$= \frac{1}{2} \sum_{i,j=1}^{n} \frac{\partial^2 f(x_1^0, x_2^0, \cdots, x_n^0)}{\partial x_i \partial x_j} (x_i - x_i^0)(x_j - x_j^0)$$

$$+ o\left(\sum_{i=1}^{n} (x_i - x_i^0)^2 \right). \tag{11.3.6}$$

记 $h_i = x_i - x_i^0 (i = 1, 2, \cdots, n)$,并采用矩阵表示,则(11.3.6)式变成

$$f(x_1, x_2, \cdots, x_n) - f(x_1^0, x_2^0, \cdots, x_n^0)$$

$$= \frac{1}{2}(x_1 - x_1^0, x_2 - x_2^0, \cdots, x_n - x_n^0)$$

$$\times \begin{bmatrix} \dfrac{\partial^2 f}{\partial x_1^2} & \dfrac{\partial^2 f}{\partial x_1 \partial x_2} & \cdots & \dfrac{\partial^2 f}{\partial x_1 \partial x_n} \\ \dfrac{\partial^2 f}{\partial x_2 \partial x_1} & \dfrac{\partial^2 f}{\partial x_2^2} & \cdots & \dfrac{\partial^2 f}{\partial x_2 \partial x_n} \\ \vdots & \vdots & & \vdots \\ \dfrac{\partial^2 f}{\partial x_n \partial x_1} & \dfrac{\partial^2 f}{\partial x_n \partial x_2} & \cdots & \dfrac{\partial^2 f}{\partial x_n^2} \end{bmatrix} \begin{bmatrix} x_1 - x_1^0 \\ x_2 - x_2^0 \\ \vdots \\ x_n - x_n^0 \end{bmatrix}$$

$$+ o\left(\sum_{i=1}^{n} (x_i - x_i^0)^2 \right).$$

上式中所有的二阶偏导数都是在点 $M_0(x_1^0, x_2^0, \cdots, x_n^0)$ 计算的. 由二阶偏导数组成的 $n \times n$ 矩阵

$$\begin{bmatrix} \dfrac{\partial^2 f}{\partial x_1^2} & \dfrac{\partial^2 f}{\partial x_1 \partial x_2} & \cdots & \dfrac{\partial^2 f}{\partial x_1 \partial x_n} \\ \dfrac{\partial^2 f}{\partial x_2 \partial x_1} & \dfrac{\partial^2 f}{\partial x_2^2} & \cdots & \dfrac{\partial^2 f}{\partial x_2 \partial x_n} \\ \vdots & \vdots & & \vdots \\ \dfrac{\partial^2 f}{\partial x_n \partial x_1} & \dfrac{\partial^2 f}{\partial x_n \partial x_2} & \cdots & \dfrac{\partial^2 f}{\partial x_n^2} \end{bmatrix}$$

称为函数 $f(x_1, x_2, \cdots, x_n)$ 在点 $M_0(x_1^0, x_2^0, \cdots, x_n^0)$ 的**黑塞矩阵**,记

作 $H_f(M_0)$.

定理 11.3.4 设 n 元函数 f 在点 $M_0(x_1^0, x_2^0, \cdots, x_n^0)$ 及其附近有二阶连续偏导数,且 $\operatorname{grad} f(M_0) = 0$,则:

(1) $H_f(M_0)$ 正定时,M_0 是函数 f 的极小值点;

(2) $H_f(M_0)$ 负定时,M_0 是函数 f 的极大值点;

(3) $H_f(M_0)$ 不定时,M_0 不是函数 f 的极值点.

习 题 11.3

1. 求下列函数的极值,并判断是极大值还是极小值:

(1) $z = x^3 + y^3 - 3xy$;

(2) $z = 2xy - 3x^3 - 2y^2 + 10$;

(3) $z = xy + \dfrac{a}{x} + \dfrac{a}{y}$.

2. 设函数 $z = z(x, y)$ 由方程 $4x^2 + 2y^2 + 3z^2 - 4xy - 2yz - 8 = 0$ 确定,试求 $z = z(x, y)$ 的极值点.

3. 试证函数 $z = (1 + e^y)\cos x - y e^y$ 有无穷多个极大值而无极小值.

11.4 条 件 极 值

关于多元函数局部极值的讨论中,自变量 (x, y, z) 在函数定义域中是互相独立地任意变化的,可以不受任何约束. 寻求某个函数极值的范围是该函数的整个定义域. 因此上一节讨论过的极值又称为无约束极值. 但是在实际问题中遇到更多的情形,是在求函数极值时,自变量 (x, y, z) 受到若干条件的限制. 这样的问题称为条件极值问题,或者约束极值问题. 下面我们来研究条件极值问题的求解方法.

11.4.1 二元函数的条件极值问题

首先考察一个最简单的条件极值问题

$$\min \ f(x,y)$$
$$\text{s. t.} \ \ g(x,y) = 0. \tag{11.4.1}$$

这个问题是在自变量(x,y)满足约束$g(x,y)=0$的条件下求函数$f(x,y)$的极小值. 也就是求点(x_0,y_0), 使得(x_0,y_0)满足$g(x_0,y_0)=0$, 并且$f(x,y)$在点(x_0,y_0)取得条件极小值. 这时称(x_0,y_0)是问题(11.4.1)的一个解. 在这个问题中, $f(x,y)$称为**目标函数**, 方程$g(x,y)=0$称为**约束条件**.

为了求解这个问题, 容易想到的一个方法是由方程$g(x,y)=0$解出$y=y(x)$, 将这个函数关系代入$f(x,y)$, 将二元函数$f(x,y)$变成一元函数$\varphi(x)=f(x,y(x))$. 于是条件极值问题(11.4.1)就转化为求一元函数$\varphi(x)$的极小值的问题.

但是这种求解方法在一般情形是不容易实现的. 其中原因之一是由方程$g(x,y)=0$未必能够解出y对于x的单值函数关系$y=y(x)$, 或者x对于y的单值函数关系$x=x(y)$; 另一个因素是, 在多个自变量的情形, 这种求解方法还可能会带来繁杂的运算, 以至于使得求解过程变得十分复杂. 因此, 虽然这种方法对于少数简单情形可以求解, 但是这个方法不具有普遍性.

尽管如此, 我们仍然可以沿着上述思路做进一步的理论探讨, 看一看能否得到有关条件极值的某些有价值的线索.

设(x_0,y_0)是问题(11.4.1)的一个解. 这里需要对于函数$g(x,y)$做一个假定: $g(x,y)$在点(x_0,y_0)的两个偏导数$\dfrac{\partial g}{\partial x}, \dfrac{\partial g}{\partial y}$不同时为零. 不妨假定$\dfrac{\partial g}{\partial y} \neq 0$, 则根据隐函数定理, 由方程$g(x,y)=0$至少在$x_0$的某个邻域中确定了一个函数$y=y(x)$, 这个隐函数满足$g(x,y(x))=0$, 并且$y_0=y(x_0)$. 将这个函数关系代入$f(x,y)$, 将二元函数$f(x,y)$变成一元函数$\varphi(x)=f(x, y(x))$, 于是条件极值问题(11.4.1)就转化为求一元函数$\varphi(x)$的极小值的问题. 由于假定了(x_0,y_0)是问题(11.4.1)的解, 所以一

元函数 $\varphi(x)$ 在点 x_0 达到极小值,于是根据极值点的必要条件推出

$$\varphi'(x_0) = 0. \tag{11.4.2}$$

根据复合函数微分法得到

$$\varphi'(x_0) = \frac{\mathrm{d}}{\mathrm{d}x} f(x, y(x)) \bigg|_{x=x_0} = \left(\frac{\partial f}{\partial x} + \frac{\partial f}{\partial y} \frac{\mathrm{d}y}{\mathrm{d}x} \right) \bigg|_{(x_0, y_0)}. \tag{11.4.3}$$

又根据隐函数微分法求出

$$\frac{\mathrm{d}y}{\mathrm{d}x} \bigg|_{x_0} = - \frac{\dfrac{\partial g}{\partial x}}{\dfrac{\partial g}{\partial y}} \Bigg|_{(x_0, y_0)}. \tag{11.4.4}$$

将(11.4.4)式代入(11.4.3)式,得到

$$\left[\frac{\partial f}{\partial x} - \frac{\partial f}{\partial y} \frac{\dfrac{\partial g}{\partial x}}{\dfrac{\partial g}{\partial y}} \right] \Bigg|_{(x_0, y_0)} = 0,$$

由此进一步得到

$$\frac{f'_x(x_0, y_0)}{g'_x(x_0, y_0)} = \frac{f'_y(x_0, y_0)}{g'_y(x_0, y_0)}. \tag{11.4.5}$$

这是 (x_0, y_0) 必须满足的条件.

　　如果记 $\lambda = \dfrac{f'_x(x_0, y_0)}{g'_x(x_0, y_0)} = \dfrac{f'_y(x_0, y_0)}{g'_y(x_0, y_0)}$,则 λ 是一个未知的常数,并且

$$f'_x(x_0, y_0) = \lambda g'_x(x_0, y_0), \quad f'_y(x_0, y_0) = \lambda g'_y(x_0, y_0).$$

另外,(x_0, y_0) 还满足约束条件 $g(x, y) = 0$,于是得到关于 (x_0, y_0) 和未知常数 λ 的方程组

$$\begin{cases} \dfrac{\partial f}{\partial x} - \lambda \dfrac{\partial g}{\partial x} = 0, \\[2mm] \dfrac{\partial f}{\partial y} - \lambda \dfrac{\partial g}{\partial y} = 0, \\[2mm] g(x, y) = 0. \end{cases} \tag{11.4.6}$$

如果构造辅助函数

$$L(x,y,\lambda) = f(x,y) - \lambda g(x,y),$$

则(x_0,y_0)和λ满足方程

$$\frac{\partial L}{\partial x} = 0, \quad \frac{\partial L}{\partial y} = 0, \quad \frac{\partial L}{\partial \lambda} = 0. \qquad (11.4.7)$$

因此(x_0,y_0,λ)是辅助函数$L(x,y,\lambda)$的驻点. 于是解方程组(11.4.6)或者方程组(11.4.7),就可以求得(x_0,y_0). 求出满足条件极值的必要条件(即方程组(11.4.7)或方程组(11.4.6))的点(x_0,y_0)之后(有时可能不止一组解),再按照问题的实际意义,或者其他条件判定(x_0,y_0)是否为问题(11.4.1)的解. 从而求出条件极值.

如果将问题(11.4.1)中的最小值改成最大值,即

$$\max \ f(x,y)$$
$$\text{s.t.} \ g(x,y) = 0, \qquad (11.4.8)$$

那么解决问题的方法和程序是一样的.

函数$L(x,y,\lambda) = f(x,y) - \lambda g(x,y)$称为拉格朗日函数,$\lambda$称为拉格朗日乘子. 这种求解条件极值的方法就称为拉格朗日乘子法.

例 11.4.1 求$f(x,y) = xy$在圆周$L:(x-1)^2 + y^2 - 1 = 0$上的最大值和最小值.

解 同时考察两个条件极值问题

$$\min \ f(x,y) = xy$$
$$\text{s.t.} \ (x-1)^2 + y^2 - 1 = 0; \qquad (11.4.9)$$

$$\max \ f(x,y) = xy$$
$$\text{s.t.} \ (x-1)^2 + y^2 - 1 = 0. \qquad (11.4.10)$$

构造辅助函数(辅助函数$L(x,y,\lambda) = f(x,y) - \lambda g(x,y)$也可以写成$L(x,y,\lambda) = f(x,y) + \lambda g(x,y)$)

$$L(x,y,\lambda) = xy + \lambda[(x-1)^2 + y^2 - 1],$$

列方程组

$$\begin{cases} \dfrac{\partial L}{\partial x} = \dfrac{\partial f}{\partial x} + \lambda \dfrac{\partial g}{\partial x} = y + 2\lambda(x-1) = 0, \\[3mm] \dfrac{\partial L}{\partial y} = \dfrac{\partial f}{\partial y} + \lambda \dfrac{\partial g}{\partial y} = x + 2\lambda y = 0, \\[3mm] \dfrac{\partial L}{\partial \lambda} = (x-1)^2 + y^2 - 1 = 0. \end{cases} \qquad (11.4.11)$$

解这个方程组得到三个解

$$(x_1, y_1) = (0,0), \quad (x_2, y_2) = \left(\frac{3}{2}, \frac{\sqrt{3}}{2}\right),$$

$$(x_3, y_3) = \left(\frac{3}{2}, -\frac{\sqrt{3}}{2}\right).$$

　　由于函数 $f(x,y) = xy$ 在圆周 L（这是一个有界闭集）上连续，所以这个函数在圆周 L 上能够达到它的最小值和最大值. 另一方面达到最小值和最大值的点一定是方程组 (11.4.11) 的解，所以最小值和最大值一定在上述三个点的某两个点达到. 比较三个点上的函数值：

$$f(0,0) = 0, \quad f\left(\frac{3}{2}, \frac{\sqrt{3}}{2}\right) = \frac{3}{4}\sqrt{3}, \quad f\left(\frac{3}{2}, -\frac{\sqrt{3}}{2}\right) = -\frac{3}{4}\sqrt{3}.$$

于是 $f(x,y) = xy$ 在 $\left(\frac{3}{2}, \frac{\sqrt{3}}{2}\right)$ 取得最大值 $\frac{3}{4}\sqrt{3}$；在 $\left(\frac{3}{2}, -\frac{\sqrt{3}}{2}\right)$ 取得最小值 $-\frac{3}{4}\sqrt{3}$.

11.4.2　一个约束条件的极值问题

　　考虑极值问题

$$\begin{matrix} \min & f(x,y,z) \\ \text{s.t.} & g(x,y,z) = 0 \end{matrix} \quad \left(或者 \begin{matrix} \max & f(x,y,z) \\ \text{s.t.} & g(x,y,z) = 0 \end{matrix} \right).$$

$$(11.4.12)$$

这个问题的含义是：在自变量 (x,y,z) 满足约束 $g(x,y,z) = 0$ 的条件下,求函数 $f(x,y,z)$ 的最小值(或最大值). 在这个问题中,$f(x,y,z)$ 是**目标函数**,方程 $g(x,y,z)=0$ 是**约束条件**.

在条件极值问题(11.4.12)中,由于自变量 (x,y,z) 的变化范围不是 $\mathbb{R}^3$ 中的某个区域,而是由方程 $g(x,y,z)=0$ 界定的一个集合. 所以不能用通过求驻点的途径寻找函数极值. 我们用上面介绍过的拉格朗日乘子法求解问题(11.4.12). 构造辅助函数

$$L(x,y,z,\lambda) = f(x,y,z) + \lambda g(x,y,z)$$

(其中 λ 称为拉格朗日乘子,如果将辅助函数写成 $L(x,y,z,\lambda) = f(x,y,z) - \lambda g(x,y,z)$,结果是一样的). 拉格朗日乘子法将求(三元)函数 $f(x,y,z)$ 的约束极值的问题转化为求辅助函数 $L(x,y,z,\lambda)$ (四元函数)的无约束极值的问题.

用拉格朗日乘子法求解问题(11.4.12)的程序如下:

(1) 针对问题构造辅助函数

$$L(x,y,z,\lambda) = f(x,y,z) + \lambda g(x,y,z).$$

求辅助函数 $L(x,y,z,\lambda)$ 的驻点. 列方程

$$\begin{cases} \dfrac{\partial L}{\partial x} = \dfrac{\partial f}{\partial x} + \lambda \dfrac{\partial g}{\partial x} = 0, \\[2mm] \dfrac{\partial L}{\partial y} = \dfrac{\partial f}{\partial y} + \lambda \dfrac{\partial g}{\partial y} = 0, \\[2mm] \dfrac{\partial L}{\partial z} = \dfrac{\partial f}{\partial z} + \lambda \dfrac{\partial g}{\partial z} = 0, \\[2mm] \dfrac{\partial L}{\partial \lambda} = g(x,y,z) = 0. \end{cases} \quad (11.4.13)$$

(2) 解上述方程组,求出满足方程组的解 x_0, y_0, z_0, λ(有时可能同时得到多组解).

(3) 根据问题本身各方面的意义(例如,问题的几何意义、物理意义以及实际背景等)确定函数 $f(x,y,z)$ 是否在 (x_0, y_0, z_0) 达到条件最大(小)值.

例 11.4.2 用铁板制作一个容积等于 $a(a>0)$ 的无盖长方体

的盒子,盒子的长、宽和高分别等于多少,才能使得制作盒子所用的铁板面积最省?

解　设长方体的长、宽和高分别为 x,y,z,则制作盒子所用的铁板面积为

$$f(x,y,z) = xy + 2xz + 2yz.$$

长方体盒子容积为 xyz.若令 $g(x,y,z)=xyz-a$,则由题意得到

$$g(x,y,z) = xyz - a = 0.$$

因此这是一个条件极值问题,目标函数是 $f(x,y,z)=xy+2xz+2yz$,约束条件是 $g(x,y,z)=xyz-a=0$.为了求解这个条件极值问题,构造辅助函数

$$L(x,y,z,\lambda) = f(x,y,z) - \lambda g(x,y,z)$$
$$= xy + 2xz + 2yz - \lambda(xyz - a).$$

根据(11.4.13)式列方程

$$\begin{cases} \dfrac{\partial L}{\partial x} = \dfrac{\partial f}{\partial x} - \lambda \dfrac{\partial g}{\partial x} = y + 2z - \lambda yz = 0, \\[2mm] \dfrac{\partial L}{\partial y} = \dfrac{\partial f}{\partial y} - \lambda \dfrac{\partial g}{\partial y} = x + 2z - \lambda xz = 0, \\[2mm] \dfrac{\partial L}{\partial z} = \dfrac{\partial f}{\partial z} - \lambda \dfrac{\partial g}{\partial z} = 2x + 2y - \lambda xy = 0, \\[2mm] \dfrac{\partial L}{\partial \lambda} = -g(x,y,z) = a - xyz = 0. \end{cases} \quad (11.4.14)$$

(11.4.14)式中前三个方程分别乘以 x,y,z,得到

$$\begin{cases} xy + 2xz = \lambda xyz, \\ xy + 2yz = \lambda xyz, \\ 2xz + 2yz = \lambda xyz. \end{cases}$$

由此得到

$$xy + 2xz = xy + 2yz = 2xz + 2yz. \quad (11.4.15)$$

由 (11.4.15)式中的第一个等式得到 $xz=yz$.因为 $z\neq 0$(若 $z=0$,则得到 $xyz=0$,不满足约束条件 $xyz=a>0$),所以 $x=y$.再由

(11.4.15)式中的第二个等式得到 $xy=2xz$，即 $x^2=2xz$. 由于 $x\neq 0$，因此有 $x=2z$. 将 $x=y$ 和 $x=2z$ 代入约束方程 $xyz=a$，可以解出

$$x=y=\sqrt[3]{2}a,\quad z=\frac{\sqrt[3]{2}a}{2},$$

那么 $(x_0,y_0,z_0)=\left(\sqrt[3]{2}a,\sqrt[3]{2}a,\frac{\sqrt[3]{2}a}{2}\right)$ 是不是条件极值问题的解（即当容器的长、宽和高分别为 $x=y=\sqrt[3]{2}a,z=\frac{\sqrt[3]{2}a}{2}$ 时，所用铁板面积最省）？可以这样分析：根据问题的实际意义，肯定存在使得面积最省的长、宽和高. 另一方面，这样的长、宽和高 (x_0,y_0,z_0) 必须满足方程(11.4.15)，但是满足方程(11.4.15)的解只有一组，即

$$(x_0,y_0,z_0)=\left(\sqrt[3]{2}a,\sqrt[3]{2}a,\frac{\sqrt[3]{2}a}{2}\right).$$

因此，综合上述分析就知道：长、宽和高分别为 $x=y=\sqrt[3]{2}a,z=\frac{\sqrt[3]{2}a}{2}$ 时，所用铁板面积最省.

例 11.4.3 将正数 a 分成 n 个正数 $x_1,x_2,\cdots,x_n$ 之和，如何分法才能使乘积 $x_1x_2\cdots x_n$ 最大？

解 令
$$f(x_1,x_2,\cdots,x_n)=x_1x_2\cdots x_n,$$
$$g(x_1,x_2,\cdots,x_n)=x_1+x_2+\cdots+x_n-a,$$
则原问题化为条件极值问题
$$\max\ f(x_1,x_2,\cdots,x_n)$$
$$\text{s.t.}\ g(x_1,x_2,\cdots,x_n)=0. \tag{11.4.16}$$
构造辅助函数
$$L(x_1,x_2,\cdots,x_n)=x_1x_2\cdots x_n-\lambda(x_1+x_2+\cdots+x_n-a),$$
列方程，得

$$
\begin{cases}
\dfrac{\partial L}{\partial x_1} = \dfrac{\partial f}{\partial x_1} + \lambda \dfrac{\partial g}{\partial x_1} = x_2 x_3 \cdots x_n - \lambda = 0, \\[2mm]
\dfrac{\partial L}{\partial x_2} = \dfrac{\partial f}{\partial x_2} + \lambda \dfrac{\partial g}{\partial x_2} = x_1 x_3 \cdots x_n - \lambda = 0, \\[2mm]
\vdots \\[1mm]
\dfrac{\partial L}{\partial x_n} = \dfrac{\partial f}{\partial x_n} + \lambda \dfrac{\partial g}{\partial x_n} = x_1 x_2 \cdots x_{n-1} - \lambda = 0, \\[2mm]
\dfrac{\partial L}{\partial \lambda} = a - (x_1 + x_2 + \cdots + x_n) = 0.
\end{cases}
\tag{11.4.17}
$$

解方程组得到

$$
x_1 = x_2 = \cdots = x_n = \frac{a}{n}. \tag{11.4.18}
$$

于是求得 $(x_1, x_2, \cdots, x_n) = \left(\dfrac{a}{n}, \dfrac{a}{n}, \cdots, \dfrac{a}{n} \right)$，并且 $x_1 x_2 \cdots x_n = \dfrac{a^n}{n^n}$.

满足条件 $x_1 + x_2 + \cdots + x_n = a$ 的 n 个正数 $x_1, x_2, \cdots, x_n$ 的乘积 $x_1 x_2 \cdots x_n$ 没有正的最小值，但是有正的最大值. 另一方面，如果 $f(x_1, x_2, \cdots, x_n) = x_1 x_2 \cdots x_n$ 在某个点 $(x_1, x_2, \cdots, x_n)$ 达到最大值，那么，这个点必然满足方程组 (11.4.17). 因此 $f(x_1, x_2, \cdots, x_n) = x_1 x_2 \cdots x_n$ 在点 $\left(\dfrac{a}{n}, \dfrac{a}{n}, \cdots, \dfrac{a}{n} \right)$ 达到条件 $x_1 + x_2 + \cdots + x_n = a$ 之下的最大值，即

$$
\max(x_1 x_2 \cdots x_n) = \left(\frac{a}{n} \right)^n.
$$

于是对于所有满足 $x_1 + x_2 + \cdots + x_n = a$ 的正数 $x_1, x_2, \cdots, x_n$，都有

$$
x_1 x_2 \cdots x_n \leqslant \left(\frac{x_1 + x_2 + \cdots + x_n}{n} \right)^n.
$$

由此进一步可得到

$$
(x_1 x_2 \cdots x_n)^{\frac{1}{n}} \leqslant \frac{x_1 + x_2 + \cdots + x_n}{n}. \tag{11.4.19}
$$

这就是说,任意一组正数的几何平均值不超过算术平均值.

例 11.4.4 设 $A=(a_{ij})$ 为 $n\times n$ 对称矩阵,求二次型函数

$$f(x_1,x_2,\cdots,x_n)=\sum_{i,j=1}^{n}a_{ij}x_ix_j$$

在 $\mathbb{R}^n$ 中的单位球面 $S=\left\{(x_1,x_2,\cdots,x_n)\,\middle|\,\sum_{i=1}^{n}x_i^2=1\right\}$ 上的最大值和最小值.

解 构造辅助函数

$$L(x_1,x_2,\cdots,x_n,\lambda)=\sum_{i,j=1}^{n}a_{ij}x_ix_j-\lambda\Big(\sum_{i=1}^{n}x_i^2-1\Big),$$

列方程,则得

$$\begin{cases}\dfrac{\partial L}{\partial x_1}=\dfrac{\partial f}{\partial x_1}-\lambda\dfrac{\partial g}{\partial x_1}\\[2mm]\quad=2[(a_{11}-\lambda)x_1+a_{12}x_2+\cdots+a_{1n}x_n]=0,\\[2mm]\dfrac{\partial L}{\partial x_2}=\dfrac{\partial f}{\partial x_2}-\lambda\dfrac{\partial g}{\partial x_2}\\[2mm]\quad=2[a_{21}x_1+(a_{22}-\lambda)x_2+\cdots+a_{2n}x_n]=0,\\[2mm]\vdots\\[2mm]\dfrac{\partial L}{\partial x_n}=\dfrac{\partial f}{\partial x_n}-\lambda\dfrac{\partial g}{\partial x_n}\\[2mm]\quad=2[a_{n1}x_1+a_{n2}x_2+\cdots+(a_{nn}-\lambda)x_n]=0,\end{cases}$$

$$(11.4.20)$$

$$\frac{\partial L}{\partial\lambda}=1-\sum_{i=1}^{n}x_i^2=0. \qquad (11.4.21)$$

方程组(11.4.20)有非零解 $x_1^0,x_2^0,\cdots,x_n^0$ 的充分必要条件是 λ 为矩阵 A 的特征值.

假定 $x_1^0,x_2^0,\cdots,x_n^0$ 是方程组(11.4.20)的非零解. 以 $x_i=x_i^0(i=1,2,\cdots,n)$ 代入方程组(11.4.20),其中各个方程分别乘以 $x_1^0,x_2^0,\cdots,x_n^0$,然后相加,再利用约束条件(11.4.21)可以得到

$f(x_1^0, x_2^0, \cdots, x_n^0) = \lambda$. 这就是说,二次型函数 $f(x_1, x_2, \cdots, x_n) = \sum_{i,j=1}^{n} a_{ij} x_i x_j$ 在 $\mathbb{R}^n$ 中的单位球面上的最大值和最小值只能是矩阵 A 的特征值. 于是 f 在 $\mathbb{R}^n$ 中的单位球面上的最大值和最小值分别是矩阵 A 的最大和最小特征值.

例 11.4.5　设 α, β 为正数,并且满足 $\dfrac{1}{\alpha} + \dfrac{1}{\beta} = 1$. 对于任意的正数 x, y,证明不等式

$$xy \leqslant \frac{1}{\alpha} x^\alpha + \frac{1}{\beta} y^\beta.$$

分析　用条件极值方法证明不等式 $f(x,y,z) \geqslant g(x,y,z)$ 的思路是:对于任意常数 C,求解条件极值问题

$$\min \ f(x,y,z)$$
$$\text{s.t.} \ g(x,y,z) = C.$$

如果 $f(x,y,z)$ 在此条件下的最小值不小于 C,即可推出 $f(x,y,z) \geqslant g(x,y,z)$.

证明　研究条件极值问题

$$\min \ \frac{1}{\alpha} x^\alpha + \frac{1}{\beta} y^\beta$$
$$\text{s.t.} \ xy - C = 0.$$

作辅助函数 $L(x,y,\lambda) = \dfrac{1}{\alpha} x^\alpha + \dfrac{1}{\beta} y^\beta + \lambda(xy - C)$. 列方程

$$\begin{cases} \dfrac{\partial}{\partial x} L(x,y,\lambda) = x^{\alpha-1} + \lambda y = 0, \\[2mm] \dfrac{\partial}{\partial y} L(x,y,\lambda) = y^{\beta-1} + \lambda x = 0, \end{cases}$$

由此得到 $\dfrac{x^{\alpha-1}}{y} = \dfrac{y^{\beta-1}}{x} = -\lambda$,及 $y = x^{\frac{\alpha}{\beta}}$. 因为 $xy = C$,所以

$$x = C^{\frac{\beta}{\alpha+\beta}}, \quad y = C^{\frac{\alpha}{\alpha+\beta}}.$$

此时

$$f(x,y) = \frac{1}{\alpha}x^{\alpha} + \frac{1}{\beta}y^{\beta}$$

$$= \frac{1}{\alpha}C^{\frac{\alpha\beta}{\alpha+\beta}} + \frac{1}{\beta}C^{\frac{\alpha\beta}{\alpha+\beta}}$$

$$= C^{\frac{\alpha\beta}{\alpha+\beta}}\left(\frac{1}{\alpha} + \frac{1}{\beta}\right)$$

$$= C^{\frac{\alpha\beta}{\alpha+\beta}}$$

$$= C \quad \left(\text{注意}\ \frac{\alpha\beta}{\alpha+\beta} = \left(\frac{1}{\alpha} + \frac{1}{\beta}\right)^{-1} = 1\right).$$

正数 C 是函数 $f(x,y) = \frac{1}{\alpha}x^{\alpha} + \frac{1}{\beta}y^{\beta}$ 在约束条件 $xy = C$ 之下的最小值. 这是因为当正数 x, y 满足条件 $xy = C$ 时,$f(x,y)$ 的最大值不存在,于是当 $xy = C$ 时,$f(x,y)$ 的最小值等于 C. 因此

$$\frac{1}{\alpha}x^{\alpha} + \frac{1}{\beta}y^{\beta} \geqslant xy.$$

11.4.3 多个约束条件的极值问题

考察两个约束条件的条件极值问题

$$\min \ f(x,y,z)(\text{或者 max}\ f(x,y,z))$$
$$\text{s. t.}\ g_1(x,y,z) = 0, \tag{11.4.22}$$
$$g_2(x,y,z) = 0.$$

对于这个问题,可以构造包含两个乘子的辅助函数

$$L(x,y,z,\lambda_1,\lambda_2) = f(x,y,z) + \lambda_1 g_1(x,y,z) + \lambda_2 g_2(x,y,z),$$
$$\tag{11.4.23}$$

然后对于辅助函数求驻点,最后根据问题的具体意义确定最大值和最小值.

例 11.4.6 求函数 $f(x,y,z) = xyz$ 在两个平面 $x+y+z-30=0$ 与 $x+y-z=0$ 的交线上的最大值.

解 令 $g_1(x,y,z) = x+y+z-30, g_2(x,y,z) = x+y-z$,则

上述问题是两个约束条件的条件极值问题

$$\max \ xyz$$
$$\text{s.t.} \ \ x+y+z-30=0,$$
$$x+y-z=0.$$

按照(11.4.13)式构造辅助函数

$$L(x,y,z,\lambda_1,\lambda_2)=xyz+\lambda_1(x+y+z-30)+\lambda_2(x+y-z),$$

列出如下方程组求辅助函数的驻点:

$$\begin{cases} \dfrac{\partial f}{\partial x}+\lambda_1\dfrac{\partial g_1}{\partial x}+\lambda_2\dfrac{\partial g_2}{\partial x}=yz+\lambda_1+\lambda_2=0, \\[2mm] \dfrac{\partial f}{\partial y}+\lambda_1\dfrac{\partial g_1}{\partial y}+\lambda_2\dfrac{\partial g_2}{\partial y}=xz+\lambda_1+\lambda_2=0, \\[2mm] \dfrac{\partial f}{\partial z}+\lambda_1\dfrac{\partial g_1}{\partial z}+\lambda_2\dfrac{\partial g_2}{\partial z}=xy+\lambda_1-\lambda_2=0. \end{cases}$$

三个方程两端分别乘以 x,y,z 得

$$\begin{cases} xyz=-(\lambda_1+\lambda_2)x, \\ xyz=-(\lambda_1+\lambda_2)y, \\ xyz=-(\lambda_1-\lambda_2)z. \end{cases}$$

若 $\lambda_1+\lambda_2=0$,则 $xyz=0$,这显然不是 $f(x,y,z)=xyz$ 的最大值,因此 $\lambda_1+\lambda_2\neq0$. 当 $\lambda_1+\lambda_2\neq0$ 时,由上式中的前两式推出 $x=y$,将此结果代入第二个约束方程得到 $z=2x$. 将这些结果再代入第一个约束方程,则得到

$$x=\frac{15}{2}, \quad y=\frac{15}{2}, \quad z=15;$$

$$f\left(\frac{15}{2},\frac{15}{2},15\right)=843\frac{3}{4}.$$

如何知道这就是所求的最大值呢? 这可以由问题本身的意义来判断. 由方程 $x+y+z-30=0,x+y-z=0$ 确定了一条直线 l,这里的问题就是在直线 l 上求函数 $f(x,y,z)=xyz$ 的最大值. 一方面,该直线必与某个坐标面相交,这时 $xyz=0$,故上面得到的值

$f\left(\dfrac{15}{2}, \dfrac{15}{2}, 15\right) = 843\dfrac{3}{4}$ 不是最小值. 另一方面, 由于该直线可以向

第二、第四卦限无限延伸, 所以 $f(x, y, z) = xyz$ 在直线上没有最
小值, 但是有最大值, 而最大值点一定是上述方程组的解, 因此上
面求得的函数值就是函数 $f(x, y, z) = xyz$ 在直线上的最大值.

对于 m 个约束条件的 n 元函数 $(m < n)$ 的最大、最小值问题

$$\min(\max) \ f(x_1, x_2, \cdots, x_n)$$

$$\text{s. t.} \ g_1(x_1, x_2, \cdots, x_n) = 0,$$

$$\vdots \tag{11.4.24}$$

$$g_m(x_1, x_2, \cdots, x_n) = 0,$$

也可以利用拉格朗日乘子方法求解. 具体的程序如下.

(1) 构造拉格朗日辅助函数

$$\begin{aligned}
L(x_1, x_2, \cdots, x_n) = {} & f(x_1, x_2, \cdots, x_n) + \lambda_1 g_1(x_1, x_2, \cdots, x_n) \\
& + \lambda_2 g_2(x_1, x_2, \cdots, x_n) + \cdots \\
& + \lambda_m g_m(x_1, x_2, \cdots, x_n).
\end{aligned}$$

(2) 列出下列 $n + m$ 个方程:

$$\begin{cases}
\dfrac{\partial L}{\partial x_1} = \dfrac{\partial f}{\partial x_1} + \lambda_1 \dfrac{\partial g_1}{\partial x_1} + \lambda_2 \dfrac{\partial g_2}{\partial x_1} + \cdots + \lambda_m \dfrac{\partial g_m}{\partial x_1} = 0, \\[2mm]
\dfrac{\partial L}{\partial x_2} = \dfrac{\partial f}{\partial x_2} + \lambda_1 \dfrac{\partial g_1}{\partial x_2} + \lambda_2 \dfrac{\partial g_2}{\partial x_2} + \cdots + \lambda_m \dfrac{\partial g_m}{\partial x_2} = 0, \\[2mm]
\vdots \\[2mm]
\dfrac{\partial L}{\partial x_n} = \dfrac{\partial f}{\partial x_n} + \lambda_1 \dfrac{\partial g_1}{\partial x_n} + \lambda_2 \dfrac{\partial g_2}{\partial x_n} + \cdots + \lambda_m \dfrac{\partial g_m}{\partial x_n} = 0, \\[2mm]
g_1(x_1, x_2, \cdots, x_n) = 0, \\[2mm]
g_2(x_1, x_2, \cdots, x_n) = 0, \\[2mm]
\vdots \\[2mm]
g_m(x_1, x_2, \cdots, x_n) = 0.
\end{cases}$$

(3) 解方程组求出 $x_1, x_2, \cdots, x_n, \lambda_1, \lambda_2, \cdots, \lambda_m$ 之后, 根据问题

的各种背景,确定条件最大值或最小值.

11.4.4　条件极值的几何解释

考察两个约束的条件极值问题

$$\min(\max) f(x,y,z)$$
$$\text{s. t. } g_1(x,y,z) = 0, \qquad (11.4.25)$$
$$g_2(x,y,z) = 0.$$

该问题的几何意义是在曲线

$$L: \begin{cases} g_1(x,y,z) = 0, \\ g_2(x,y,z) = 0 \end{cases} \qquad (11.4.26)$$

上求 $f(x,y,z)$ 的最小(大)值.

假定曲线 L 的参数方程为 $x = x(t), y = y(t), z = z(t)$,其中 $x(t), y(t), z(t)$ 都是可导函数,并且满足

$$x'^2(t) + y'^2(t) + z'^2(t) > 0. \qquad (11.4.27)$$

如果 (x_0, y_0, z_0) 是问题(11.4.25)的解,也就是说,(x_0, y_0, z_0) 在曲线 L 上,并且 f 在该点取得条件最小(大)值.

如果将 (x,y,z) 限制在曲线 L 上,则 $f(x,y,z)$ 变成参数 t 的一元函数 $g(t) = f(x(t), y(t), z(t))$. 又设 $x_0 = x(t_0), y_0 = y(t_0),$ $z_0 = z(t_0)$,那么 $g(t)$ 在点 $t = t_0$ 取得最小(大)值. 根据一元函数极值的必要条件推出 $g'(t_0) = 0$. 由复合函数微分法又得到

$$0 = g'(t_0) = \frac{\partial f(x_0, y_0, z_0)}{\partial x} x'(t_0) + \frac{\partial f(x_0, y_0, z_0)}{\partial y} y'(t_0)$$
$$+ \frac{\partial f(x_0, y_0, z_0)}{\partial z} z'(t_0). \qquad (11.4.28)$$

注意到 $(x'(t_0), y'(t_0), z'(t_0))$ 是曲线 L 在点 (x_0, y_0, z_0) 的切向量,于是由(11.4.28)式立即推出:在点 $(x_0, y_0, z_0), f(x,y,z)$ 的梯度向量 $\text{grad} f(x_0, y_0, z_0)$ 与曲线 L 的切向量 $(x'(t_0), y'(t_0), z'(t_0))$ 垂直.

另一方面,由于 L 的切向量与向量

$$\operatorname{grad} g_1(x_0,y_0,z_0) \times \operatorname{grad} g_2(x_0,y_0,z_0)$$

平行,所以 $\operatorname{grad} f(x_0,y_0,z_0)$ 平行于 $\operatorname{grad} g_1(x_0,y_0,z_0)$ 和 $\operatorname{grad} g_2(x_0,y_0,z_0)$ 张成的平面,于是存在两个常数 λ_1,λ_2,使得

$$\operatorname{grad} f(x_0,y_0,z_0) = \lambda_1 \operatorname{grad} g_1(x_0,y_0,z_0)$$
$$+ \lambda_2 \operatorname{grad} g_2(x_0,y_0,z_0). \quad (11.4.29)$$

此式等价于下列三个方程

$$\frac{\partial f}{\partial x} = \lambda_1 \frac{\partial g_1}{\partial x} + \lambda_2 \frac{\partial g_2}{\partial x},$$

$$\frac{\partial f}{\partial y} = \lambda_1 \frac{\partial g_1}{\partial y} + \lambda_2 \frac{\partial g_2}{\partial y},$$

$$\frac{\partial f}{\partial z} = \lambda_1 \frac{\partial g_1}{\partial z} + \lambda_2 \frac{\partial g_2}{\partial z}.$$

再加上两个约束条件

$$g_1(x,y,z) = 0, \quad g_2(x,y,z) = 0,$$

就能够求出条件极值问题的解 (x_0,y_0,z_0).

再考察一个约束的条件极值问题

$$\min(\max) f(x,y,z)$$
$$\text{s. t. } g(x,y,z) = 0. \quad (11.4.30)$$

这个问题的几何意义是在曲面 $S: g(x,y,z)=0$ 上求 $f(x,y,z)$ 的最小(大)值.

假定 (x_0,y_0,z_0) 是问题 (11.4.30) 的解,也就是说,(x_0,y_0,z_0) 在曲面 S 上,并且在该点 f 取得条件最小(大)值.

在 S 上任意作一条通过点 (x_0,y_0,z_0) 且在 (x_0,y_0,z_0) 有非零切向量的曲线 L,显然,如果将 (x,y,z) 限制在曲线 L 上,(x_0,y_0,z_0) 仍然是条件最大值(或最小值). 于是根据上面的几何意义知道,$\operatorname{grad} f(x_0,y_0,z_0)$ 与曲线 L 的切向量垂直. 这就是说,$\operatorname{grad} f(x_0,y_0,z_0)$ 垂直于曲面 S 上每一条过点 (x_0,y_0,z_0) 的曲线

的切向量. 由于每一条这样的曲线(在点(x_0,y_0,z_0))的切线都位于曲面 S 在点(x_0,y_0,z_0)的切平面 π 上,因此 $\mathrm{grad}f(x_0,y_0,z_0)$垂直于切平面 π. 从而 $\mathrm{grad}f(x_0,y_0,z_0)$ 与切平面 π 的法向量 $\mathrm{grad}g(x_0,y_0,z_0)$平行. 因此,如果 $\mathrm{grad}\ g(x_0,y_0,z_0)\neq\mathbf{0}$,则存在常数 λ,使得

$$\mathrm{grad}\ f(x_0,y_0,z_0)=\lambda\mathrm{grad}\ g(x_0,y_0,z_0).$$

这个方程恰好等价于方程组

$$\frac{\partial f}{\partial x}-\lambda\frac{\partial g}{\partial x}=0,\quad \frac{\partial f}{\partial y}-\lambda\frac{\partial g}{\partial y}=0,\quad \frac{\partial f}{\partial z}-\lambda\frac{\partial g}{\partial z}=0.$$

再加上约束条件 $g(x,y,z)=0$,就可以解出 x_0,y_0,z_0,λ. 这与构造辅助函数的效果是一样的.

习　题　11.4

1. 在抛物线 $y^2=4x$ 上求一点,使其到点$(2,8)$的距离最短.

2. 在椭球面$\dfrac{x^2}{a^2}+\dfrac{y^2}{b^2}+\dfrac{z^2}{c^2}=1$ 内嵌入一长方体,使其体积最大,并求此最大值.

3. 求 $f(x,y)=x^2+y^2-x-y$ 在 $B=\{(x,y)\,|\,x^2+y^2\leqslant1\}$ 上的最大值与最小值.

4. 求函数 $f(x,y,z)=x^2y^2z^2$ 在约束条件 $x^2+y^2+z^2=c^2$ 下的最大值,并证明不等式

$$\sqrt[3]{x^2y^2z^2}\leqslant\frac{x^2+y^2+z^2}{3}.$$

5. 设 x,y 为任意正数,求证:

$$\frac{x^n+y^n}{2}\geqslant\left(\frac{x+y}{2}\right)^n.$$

(提示:在约束条件 $x+y=a$ 下,求 $z=\dfrac{1}{2}(x^n+y^n)$的极值.)

6. 求曲面 $S_1:z=x^2+y^2$ 与 $S_2:x+y+z=1$ 的交线上到原点的距离最大与最小的点.

7. 将长为 l 的线段分成三份,分别围成圆、正方形和正三角形,问如何

分割才能使它们的面积之和最小,并求此最小值.

第 11 章补充题

1. 确定正数 a,使得椭球面 $x^2 + \dfrac{y^2}{4} + \dfrac{z^2}{9} = a^2$ 与平面 $x - 2y + 3z = 100$ 相切.

2. 设 $f(x, y)$ 在全平面可微,并且当 $x^2 + y^2 \to +\infty$ 时,满足条件

$$\frac{|f(x, y)|}{\sqrt{x^2 + y^2}} \to +\infty.$$

求证:对于任意向量 $\boldsymbol{v} = (v_1, v_2)$,存在点 $M(x_0, y_0)$,使得 $\operatorname{grad} f(x_0, y_0) = \boldsymbol{v}$.

3. 设 $f(x, y) = 3x^4 - 4x^2 y + y^2$.求证:若限制在过原点的每条直线上,$f(x, y)$ 在原点达到极小值.但是原点不是 $f(x, y)$ 的极小值.

第 12 章 重 积 分

12.1 二重积分的概念和性质

12.1.1 引例

1. 曲顶柱体的体积

设 Ω 是一空间区域，它由三张曲面围成，第一张曲面是 xOy 平面上的有界闭区域 D，第二张是以 D 的边界 ∂D 为底、母线与 Oz 轴平行的柱面 Σ，第三张是位于 xOy 平面上方的曲面 S. 假定曲面 S 的方程可以写作 $z = f(x,y)$ $(f(x,y) \geqslant 0, (x,y) \in D)$. 这样的空间体称为**曲顶柱体**.

现在研究如何求曲顶柱体的体积.

为了求出曲顶柱体 Ω 的体积 V，将 D 任意分成 n 个小区域 $\Delta D_1, \Delta D_2, \cdots, \Delta D_n$，相应地，曲顶柱体 Ω 也被分成了 n 个小曲顶柱体 $\Delta \Omega_1, \Delta \Omega_2, \cdots, \Delta \Omega_n$（图 12.1），用 $\Delta \sigma_1, \Delta \sigma_2, \cdots, \Delta \sigma_n$ 分别表示 $\Delta D_1, \Delta D_2, \cdots, \Delta D_n$ 的面积. 在 ΔD_i 中任取一点 $P_i(\xi_i, \eta_i)$ $(1 \leqslant i \leqslant n)$，则 $\Delta \Omega_i$ 的体积 V_i 的近似值为

$$V_i \approx f(P_i) \Delta \sigma_i.$$

将各个小曲顶柱体的体积近似值相加，得到曲顶柱体 Ω 的体积的一个近似值

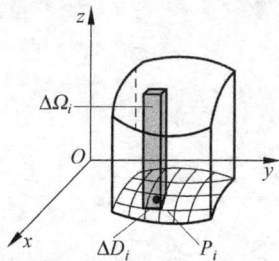

图 12.1

$$V \approx \sum_{i=1}^{n} f(P_i) \Delta \sigma_i.$$

直观上看,当 D 分得越来越细时,$\sum\limits_{i=1}^{n} f(P_i)\Delta\sigma_i$ 会越来越接近 Ω 的体积. 因此,如果在 D 分得越来越细的过程中,和式 $\sum\limits_{i=1}^{n} f(P_i)\Delta\sigma_i$ 无限接近于某个确定的常数 A,则 A 就是曲顶柱体 Ω 的体积.

2. 质量非均匀分布的平板质量

设有一块质量分布不均匀的薄板,如何求薄板的质量?

将上述薄板置于直角坐标系 xOy 中(图 12.2),用 D 表示薄板占据的平面有界区域,并且用 $m(x,y)$ $((x,y) \in D)$ 表示区域 D（即薄板)中的点 (x,y) 处的质量密度. 将区域 D 以任意方式分成若干个小区域 $\Delta D_1, \Delta D_2, \cdots, \Delta D_n$,用 $\Delta\sigma_1, \Delta\sigma_2, \cdots, \Delta\sigma_n$ 分别表示 $\Delta D_1, \Delta D_2, \cdots, \Delta D_n$ 的面积；在 ΔD_i 中任取一点 $P_i(\xi_i, \eta_i)$,则每一块小的薄板 ΔD_i 的质量 Δm_i 就近似等于 $m(P_i)\Delta\sigma_1$,于是整个薄板的质量就近似等于

$$M \approx \sum_{i=1}^{n} m(P_i)\Delta\sigma_i.$$

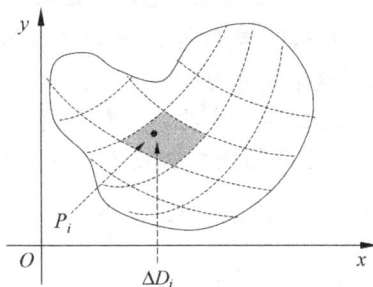

图 12.2

如果当区域 D 分割得愈来愈细时,上述和式无限趋近于某个常数 M,那么薄板的质量就等于 M.

以上两个问题的具体意义不同,但是解决问题的思想方法却是相同的. 如果我们忽略问题的具体的几何意义与物理意义,只注意解决问题过程中的数学思想,就得到二元函数在有界区域上的积分概念.

12.1.2 二重积分的概念

为了叙述方便,引进以下几个术语:

(1) 区域 D 的划分. 将区域 D 分成若干小区域 $\Delta D_1, \Delta D_2, \cdots,$ ΔD_n, 称 $\Delta D_1, \Delta D_2, \cdots, \Delta D_n$ 是 D 的一个**划分**;ΔD_i 称为 D 的一个**子域**.

(2) 集合的直径. 设 G 是 $\mathbb{R}^2$ 中的一个非空有界集合,在 G 中任取两点 P, Q,它们之间的距离 $d(P, Q)$ 是一个正数,因为 G 是有界集合,所以任意两点的距离不超过某个确定的正数 M. 于是所有两点之间的距离构成一个有界的实数集. 这个集合的上确界称为集合 G 的直径. 用 $d(G)$ 表示集合 G 的直径,于是有

$$d(G) = \sup_{P, Q \in G} d(P, Q).$$

(3) 划分的直径. 用 d_i 表示小区域 ΔD_i 的直径. 记 $\lambda = \max\{d_i \mid i = 1, 2, \cdots, n\}$,称 λ 为划分 $\Delta D_1, \Delta D_2, \cdots, \Delta D_n$ 的直径. 如果用 $T = \{\Delta D_i\}_{i=1}^n$ 表示区域 D 被划分为小区域 $\Delta D_1, \Delta D_2, \cdots,$ ΔD_n, 则用 $\lambda(T)$ 表示这个划分的直径.

定义 12.1.1 设 D 是 $\mathbb{R}^2$ 中的一个有界闭区域,函数 $f(x, y)$ 在 D 上有界,对于区域 D 的任意划分 $T = \{\Delta D_i\}_{i=1}^n$,以及任意的点 $(\xi_i, \eta_i) \in \Delta D_i (i = 1, 2, \cdots, n)$,若和式 $\sum_{i=1}^n f(\xi_i, \eta_i) \Delta \sigma_i$ 的极限

$$\lim_{\lambda(T) \to 0} \sum_{i=1}^n f(\xi_i, \eta_i) \Delta \sigma_i$$

存在,则称 $f(x, y)$ 在 D 上**可积**,记作 $f(x, y) \in R(D)$;此极限值称为 $f(x, y)$ 在 D 上的**二重积分**,记作

$$\iint_D f(x, y) \mathrm{d}\sigma = \lim_{\lambda(T) \to 0} \sum_{i=1}^n f(\xi_i, \eta_i) \Delta \sigma_i,$$

其中 $\iint$ 是**二重积分号**, D 是**积分域**, $f(x,y)$ 是**被积函数**, $\mathrm{d}\sigma$ 是**面积微元**.

这里的 $\lambda(T)$ 是划分 T 的直径, 所谓 D 分割得越来越细, 就是指 $\lambda(T)\to 0$; $\Delta\sigma_i$ 是 ΔD_i 的面积; $\sum\limits_{i=1}^{n} f(\xi_i,\eta_i)\Delta\sigma_i$ 是**二重积分和**, 也称为**黎曼和**.

与一元函数的定积分一样, 二重积分 $\iint\limits_{D} f(x,y)\mathrm{d}\sigma$ 也是积分和式的极限值. 如果这个积分存在, 那么无论怎样分割区域 D, 以及无论 (ξ_i,η_i) 在 ΔD_i 中怎样取, 黎曼和的极限都等于积分值.

若用"ε-δ"语言, 可以用如下的形式描述二重积分的定义.

设 D 是 $\mathbb{R}^2$ 中的一个有界闭域, 函数 $f(x,y)$ 在 D 上有定义, $A\in\mathbb{R}$ 是一常数. 如果对于任意给定的正数 ε, 都能找到正数 δ, 使得对于 D 的任意划分 $T=\{\Delta D_i\}_{i=1}^{n}$ 及任意的点 $(\xi_i,\eta_i)\in\Delta D_i$ $(i=1,2,\cdots,n)$, 只要 $\lambda(T)<\delta$, 就有

$$\left| \sum_{i=1}^{n} f(\xi_i,\eta_i)\Delta\sigma_i - A \right| < \varepsilon,$$

则称函数 f 在 D 上可积, 其中的常数 A 为 $f(x,y)$ 在 D 上的**二重积分**.

如果积分 $\iint\limits_{D} f(x,y)\mathrm{d}\sigma$ 存在, 则积分值只与被积函数 f 和区域 D 有关, 而与自变量的记号 x,y 无关. 为了说明积分与自变量的记号无关这个事实, 可以将积分记号 $\iint\limits_{D} f(x,y)\mathrm{d}\sigma$ 写作 $\iint\limits_{D} f\mathrm{d}\sigma$. 区域 D 上的可积函数的集合记为 $R(D)$.

有了重积分的定义后, 前面所求的曲顶柱体的体积 V 就是 $f(x,y)$ 在 D 上的二重积分值, 即

$$V = \iint\limits_{D} f(x,y)\mathrm{d}\sigma.$$

类似地,面密度为 $m(x,y)$ 的平面薄板 D 的质量为

$$M = \iint_D m(x,y)\mathrm{d}\sigma.$$

关于重积分的存在条件,我们只给出以下一个定理.

定理 12.1.1(可积的充分条件) 若 $f(x,y)$ 在有界闭域 D 上连续,则 $f(x,y)$ 在 D 上可积.

12.1.3 二重积分的性质

从重积分的定义可以看出,重积分与定积分的概念是类似的,都是反映函数整体性质的一个量,因此重积分有许多与定积分类似的性质. 以下列举二重积分的有关性质.

性质 1(积分对于被积函数的线性性质) 若 $f(x,y) \in R(D)$,$g(x,y) \in R(D)$,则对 $\forall \alpha,\beta \in \mathbb{R}$,有 $\alpha f(x,y) + \beta g(x,y) \in R(D)$,并且

$$\iint_D [\alpha f(x,y) + \beta g(x,y)]\mathrm{d}\sigma = \alpha\iint_D f(x,y)\mathrm{d}\sigma + \beta\iint_D g(x,y)\mathrm{d}\sigma.$$

性质 2(积分对于区域的可加性) 设 $D = D_1 \bigcup D_2 \bigcup \cdots \bigcup D_n$,且 $D_1,D_2,\cdots,D_n$ 中任意两个区域无公共内点. 则 $f(x,y)$ 在区域 D 可积的充分必要条件是 $f(x,y)$ 在 $D_1,D_2,\cdots,D_n$ 上都可积,并且

$$\iint_D f(x,y)\mathrm{d}\sigma = \iint_{D_1} f(x,y)\mathrm{d}\sigma + \cdots + \iint_{D_n} f(x,y)\mathrm{d}\sigma.$$

性质 3(保序性) 若 $f(x,y),g(x,y)$ 都在区域 D 上可积,且 $f(x,y) \geqslant g(x,y)$,$\forall (x,y) \in D$,则

$$\iint_D f(x,y)\mathrm{d}\sigma \geqslant \iint_D g(x,y)\mathrm{d}\sigma.$$

特别地,若 $f(x,y) \geqslant 0$,则 $\iint_D f(x,y)\mathrm{d}\sigma \geqslant 0$.

性质 4 若 $f(x,y)$ 在区域 D 上可积,则

$$\left| \iint\limits_{D} f(x,y)\mathrm{d}\sigma \right| \leqslant \iint\limits_{D} | f(x,y) | \mathrm{d}\sigma.$$

性质 5(估值定理) 设 $f(x,y)$ 在区域 D 上可积,若 $m \leqslant f(x,y) \leqslant M$,则

$$m\sigma \leqslant \iint\limits_{D} f(x,y)\mathrm{d}\sigma \leqslant M\sigma,$$

其中 σ 表示积分域 D 的面积.

性质 6(积分中值定理) 设 D 为有界闭区域,$f(x,y)$ 在 D 上连续,则存在 $(\xi,\eta) \in D$,使得

$$\iint\limits_{D} f(x,y)\mathrm{d}\sigma = f(\xi,\eta)\sigma,$$

其中 σ 为积分区域 D 的面积.

性质 7 以下假定函数 $f(x,y)$ 在区域 D 上可积.

(1) 设积分区域 D 关于 Ox 轴对称,$f(x,y)$ 关于变元 y 是奇函数(即 $f(x,-y) = -f(x,y)$),则 $\iint\limits_{D} f(x,y)\mathrm{d}\sigma = 0$.

(2) 设积分区域 D 关于 Ox 轴对称,$f(x,y)$ 关于变元 y 是偶函数(即 $f(x,-y) = f(x,y)$). D_1 是区域 D 位于 Ox 轴上方的部分,则有 $\iint\limits_{D} f(x,y)\mathrm{d}\sigma = 2\iint\limits_{D_1} f(x,y)\mathrm{d}\sigma$.

(3) 设积分区域 D 关于 Oy 轴对称,$f(x,y)$ 关于变元 x 是奇函数(即 $f(-x,y) = -f(x,y)$),则 $\iint\limits_{D} f(x,y)\mathrm{d}\sigma = 0$.

(4) 设积分区域 D 关于 Oy 轴对称,$f(x,y)$ 关于变元 x 是偶函数(即 $f(-x,y) = f(x,y)$). D_1 是区域 D 位于 Oy 轴右侧的部分,则有 $\iint\limits_{D} f(x,y)\mathrm{d}\sigma = 2\iint\limits_{D_1} f(x,y)\mathrm{d}\sigma$.

证明 只证(1)和(2),其余留给读者.

(1) 用分别平行于 Ox 轴的直线 $x = x_i (i = 1, 2, \cdots, m)$ 以及平行于 Oy 轴的直线 $y = 0, y = \pm y_j (j = 1, 2, \cdots, n)$ 将积分区域 D 分割为若干小区域, 这些小区域关于 Ox 轴是对称的.

在每一个小区域上取点, 使得其中任意两个关于 Ox 轴对称小区域上的点也关于 Ox 轴对称. 即, 如果 Ox 轴上方的小区域取点为 $P(\xi_i, \eta_j)$, 则 Ox 轴下方对称的小区域中取点为 $P(\xi_i, -\eta_j)$. 由于互相对称的两个小区域面积相等及 $f(\xi_i, -\eta_j) = -f(\xi_i, \eta_j)$, 所以在积分和中, 两者互相抵消, 结果使得积分和等于零. 当各小区域的最大直径趋向于零时, 所有的分割方式都保持上面的要求, 则所有积分和都等于零. 取极限, 由积分定义立即推出 $\iint\limits_{D} f(x, y) \mathrm{d}\sigma = 0$.

(2) 假设区域 D 的分割方式以及每个小区域上的取点方式与上面相同. 将函数 $f(x, y)$ 在区域上的积分和 $\sum\limits_{i, j} f(\xi_i, \eta_j)$ 分成两部分, 第一部分是对于 Ox 轴上方的小区域求和: $\sum\limits_{i=1}^{m} \Delta x_i \sum\limits_{j=1}^{n} f(\xi_i, \eta_j) \Delta y_j$; 第二部分是对于 Ox 轴下方的小区域求和: $\sum\limits_{i=1}^{m} \Delta x_i \sum\limits_{j=1}^{n} f(\xi_i, -\eta_j) \Delta y_j$. 由于 $f(\xi_i, -\eta_j) = f(\xi_i, \eta_j)$, 所以这两个和相等. 于是

$$
\begin{aligned}
\sum_{i, j=1} & f(\xi_i, \eta_j) \Delta x_i \Delta y_j \\
&= \sum_{i=1}^{m} \Delta x_i \sum_{j=1}^{n} f(\xi_i, \eta_j) \Delta y_j + \sum_{i=1}^{m} \Delta x_i \sum_{j=1}^{n} f(\xi_i, -\eta_j) \Delta y_j \\
&= 2 \sum_{i=1}^{m} \Delta x_i \sum_{j=1}^{n} f(\xi_i, \eta_j) \Delta y_j \\
&= 2 \sum_{i=1}^{n} \sum_{j=1}^{m} f(\xi_i, \eta_j) \Delta x_i \Delta y_j.
\end{aligned}
$$

当各个 Δx_i 和 Δy_j 的最大值趋向于零时, 上式右端趋向于积分 $\iint\limits_{D} f(x, y) \mathrm{d}\sigma$, 左端趋向于积分 $2 \iint\limits_{D_1} f(x, y) \mathrm{d}\sigma$, 于是得到

$$\iint\limits_{D} f(x,y)\mathrm{d}\sigma = 2\iint\limits_{D_1} f(x,y)\mathrm{d}\sigma.$$

例 12.1.1 估计二重积分 $\iint\limits_{D}(y^3 + \sqrt{x^2+y^2})\mathrm{d}\sigma$ 的值所在的范围,其中 $D = \{(x,y) \mid x^2+y^2 \leqslant 2x\}$.

解 积分区域 D 是以点 $(1,0)$ 为中心的圆盘,面积等于 π. 在区域 D,有 $-1 \leqslant y \leqslant 1, 0 \leqslant \sqrt{x^2+y^2} \leqslant 2$. 于是被积函数满足 $-1 \leqslant y^3 + \sqrt{x^2+y^2} \leqslant 3$. 因此根据积分估值定理得到

$$-\pi \leqslant \iint\limits_{D}(y^3 + \sqrt{x^2+y^2})\mathrm{d}\sigma \leqslant 3\pi.$$

但是,我们可以将上述估计做得更加精确一些.

注意到积分区域 D 关于 Ox 轴对称,函数 y^3 是自变量 y 的奇函数,所以由积分性质 7 推出 $\iint\limits_{D} y^3 \mathrm{d}\sigma = 0$. 因此

$$\iint\limits_{D}(y^3 + \sqrt{x^2+y^2})\mathrm{d}\sigma = \iint\limits_{D}\sqrt{x^2+y^2}\,\mathrm{d}\sigma.$$

从而得到

$$0 \leqslant \iint\limits_{D}(y^3 + \sqrt{x^2+y^2})\mathrm{d}\sigma \leqslant 2\pi.$$

习 题 12.1

1. 利用重积分的几何意义求下列积分值:

(1) $\iint\limits_{D}\sqrt{R^2-x^2-y^2}\,\mathrm{d}\sigma, D = \{(x,y) \mid x^2+y^2 \leqslant R^2\}$;

(2) $\iint\limits_{D}2\mathrm{d}\sigma, D = \{(x,y) \mid x+y \leqslant 1, y-x \leqslant 1, y \geqslant 0\}$.

2. 利用重积分的性质估计下列积分值:

(1) $\iint\limits_{D}(1+y)x\mathrm{d}\sigma, D = \{(x,y) \mid x^2+y^2 \leqslant 1, x \geqslant 0, y \geqslant 0\}$;

(2) $\iint\limits_{D}(x^2+y^2)\mathrm{d}\sigma, D = \{(x,y) \mid 2x \leqslant x^2+y^2 \leqslant 4x\}$.

3. 比较下列各组积分值的大小:

(1) $\displaystyle\iint\limits_{D}(x+y)^2\mathrm{d}\sigma$ 与 $\displaystyle\iint\limits_{D}(x+y)^3\mathrm{d}\sigma$, 其中 $D=\{(x,y)\mid(x-2)^2+(y-2)^2\leqslant2\}$;

(2) $\displaystyle\iint\limits_{D}\ln(x+y)\mathrm{d}\sigma$ 与 $\displaystyle\iint\limits_{D}xy\mathrm{d}\sigma$, 其中 D 由直线 $x=0,y=0,x+y=\dfrac{1}{2}$ 及 $x+y=1$ 围成.

4. 设 $D\subset\mathbb{R}^2$ 是一有界闭域, $f(x,y)\in C(D)$ 且非负, 试证: 若 $\displaystyle\iint\limits_{D}f(x,y)\mathrm{d}\sigma=0$, 则 $f(x,y)\equiv0,\forall(x,y)\in D$.

5. 证明: 若 $f(x,y)\in C(D),g(x,y)\in R(D)$ 且不变号, 则 $\exists(\xi,\eta)\in D$ 使得

$$\iint\limits_{D}f(x,y)g(x,y)\mathrm{d}\sigma=f(\xi,\eta)\iint\limits_{D}g(x,y)\mathrm{d}\sigma,$$

其中 $D\subset\mathbb{R}^2$ 是一有界闭域.

6. 利用性质 7 的结论计算下列积分(其中区域 D 为圆盘 $x^2+y^2\leqslant R^2$):

(1) $\displaystyle\iint\limits_{D}y\sqrt{R^2-x^2}\,\mathrm{d}\sigma$;   (2) $\displaystyle\iint\limits_{D}y^3x^2\mathrm{d}\sigma$;

(3) $\displaystyle\iint\limits_{D}x^5\sqrt{R^2-y^2}\,\mathrm{d}\sigma$;   (4) $\displaystyle\iint\limits_{D}x^my^n\mathrm{d}\sigma$.

12.2 二重积分的计算

12.2.1 用直角坐标计算二重积分

在微积分课程中, 计算二重积分的方法是在一定的坐标系中将二重积分化为累次计分(计算两次定积分). 这里首先介绍利用直角坐标计算二重积分的方法.

(1) 设 D 是 $\mathbb{R}^2$ 中的一个有界闭区域(图 12.3), $f(x,y)$ 在 D 上连续. 如果 D 可以表示为

$$D:\begin{cases}a\leqslant x\leqslant b,\\y_1(x)\leqslant y\leqslant y_2(x),\end{cases}\tag{12.2.1}$$

其中 $y_1(x), y_2(x)$ 在区间 $[a,b]$ 上连续(为方便计,称这种区域为 x-区域),则有

$$\iint\limits_{D} f(x,y)\mathrm{d}\sigma = \int_a^b \left[\int_{y_1(x)}^{y_2(x)} f(x,y)\mathrm{d}y \right]\mathrm{d}x, \quad (12.2.2)$$

其中 $\int_a^b \left[\int_{y_1(x)}^{y_2(x)} f(x,y)\mathrm{d}y \right]\mathrm{d}x$ 称为 $f(x,y)$ 在 D 上先 y 后 x 的累次积分.

许多情形将 $\int_a^b \left[\int_{y_1(x)}^{y_2(x)} f(x,y)\mathrm{d}y \right]\mathrm{d}x$ 写成 $\int_a^b \mathrm{d}x \int_{y_1(x)}^{y_2(x)} f(x,y)\mathrm{d}y$,以使各自的积分限更明确.

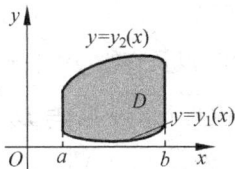

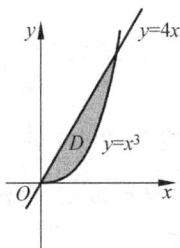

图 12.3　　　　　　　图 12.4

由(12.2.2)式,人们更习惯于将二重积分 $\iint\limits_{D} f(x,y)\mathrm{d}\sigma$ 记成 $\iint\limits_{D} f(x,y)\mathrm{d}x\mathrm{d}y$.

例 12.2.1　计算二重积分 $\iint\limits_{D} \sin x^2 \mathrm{d}\sigma$,其中 D 是由直线 $y = 4x$ 和曲线 $y = x^3$ 围成的区域(图 12.4).

解　直线 $y = 4x$ 和曲线 $y = x^3$ 的两个交点为 $O(0,0)$ 和 $A(2,8)$. 区域 D 可以表示为

$$D = \{(x,y) \mid 0 \leqslant x \leqslant 2, x^3 \leqslant y \leqslant 4x\}.$$

于是

$$\iint\limits_{D} \sin x^2 \mathrm{d}\sigma = \int_0^2 \left[\int_{x^3}^{4x} \sin x^2 \mathrm{d}y \right]\mathrm{d}x = \int_0^2 \left[\sin x^2 \int_{x^3}^{4x} \mathrm{d}y \right]\mathrm{d}x$$

$$= \int_0^2 (4x - x^3)\sin x^2 \mathrm{d}x$$

$$= \int_0^2 4x \sin x^2 \, \mathrm{d}x - \int_0^2 x^3 \sin x^2 \, \mathrm{d}x$$

$$= 2 - \frac{1}{2} \sin 4.$$

例 12.2.2　计算二重积分 $\iint\limits_D \dfrac{x^2}{y^2} \mathrm{d}x \mathrm{d}y$,

其中积分域 D 由直线 $y = 2x, y = \dfrac{1}{2}x$ 及

$y = 12 - x$ 围成(图 12.5).

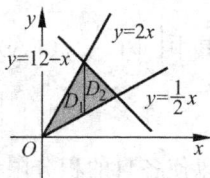

解　解方程组 $\begin{cases} y = 2x, \\ y = 12 - x, \end{cases}$ 与 $\begin{cases} y = \dfrac{1}{2}x, \\ y = 12 - x, \end{cases}$

图　12.5

得到直线 $y = 2x$ 与 $y = 12 - x$ 的交点$(4, 8)$,以及直线 $y = \dfrac{1}{2}x$ 与 $y =$

$12 - x$ 的交点$(8, 4)$. 用直线 $x = 4$ 将 D 分成两个区域 D_1 与 D_2,则

$$\iint\limits_{D_1} \frac{x^2}{y^2} \mathrm{d}x \mathrm{d}y = \int_0^4 \left[\int_{x/2}^{2x} \frac{x^2}{y^2} \mathrm{d}y \right] \mathrm{d}x = \int_0^4 x^2 \left(\frac{2}{x} - \frac{1}{2x} \right) \mathrm{d}x = 12,$$

$$\iint\limits_{D_2} \frac{x^2}{y^2} \mathrm{d}x \mathrm{d}y = \int_4^8 \left[\int_{x/2}^{12-x} \frac{x^2}{y^2} \mathrm{d}y \right] \mathrm{d}x = \int_4^8 x^2 \left(\frac{2}{x} - \frac{1}{12-x} \right) \mathrm{d}x$$

$$= 120 - 144 \ln 2.$$

于是

$$\iint\limits_D \frac{x^2}{y^2} \mathrm{d}x \mathrm{d}y = \iint\limits_{D_1} \frac{x^2}{y^2} \mathrm{d}x \mathrm{d}y + \iint\limits_{D_2} \frac{x^2}{y^2} \mathrm{d}x \mathrm{d}y = 132 - 144 \ln 2.$$

(2) 假设积分域 D 可以表示为

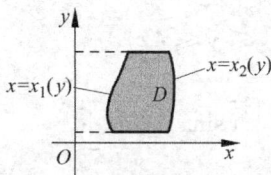

$$D: \begin{cases} x_1(y) \leqslant x \leqslant x_2(y), \\ c \leqslant y \leqslant d \end{cases}$$

(12.2.3)

(称这种区域为 y- 区域,见图12.6),这

图　12.6

时可以证明二重积分 $\iint\limits_D f(x, y) \mathrm{d}x \mathrm{d}y$

能够化为先 x 后 y 的累次积分,即

$$\iint\limits_{D} f(x,y)\mathrm{d}x\mathrm{d}y = \int_{c}^{d}\left[\int_{x_1(y)}^{x_2(y)} f(x,y)\mathrm{d}x\right]\mathrm{d}y. \quad (12.2.4)$$

例 12.2.3   计算 $\iint\limits_{D} xy\mathrm{d}x\mathrm{d}y$,其中 D 是由直线 $y = x-4$ 和曲

线 $y = \sqrt{2x}$ 围成的区域位于 x 轴上方的部分(图 12.7).

解   直线 $y = x-4$ 和曲线 $y = \sqrt{2x}$ 的两个交点为 $A(8,4)$.
区域 D 可以表示为

$$D = \left\{(x,y) \mid 0 \leqslant y \leqslant 4, \frac{1}{2}y^2 \leqslant x \leqslant y+4\right\}.$$

于是

$$\iint\limits_{D} xy\mathrm{d}x\mathrm{d}y = \int_{0}^{4} y\mathrm{d}y\int_{y^2/2}^{y+4} x\mathrm{d}x = \int_{0}^{4} y\left(\frac{x^2}{2}\bigg|_{y^2/2}^{y+4}\right)\mathrm{d}y$$

$$= \frac{1}{2}\int_{0}^{4} y(y+4)^2\mathrm{d}y - \frac{1}{8}\int_{0}^{4} y^5\mathrm{d}y$$

$$= \frac{544}{3} - \frac{256}{3} = 96.$$

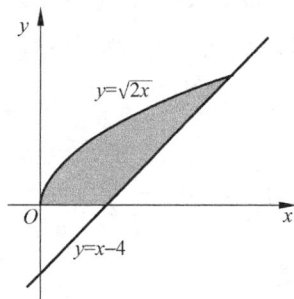

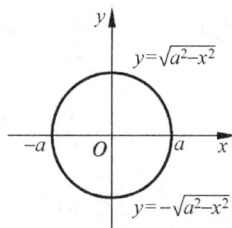

图   12.7   图   12.8

例 12.2.4   计算二重积分 $\iint\limits_{D} y^2\sqrt{a^2-x^2}\,\mathrm{d}x\mathrm{d}y$,其中 $D =$

$\{(x,y) \mid x^2+y^2 \leqslant a^2\}, a > 0$.

解 积分域 D(图 12.8) 可以表示为

$$\begin{cases} -a \leqslant x \leqslant a, \\ -\sqrt{a^2-x^2} \leqslant y \leqslant \sqrt{a^2-x^2}, \end{cases}$$

所以

$$\iint\limits_{D} y^2 \sqrt{a^2-x^2}\, \mathrm{d}x\mathrm{d}y = \int_{-a}^{a}\left[\int_{-\sqrt{a^2-x^2}}^{\sqrt{a^2-x^2}} y^2\sqrt{a^2-x^2}\, \mathrm{d}y\right]\mathrm{d}x$$

$$= \int_{-a}^{a}\left[\sqrt{a^2-x^2}\int_{-\sqrt{a^2-x^2}}^{\sqrt{a^2-x^2}} y^2\, \mathrm{d}y\right]\mathrm{d}x$$

$$= \frac{2}{3}\int_{-a}^{a}(a^2-x^2)^2\, \mathrm{d}x = \frac{32}{45}a^5.$$

例 12.2.5 将累次计分 $\displaystyle\int_{0}^{1}\mathrm{d}x\int_{x}^{1}\mathrm{e}^{-y^2}\mathrm{d}y$ 交换积分次序并计算.

解 由于 e^{-y^2} 没有初等原函数,所以这个累次积分不好计算.

根据累次积分中的积分限可以看出原来的二重积分 $\displaystyle\iint\limits_{D}\mathrm{e}^{-y^2}\mathrm{d}x\mathrm{d}y$ 的

积分区域是 $D = \{(x,y) \mid 0 \leqslant x \leqslant 1, x \leqslant y \leqslant 1\}$. 这个区域又可

以表示为 $D = \{(x,y) \mid 0 \leqslant y \leqslant 1, 0 \leqslant x \leqslant y\}$,所以

$$\int_{0}^{1}\mathrm{d}x\int_{x}^{1}\mathrm{e}^{-y^2}\mathrm{d}y = \iint\limits_{D}\mathrm{e}^{-y^2}\mathrm{d}x\mathrm{d}y = \int_{0}^{1}\mathrm{d}y\int_{0}^{y}\mathrm{e}^{-y^2}\mathrm{d}x$$

$$= \int_{0}^{1}\mathrm{e}^{-y^2}\mathrm{d}y\int_{0}^{y}\mathrm{d}x = \int_{0}^{1}y\mathrm{e}^{-y^2}\mathrm{d}y = \frac{1}{2}(1-\mathrm{e}^{-1}).$$

12.2.2 用极坐标计算二重积分

首先对于平面极坐标作简单介绍.

从平面上的点 O 出发引射线 Ox. 对于平面上 O 点以外的任

意一点 P,用 r 表示向量 $\overrightarrow{OP}$ 的长度,θ 表示 $\overrightarrow{OP}$ 与射线 Ox 的夹角

(图 12.9),如果限定 $0 \leqslant \theta < 2\pi$,则点 P 惟一地对应两个参数 r 和

θ. 如果以点 O 为坐标原点、以射线 Ox 为横轴 x 轴的正向做直角坐标系 xOy, 则 x, y 与 r, θ 的关系为

$$x = r\cos\theta, \quad y = r\sin\theta,$$

以及

$$r = \sqrt{x^2 + y^2}, \quad \theta = \arctan\frac{y}{x}.$$

为了用极坐标计算二重积分, 首先考察在极坐标系中如何表示平面区域的面积微元 $\mathrm{d}\sigma$.

用经过原点的射线 $\theta = \theta_i$ 和以原点为圆心的同心圆弧 $r = r_j (i = 1, 2, \cdots, k; j = 1, 2, \cdots, m)$ 对区域 D 进行分割(见图 12.10). 除了位于区域 D 的边界的那些形状不规则的小区域之外, 大部分小区域都是位于区域 D 内部的曲边四边形. 每一个曲边四边形有一组对边是半径不相等的同心圆弧 $r = r_j, r = r_{j+1}$; 另一组对边是两条射线 $\theta = \theta_i, \theta = \theta_{i+1}$. 当 $\Delta r_j = r_{j+1} - r_j$ 和 $\Delta \theta_i = \theta_{i+1} - \theta_i$ 很小时, 这个曲边四边形可以近似地看成矩形, 它的一个边长等于 Δr_j; 另一个边长等于 $r_j \Delta \theta_i$. 因此这个曲边四边形的面积 $\Delta \sigma$ 就近似等于 $r_j \Delta r_j \Delta \theta_i$.

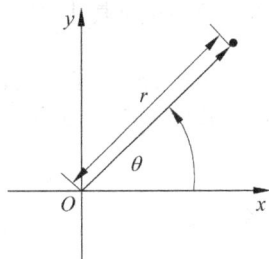

图 12.9

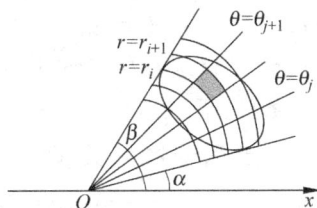

图 12.10

对于这个分割, 二重积分的积分和 $\sum\limits_{i} f(\xi_i, \eta_i)\Delta\sigma_i$ 为

$$\sum\limits_{ij} f(x_{ij}, y_{ij})\Delta\sigma_{ij} \approx \sum\limits_{ij} f(r_j\cos\theta_i, r_j\sin\theta_i)r_j\Delta r_j\Delta\theta_i.$$

$$(12.2.5)$$

如果函数 f 在区域 D 上可积,那么,当 $\max\Delta r_j$ 和 $\max\Delta\theta_i$ 同时趋向于零时,这个积分和就趋向于积分 $\iint\limits_{D} f\mathrm{d}\sigma$. 于是在极坐标系中,平面区域的面积微元就是

$$\mathrm{d}\sigma = r\mathrm{d}r\mathrm{d}\theta. \tag{12.2.6}$$

同时直角坐标系下的二重积分 $\iint\limits_{D} f(x,y)\mathrm{d}\sigma$ 就表示为

$$\iint\limits_{D} f(x,y)\mathrm{d}\sigma = \iint\limits_{D} f(r\cos\theta, r\sin\theta)r\mathrm{d}r\mathrm{d}\theta. \tag{12.2.7}$$

在极坐标系下,假定平面区域 D 表示为 $\{(r,\theta) \mid \alpha \leqslant \theta \leqslant \beta,$ $r_1(\theta) \leqslant r \leqslant r_2(\theta)\}$,二重积分 $\iint\limits_{D} f\mathrm{d}\sigma$ 存在,则二重积分 $\iint\limits_{D} f\mathrm{d}\sigma$ 可以化为累次积分

$$\iint\limits_{D} f(r\cos\theta, r\sin\theta)r\mathrm{d}r\mathrm{d}\theta = \int_\alpha^\beta \mathrm{d}\theta \int_{r_1(\theta)}^{r_2(\theta)} f(r\cos\theta, r\sin\theta)r\mathrm{d}r.$$

$$\tag{12.2.8}$$

例 12.2.6 计算积分 $\iint\limits_{D}(y + \sqrt{x^2 + y^2})\mathrm{d}x\mathrm{d}y$,其中 $D = \{(x,y) \mid x^2 + y^2 \leqslant 2x\}$.

解 区域 D 是一个圆:$x^2 + y^2 - 2x = 0$,即 $(x-1)^2 + y^2 = 1$,画出图形(图 12.11).

由于积分区域关于 x 轴对称,所以 $\iint\limits_{D} y\mathrm{d}x\mathrm{d}y = 0$. 于是只需计算 $\iint\limits_{D}\sqrt{x^2 + y^2}\mathrm{d}x\mathrm{d}y$.

在极坐标系下,区域 D 表示为 $r \leqslant 2\cos\theta$, $-\dfrac{\pi}{2} \leqslant \theta \leqslant \dfrac{\pi}{2}$.

将二重积分化为极坐标系下的累次积分,有

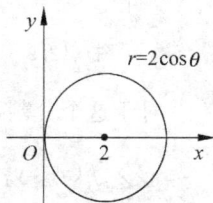

图 12.11

$$\iint\limits_{D} \sqrt{x^2+y^2}\,\mathrm{d}x\mathrm{d}y = \int_{-\frac{\pi}{2}}^{\frac{\pi}{2}}\mathrm{d}\theta\int_0^{2\cos\theta} r^2\,\mathrm{d}r$$

$$= \int_{-\frac{\pi}{2}}^{\frac{\pi}{2}}\mathrm{d}\theta\left(\frac{1}{3}r^3\right)\bigg|_0^{2\cos\theta}$$

$$= \frac{8}{3}\int_{-\frac{\pi}{2}}^{\frac{\pi}{2}}\cos^3\theta\mathrm{d}\theta$$

$$= \frac{8}{3}\int_{-\frac{\pi}{2}}^{\frac{\pi}{2}}(1-\sin^2\theta)\cos\theta\mathrm{d}\theta$$

$$= \frac{8}{3}\left(\sin\theta-\frac{1}{3}\sin^3\theta\right)\bigg|_{-\frac{\pi}{2}}^{\frac{\pi}{2}} = \frac{32}{9}.$$

例 12.2.7　设有一半径为 a 的半圆形薄板（见图 12.12），其上每一点 (x,y) 处质量密度是 $\mu(x,y)=\sqrt{4a^2-x^2-y^2}$，求此板的质量 M.

解　在极坐标系中，该半圆形薄板所覆盖的区域可以表示为

$$D = \left\{(r,\theta)\,\bigg|\,0\leqslant\theta\leqslant\frac{\pi}{2},0\leqslant r\leqslant 2a\cos\theta\right\},$$

所以半圆形薄板的质量 M 是

$$M = \iint\limits_{D}\mu(x,y)\,\mathrm{d}\sigma = \iint\limits_{\substack{0\leqslant\theta\leqslant\frac{\pi}{2}\\0\leqslant r\leqslant 2a\cos\theta}} \sqrt{4a^2-r^2}\,r\mathrm{d}r\mathrm{d}\theta$$

$$= \int_0^{\frac{\pi}{2}}\mathrm{d}\theta\int_0^{2a\cos\theta}\sqrt{4a^2-r^2}\,r\mathrm{d}r = \int_0^{\frac{\pi}{2}}\frac{8a^3}{3}(1-\sin^3\theta)\mathrm{d}\theta$$

$$= \frac{8a^3}{3}\left(\frac{\pi}{2}-\frac{2}{3}\right).$$

例 12.2.8　设 D 是由闭曲线 $x^2+y^2=a^2(x^4+y^4)\,(a>0)$ 围成的区域（图 12.13），试求 D 的面积 S.

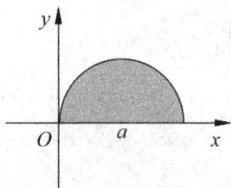

图 12.12

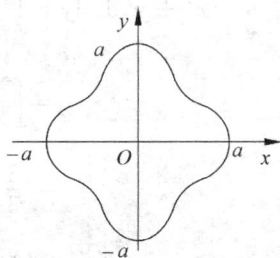

图 12.13

解 在极坐标系中,区域 D 的边界 ∂D 的方程是 $r = a\sqrt{\cos^4\theta + \sin^4\theta}$,因此区域 D 可以表示为

$$D = \left\{ (r,\theta) \mid 0 \leqslant \theta \leqslant 2\pi, 0 \leqslant r \leqslant a\sqrt{\cos^4\theta + \sin^4\theta} \right\},$$

所以 D 的面积 S 为

$$S = \iint_D \mathrm{d}\sigma = \int_0^{2\pi} \mathrm{d}\theta \int_0^{a\sqrt{\cos^4\theta + \sin^4\theta}} r\,\mathrm{d}r$$

$$= 4\int_0^{\frac{\pi}{2}} \mathrm{d}\theta \int_0^{a\sqrt{\cos^4\theta + \sin^4\theta}} r\,\mathrm{d}r$$

$$= 2a^2 \int_0^{\frac{\pi}{2}} (\cos^4\theta + \sin^4\theta)\,\mathrm{d}\theta = \frac{3}{4}\pi a^2.$$

例 12.2.9 试用二重积分求泊松积分 $I = \int_{-\infty}^{+\infty} \mathrm{e}^{-x^2}\,\mathrm{d}x$ 的值.

解 容易证明广义积分 $\int_{-\infty}^{+\infty} \mathrm{e}^{-x^2}\,\mathrm{d}x$ 是收敛的,下面利用特殊的极限过程来求它的值.

设 $\{a_n\}$ 是一个单调增加趋向于正无穷的数列. 记 $I_n = \int_{-a_n}^{a_n} \mathrm{e}^{-x^2}\,\mathrm{d}x$,则有 $I = \lim\limits_{n \to +\infty} I_n$.

注意到

$$I_n^2 = \int_{-a_n}^{a_n} e^{-x^2} dx \cdot \int_{-a_n}^{a_n} e^{-x^2} dx = \int_{-a_n}^{a_n} e^{-x^2} dx \int_{-a_n}^{a_n} e^{-y^2} dy.$$

右端恰好是正方形区域 $D_n = \{(x,y) \mid -a_n \leqslant x \leqslant a_n, -a_n \leqslant y \leqslant a_n\}$ 上

的二重积分 $\iint\limits_{D_n} e^{-(x^2+y^2)} dxdy$ 的累次积分(图 12.14),即

$$I_n^2 = \iint\limits_{D_n} e^{-(x^2+y^2)} dxdy. \qquad (12.2.9)$$

又设 $\{b_n\}$ 是另一个单调增加趋向于正
无穷的数列. $\Omega_n(n=1,2,\cdots)$ 表示以原点为
中心,b_n 为半径的圆域. 并且不妨设 $\Omega_1 \subseteq$
$D_1 \subseteq \Omega_2 \subseteq D_2 \subseteq \cdots$,记 $J_n = \iint\limits_{D_n} e^{-(x^2+y^2)}$

图　12.14

$dxdy$. 因为 $e^{-(x^2+y^2)} > 0$,所以

$$\iint\limits_{\Omega_1} e^{-(x^2+y^2)} dxdy \leqslant \iint\limits_{D_1} e^{-(x^2+y^2)} dxdy$$

$$\leqslant \iint\limits_{\Omega_2} e^{-(x^2+y^2)} dxdy \leqslant \cdots,$$

即 $J_1 \leqslant I_1^2 \leqslant J_2 \leqslant I_2^2 \leqslant \cdots$. 因此

$$\lim_{n \to +\infty} I_n^2 = \lim_{n \to \infty} J_n. \qquad (12.2.10)$$

用极坐标计算容易得到

$$J_n = \iint\limits_{x^2+y^2 \leqslant b_n^2} e^{-(x^2+y^2)} dxdy = \int_0^{2\pi} d\theta \int_0^{b_n} e^{-r^2} rdr = \pi(1 - e^{-b_n^2}).$$

于是由(12.2.10)式得到

$$\lim_{n \to +\infty} I_n^2 = \lim_{n \to \infty} J_n = \pi.$$

于是又得到 $I^2 = \lim\limits_{R \to +\infty} I_R^2 = \pi$,因为 I 非负,所以 $I = \sqrt{\pi}$.

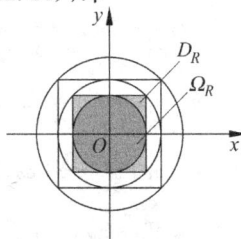

习 题 12.2

1. 计算下列二重积分:

(1) $\iint\limits_{D} \cos(x+y) \mathrm{d}\sigma$, D 是由 $x=0$, $y=\pi$ 和 $y=x$ 围成的区域;

(2) $\iint\limits_{D} xy \ln(1+x^2+y^2) \mathrm{d}\sigma$, D 是由 $y=x^3$, $y=1$ 和 $x=-1$ 围成的区域;

(3) $\iint\limits_{D} \sin(x+y) \mathrm{d}\sigma$, 其中 D 由直线 $x=0$, $y=x$, $y=\pi$ 围成;

(4) $\iint\limits_{D} |x^2-y| \mathrm{d}\sigma$, $D = \{(x,y) \mid 0 \leqslant x, y \leqslant 1\}$;

(5) $\iint\limits_{D} \dfrac{x\sin y}{y} \mathrm{d}\sigma$, 其中 D 由 $y=x$, $y=x^2$ 围成.

2. 计算下列二重积分:

(1) $\iint\limits_{D} \sin\sqrt{x^2+y^2} \mathrm{d}\sigma$, $D = \{(x,y) \mid \pi^2 \leqslant x^2+y^2 \leqslant 4\pi^2\}$;

(2) $\iint\limits_{D} \dfrac{1}{1+x^2+y^2} \mathrm{d}\sigma$, $D = \{(x,y) \mid x^2+y^2 \leqslant 1\}$;

(3) $\iint\limits_{D} \arctan\dfrac{y}{x} \mathrm{d}\sigma$, $D = \{(x,y) \mid 1 \leqslant x^2+y^2 \leqslant 4, x \geqslant 0, y \geqslant 0\}$;

(4) $\iint\limits_{D} |x^2+y^2-4| \mathrm{d}\sigma$, $D = \{(x,y) \mid x^2+y^2 \leqslant 16\}$.

3. 改变下列累次积分中的积分顺序, 并给出相应重积分的积分域的集合表示:

(1) $\displaystyle\int_0^1 \mathrm{d}y \int_0^y f(x,y) \mathrm{d}x$; (2) $\displaystyle\int_{-1}^1 \mathrm{d}x \int_{-\sqrt{1-x^2}}^{\sqrt{1-x^2}} f(x,y) \mathrm{d}y$;

(3) $\displaystyle\int_0^a \mathrm{d}x \int_{a-x}^{\sqrt{a^2-x^2}} f(x,y) \mathrm{d}y$; (4) $\displaystyle\int_1^{\mathrm{e}} \mathrm{d}x \int_0^{\ln x} f(x,y) \mathrm{d}y$.

4. 将下列累次积分交换积分顺序:

(1) $\displaystyle\int_0^a \mathrm{d}x \int_x^{\sqrt{2ax-x^2}} f(x,y) \mathrm{d}y$; (2) $\displaystyle\int_{-6}^2 \mathrm{d}x \int_{\frac{1}{4}x^2-1}^{2-x} f(x,y) \mathrm{d}y$.

5. 已知函数 f 连续且 $f > 0$，试求 $\iint\limits_{D} \dfrac{af(x)+bf(y)}{f(x)+f(y)}\mathrm{d}\sigma$ 的值，其中 $D = \{(x,y) \mid x^2 + y^2 \leqslant R^2\}$.

12.3　二重积分的变量代换

在 12.2 节，重积分是化为累次积分计算的. 一个重积分能否化为累次积分进行计算，一方面与积分区域的形状有关；另一方面又与被积函数的特点有关. 有些时候，换一种坐标系可能使原来不能化成累次积分的重积分能够化成累次积分，或者使某些虽然能够化成累次积分，但是不能运用牛顿-莱布尼茨公式计算定积分的重积分能够最终计算出结果. 因此，引进变量代换是计算重积分的有效途径之一. 下面我们将给出二重积分的变量代换公式，并对变量代换公式做简要的解释. 关于二重积分的变量代换公式的严格证明，我们不做深入的研究.

对于二重积分 $\iint\limits_{D} f(x,y)\mathrm{d}x\mathrm{d}y$，可以形式地将它理解成由三部分构成，其一是被积函数 $f(x,y)$，其二是积分域 D，最后是面积元 $\mathrm{d}x\mathrm{d}y$. 当引进了变量替换

$$\begin{cases} x = x(u,v), \\ y = y(u,v), \end{cases} \quad (u,v) \in \Omega \qquad (12.3.1)$$

后，被积函数 $f(x,y)$ 变成 $f(x(u,v),y(u,v))$，积分域 D 变成新变量 $uO'v$ 平面上的区域 Ω. 那么面积元 $\mathrm{d}x\mathrm{d}y$ 会变成什么形式呢？如果知道了面积元 $\mathrm{d}x\mathrm{d}y$ 变化以后的形式，也就确定了二重积分 $\iint\limits_{D} f(x,y)\mathrm{d}x\mathrm{d}y$ 在变量代换(12.3.1)下的计算公式. 以下我们研究这样的问题：将区域 D 上关于变元 x,y 的积分 $\iint\limits_{D} f(x,y)\mathrm{d}x\mathrm{d}y$ 变为区域 Ω 关于变元 u,v 的二重积分时，原来的面积元 $\mathrm{d}x\mathrm{d}y$ 应当变成

什么.

假设映射(12.3.1)是 Ω 到 D 的一一对应的映射,并且其中的函数 $x(u,v),y(u,v)$ 都有连续的偏导数,且对于所有的 $(u,v)\in\Omega$ 都有 $\det\dfrac{\partial(x,y)}{\partial(u,v)}\neq 0$(这个条件的用处虽然下文没有说明,但是将在变量代换的严格证明过程中将被用到).

在 $uO'v$ 平面上用平行于 $O'u,O'v$ 坐标轴的直线 $u=u_i(i=1,2,\cdots,k)$ 和 $v=v_j(j=1,2,\cdots,m)$ 构成的直线网将区域 Ω 分割成若干小矩形 $\Delta\Omega_{ij}$(忽略区域边界附近的那些形状不规则的小区域).映射(12.3.1)将 $uO'v$ 平面上的区域 Ω 映成 xOy 平面上的区域 D.在这同时,映射(12.3.1)将直线网变成 xOy 平面上的曲线网,这个曲线网将区域 D 分割成若干小区域 ΔD_{ij}(图 12.15).于是映射(12.3.1)将上述小矩形 $\Delta\Omega_{ij}$ 映成区域 D 中的小曲边四边形 ΔD_{ij}.这样一来,用这种特殊的方式得到 xOy 平面上的区域 D 的一个分割. 又取

$$(\xi_{ij},\eta_{ij})=(x(u_i,v_j),y(u_i,v_j))\in\Delta D_{ij},$$
$$i=1,2,\cdots,k;j=1,2,\cdots,m.$$

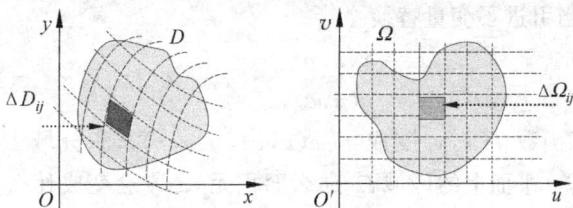

图　12.15

对于函数 $f(x,y)$ 构造与上述分割相应的二重积分和(其中 $\Delta\sigma_{ij}$ 表示 ΔD_{ij} 的面积)

$$\sum_{i,j} f(\xi_{ij}, \eta_{ij}) \Delta\sigma_{ij} = \sum_{i,j} f(x(u_i, v_j), y(u_i, v_j)) \Delta\sigma_{ij}.$$

$$(12.3.2)$$

注意小区域 ΔD_{ij} 是映射 (12.3.1)（即变量代换）将小矩形 $\Delta\Omega_{ij}$ 映到 xOy 平面上得到的像. 由于 ΔD_{ij} 是曲线四边形, 所以不能确定它的面积 $\Delta\sigma_{ij}$ 的表达式. 因此, 我们将用一个平行四边形的面积作为 ΔD_{ij} 面积的近似值.

考察映射 (12.3.1) 在点 (u_i, v_j) 的微分映射

$$\begin{cases} x = x(u_i, v_j) + \dfrac{\partial x}{\partial u} \Delta u_i + \dfrac{\partial x}{\partial v} \Delta v_j, \\ y = y(u_i, v_j) + \dfrac{\partial y}{\partial u} \Delta u_i + \dfrac{\partial y}{\partial v} \Delta v_j, \end{cases}$$

$$(12.3.3)$$

其中 $\Delta u_i = u_{i+1} - u_i, \Delta v_j = v_{j+1} - v_j$, 偏导数 $\dfrac{\partial x}{\partial u}, \dfrac{\partial x}{\partial v}, \dfrac{\partial y}{\partial u}, \dfrac{\partial y}{\partial v}$ 均在点 (u_i, v_j) 处计算.

$\Delta\Omega_{ij}$ 的四个顶点分别为 $P_0(u_i, v_j), P_1(u_{i+1}, v_j), P_2(u_i, v_{j+1})$ 和 $P_3(u_{i+1}, v_{j+1})$. 微分映射 (12.3.3) 将这个矩形映为 xOy 平面上的一个曲线四边形, 曲线四边形的四个顶点分别为

$M_0(x(u_i, v_j), y(u_i, v_j))$,
$M_1(x(u_i + \Delta u_i, v_j), y(u_i + \Delta u_i, v_j))$,
$M_2(x(u_i, v_j + \Delta v_j), y(u_i, v_j + \Delta v_j))$,
$M_3(x(u_i + \Delta u_i, v_j + \Delta v_j), y(u_i + \Delta u_i, v_j + \Delta v_j))$.

以 $M_0 M_1$ 和 $M_0 M_2$ 为相邻边的平行四边形的面积为

$$\left| \overrightarrow{M_0 M_1} \times \overrightarrow{M_0 M_2} \right| = \left| \det \frac{\partial(x, y)}{\partial(u, v)} \right|_{(u_i, v_j)} \left| \Delta u_i \Delta v_j. \right.$$

$$(12.3.4)$$

用这个平行四边形的面积作为小曲线四边形 ΔD_{ij} 面积的近似值, 得

$$\Delta\sigma_{ij} \approx \left| \det \frac{\partial(x, y)}{\partial(u, v)} \right|_{(u_i, v_j)} \left| \Delta u_i \Delta v_j. \right.$$

代入(12.3.2)式,将积分和 $\sum\limits_{i,j} f(\xi_{ij}, \eta_{ij})\Delta\sigma_{ij}$ 变为

$$\sum_{i,j} f(\xi_{ij}, \eta_{ij})\Delta\sigma_{ij}$$

$$\approx \sum_{i,j} f(x(u_i, v_j), y(u_i, v_j)) \left| \det\frac{\partial(x,y)}{\partial(u,v)} \right| \Delta u_i \Delta v_j. \quad (12.3.5)$$

当 $\max\{\Delta u_i, \Delta v_j\} \to 0$ 时,各个 ΔD_{ij} 的最大直径也趋向于零,于是 (12.3.5)式左端的积分和趋向于二重积分 $\iint\limits_{D} f(x,y)\mathrm{d}x\mathrm{d}y$. 右端的内容恰好是函数

$$f(x(u,v), y(u,v)) \left| \det\frac{\partial(x,y)}{\partial(u,v)} \right|$$

在区域 Ω 上的积分和. 当 $\max\{\Delta u_i, \Delta v_j\} \to 0$ 时,这个积分和趋向于二重积分

$$\iint\limits_{\Omega} f(x(u,v), y(u,v)) \left| \det\frac{\partial(x,y)}{\partial(u,v)} \right| \mathrm{d}u\mathrm{d}v.$$

同时,(12.3.5)式两端的极限相等,于是得到二重积分的变量代换公式

$$\iint\limits_{D} f(x,y)\mathrm{d}x\mathrm{d}y = \iint\limits_{\Omega} f(x(u,v), y(u,v)) \left| \det\frac{\partial(x,y)}{\partial(u,v)} \right| \mathrm{d}u\mathrm{d}v,$$

$$(12.3.6)$$

其中原来积分中的面积微元 $\mathrm{d}x\mathrm{d}y$ 变成了 $\left| \det\dfrac{\partial(x,y)}{\partial(u,v)} \right| \mathrm{d}u\mathrm{d}v$.

例 12.3.1 已知区域 D 由抛物线 $y^2 = px, y^2 = qx(0 < p < q)$ 与双曲线 $xy = a, xy = b(0 < a < b)$ 围成(见图 12.16),试求 D 的面积 S.

解 做变量替换 $\begin{cases} u = \dfrac{y^2}{x}, \\ v = xy. \end{cases}$ 则当点 (x,y) 在 D 中变化时,点 (u,v) 就在相应的区域

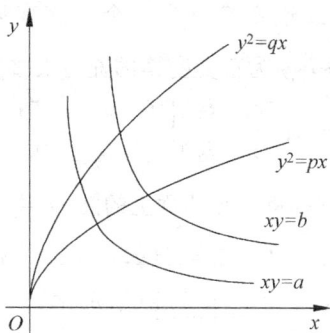

图 12.16

$$\Omega = \{(u,v) \mid p \leqslant u \leqslant q, a \leqslant v \leqslant b\}$$

上变化,且上述变换是 Ω 与 D 之间的一个一一对应. 而

$$\det \frac{\partial(x,y)}{\partial(u,v)} = \frac{1}{\det \dfrac{\partial(u,v)}{\partial(x,y)}} = \frac{1}{-\dfrac{3y^2}{x}} = \frac{1}{-3u} \neq 0,$$

所以

$$S = \iint_D \mathrm{d}x\mathrm{d}y = \iint_\Omega \left| \det \frac{\partial(x,y)}{\partial(u,v)} \right| \mathrm{d}u\mathrm{d}v$$

$$= \iint_\Omega \frac{1}{3u} \mathrm{d}u\mathrm{d}v = \frac{1}{3}(b-a)\ln\frac{q}{p},$$

即 D 的面积为 $\dfrac{1}{3}(b-a)\ln\dfrac{q}{p}$.

例 12.3.2 设 $f(u)$ 连续,常数 a,b 不全等于零,

$$D = \{(x,y) \mid x^2 + y^2 \leqslant R^2\}.$$

用变量代换将积分 $\iint_D f(ax + by)\mathrm{d}x\mathrm{d}y$ 化为定积分.

解 令 $u = \dfrac{ax+by}{\sqrt{a^2+b^2}}, v = mx+ly$. 适当选取常数 m,l,使得从

x,y 到 u,v 的这个线性变换成为一个正交变换$\left(\right.$线性变换 $u = a_1x + b_1y, v = a_2x + b_2y$ 为正交变换的充分必要条件是：系数矩阵 $\begin{bmatrix} a_1 & b_1 \\ a_2 & b_2 \end{bmatrix}$ 是正交矩阵，即 $\begin{bmatrix} a_1 & b_1 \\ a_2 & b_2 \end{bmatrix}\begin{bmatrix} a_1 & a_2 \\ b_1 & b_2 \end{bmatrix} = \begin{bmatrix} 1 & 0 \\ 0 & 1 \end{bmatrix}$. 正交变换是等距变换$\left.\right)$. 这个正交变换将 xOy 平面上的圆 $D = \{(x,y) \mid x^2 + y^2 \leqslant R^2\}$ 变成 $uO'v$ 平面上的圆 $\Omega = \{(u,v) \mid u^2 + v^2 \leqslant R^2\}$，并且

$$\det \frac{\partial(x,y)}{\partial(u,v)} = \left[\det \frac{\partial(u,v)}{\partial(x,y)}\right]^{-1} = \pm 1,$$

于是根据变量代换公式(12.3.6)得到

$$\iint\limits_D f(ax + by)\,\mathrm{d}x\mathrm{d}y = \iint\limits_\Omega f(\sqrt{a^2 + b^2}\,u)\left|\det \frac{\partial(x,y)}{\partial(u,v)}\right|\mathrm{d}u\mathrm{d}v$$

$$= \iint\limits_\Omega f(\sqrt{a^2 + b^2}\,u)\,\mathrm{d}u\mathrm{d}v$$

$$= \int_{-R}^R f(\sqrt{a^2 + b^2}\,u)\,\mathrm{d}u \int_{-\sqrt{R^2 - u^2}}^{\sqrt{R^2 - u^2}}\mathrm{d}v$$

$$= 2\int_{-R}^R \sqrt{R^2 - u^2}\,f(\sqrt{a^2 + b^2}\,u)\,\mathrm{d}u.$$

习 题 12.3

1. 求由 $xy = a^2, xy = 2a^2, y = x, y = 2x$ 围成的第一象限区域的面积.

2. 计算 $I = \iint\limits_D \cos\left(\dfrac{x - y}{x + y}\right)\mathrm{d}\sigma, D$ 由 $x + y = 1, x = 0, y = 0$ 围成.

3. 计算 $I = \iint\limits_D (\sqrt{x} + \sqrt{y})\mathrm{d}\sigma, D = \{(x,y) \mid \sqrt{x} + \sqrt{y} \leqslant 1\}$.

4. 在第 1 象限中,设 D 由 $xy = 1, xy = 2, \dfrac{y}{x} = 1$ 及 $\dfrac{y}{x} = 4$ 围成,试证：

$$\iint\limits_D f(xy)\,\mathrm{d}\sigma = \ln 2\int_1^2 f(x)\,\mathrm{d}x.$$

12.4 三重积分的计算

仿照二重积分定义,可以给出三重积分定义.不难理解,三重积分与二重积分有相同的性质.

与二重积分相同,计算三重积分的方法同样是在一定的坐标系中将重积分化为累次积分.下面我们首先讨论如何用直角坐标、柱坐标和球坐标将三重积分化为累次积分进行计算,然后研究三重积分的变量代换方法.

12.4.1 三重积分在直角坐标系下的计算

设 $\Omega \in \mathbb{R}^3$ 是一有界闭区域,它的形状是一个柱体,母线平行于 Oz 轴,下底和上底分别是连续曲面 $z = z_1(x,y)$ 和 $z_2 = z_2(x, y)(z_1(x,y) \leqslant z_2(x,y))$. Ω 在 xOy 平面上的投影为平面区域 D_{xy}(图 12.17).此时 Ω 可以用不等式表示为

$$\Omega: \begin{cases} z_1(x,y) \leqslant z \leqslant z_2(x,y), \\ (x,y) \in D_{xy}. \end{cases} \tag{12.4.1}$$

如果 $f(x,y,z)$ 在 Ω 上可积,则三重积分 $\iiint\limits_{\Omega} f(x,y,z)\mathrm{d}V$ 可以化为如下的累次积分

$$\iiint\limits_{\Omega} f(x,y,z)\mathrm{d}V = \iint\limits_{D_{xy}} \left[\int_{z_1(x,y)}^{z_2(x,y)} f(x,y,z)\mathrm{d}z \right] \mathrm{d}\sigma. \tag{12.4.2}$$

在直角坐标系中,体积元 $\mathrm{d}V$ 是 $\mathrm{d}x\mathrm{d}y\mathrm{d}z$,在(12.4.2)式中,若 D_{xy} 又可以表示成

$$D_{xy}: \begin{cases} y_1(x) \leqslant y \leqslant y_2(x), \\ a \leqslant x \leqslant b, \end{cases}$$

则(12.4.2)式可以进一步化为累次积分

$$\iiint\limits_{\Omega} f(x,y,z)\mathrm{d}x\mathrm{d}y\mathrm{d}z = \int_a^b \mathrm{d}x \int_{y_1(x)}^{y_2(x)} \mathrm{d}y \int_{z_1(x,y)}^{z_2(x,y)} f(x,y,z)\mathrm{d}z.$$

$$\tag{12.4.3}$$

例 12.4.1 计算三重积分 $\iiint\limits_{\Omega}(x+y+z)\mathrm{d}x\mathrm{d}y\mathrm{d}z$，其中 Ω 是由三个坐标面与平面 $x+y+z=1$ 围成的区域(图 12.18).

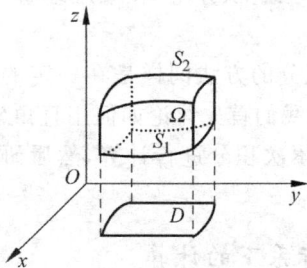 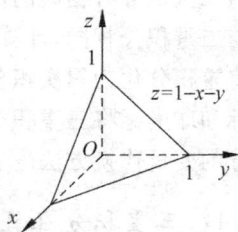

图 12.17　　　　　　　　图 12.18

解 Ω 是一个柱体,其母线与 z 轴平行,上底为平面 $z=1-x-y$,下底为平面 $z=0$,在 xOy 平面上的投影为 $D_{xy}=\{(x,y)\,|\,0\leqslant x\leqslant1,0\leqslant y\leqslant1-x\}$. 所以积分域 Ω 可以表示为

$$\begin{cases} 0\leqslant z\leqslant1-x-y,\\ 0\leqslant y\leqslant1-x,\\ 0\leqslant x\leqslant1. \end{cases}$$

因此

$$\iiint\limits_{\Omega}x\,\mathrm{d}x\mathrm{d}y\mathrm{d}z=\int_0^1\mathrm{d}x\int_0^{1-x}\mathrm{d}y\int_0^{1-x-y}x\mathrm{d}z$$

$$=\int_0^1\mathrm{d}x\int_0^{1-x}x(1-x-y)\mathrm{d}y$$

$$=\frac{1}{2}\int_0^1x(1-x)^2\mathrm{d}x=\frac{1}{24}.$$

注意到积分域 Ω 关于 x,y,z 具有对称性,易知

$$\iiint\limits_{\Omega}x\,\mathrm{d}x\mathrm{d}y\mathrm{d}z=\iiint\limits_{\Omega}y\,\mathrm{d}x\mathrm{d}y\mathrm{d}z=\iiint\limits_{\Omega}z\,\mathrm{d}x\mathrm{d}y\mathrm{d}z,$$

所以

$$\iiint\limits_{\Omega}(x+y+z)\mathrm{d}x\mathrm{d}y\mathrm{d}z = 3\iiint\limits_{\Omega}x\,\mathrm{d}x\mathrm{d}y\mathrm{d}z = \frac{1}{8}.$$

例 12.4.2 空间一物体由球面 $x^2+y^2+z^2=a^2$ 和锥面 $z=\sqrt{x^2+y^2}$ 界定(见图 12.19),其中每点的质量密度为 $\mu(x,y,z)=z$,试求此物体的质量 M.

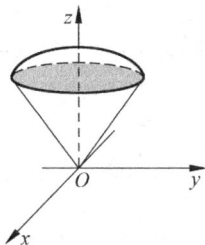

解 用 Ω 表示此物体占据的空间区域,则其质量为

$$M=\iiint\limits_{\Omega}\mu(x,y,z)\mathrm{d}V = \iiint\limits_{\Omega}z\mathrm{d}x\mathrm{d}y\mathrm{d}z.$$

图 12.19

Ω 是一个母线平行于 z 轴,下底面为 $z=\sqrt{x^2+y^2}$,上底面为 $z=\sqrt{a^2-x^2-y^2}$ 的柱体,且其在 xOy 坐标面上的投影是

$$D_{xy} = \left\{(x,y)\,\Big|\,x^2+y^2\leqslant\frac{1}{2}a^2\right\}.$$

而在极坐标系下 D_{xy} 可以表示为

$$\left\{(r,\theta)\,\Big|\,0\leqslant\theta\leqslant2\pi,0\leqslant r\leqslant\frac{a}{\sqrt{2}}\right\},$$

所以

$$M=\iiint\limits_{\Omega}z\mathrm{d}x\mathrm{d}y\mathrm{d}z = \iint\limits_{D_{xy}}\mathrm{d}x\mathrm{d}y\int_{\sqrt{x^2+y^2}}^{\sqrt{a^2-x^2-y^2}}z\mathrm{d}z$$

$$= \frac{1}{2}\iint\limits_{D_{xy}}[a^2-2(x^2+y^2)]\mathrm{d}x\mathrm{d}y = \frac{1}{2}\int_0^{2\pi}\mathrm{d}\theta\int_0^{\frac{a}{\sqrt{2}}}(a^2-2r^2)r\mathrm{d}r$$

$$= \pi\int_0^{\frac{a}{\sqrt{2}}}(a^2-2r^2)r\mathrm{d}r = \frac{\pi}{8}a^4.$$

例 12.4.3 已知 Ω 是由曲面 $y=1-x^2$ 与平面 $y=z$ 和 $z=0$ 围成的区域(见图 12.20),且其中每点的质量密度为常数 μ,试求:

(1) Ω 的质量;

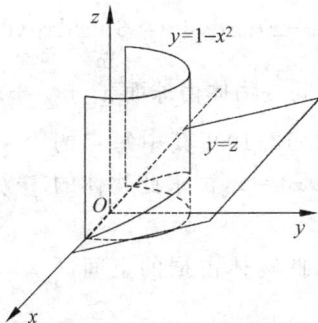

图 12.20

(2) Ω 关于三个坐标面的静力矩;

(3) Ω 的形心.

解 (1) Ω 的质量为

$$M = \iiint\limits_{\Omega} \mu \mathrm{d}V.$$

将三重积分化为累次积分,有

$$\iiint\limits_{\Omega} \mu \mathrm{d}V = \int_{-1}^{1} \mathrm{d}x \int_{0}^{1-x^2} \mathrm{d}y \int_{0}^{y} \mu \mathrm{d}z = \mu \int_{-1}^{1} \mathrm{d}x \int_{0}^{1-x^2} y \mathrm{d}y$$

$$= \frac{\mu}{2} \int_{-1}^{1} (1 - 2x^2 + x^4) \mathrm{d}x = \frac{8}{15}\mu.$$

(2) 记 Ω 关于三个坐标面 xOy, yOz, zOx 的静力矩分别为 $M_{xOy}, M_{yOz}, M_{zOx}$.

注意到 Ω 关于坐标面 yOz 的对称性,所以

$$M_{yOz} = 0.$$

关于 M_{zOx},可以如下求出. 在 Ω 中的任意点 (x, y, z) 处,取一体积微元 $\mathrm{d}V$,则其质量为 $\mathrm{d}M = \mu \mathrm{d}V$,与平面 zOx 的距离为 y,于是它关于坐标面 zOx 的静力矩等于 $y\mu \mathrm{d}V$. 因此 Ω 关于坐标面 zOx 的静力矩是 $M_{zOx} = \iiint\limits_{\Omega} \mu y \mathrm{d}V$. 化为累次积分得

$$M_{zOx} = \iiint\limits_{\Omega} \mu y \, dV = \int_{-1}^{1} dx \int_{0}^{1-x^2} dy \int_{0}^{y} \mu y \, dz = \mu \int_{-1}^{1} dx \int_{0}^{1-x^2} y^2 \, dy$$

$$= \frac{\mu}{3} \int_{-1}^{1} (1-x^2)^3 \, dx = \frac{32}{105} \mu.$$

同理可以求得

$$M_{xOy} = \iiint\limits_{\Omega} \mu z \, dV = \int_{-1}^{1} dx \int_{0}^{1-x^2} dy \int_{0}^{y} \mu z \, dz = \frac{\mu}{2} \int_{-1}^{1} dx \int_{0}^{1-x^2} y^2 \, dy$$

$$= \frac{\mu}{6} \int_{-1}^{1} (1-x^2)^3 \, dx = \frac{16}{105} \mu.$$

（3）记 Ω 的形心为 $(\bar{x}, \bar{y}, \bar{z})$，则

$$\bar{x} = \frac{M_{yOz}}{M} = \frac{0}{M} = 0, \quad \bar{y} = \frac{M_{zOx}}{M} = \frac{4}{7}, \quad \bar{z} = \frac{M_{xOy}}{M} = \frac{2}{7},$$

即 Ω 的形心为 $(\bar{x}, \bar{y}, \bar{z}) = \left(0, \frac{4}{7}, \frac{2}{7} \right)$.

在 (12.4.2) 式中，将三重积分 $\iiint\limits_{\Omega} f(x,y,z) \, dV$ 化为累次积分

$\iint\limits_{D_{xy}} \left[\int_{z_1(x,y)}^{z_2(x,y)} f(x,y,z) \, dz \right] d\sigma.$ 由于这个累次积分是先计算一个定积

分，然后再计算一个二重积分，因此称为"先一后二".

另外，对于积分区域 Ω 的某些情形，用平行于 xOy 坐标的平面去截 Ω 得到的截面，是关于 (x,y) 的一个变化区域 D_z，这时三重积分可以化为累次积分

$$\iiint\limits_{\Omega} f(x,y,z) \, dxdydz = \int_{c}^{d} dz \iint\limits_{D_z} f(x,y,z) \, dxdy. \quad (12.4.4)$$

在这个公式中，先计算一个二重积分，然后计算一个定积分. 所以这样的累次积分又称为"先二后一". 在某些条件下，这种求积顺序下的计算会更加简单.

例 12.4.4 已知椭球 Ω: $\dfrac{x^2}{a^2}+\dfrac{y^2}{b^2}+\dfrac{z^2}{c^2}\leqslant 1$ 在点 (x,y,z) 处的

质量密度为 $\mu(x,y,z)=z^2$,试求椭球的质量 M.

解 采用先二后一的累次积分计算这个三重积分. 由于椭球 Ω 可以表示成如下联立不等式

$$\begin{cases} (x,y) \in D_z, \\ -c \leqslant z \leqslant c, \end{cases}$$

其中 $D_z = \left\{ (x,y) \,\middle|\, \dfrac{x^2}{a^2}+\dfrac{y^2}{b^2}\leqslant 1-\dfrac{z^2}{c^2} \right\}$ 是用垂直于 Oz 轴的平面截

区域 Ω 得到的截面. Ω 的质量 M 是

$$M=\iiint\limits_{\Omega}\mu(x,y,z)\mathrm{d}V = \iiint\limits_{\Omega}z^2\mathrm{d}V = \int_{-c}^{c} z^2\mathrm{d}z\iint\limits_{D_z}\mathrm{d}x\mathrm{d}y$$

$$= \int_{-c}^{c} \pi abz^2\left(1-\frac{z^2}{c^2}\right)\mathrm{d}z = \frac{4}{15}\pi abc^3.$$

12.4.2 三重积分的变量代换

与二重积分类似,对三重积分 $\iiint\limits_{\Omega}f(x,y,z)\mathrm{d}V$ 也可以引进变

量代换. 在此我们仅给出 $\iiint\limits_{\Omega}f(x,y,z)\mathrm{d}V$ 在变量代换下的计算公

式,而不做详细讨论.

设 $\Omega\in\mathbb{R}^3$ 是一有界闭域,函数 $f(x,y,z)$ 在 Ω 上连续. 若一一

对应的变换

$$\begin{cases} x = x(u,v,w), \\ y = y(u,v,w), \quad (u,v,w) \in \Omega^* \\ z = z(u,v,w), \end{cases} \qquad (12.4.5)$$

将 $O'uvw$ 空间的区域 Ω^* 变成了 $Oxyz$ 空间的区域 Ω,其中函数

$x(u,v,w)$，$y(u,v,w)$，$z(u,v,w)$ 有连续的偏导数，且

$$\det \frac{\partial(x,y,z)}{\partial(u,v,w)} \neq 0, \quad \forall\,(u,v,w) \in \Omega^*,$$

则有

$$\iiint\limits_{\Omega} f(x,y,z)\mathrm{d}x\mathrm{d}y\mathrm{d}z = \iiint\limits_{\Omega^*} f(x(u,v,w),y(u,v,w),z(u,v,w))$$

$$\times \left| \det \frac{\partial(x,y,z)}{\partial(u,v,w)} \right| \mathrm{d}u\mathrm{d}v\mathrm{d}w. \quad (12.4.6)$$

(12.4.6)式就是三重积分 $\iiint\limits_{\Omega} f(x,y,z)\mathrm{d}V$ 在变量代换(12.4.5)下

的计算公式，其中在 $O'uvw$ 坐标系中的体积微元是

$$\mathrm{d}V = \left| \det \frac{\partial(x,y,z)}{\partial(u,v,w)} \right| \mathrm{d}u\mathrm{d}v\mathrm{d}w. \quad (12.4.7)$$

例 12.4.5 求椭球体 Ω：$\left(\dfrac{x^2}{a^2} + \dfrac{y^2}{b^2} + \dfrac{z^2}{c^2} \right)^2 \leqslant ax (a,b,c$ 为正

数)的体积 V.

解 椭球体 Ω 由椭球面 $\left(\dfrac{x^2}{a^2} + \dfrac{y^2}{b^2} + \dfrac{z^2}{c^2} \right)^2 = ax$ 围成. 做变量代换

$$\begin{cases} x = a\rho\sin\varphi\cos\theta, \\ y = b\rho\sin\varphi\sin\theta, \\ z = c\rho\cos\varphi, \end{cases} \quad (12.4.8)$$

则在新坐标系中上述椭球面的方程为

$$\rho^3 = a^2\sin\varphi\cos\theta, \quad -\frac{\pi}{2} \leqslant \theta \leqslant \frac{\pi}{2}, 0 \leqslant \varphi \leqslant \pi,$$

即椭球体在新坐标系下的联立不等式是

$$\begin{cases} 0 \leqslant \rho \leqslant (a^2\sin\varphi\cos\theta)^{\frac{1}{3}}, \\ -\dfrac{\pi}{2} \leqslant \theta \leqslant \dfrac{\pi}{2}, \\ 0 \leqslant \varphi \leqslant \pi. \end{cases}$$

又因为

$$\left| \det \frac{\partial(x,y,z)}{\partial(\rho,\theta,\varphi)} \right| = abc\rho^2 \sin\varphi,$$

所以椭球的体积为

$$V = \iiint\limits_{\Omega} \mathrm{d}V = abc \int_{-\frac{\pi}{2}}^{\frac{\pi}{2}} \mathrm{d}\theta \int_0^{\pi} \mathrm{d}\varphi \int_0^{\sqrt[3]{a^2 \sin\varphi\cos\theta}} \rho^2 \sin\varphi \mathrm{d}\rho = \frac{1}{3}\pi a^3 bc.$$

代换(12.4.8)中的变量(ρ,θ,φ)又称为点(x,y,z)的**广义球坐标**.

例 12.4.6 计算三重积分$\iiint\limits_{\Omega}(x+y+z)\cos(x+y+z)^2 \mathrm{d}x\mathrm{d}y\mathrm{d}z$,

其中

$$\Omega = \{(x,y,z) \mid 0 \leqslant x - y \leqslant 1, 0 \leqslant x - z \leqslant 1,$$
$$0 \leqslant x + y + z \leqslant 1\}.$$

解 做变量代换

$$\begin{cases} u = x - y, \\ v = x - z, \\ w = x + y + z, \end{cases}$$

则在$O'uvw$坐标系中,区域Ω可以表示为

$$\Omega: \begin{cases} 0 \leqslant u \leqslant 1, \\ 0 \leqslant v \leqslant 1, \\ 0 \leqslant w \leqslant 1, \end{cases}$$

并且

$$\det \frac{\partial(x,y,z)}{\partial(u,v,w)} = \left[\det \frac{\partial(u,v,w)}{\partial(x,y,z)} \right]^{-1}$$

$$= \begin{vmatrix} 1 & -1 & 0 \\ 1 & 0 & -1 \\ 1 & 1 & 1 \end{vmatrix}^{-1} = \frac{1}{3}.$$

所以

$$\iiint\limits_{\Omega}(x+y+z)\cos(x+y+z)^2 \mathrm{d}x\mathrm{d}y\mathrm{d}z$$

$$= \frac{1}{3} \int_0^1 \mathrm{d}u \int_0^1 \mathrm{d}v \int_0^1 w\cos w^2 \, \mathrm{d}w = \frac{1}{6}\sin 1.$$

12.4.3　用柱坐标计算三重积分

对于 $Oxyz$ 空间除原点外的任意一点 $P(x,y,z)$，设 $P_1(0,x,y)$ 是点 P 在 xOy 平面上的投影，θ 表示（xOy 平面上的）向量 $\overrightarrow{OP_1}$ 与 Ox 轴正向的夹角，则由三个参数 r,θ 和 z 能够惟一地确定点 P，即空间的点 P 与三个参数组成的有序数组 (r,θ,z) 之间建立了一一对应的关系（图 12.21）．称 (r,θ,z) 为点 P 的**柱坐标**，相应的坐标系称为**柱坐标系**．三个参数的取值范围分别是

$$0 \leqslant r < +\infty, \quad 0 \leqslant \theta < 2\pi, \quad -\infty < z < +\infty.$$

柱坐标系中的参数 r,θ 和 z 与直角坐标系中的 x,y 和 z 的关系为

$$x = r\cos\theta, \quad y = r\sin\theta, \quad z = z.$$

于是

$$\det \frac{\partial(x,y,z)}{\partial(r,\theta,z)} = \begin{vmatrix} \cos\theta & -r\sin\theta & 0 \\ \sin\theta & r\cos\theta & 0 \\ 0 & 0 & 1 \end{vmatrix} = r. \quad (12.4.9)$$

根据三重积分变量代换公式（12.4.6）得到从直角坐标到柱坐标的积分换元公式

$$\iiint\limits_{\Omega} f(x,y,z)\,\mathrm{d}x\mathrm{d}y\mathrm{d}z = \iiint\limits_{\Omega^*} f(r\cos\theta,r\sin\theta,z)r\mathrm{d}r\mathrm{d}\theta\mathrm{d}z,$$

$$(12.4.10)$$

Ω^* 是积分区域 Ω 在柱坐标系中的表示．

例 12.4.7　现有一个底面半径为 R，高为 H 的圆柱体，在其上方拼加一个半径等于底半径的半球体后，得到一个新的空间图形 Ω（见图 12.21）．若新图形的质量分布均匀，且其质心恰好落

在半球的球心,试确定 R 与 H 的
关系.

解 由于物体的质心与坐标
系的选取无关,我们可以取半球的
球心为坐标原点,且使半球的底面
落在坐标面 xOy 上,则半球可以
表示为

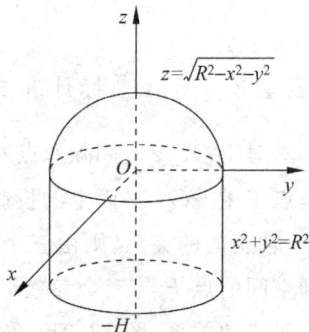

图 12.21

$$\begin{cases} 0 \leqslant z \leqslant \sqrt{R^2 - x^2 - y^2}, \\ x^2 + y^2 \leqslant R^2. \end{cases}$$

圆柱体可以表示为

$$\begin{cases} x^2 + y^2 \leqslant R^2, \\ -H \leqslant z \leqslant 0. \end{cases}$$

若记图形的质心位置为 $(\bar{x}, \bar{y}, \bar{z})$,则按题意,有

$$\bar{x} = 0, \quad \bar{y} = 0, \quad \bar{z} = 0,$$

所以图形关于坐标面 xOy 的静力矩为零,即

$$0 = \iiint\limits_{\Omega} z \, dV.$$

在柱坐标系中,图形 Ω 的联立不等式是

$$\begin{cases} -H \leqslant z \leqslant \sqrt{R^2 - r^2}, \\ 0 \leqslant r \leqslant R, \\ 0 \leqslant \theta \leqslant 2\pi, \end{cases}$$

因此利用柱坐标计算上述积分得

$$0 = \iiint\limits_{\Omega} z \, dV = \int_0^{2\pi} d\theta \int_0^R dr \int_{-H}^{\sqrt{R^2 - r^2}} rz \, dz$$

$$= \pi \left(\frac{R^4}{4} - \frac{H^2}{2} R^2 \right),$$

所以 $R=\sqrt{2}H$，这就是 R 与 H 之间的关系.

例 12.4.8 设 Ω：$\begin{cases} x^2+y^2\leqslant a^2, \\ 0\leqslant z\leqslant H \end{cases}$，是一个质量为 M 的均匀柱

体(见图 12.22)，在点 $(0,0,b)(b>H)$ 处有一个质量为 m 的质点 P，试求柱体 Ω 对质点 P 的引力.

解 记所求的力为 $\mathbf{F}=(F_x,F_y,$ $F_z)$，则由对称性知

$$F_x=0, \quad F_y=0.$$

下面求 F_z 的值. 在柱坐标系中，记 $\mathrm{d}V$ 是点 (r,θ,z) 处的体积微元，则其质量 为 $\dfrac{M}{\pi a^2 H}\mathrm{d}V$，其中 $\dfrac{M}{\pi a^2 H}$ 是柱体的质量 密度. 由于此体积微元到质点 P 的距 离是 $\sqrt{r^2+(z-b)^2}$，所以它对质点 P 的

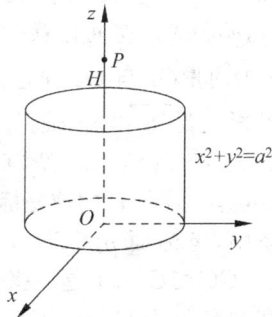

图 12.22

引力为 $\dfrac{Mm}{\pi a^2 H}\mathrm{d}V\dfrac{G}{r^2+(z-b)^2}$，其中 G 是引力常数. 此力在 z 轴正 向上的分量等于

$$\frac{Mm}{\pi a^2 H}\mathrm{d}V\frac{G}{r^2+(z-b)^2}\frac{z-b}{\sqrt{r^2+(z-b)^2}},$$

因此整个柱体对于质点 P 的引力在 z 轴正向上的分量为

$$F_z=\frac{MmG}{\pi a^2 H}\int_0^{2\pi}\mathrm{d}\theta\int_0^a r\mathrm{d}r\int_0^H\frac{1}{r^2+(z-b)^2}\frac{z-b}{\sqrt{r^2+(z-b)^2}}\mathrm{d}z$$

$$=\frac{2MmG}{a^2 H}(\sqrt{a^2+b^2}-\sqrt{a^2+(H-b)^2}-H),$$

所以柱体 Ω 对质点 P 的引力是

$$\mathbf{F}=\left(0,0,\frac{2MmG}{a^2 H}(\sqrt{a^2+b^2}-\sqrt{a^2+(H-b)^2}-H)\right).$$

12.4.4 用球坐标计算三重积分

设 P 是 $\mathbb{R}^3$ 中的一个点,在直角坐标系中可以用一组有序的三个数 (x, y, z) 表示点 P,其中 x, y, z 分别是点 P 在坐标轴 Ox, Oy 和 Oz 上的垂足所代表的实数;也可以用另一组有序实数组 (ρ, φ, θ) 表示空间任意一点 P,其中 ρ 为 P 与原点 O 之间的距离,φ 为向量 $\overrightarrow{OP}$ 与 Oz 轴正向的夹角,θ 为向量 $\overrightarrow{OP}$ 在 xOy 平面上的投影向量 $\overrightarrow{OP_1}$ 与 x 轴正向之间的夹角(图 12.23).有序数组 (ρ, φ, θ) $(\rho \geqslant 0, 0 \leqslant \varphi \leqslant \pi, 0 \leqslant \theta < 2\pi)$ 与空间中的点之间是一一对应的,称 (ρ, φ, θ) 为点 P 的**球坐标**,相应的坐标系称为**球坐标系**. 在球坐标系中,坐标面 $\rho = C > 0$ 是一张球心在原点,半径为 C 的球面;$\varphi = C (0 \leqslant C \leqslant \pi)$ 是一张锥面,其顶点在原点,母线与 z 轴正向之间的夹角为 C;$\theta = C (0 \leqslant C < 2\pi)$ 是一张以 z 轴为边的半平面(图 12.24).

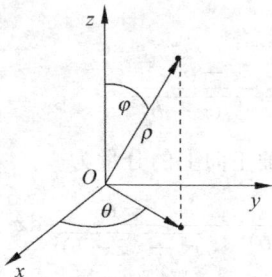

图 12.23

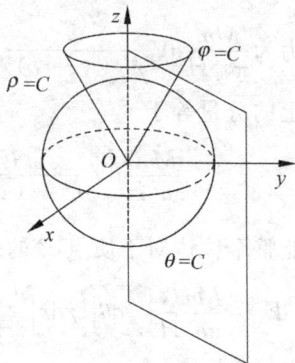

图 12.24

ρ, φ, θ 与 x, y, z 的关系是

$$\begin{cases} x = \rho \sin\varphi \cos\theta, \\ y = \rho \sin\varphi \sin\theta, \\ z = \rho \cos\varphi. \end{cases} \qquad (12.4.11)$$

简单计算得到

$$\det \frac{\partial(x,y,z)}{\partial(\rho,\varphi,\theta)} = \begin{vmatrix} \sin\varphi\cos\theta & \rho\cos\varphi\cos\theta & -\rho\sin\varphi\sin\theta \\ \sin\varphi\sin\theta & \rho\cos\varphi\sin\theta & \rho\sin\varphi\cos\theta \\ \cos\varphi & -\rho\sin\varphi & 0 \end{vmatrix} = \rho^2\sin\varphi.$$

$$(12.4.12)$$

于是由(12.4.6)式得到直角坐标系到球坐标系的积分变量代换公式

$$\iiint_\Omega f(x,y,z)\mathrm{d}x\mathrm{d}y\mathrm{d}z$$

$$= \iiint_{\Omega^*} f(\rho\sin\varphi\cos\theta, \rho\sin\varphi\sin\theta, \rho\cos\varphi)\rho^2\sin\varphi\mathrm{d}\rho\mathrm{d}\varphi\mathrm{d}\theta, \quad (12.4.13)$$

Ω^* 是积分区域 Ω 在球坐标系中的表示.

如果积分区域 Ω 在球坐标系中可以用下列不等式组表示:

$$\begin{cases} \rho_1(\varphi,\theta) \leqslant \rho \leqslant \rho_2(\varphi,\theta), \\ \varphi_1(\theta) \leqslant \varphi \leqslant \varphi_2(\theta), \\ \alpha \leqslant \theta \leqslant \beta, \end{cases}$$

则可以将积分 $\iiint_\Omega f(x,y,z)\mathrm{d}x\mathrm{d}y\mathrm{d}z$ 化为累次积分

$$\int_\alpha^\beta \mathrm{d}\theta \int_{\varphi_1(\theta)}^{\varphi_2(\theta)} \mathrm{d}\varphi \int_{\rho_1(\varphi,\theta)}^{\rho_2(\varphi,\theta)} f(\rho\sin\varphi\cos\theta, \rho\sin\varphi\sin\theta, \rho\cos\varphi)\rho^2\sin\varphi\mathrm{d}\rho\mathrm{d}\varphi\mathrm{d}\theta.$$

$$(12.4.14)$$

例 12.4.9 设球体 $x^2+y^2+z^2 \leqslant 2az(a>0)$ 中每点的质量密度与该点到坐标原点的距离的平方成反比,试求该球体的质量及质心(见图 12.25).

解 记点 (x,y,z) 处的质量密度为 $\mu(x,y,z)$,则 $\mu(x,y,z) = \dfrac{k}{x^2+y^2+z^2}$,其中 k 是比例常数. 在球坐标系下,球体 $x^2+y^2+z^2 \leqslant 2az(a>0)$ 可以用下列不等式界定:

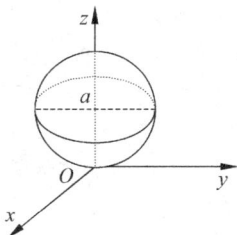

图 12.25

$$\begin{cases} 0 \leqslant \rho \leqslant 2a\cos\varphi, \\ 0 \leqslant \theta \leqslant 2\pi, \\ 0 \leqslant \varphi \leqslant \dfrac{\pi}{2}, \end{cases}$$

所以球体的质量为

$$M = \iiint\limits_{\Omega} \mu(x,y,z)\,\mathrm{d}V = \iiint\limits_{\Omega} \frac{k}{x^2+y^2+z^2}\,\mathrm{d}V.$$

化成球坐标系的三重积分,有

$$\iiint\limits_{\Omega} \frac{k}{x^2+y^2+z^2}\,\mathrm{d}V = \iiint\limits_{\Omega} \frac{k}{\rho^2} \cdot \rho^2 \sin\varphi\,\mathrm{d}\rho\,\mathrm{d}\varphi\,\mathrm{d}\theta.$$

再化为累次积分,有

$$M = \iiint\limits_{\Omega} \frac{k}{\rho^2} \cdot \rho^2 \sin\varphi\,\mathrm{d}\rho\,\mathrm{d}\varphi\,\mathrm{d}\theta$$

$$= \int_0^{2\pi} \mathrm{d}\theta \int_0^{\frac{\pi}{2}} \mathrm{d}\varphi \int_0^{2a\cos\varphi} k\sin\varphi\,\mathrm{d}\rho$$

$$= 4\pi ka \int_0^{\frac{\pi}{2}} \sin\varphi\cos\varphi\,\mathrm{d}\varphi = 2\pi ka.$$

记球体的质心为 $(\bar{x},\bar{y},\bar{z})$,则由球体的对称性知

$$\bar{x} = 0, \quad \bar{y} = 0.$$

另一方面,由于球体关于 xOy 坐标面的静力矩为

$$M_{xOy} = \iiint\limits_{\Omega} z\mu(x,y,z)\,\mathrm{d}V$$

$$= \int_0^{2\pi} \mathrm{d}\theta \int_0^{\frac{\pi}{2}} \mathrm{d}\varphi \int_0^{2a\cos\varphi} k\rho\cos\varphi\sin\varphi\,\mathrm{d}\rho$$

$$= 4\pi ka^2 \int_0^{\frac{\pi}{2}} \sin\varphi\cos^3\varphi\,\mathrm{d}\varphi = \pi ka^2,$$

所以

$$\bar{z} = \frac{M_{xOy}}{M} = \frac{\pi ka^2}{2\pi ka} = \frac{a}{2}.$$

故球体的质心为 $\left(0,0,\dfrac{a}{2}\right)$.

例 12.4.10 设空间区域 Ω 由曲面 S：$(x^2+y^2+z^2)^2=a^3z$ 围成，试求 Ω 的体积 V.

解 在球坐标系中 Ω 的边界 S 的方程为 $\rho=a(\cos\varphi)^{\frac{1}{3}}$. 于是 Ω 可以表示成联立不等式

$$\begin{cases} 0\leqslant\rho\leqslant a(\cos\varphi)^{\frac{1}{3}}, \\[2mm] 0\leqslant\varphi\leqslant\dfrac{\pi}{2}, \\[2mm] 0\leqslant\theta\leqslant2\pi. \end{cases}$$

所以 Ω 的体积为

$$V=\iiint\limits_{\Omega}\mathrm{d}V=\int_0^{2\pi}\mathrm{d}\theta\int_0^{\frac{\pi}{2}}\mathrm{d}\varphi\int_0^{a(\cos\varphi)^{\frac{1}{3}}}\rho^2\sin\varphi\mathrm{d}\rho$$

$$=\frac{1}{3}\int_0^{2\pi}\mathrm{d}\theta\int_0^{\frac{\pi}{2}}a^3\cos\varphi\sin\varphi\mathrm{d}\varphi=\frac{\pi a^3}{3}.$$

例 12.4.11 计算三重积分 $\iiint\limits_{\Omega}\sin(x^2+y^2+z^2)^{\frac{3}{2}}\mathrm{d}x\mathrm{d}y\mathrm{d}z$，其中 Ω 是由锥面 $z=\sqrt{3(x^2+y^2)}$ 和球面 $z=\sqrt{a^2-x^2-y^2}$ $(a>0)$ 所围成的区域.

解 积分区域在球坐标系中表示为

$$\Omega=\left\{0\leqslant\theta<2\pi,0\leqslant\varphi\leqslant\frac{\pi}{6},0\leqslant\rho\leqslant a\right\}.$$

因此

$$\iiint\limits_{\Omega}\sin(x^2+y^2+z^2)^{\frac{3}{2}}\mathrm{d}x\mathrm{d}y\mathrm{d}z$$

$$=\int_0^{2\pi}\mathrm{d}\theta\int_0^{\frac{\pi}{6}}\mathrm{d}\varphi\int_0^a\sin\rho^3\cdot\rho^2\sin\varphi\mathrm{d}\rho$$

$$=2\pi\int_0^{\frac{\pi}{6}}\sin\varphi\mathrm{d}\varphi\int_0^a\rho^2\sin\rho^3\mathrm{d}\rho=\frac{2\pi}{3}(1-\cos a^3)\left(1-\frac{\sqrt{3}}{2}\right).$$

习 题 12.4

1. 求 $I = \int_0^1 dx \int_0^x dy \int_0^y \dfrac{\sin z}{(1-z)^2} dz$ 的值.

2. 用直角坐标计算三重积分 $\iiint\limits_{\Omega} z dx dy dz$,其中 Ω 由曲面 $x^2 + y^2 - 2z^2 = 1$,平面 $z = 1$ 及 $z = 2$ 围成.

3. 用柱面坐标计算三重积分 $\iiint\limits_{\Omega} \sqrt{y^2 + z^2} dx dy dz$,其中 Ω 为 $y^2 + z^2 \leqslant x^2$, $1 \leqslant x \leqslant 2$.

4. (1) 用球面坐标计算三重积分 $\iiint\limits_{\Omega} z dx dy dz$,其中 Ω 由曲面 $z = \sqrt{a^2 - x^2 - y^2}$ 及 $z = \sqrt{x^2 + y^2}$ 围成;

(2) 设 Ω 是由曲面 $z = \sqrt{x^2 + y^2}$ 与 $z = \sqrt{1 - x^2 - y^2}$ 围成的空间区域,求 $\iiint\limits_{\Omega} (x + z) dV$.

5. 设 Ω 是由曲线 $\begin{cases} x = 0, \\ y^2 = 2z \end{cases}$ 绕 z 轴旋转一周而成的曲面与平面 $z = 4$ 围成的空间区域,求 $\iiint\limits_{\Omega} (x^2 + y^2 + z) dV$.

6. 在直角坐标、柱坐标和球坐标系下将积分 $I = \iiint\limits_{\Omega} z^2 dV$ 化为累次积分,并选择其中一种坐标计算,其中 $\Omega = \{(x,y,z) \mid x^2 + y^2 + z^2 \leqslant R^2, x^2 + y^2 + (z - R)^2 \leqslant R^2\}$.

7. $\iiint\limits_{\Omega} |z - \sqrt{x^2 + y^2}| dx dy dz$,其中 Ω 由平面 $z = 0, z = 1$ 及曲面 $x^2 + y^2 = 2$ 围成.

8. 计算三重积分 $\iiint\limits_{\Omega} (3x^2 + 5y^2 + 7z^2) dV, \Omega: x^2 + y^2 + z^2 \leqslant R^2$.

9. 设 $F(t) = \iiint\limits_{\Omega} [z^2 + f(x^2 + y^2)] dx dy dz$,其中 $f(u)$ 连续,Ω 为 $0 \leqslant z \leqslant h, x^2 + y^2 \leqslant t^2$. 试求 $\dfrac{dF}{dt}\Big|_{t=0}$ 和 $\lim\limits_{t \to 0} \dfrac{1}{t^2} F(t)$.

10. 设 $f(x)$ 在 $[0,1]$ 上连续，证明：

$$\int_0^1 dx \int_x^1 dy \int_x^y f(x) f(y) f(z) dz = \frac{1}{6} \left(\int_0^1 f(x) dx \right)^3.$$

11. 求由 $(x^2 + y^2)^2 = 8x^3$ 围成的区域的面积.

12. 求由 $r \leqslant a(1 + \cos\theta)$ 与 $x^2 + y^2 \geqslant a^2$ 确定的平面图形的面积.

13. 求由抛物面 $z = x^2 + y^2$ 与球面 $z = \sqrt{6 - x^2 - y^2}$ 所围空间图形的体积.

14. 利用三重积分计算曲面所围成的空间区域的体积：

(1) $1 \leqslant x^2 + y^2 \leqslant 2x, 0 \leqslant z \leqslant xy$；

(2) $x^2 + y^2 + z^2 = a^2, x^2 + y^2 + z^2 = b^2, x^2 + y^2 = z^2, z \geqslant 0, 0 < a < b$.

15. 求由平面 $a_1 x + b_1 y + c_1 z = \pm h_1, a_2 x + b_2 y + c_2 z = \pm h_2, a_3 x + b_3 y + c_3 z = \pm h_3$ 所围成平行六面体的体积.

16. 设 $D = \{(x, y) \mid 4 \leqslant x^2 + y^2 \leqslant 9\}$ 是一平面圆环，每点的质量密度为 $\mu(x, y) = 1 + x^2 + y^2$，试求：

(1) D 在第一象限部分的重心；

(2) D 关于 y 轴的转动惯量.

17. 设球 $x^2 + y^2 + z^2 \leqslant 2az$ 中各点的密度为 $\rho = \dfrac{1}{\sqrt{x^2 + y^2 + z^2}}$，求球的质量与质心.

18. 设 Ω 由 $z = x^2 + y^2$ 及 $z = 2x$ 围成，密度 $\rho = y^2$，求它对 z 轴的转动惯量.

19. 试证曲面 $z = x^2 + y^2 + a(a > 0)$ 上任意点处的切平面与曲面 $z = x^2 + y^2$ 所围成的空间区域的体积是一常数.

12.5　第一型曲线积分

首先分析一个求曲线质量问题，由此问题可以容易地导出曲线积分的概念.

设空间曲线 L 上处处分布有质量，在曲线上每点 (x, y, z) 的质量密度为 $\mu(x, y, z)$，那么如何计算该曲线的质量？如图 12.26，

在曲线上插入若干节点

$$A = M_0(x_0, y_0, z_0), M_1(x_1, y_1, z_1), \cdots, M_n(x_n, y_n, z_n) = B,$$

其中 A, B 是曲线 L 的两个端点,这些点将曲线 L 分割成若干小段 ΔL_1, $\Delta L_2, \cdots, \Delta L_n$,用 $\Delta l_i (i = 1, 2, \cdots, n)$ 表示各个小段曲线的长度. 又在每小段曲线 ΔL_i 上任意取一点 $P_i(\xi_i, \eta_i, \varsigma_i)(i = 1, 2, \cdots, n)$,用 $\mu(P_i)$ 近似地作为 Δl_i 上的平均质量密度,则 ΔL_i 的质量就近似等于 $\mu(P_i)\Delta l_i$,于是整个曲线的质

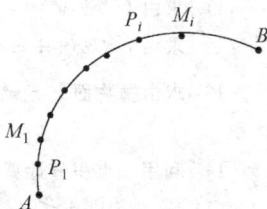

图 12.26

量就近似等于和式 $\sum\limits_{i=1}^{n} \mu(P_i)\Delta l_i$. 当 $\Delta L_1, \Delta L_2, \cdots, \Delta L_n$ 的最大长度趋向于零时,如果这个和式存在极限

$$\lim_{\max(\Delta l_i) \to 0} \sum_{i=1}^{n} \mu(P_i)\Delta l_i,$$

那么这个极限值就是曲线 L 的质量.

如果离开求质量这个具体背景,只注意其中的数学过程,就可以建立曲线积分的概念.

定义 12.5.1 设 L 是一条长度有限的曲线,$f(x, y, z)$ 是定义在 L 上的函数. 将 L 分成有限个小段 $\Delta L_1, \Delta L_2, \cdots, \Delta L_n$,用 Δl_i 表示 ΔL_i 的长度,在每一小段弧 ΔL_i 上任取一点 P_i,构造积分和 $\sum\limits_{i} f(P_i)\Delta l_i$. 用 λ 表示所有弧段的长度的最大值. 如果极限 $\lim\limits_{\lambda \to 0} \sum\limits_{i} f(P_i)\Delta l_i$ 存在,则称该极限值为函数 $f(x, y, z)$ 在曲线 L 上的**曲线积分**,记作 $\int_L f \mathrm{d}l$ 或 $\int_L f(x, y, z)\mathrm{d}l$.

如果曲线在每点 (x, y, z) 的质量密度为 $\mu(x, y, z)$,那么该曲线的质量就是密度函数 $\mu(x, y, z)$ 在曲线 L 上的曲线积分.

注 定义 12.5.1 中的曲线积分也称为关于曲线弧长的曲线

积分,或者第一型曲线积分.

下面我们列举(第一型)曲线积分的几条简单性质:

(1)(积分存在的充分条件)若曲线 $L: x = x(t), y = y(t)$, $z = z(t) (\alpha \leqslant t \leqslant \beta)$ 中的函数 $x(t), y(t), z(t)$ 有连续的导数,并且 $f(x, y, z)$ 在曲线 L 上是连续函数,则曲线积分 $\int_L f(x, y, z) \mathrm{d}l$ 存在.

注 (x, y, z) 仅在曲线 L 上变动时,$f(x, y, z)$ 就变成参数 t 的一元函数 $f(x(t), y(t), z(t))$. 如果这个一元函数在参数 t 的变化范围连续,就称 $f(x, y, z)$ 在曲线 L 上连续.

(2)(积分关于被积函数的线性性质)假设曲线积分 $\int_L f \mathrm{d}l$ 和 $\int_L g \mathrm{d}l$ 都存在,则对于任意常数 α, β,曲线积分 $\int_L (\alpha f + \beta g) \mathrm{d}l$ 也存在,并且

$$\int_L (\alpha f + \beta g) \mathrm{d}l = \alpha \int_L f \mathrm{d}l + \beta \int_L g \mathrm{d}l.$$

(3)(积分关于曲线的可加性)设曲线 L 由 k 条曲线 $L_1, L_2, \cdots L_k$ 连接而成,则

$$\int_L f \mathrm{d}l = \int_{L_1} f \mathrm{d}l + \int_{L_2} f \mathrm{d}l + \cdots + \int_{L_k} f \mathrm{d}l.$$

下面建立曲线积分的计算公式.

假设 f 是曲线 L 上的连续函数,而曲线 L 有参数方程

$$x = x(t), \quad y = y(t), \quad z = z(t), \quad \alpha \leqslant t \leqslant \beta,$$

其中三个函数 $x(t), y(t), z(t)$ 在区间 $[\alpha, \beta]$ 有连续导数. 分割区间 $[\alpha, \beta]$:

$$\alpha = t_0 < t_1 < \cdots < t_n = \beta,$$

这时曲线 L 就被分成若干小段弧 $\Delta L_1, \Delta L_2, \cdots, \Delta L_n$,其中每一小段曲线的长度为

$$\Delta l_i = \int_{t_{i-1}}^{t_i} \sqrt{[x'(t)]^2 + [y'(t)]^2 + [z'(t)]^2} \, \mathrm{d}t.$$

由积分中值定理可知,存在 $\tau_i \in [t_{i-1}, t_i]$,使得

$$\Delta l_i = \int_{t_{i-1}}^{t_i} \sqrt{[x'(t)]^2 + [y'(t)]^2 + [z'(t)]^2}\, dt$$

$$= \sqrt{[x'(\tau_i)]^2 + [y'(\tau_i)]^2 + [z'(\tau_i)]^2}\, \Delta t_i. \quad (12.5.1)$$

又在 ΔL_i 上取点 P_i，构造积分和

$$\sum_i f(P_i)\Delta l_i = \sum_i f(P_i)\sqrt{[x'(\tau_i)]^2 + [y'(\tau_i)]^2 + [z'(\tau_i)]^2}\,\Delta t_i. \quad (12.5.2)$$

由于 f 在 L 上连续，由曲线积分存在的充分条件(1)，$\int_L f\,dl$ 存在，所以，这里的 P_i 可以在 ΔL_i 上任取，于是可以令 $P_i = (x(\tau_i), y(\tau_i), z(\tau_i))$. 这样一来，积分和(12.5.2)就变成

$$\sum_i f(P_i)\Delta l_i = \sum_i f(P(x(\tau_i), y(\tau_i), z(\tau_i))) \cdot$$

$$\sqrt{[x'(\tau_i)]^2 + [y'(\tau_i)]^2 + [z'(\tau_i)]^2}\,\Delta t_i. \quad (12.5.3)$$

由于 $x(t), y(t), z(t)$ 在区间 $[\alpha,\beta]$ 连续，所以当 $\max\Delta t_i \to 0$ 时，有 $\max\Delta l_i \to 0$. 又因为曲线积分存在，所以当 $\max\Delta t_i \to 0$ 时，等式(12.5.3) 左端的和式 $\sum_i f(P_i)\Delta l_i$ 趋向于曲线积分 $\int_L f\,dl$.

另一方面，因为函数 $f(x(t),y(t),z(t))$ $\sqrt{[x'(t)]^2+[y'(t)]^2+[z'(t)]^2}$ 连续，所以当 $\max\Delta t_i \to 0$ 时，等式(12.5.3)右端的和式

$$\sum_i f(P_i)\sqrt{[x'(\tau_i)]^2 + [y'(\tau_i)]^2 + [z'(\tau_i)]^2}\,\Delta t_i$$

趋向于积分

$$\int_\alpha^\beta f(x(t),y(t),z(t))\sqrt{[x'(t)]^2+[y'(t)]^2+[z'(t)]^2}\,dt.$$

于是，在等式(12.5.3)两端取极限，就得到

$$\int_L f\,dl = \int_\alpha^\beta f(x(t),y(t),z(t))\sqrt{[x'(t)]^2+[y'(t)]^2+[z'(t)]^2}\,dt. \quad (12.5.4)$$

这就是曲线积分的计算公式.

在公式(12.5.4)中,$\mathrm{d}l = \sqrt{[x'(t)]^2 + [y'(t)]^2 + [z'(t)]^2}\,\mathrm{d}t$ 是 L 的弧长微元(或弧长元素).

例 12.5.1 在圆周 $L:x^2+y^2=-2y$ 上分布有质量,每一点的质量线密度等于 $\sqrt{x^2+y^2}$. 试求曲线的质量 M 和曲线关于 Ox 轴的静力矩 J.

解 曲线 L 的质量就是线密度函数 $\sqrt{x^2+y^2}$ 在曲线 L 上的曲线积分. 于是

$$M = \int_L \sqrt{x^2+y^2}\,\mathrm{d}l.$$

圆周 $x^2+y^2=-2y$ 的极坐标方程为 $r=-2\sin\theta$,因此如果以 θ 为参数,则 L 的参数方程为

$$x = -2\sin\theta\cos\theta,\quad y = -2\sin^2\theta,\quad \pi \leqslant \theta \leqslant 2\pi,$$

所以

$$\begin{aligned}
\mathrm{d}l &= \sqrt{[x'(\theta)]^2 + [y'(\theta)]^2}\,\mathrm{d}\theta \\
&= \sqrt{4(\cos^4\theta - 2\sin^2\theta\cos^2\theta + \sin^4\theta) + 16\sin^2\theta\cos^2\theta}\,\mathrm{d}\theta \\
&= 2\sqrt{(\cos^2\theta + \sin^2\theta)^2}\,\mathrm{d}\theta = 2\mathrm{d}\theta.
\end{aligned}$$

因此曲线的质量为

$$\begin{aligned}
M &= \int_L \sqrt{x^2+y^2}\,\mathrm{d}l = \int_\pi^{2\pi} \sqrt{-2y}\,\mathrm{d}l \\
&= \int_\pi^{2\pi} 2|\sin\theta|\,2\mathrm{d}\theta = 8.
\end{aligned}$$

又在曲线 L 上的点 (x,y) 处取弧长微元 $\mathrm{d}l$,其质量等于 $\mathrm{d}m = \sqrt{x^2+y^2}\,\mathrm{d}l$,对于 Ox 轴的静力矩为

$$\mathrm{d}J = |y|\sqrt{x^2+y^2}\,\mathrm{d}l = 2\sin^2\theta(-2\sin\theta)2\mathrm{d}\theta = -8\sin^3\theta\mathrm{d}\theta.$$

整个曲线对于 Ox 轴的静力矩就是函数 $|y|\sqrt{x^2+y^2}$ 的曲线积分,即

$$J = \int_L \mathrm{d}J = \int_L |y| \sqrt{x^2 + y^2}\, \mathrm{d}l = -\int_\pi^{2\pi} 8\sin^3\theta\, \mathrm{d}\theta = \frac{32}{3}.$$

例 12.5.2 设 L 是以点 $A(1,1), B(-1,1)$ 和 $C(1,-1)$ 为顶点的三角形的周边(图 12.27),计算曲线积分 $\int_L (x^2 - y^2)\mathrm{d}l$.

解 L 由三条直线段 $L_1 = \overline{AB}, L_2 = \overline{BC}$ 和 $L_3 = \overline{CA}$ 组成,由于它们的参数方程不同,所以要分别进行积分.

对于 L_1,取 x 为参数$(-1 \leqslant x \leqslant 1)$,由于 $y \equiv 1, \mathrm{d}l = \mathrm{d}x$,所以

$$\int_{L_1} (x^2 - y^2)\mathrm{d}l = \int_{-1}^1 (x^2 - 1)\mathrm{d}x$$

$$= -\frac{4}{3}.$$

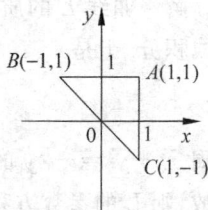

L_2 的方程为 $y = -x(-1 \leqslant x \leqslant 1)$,
$\mathrm{d}l = \sqrt{2}\,\mathrm{d}x$,所以

图 12.27

$$\int_{L_2} (x^2 - y^2)\mathrm{d}l = \sqrt{2}\int_{-1}^1 (x^2 - x^2)\mathrm{d}x = 0.$$

对于 L_3,取 y 为参数$(-1 \leqslant y \leqslant 1)$,由于 $x \equiv 1, \mathrm{d}l = \mathrm{d}y$,所以

$$\int_{L_3} (x^2 - y^2)\mathrm{d}l = \int_{-1}^1 (1 - y^2)\mathrm{d}y = \frac{4}{3}.$$

因此

$$\int_L (x^2 - y^2)\mathrm{d}l = \int_{L_1} (x^2 - y^2)\mathrm{d}l + \int_{L_2} (x^2 - y^2)\mathrm{d}l$$

$$+ \int_{L_3} (x^2 - y^2)\mathrm{d}l = 0.$$

习 题 12.5

1. 求 $\int_L (x + y)\mathrm{d}l$,其中 L 为以 $O(0,0), A(1,0)$ 和 $B(0,1)$ 为顶点的三角形的边界.

2. 计算 $\int_L |y| \, \mathrm{d}l$,其中 L 为圆心在坐标原点的右半单位圆周.

3. 求 $\int_L y^2 \mathrm{d}l$,其中 L 为摆线 $x = a(t - \sin t), y = a(1 - \cos t)(0 \leqslant t \leqslant 2\pi,$ $a > 0)$ 的一拱.

4. 计算 $\int_L \sqrt{x^2 + y^2} \, \mathrm{d}l$,其中 L 为圆周 $x^2 + y^2 = ax$.

5. 设 L 为椭圆 $\dfrac{x^2}{4} + \dfrac{y^2}{3} = 1$,周长为 a,求 $\oint_L (2xy + 3x^2 + 4y^2) \mathrm{d}l$.

6. 设曲线为 $\begin{cases} x = \mathrm{e}^{-t} \cos t, \\ y = \mathrm{e}^{-t} \sin t, \quad 0 < t < +\infty, \\ z = \mathrm{e}^{-t}, \end{cases}$,求曲线的弧长.

7. 计算 $\int_L (x^2 + y^2 + z^2) \mathrm{d}l$,其中 L 为螺旋线 $x = a \cos t, y = a \sin t, z = bt(0 \leqslant t \leqslant 2\pi)$ 的一段.

12.6 曲面面积和曲面积分

12.6.1 曲面面积的求法

1. 斜面的面积

假设 A 是空间的一个平行四边形,在 xOy 上的投影是一个两边分别平行于两个坐标轴的平行四边形 D. 现在研究如何求 A 的面积.

不失一般性,假设 A 的一个顶点是 $M(\Delta x, \Delta y, 0)$,与 $M(\Delta x, \Delta y, 0)$ 相对的另一个顶点在 Oz 轴上,另一组相对的两个顶点 P 和 Q 分别位于 yOz 和 zOx 平面上(见图 12.28). A 的单位法向量为

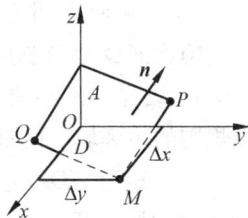

图 12.28

$$\boldsymbol{n} = (\cos\alpha, \cos\beta, \cos\gamma).$$

此时斜面 A 的方程为

$$\cos\alpha(x - \Delta x) + \cos\beta(y - \Delta y) + \cos\gamma z = 0. \quad (12.6.1)$$

由点 M 的坐标和斜面 A 的方程(12.6.1)可以求出

$$P = \left(0, \Delta y, \frac{\cos\alpha}{\cos\gamma}\Delta x\right), \quad Q = \left(\Delta x, 0, \frac{\cos\beta}{\cos\gamma}\Delta y\right),$$

以及

$$\overrightarrow{MP} = \left(-\Delta x, 0, \frac{\cos\alpha}{\cos\gamma}\Delta x\right), \quad \overrightarrow{MQ} = \left(0, -\Delta y, \frac{\cos\beta}{\cos\gamma}\Delta y\right).$$

于是 A 的面积为

$$\Delta S = |\overrightarrow{MP} \times \overrightarrow{MQ}|$$

$$= \left|\left(-\Delta x, 0, \frac{\cos\alpha}{\cos\gamma}\Delta x\right) \times \left(0, -\Delta y, \frac{\cos\beta}{\cos\gamma}\Delta y\right)\right|$$

$$= \left|\left(\frac{\cos\alpha}{\cos\gamma}, \frac{\cos\beta}{\cos\gamma}, 1\right)\right| \Delta x \Delta y = \frac{\Delta x \Delta y}{\cos\gamma}. \quad (12.6.2)$$

这就是空间斜平行四边形的面积计算公式.

2. 曲面 $z = z(x, y)$ 的面积的计算公式

假设曲面 S 的方程为

$$z = z(x, y), \quad (x, y) \in D, \quad (12.6.3)$$

其中 D 是 xOy 平面上的有界闭区域,函数 $z(x, y)$ 在区域 D 有连续的偏导数.下面研究 S 的面积的求法.

在 xOy 平面上用平行于坐标轴的直线网将区域 D 分割成若干个小区域,其中主要是一些小的矩形(忽略那些不规则的小区域),见图 12.29.任取其中一个小矩形 ΔD_{ij},它的面积等于 $\Delta x_i \Delta y_j$.同时,曲面 S 相对应地被分割成小片曲面 ΔS_{ij}.在 ΔD_{ij} 上任取一

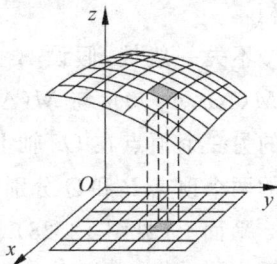

图 12.29

点 $P_{ij}(\xi_i,\eta_j)$，将 ΔS_{ij} 近似地看做斜平行四边形，它的单位法向量近似地看成是曲面 S 在点 $(\xi_i,\eta_j,z(\xi_i,\eta_j))$ 的单位法向量

$$\boldsymbol{n}_{ij}=\frac{(-z_x',-z_y',1)}{\sqrt{1+(z_x')^2+(z_y')^2}}\bigg|_{(\xi_i,\eta_j)}.$$

$\boldsymbol{n}_{ij}$ 与 Oz 轴的夹角余弦为

$$\cos\gamma_{ij}=\frac{1}{\sqrt{1+(z_x')^2+(z_y')^2}}\bigg|_{(\xi_i,\eta_j)},$$

于是小片曲面 ΔS_{ij} 的面积近似地等于

$$\frac{\Delta x\Delta y}{\cos\gamma_{ij}}=\sqrt{1+(z_x')^2+(z_y')^2}\,\bigg|_{(\xi_i,\eta_j)}\Delta x_i\Delta y_j.$$

将各个小片曲面的面积近似值相加，得到曲面 S 的面积近似值

$$S\approx\sum_{i,j}\sqrt{1+(z_x')^2+(z_y')^2}\,\bigg|_{(\xi_i,\eta_j)}\Delta x_i\Delta y_j.\quad(12.6.4)$$

所以当 Δx_i 与 Δy_i 中的最大者 $\lambda\to0$ 时，面积近似值如果存在极限，这个极限值就是曲面 S 的面积.

另一方面，因为二元函数 $\sqrt{1+(z_x')^2+(z_y')^2}$ 在有界闭区域 D 上连续，所以当 $\lambda\to0$ 时，和式（12.6.4）的极限是函数 $\sqrt{1+(z_x')^2+(z_y')^2}$ 的区域 D 上的二重积分 $\iint\limits_{D}\sqrt{1+(z_x')^2+(z_y')^2}\,\mathrm{d}x\mathrm{d}y$. 于是得到曲面 S 的面积计算公式

$$S=\iint\limits_{D}\sqrt{1+(z_x')^2+(z_y')^2}\,\mathrm{d}x\mathrm{d}y,\quad(12.6.5)$$

其中

$$\mathrm{d}S=\sqrt{1+(z_x')^2+(z_y')^2}\,\mathrm{d}x\mathrm{d}y\quad(12.6.6)$$

称为曲面 S 的面积元素或面积微元.

例 12.6.1 计算双曲面 $z=xy$ 被包围在柱面 $x^2+y^2=a^2$ 内部分的面积.

解 由（12.6.6）式得到

$$\mathrm{d}S = \sqrt{1+(z'_x)^2+(z'_y)^2}\,\mathrm{d}x\mathrm{d}y = \sqrt{1+x^2+y^2}\,\mathrm{d}x\mathrm{d}y,$$

根据(12.6.5)式得到

$$S = \iint\limits_{D} \sqrt{1+(z'_x)^2+(z'_y)^2}\,\mathrm{d}x\mathrm{d}y = \iint\limits_{x^2+y^2\leqslant a^2} \sqrt{1+x^2+y^2}\,\mathrm{d}x\mathrm{d}y$$

$$= \iint\limits_{r^2\leqslant a^2} \sqrt{1+r^2}\,r\mathrm{d}r\mathrm{d}\theta = \int_0^{2\pi}\mathrm{d}\theta\int_0^a r\sqrt{1+r^2}\,\mathrm{d}r$$

$$= \frac{2\pi}{3}\big[(a^2+1)^{\frac{3}{2}}-1\big].$$

例 12.6.2　计算球面 $x^2+y^2+z^2 = a^2$ 含在 $x^2+y^2 = ax\,(a>0)$ 内部分的面积.

解　所讨论的曲面 S 被 xOy 平面分成上下两个部分 S_1 和 S_2，S_1 和 S_2 的面积相等(见图 12.30).

S_1 的方程为

$$z = \sqrt{a^2-x^2-y^2}\,,\quad x^2+y^2\leqslant ax,$$

所以，S_1 的面积为

$$S_1 = \iint\limits_{D} \sqrt{1+(z'_x)^2+(z'_y)^2}\,\mathrm{d}x\mathrm{d}y$$

$$= \iint\limits_{x^2+y^2\leqslant ax} \frac{a}{\sqrt{a^2-x^2-y^2}}\mathrm{d}x\mathrm{d}y$$

$$= a\int_{-\frac{\pi}{2}}^{\frac{\pi}{2}}\mathrm{d}\theta\int_0^{a\cos\theta} \frac{r}{\sqrt{a^2-r^2}}\mathrm{d}r = a^2(\pi-2).$$

于是所求的面积 $S = 2S_1 = 2a^2(\pi-2)$.

图　12.30

3. 参数方程下曲面面积的计算公式

假设曲面 S 的方程为

$$x = x(u,v),\quad y = y(u,v),\quad z = z(u,v),\quad (u,v)\in D,$$

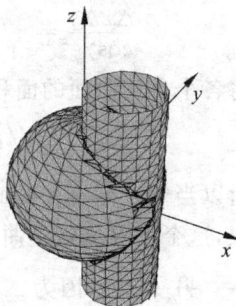

$$(12.6.7)$$

其中 D 是 $uO'v$ 平面上的有界闭区域,函数 $x(u,v),y(u,v),z(u,v)$ 有连续有偏导数,则 S 的面积元素为

$$dS = \sqrt{A^2 + B^2 + C^2}\, du dv, \qquad (12.6.8)$$

S 的面积为

$$S = \iint\limits_D dS = \iint\limits_D \sqrt{A^2 + B^2 + C^2}\, du dv, \qquad (12.6.9)$$

其中

$$A = \det \begin{bmatrix} \dfrac{\partial y}{\partial u} & \dfrac{\partial y}{\partial v} \\[2mm] \dfrac{\partial z}{\partial u} & \dfrac{\partial z}{\partial v} \end{bmatrix}, \quad B = \det \begin{bmatrix} \dfrac{\partial z}{\partial u} & \dfrac{\partial z}{\partial v} \\[2mm] \dfrac{\partial x}{\partial u} & \dfrac{\partial x}{\partial v} \end{bmatrix},$$

$$C = \det \begin{bmatrix} \dfrac{\partial x}{\partial u} & \dfrac{\partial x}{\partial v} \\[2mm] \dfrac{\partial y}{\partial u} & \dfrac{\partial y}{\partial v} \end{bmatrix}.$$

例 12.6.3 计算球面 S:$x^2 + y^2 + z^2 = a^2$ 的面积(图 12.31).

解 由球坐标得 S 的参数方程为

$$x = a\sin\varphi\cos\theta, \quad y = a\sin\varphi\sin\theta, \quad z = a\cos\varphi,$$
$$0 \leqslant \varphi \leqslant \pi, 0 \leqslant \theta \leqslant 2\pi,$$

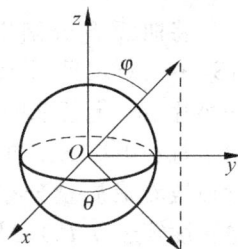

图 12.31

$$A = \det \begin{bmatrix} \dfrac{\partial y}{\partial \varphi} & \dfrac{\partial y}{\partial \theta} \\[2mm] \dfrac{\partial z}{\partial \varphi} & \dfrac{\partial z}{\partial \theta} \end{bmatrix} = a^2 \sin^2\varphi\cos\theta,$$

$$B = \det \begin{bmatrix} \dfrac{\partial z}{\partial \varphi} & \dfrac{\partial z}{\partial \theta} \\[2mm] \dfrac{\partial x}{\partial \varphi} & \dfrac{\partial x}{\partial \theta} \end{bmatrix} = a^2 \sin^2\varphi\sin\theta,$$

$$C = \det \begin{bmatrix} \dfrac{\partial x}{\partial \varphi} & \dfrac{\partial x}{\partial \theta} \\[2mm] \dfrac{\partial y}{\partial \varphi} & \dfrac{\partial y}{\partial \theta} \end{bmatrix} = a^2 \sin\varphi\cos\varphi,$$

$$\mathrm{d}S = \sqrt{A^2 + B^2 + C^2}\,\mathrm{d}u\mathrm{d}v = a^2\sin\varphi\mathrm{d}\varphi\mathrm{d}\theta.$$

于是球面面积为

$$S = \iint\limits_{\substack{0\leqslant\varphi\leqslant\pi \\ 0\leqslant\theta\leqslant2\pi}} a^2\sin\varphi\mathrm{d}\varphi\mathrm{d}\theta = \int_0^{2\pi}\mathrm{d}\theta\int_0^{\pi}a^2\sin\varphi\mathrm{d}\varphi = 4\pi a^2.$$

12.6.2 曲面积分

在建立曲面积分概念之前,先讨论求曲面质量的问题.

设 S 是空间一张曲面,在 S 上分布着某种物质,在曲面上任意一点 $P(x,y,z)$ 处的质量面密度为 $\mu(x,y,z)$. 如何求 S 的质量?

将曲面 S 分割成若干小片 ΔS_1, $\Delta S_2, \cdots, \Delta S_n$(见图 12.32),并且在每一小片 ΔS_i 上任取一点 $P_i(\xi_i, \eta_i, \varsigma_i)$. 由于每一小片 ΔS_i 的直径很小,将 ΔS_i 近似地看成质量分布均匀的曲面,质量密度等于 $\mu(P_i)$,ΔS_i 的面积仍用 ΔS_i 表示. 于是 ΔS_i 的质量近似表示为

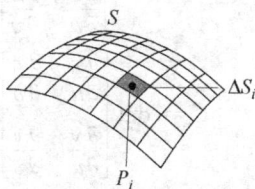

$$\Delta m_i \approx \mu(P_i)\Delta S_i.$$

将各个曲面小片的质量近似值求和,就得到曲面 S 质量的近似值

$$m \approx \sum_{i=1}^{n}\mu(P_i)\Delta S_i.$$

当曲面 S 的分割越来越细时,即所有 ΔS_i 的直径的最大值 λ 趋向于零时,如果这个和式存在极限

$$\lim_{\lambda\to0}\sum_{i=1}^{n}\mu(P_i)\Delta S_i,$$

那么曲面 S 的质量就等于这个极限.

注 空间任意集合 A 的直径定义为 $\lambda(A) = \sup\limits_{M_1,M_2\in A}\|\overrightarrow{M_1M_2}\|$.

将上述求曲面质量的过程加以抽象,就得到曲面积分的概念.

定义 12.6.1 设 S 是 $\mathbb{R}^3$ 中的一张曲面,函数 $f(x,y,z)$ 在 S 上有定义.将 S 任意分成若干小片 $\Delta S_1, \Delta S_2, \cdots, \Delta S_n$, ΔS_i 的面积仍用 ΔS_i 表示.在每一小块 ΔS_i 上任取一点 $P_i(x_i, y_i, z_i)$ ($i = 1, 2, \cdots, n$),又用 λ 表示所有 ΔS_i 的直径的最大值.若极限

$$\lim_{\lambda \to 0} \sum_{i=1}^{n} f(x_i, y_i, z_i) \Delta S_i$$

存在,则称这个极限值为函数 $f(x,y,z)$ 在曲面 S 上的**曲面积分**,记作 $\iint\limits_S f(x,y,z) \mathrm{d}S$,即

$$\iint\limits_S f(x,y,z) \mathrm{d}S = \lim_{\lambda \to 0} \sum_{i=1}^{n} f(x_i, y_i, z_i) \Delta S_i.$$

注 上述曲面积分也称为函数 $f(x,y,z)$ 在 S 上的**第一型曲面积分**.

下面推导曲面积分的计算公式.

(1) 设曲面 S 的方程为 $z = z(x,y)$ ($(x,y) \in D$),其中 D 为平面上的一个有界区域,函数 $z(x,y)$ 有连续的偏导数,$f(x,y,z)$ 是定义在 S 上的连续函数.

将区域 D 分割为若干小区域 ΔD_i ($i = 1, 2, \cdots, n$),与此同时,曲面 S 相应地被分割成若干小片曲面 ΔS_i ($i = 1, 2, \cdots, n$).在每一块小曲面 ΔS_i 上任取一点 P_i,构造积分和

$$\sum_{i=1}^{n} f(P_i) \Delta S_i. \tag{12.6.10}$$

根据曲面面积计算公式,有

$$\Delta S_i = \iint\limits_{\Delta D_i} \sqrt{1 + \left(\frac{\partial z}{\partial x}\right)^2 + \left(\frac{\partial z}{\partial y}\right)^2} \, \mathrm{d}x \mathrm{d}y.$$

由于被积函数 $\sqrt{1 + \left(\frac{\partial z}{\partial x}\right)^2 + \left(\frac{\partial z}{\partial y}\right)^2}$ 连续,所以由积分中值定理推出存在 $(x_i, y_j) \in \Delta D_i$,使得(其中 $\Delta \sigma_i$ 为 ΔD_i 的面积)

$$\Delta S_i = \iint\limits_{\Delta D_i} \sqrt{1 + \left(\frac{\partial z}{\partial x}\right)^2 + \left(\frac{\partial z}{\partial y}\right)^2} \, \mathrm{d}x\mathrm{d}y$$

$$= \sqrt{1 + \left(\frac{\partial z(x_i, y_i)}{\partial x}\right)^2 + \left(\frac{\partial z(x_i, y_i)}{\partial y}\right)^2} \, \Delta\sigma_i.$$

于是得到

$$\sum_{i=1}^{n} f(P_i)\Delta S_i$$

$$= \sum_{i=1}^{n} f(P_i) \sqrt{1 + \left(\frac{\partial z(x_i, y_i)}{\partial x}\right)^2 + \left(\frac{\partial z(x_i, y_i)}{\partial y}\right)^2} \, \Delta\sigma_i.$$

$$(12.6.11)$$

由于曲面积分存在,所以不妨将点 P_i 取作 $P_i(x_i, y_j, z(x_i, y_i))$. 于是(12.6.11)式变为

$$\sum_{i=1}^{n} f(P_i)\Delta S_i$$

$$= \sum_{i=1}^{n} f(x_i, y_i, z(x_i, y_i))$$

$$\times \sqrt{1 + \left(\frac{\partial z(x_i, y_i)}{\partial x}\right)^2 + \left(\frac{\partial z(x_i, y_i)}{\partial y}\right)^2} \, \Delta\sigma_i. \quad (12.6.12)$$

由于函数 $z(x, y)$ 连续,当所有 ΔD_i 的直径的最大值趋向于零时,各 ΔS_i 的最大直径也趋向于零,于是(12.6.12)式左端的积分和趋向于曲面积分 $\iint\limits_{S} f(x, y, z)\mathrm{d}S$.

同时,(12.6.12)式右端恰好是函数

$$f(x, y, z(x, y)) \sqrt{1 + \left(\frac{\partial z(x, y)}{\partial x}\right)^2 + \left(\frac{\partial z(x, y)}{\partial y}\right)^2}$$

在区域 D 上的积分和. 由于这个函数在 D 上连续,所以当所有 ΔD_i 的直径的最大值趋向于零时,(12.6.12)式右端的积分和就趋向于积分

$$\iint\limits_{D} f(x, y, z(x, y)) \sqrt{1 + \left(\frac{\partial z(x, y)}{\partial x}\right)^2 + \left(\frac{\partial z(x, y)}{\partial y}\right)^2} \, \mathrm{d}x\mathrm{d}y,$$

于是得到

$$\iint\limits_{S} f(x,y,z)\mathrm{d}S$$

$$=\iint\limits_{D} f(x,y,z(x,y)) \sqrt{1+\left(\frac{\partial z(x,y)}{\partial x}\right)^2+\left(\frac{\partial z(x,y)}{\partial y}\right)^2}\,\mathrm{d}x\mathrm{d}y.$$

这就是曲面积分 $\iint\limits_{S} f(x,y,z)\mathrm{d}S$ 的计算公式.

(2) 如果假设曲面 S 的参数方程为

$$x=x(u,v), \quad y=y(u,v), \quad z=z(u,v), \quad (u,v)\in D,$$

其中函数 $x(u,v),y(u,v),z(u,v)$ 有连续的偏导数. 由类似的分析过程及(12.6.9)式可以推出计算公式

$$\iint\limits_{S} f\mathrm{d}S = \iint\limits_{D} f(x(u,v),y(u,v),z(u,v)) \sqrt{A^2+B^2+C^2}\,\mathrm{d}u\mathrm{d}v,$$

其中

$$A=\det\frac{\partial(y,z)}{\partial(u,v)}, \quad B=\det\frac{\partial(z,x)}{\partial(u,v)}, \quad C=\det\frac{\partial(x,y)}{\partial(u,v)}.$$

例 12.6.4 设曲面 S 是锥面 $z=\sqrt{x^2+y^2}$ 被柱面 $x^2+y^2=ax(a>0)$ 割下的部分(见图 12.33),试求 S 的质心(设 S 的质量是均匀的).

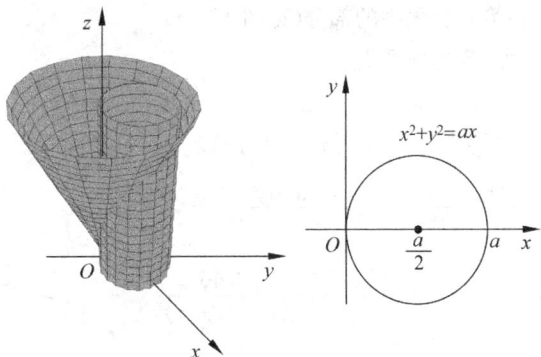

图 12.33

解　不妨设曲面 S 的质量密度为 1,这时 S 的质量 M 与它的面积相等,所以

$$M = \iint\limits_{x^2+y^2 \leqslant ax} \sqrt{1 + \left(\frac{\partial z}{\partial x}\right)^2 + \left(\frac{\partial z}{\partial y}\right)^2} \, \mathrm{d}x\mathrm{d}y$$

$$= \int_{-\frac{\pi}{2}}^{\frac{\pi}{2}} \mathrm{d}\theta \int_0^{a\cos\theta} \sqrt{2}\, r \mathrm{d}r = \frac{\sqrt{2}}{4} a^2 \pi.$$

记 $M_{yOz}, M_{zOx}, M_{xOy}$ 为曲面 S 关于坐标面 yOz, zOx, xOy 的静力矩,由 S 关于 zOx 的对称性可知 $M_{zOx} = 0$. 又

$$M_{yOz} = \iint\limits_S x \, \mathrm{d}S = \int_{-\frac{\pi}{2}}^{\frac{\pi}{2}} \mathrm{d}\theta \int_0^{a\cos\theta} \sqrt{2}\, r^2 \cos\theta \mathrm{d}r = \frac{\sqrt{2}}{8}\pi a^3,$$

$$M_{xOy} = \iint\limits_S z \, \mathrm{d}S = \int_{-\frac{\pi}{2}}^{\frac{\pi}{2}} \mathrm{d}\theta \int_0^{a\cos\theta} \sqrt{2}\, r^2 \, \mathrm{d}r = \frac{4\sqrt{2}}{9} a^3,$$

所以

$$\bar{x} = \frac{M_{yOz}}{M} = \frac{a}{2}, \quad \bar{y} = \frac{M_{zOx}}{M} = 0, \quad \bar{z} = \frac{M_{xOy}}{M} = \frac{16a}{9\pi},$$

即曲面 S 的重心为 $\left(\frac{a}{2}, 0, \frac{16a}{9\pi}\right)$.

例 12.6.5　计算曲面积分 $\iint\limits_S \dfrac{\mathrm{d}S}{(1+x+y)^2}$,其中 S 为平面 $x + y + z = 1$ 在第一卦限中的部分(见图 12.34).

解　平面 S 的方程是

$$z = 1 - x - y, \quad (x,y) \in D,$$

其中 $D = \{0 \leqslant y \leqslant 1-x, 0 \leqslant x \leqslant 1\}$,所以

$$\iint\limits_S \frac{\mathrm{d}S}{(1+x+y)^2} = \iint\limits_D \frac{\sqrt{3}\,\mathrm{d}x\mathrm{d}y}{(1+x+y)^2}$$

$$= \int_0^1 \mathrm{d}x \int_0^{1-x} \frac{\sqrt{3}\,\mathrm{d}y}{(1+x+y)^2}$$

$$= \frac{\sqrt{3}}{2}(2\ln 2 - 1).$$

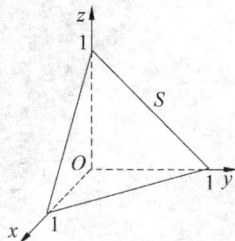

图　12.34

习 题 12.6

1. 求锥面 $z = \sqrt{x^2 + y^2}$ 在柱面 $z^2 = 2x$ 内的部分面积.

2. 求旋转抛物面 $2z = x^2 + y^2$ 被圆柱面 $x^2 + y^2 = 1$ 截下部分的面积.

3. 求双曲抛物面 $z = xy$ 被圆柱面 $x^2 + y^2 = a^2$ 截下部分的面积.

4. 计算下列第一型曲面积分:

(1) $\iint\limits_{S} (x+z) \mathrm{d}S, S$ 是半球面 $x^2 + y^2 + z^2 = R^2, x \geqslant 0$;

(2) $\iint\limits_{S} |y\sqrt{z}| \mathrm{d}S,$ 其中 S 是曲面 $z = x^2 + y^2 (z \leqslant 1)$;

(3) $\iint\limits_{S} (ax + by + cz + d)^2 \mathrm{d}S, S$ 是球面 $x^2 + y^2 + z^2 = R^2$.

12.7 含参变量积分

12.7.1 引言

Γ 函数和 B 函数是在物理和工程技术中常见的两个函数,它们都是用积分定义的函数,其中

$$\Gamma(\alpha) = \int_0^{+\infty} x^{\alpha-1} \mathrm{e}^{-x} \mathrm{d}x, \tag{12.7.1}$$

$$B(\alpha, \beta) = \int_0^1 x^{\alpha-1} (1-x)^{\beta-1} \mathrm{d}x. \tag{12.7.2}$$

根据对于一元函数广义积分的研究结果,我们已经知道:

(1) 当且仅当 $\alpha > 0$ 时,广义积分 $\int_0^{+\infty} x^{\alpha-1} \mathrm{e}^{-x} \mathrm{d}x$ 收敛,因此 Γ 函数 $\Gamma(\alpha)$ 的定义域是 $(0, +\infty)$.

(2) 当且仅当 $\alpha > 0, \beta > 0$ 时,广义积分 $\int_0^1 x^{\alpha-1} (1-x)^{\beta-1} \mathrm{d}x$ 收敛,因此 B 函数 $B(\alpha, \beta)$ 的定义域是 $D = \{(\alpha, \beta) \mid \alpha > 0, \beta > 0\}$.

在积分 $\displaystyle\int_0^{+\infty} x^{\alpha-1}\mathrm{e}^{-x}\mathrm{d}x$ 中,x 是积分变量,α 是参变量. 在对于 x 的积分过程中,α 是不变的. 但是积分的结果一般与 α 有关,也就是说,积分值是 α 的函数,这样的积分称为**含参变量积分**. 同样,在积分 $\displaystyle\int_0^1 x^{\alpha-1}(1-x)^{\beta-1}\mathrm{d}x$ 中,α,β 都是参变量,这个含参变量积分是 α, β 的二元函数.

除了初等函数之外,我们曾经研究过隐函数和由参数方程确定的函数的微分法;还研究过函数级数的和函数的连续性、微分法和积分法. 本节考察含参变量积分(由积分确定的函数). 例如

$$f(x)=\int_I g(x,y)\mathrm{d}y, \quad F(s,t)=\int_I g(t,s,x)\mathrm{d}x,$$

其中 I 是某个区间,

$$\varphi(t)=\iint\limits_D f(t,x,y)\mathrm{d}x\mathrm{d}y,$$

其中 D 是 $\mathbb{R}^2$ 中的某个区域,以及 $f(x)=\displaystyle\int_{v(x)}^{u(x)} g(x,y)\mathrm{d}y$ 等.

我们将研究这样的问题:含参变量积分作为参变量的函数,如何研究它们的连续性、可导性,以及如何求导数和积分等问题.

12.7.2 含参变量的定积分

假设当 x 在某个范围中任意固定时,定积分 $\displaystyle\int_a^b g(x,y)\mathrm{d}y$ 存在,则称 $\displaystyle\int_a^b g(x,y)\mathrm{d}y$ 是含参变量的定积分(此处 x 为参变量). 此时,由积分确定了一个 x 的函数,该函数的定义域就是使得积分 $\displaystyle\int_a^b g(x,y)\mathrm{d}y$ 存在的那些 x 的值构成的集合.

同样,假设当 t 任意固定时,在通常意义下的二重积分 $\displaystyle\iint\limits_D f(t,x,y)\mathrm{d}x\mathrm{d}y$ 存在,则 $\displaystyle\iint\limits_D f(t,x,y)\mathrm{d}x\mathrm{d}y$ 也是含参变量的定积分

(二重积分, t 为参变量).

首先研究含参变量积分的连续性.

定理 12.7.1 设 $f(x) = \int_\alpha^\beta g(x,t)\mathrm{d}t$. 如果二元函数 $g(x,t)$ 在矩形
$$D = \{(x,t) \mid a \leqslant x \leqslant b, \alpha \leqslant t \leqslant \beta\}$$
上连续, 则 $f(x)$ 在区间 $[a,b]$ 上连续.

证明 任取 $x_0 \in [a,b]$, 按照函数连续性的定义, 为了证明 $f(x)$ 在点 x_0 连续, 只需要证明: 对于任意给定的正数 ε, 都能够找到正数 δ, 只要 $x \in [a,b]$ 满足不等式 $|x-x_0| < \delta$, 就有 $|f(x) - f(x_0)| < \varepsilon$.

现在开始证明定理. 注意到

$$
\begin{aligned}
|f(x) - f(x_0)| &= \left| \int_\alpha^\beta g(x,t)\mathrm{d}t - \int_\alpha^\beta g(x_0,t)\mathrm{d}t \right| \\
&= \left| \int_\alpha^\beta [g(x,t) - g(x_0,t)]\mathrm{d}t \right| \\
&\leqslant \int_\alpha^\beta \left| g(x,t) - g(x_0,t) \right| \mathrm{d}t, \quad (12.7.3)
\end{aligned}
$$

对于任意给定的正数 ε, 由于 $g(x,t)$ 在有界闭区域
$$D = \{(x,y) \mid a \leqslant x \leqslant b, \alpha \leqslant t \leqslant \beta\}$$
上连续, 从而一致连续. 因此存在正数 δ, 只要 $|x-x_0| < \delta$, 那么对于所有的 $t \in [\alpha, \beta]$, 都有

$$|g(x,t) - g(x_0,t)| < \frac{\varepsilon}{\beta - \alpha}, \quad (12.7.4)$$

于是只要 $|x-x_0| < \delta$, 由 (12.7.3) 式和 (12.7.4) 式就推出

$$
\begin{aligned}
|f(x) - f(x_0)| &\leqslant \int_\alpha^\beta |g(x,t) - g(x_0,t)| \,\mathrm{d}t \\
&< \int_\alpha^\beta \frac{\varepsilon}{\beta - \alpha} \mathrm{d}t = \varepsilon.
\end{aligned}
$$

这就证明了 $f(x)$ 在点 x_0 连续. 由于 x_0 是在区间 $[a,b]$ 上任取的, 所以 $f(x)$ 在区间 $[a,b]$ 上处处连续.

注 定理 12.7.1 为求含参变量积分的函数极限提供了一个简单的途径. 在定理 12.7.1 的条件下,由于函数 $f(x)$ 在区间 $[a,b]$ 上连续,所以对于任意的 $x_0 \in [a,b]$,有 $\lim\limits_{x \to x_0} f(x) = f(x_0)$. 因为

$$f(x) = \int_\alpha^\beta g(x,t)\mathrm{d}t, f(x_0) = \int_\alpha^\beta g(x_0,t)\mathrm{d}t,$$ 由此得到

$$\lim_{x \to x_0} \int_\alpha^\beta g(x,t)\mathrm{d}t = \int_\alpha^\beta g(x_0,t)\mathrm{d}t.$$

又因为二元函数 $g(x,t)$ 连续,因此 $g(x_0,y) = \lim\limits_{x \to x_0} g(x,y)$. 于是由上式得到

$$\lim_{x \to x_0} \int_\alpha^\beta g(x,t)\mathrm{d}t = \int_\alpha^\beta \lim_{x \to x_0} g(x,t)\mathrm{d}t. \tag{12.7.5}$$

这就是说,在定理 12.7.1 的条件下,对于参变量 x 的求极限运算 $\lim\limits_{x \to x_0} f(x)$ 与对于变量 t 的积分运算 $\int_\alpha^\beta g(x,t)\mathrm{d}t$ 可以交换顺序.

在定理 12.7.1 的条件下,由于函数 $f(x)$ 在区间 $[a,b]$ 上连续,所以积分

$$\int_a^b f(x)\mathrm{d}x = \int_a^b \left(\int_\alpha^\beta g(x,y)\mathrm{d}y \right) \mathrm{d}x \tag{12.7.6}$$

存在,并且根据二重积分化为累次积分的方法可以推出

$$\int_a^b f(x)\mathrm{d}x = \int_a^b \left(\int_\alpha^\beta g(x,y)\mathrm{d}y \right) \mathrm{d}x = \int_\alpha^\beta \left(\int_a^b g(x,y)\mathrm{d}x \right) \mathrm{d}y. \tag{12.7.7}$$

于是得到下述结论.

定理 12.7.2 设 $f(x) = \int_\alpha^\beta g(x,t)\mathrm{d}t$. 如果二元函数 $g(x,t)$ 在矩形 $D = \{(x,t) \mid a \leqslant x \leqslant b, \alpha \leqslant t \leqslant \beta\}$ 上连续,则积分 $\int_a^b f(x)\mathrm{d}x$ 存在,并且 (12.7.7) 式成立.

定理 12.7.2 的意义在于,它为计算含参变量积分提供了一种方法,即可以通过交换积分顺序计算积分 (12.7.6). 同时,由此也可以得到计算定积分的一种技巧.

例 12.7.1 计算定积分 $I = \int_0^1 \dfrac{x^b - x^a}{\ln x} \mathrm{d}x$（其中 a, b 为常数，满足 $0 < a < b$）.

解 由于被积函数没有初等原函数，所以不能直接用牛顿 - 莱布尼茨公式计算这个积分.

注意到

$$\int_a^b x^t \mathrm{d}t = \frac{x^t}{\ln x} \bigg|_a^b = \frac{x^b - x^a}{\ln x},$$

所以

$$I = \int_0^1 \frac{x^b - x^a}{\ln x} \mathrm{d}x = \int_0^1 \mathrm{d}x \int_a^b x^t \mathrm{d}t = \int_a^b \mathrm{d}t \int_0^1 x^t \mathrm{d}x$$

$$= \int_a^b \left(\frac{x^{t+1}}{t+1} \right) \bigg|_0^1 \mathrm{d}t = \int_a^b \frac{1}{t+1} \mathrm{d}t = \ln(b+1) - \ln(a+1).$$

在上述解题过程中，将原来的被积函数 $\dfrac{x^b - x^a}{\ln x}$ 看成某个含参变量 x 的积分 $\int_a^b x^t \mathrm{d}t$，然后交换积分顺序，最后求得原积分的值.

另一个更加重要的问题是如何求含参变量积分的导数. 研究这个问题要比研究连续性与求积分复杂一些.

定理 12.7.3 设 $f(x) = \int_\alpha^\beta g(x, t) \mathrm{d}t$，假设函数 $g(x, t)$ 以及该函数关于参变量 x 的偏导数 $\dfrac{\partial g}{\partial x}$ 都在区域 $D = \{(x, t) \mid a \leqslant x \leqslant b, \alpha \leqslant t \leqslant \beta\}$ 上连续，则 $f(x)$ 在区间 $[a, b]$ 上可导，并且

$$f'(x) = \frac{\mathrm{d}}{\mathrm{d}x} \int_\alpha^\beta g(x, t) \mathrm{d}t = \int_\alpha^\beta \frac{\partial g(x, t)}{\partial x} \mathrm{d}t. \quad (12.7.8)$$

证明 对于任意的 $x \in [a, b]$，假设 $x + \Delta x \in [a, b]$（做这个假设是为了使 $f(x + \Delta x)$ 有定义），则有

$$f(x + \Delta x) - f(x) = \int_\alpha^\beta g(x + \Delta x, t) \mathrm{d}t - \int_\alpha^\beta g(x, t) \mathrm{d}t$$

$$= \int_\alpha^\beta [g(x + \Delta x, t) - g(x, t)] \mathrm{d}t.$$

于是

$$\frac{f(x+\Delta x)-f(x)}{\Delta x}=\frac{1}{\Delta x}\int_{\alpha}^{\beta}[g(x+\Delta x,t)-g(x,t)]\mathrm{d}t$$

$$=\int_{\alpha}^{\beta}\frac{1}{\Delta x}[g(x+\Delta x,t)-g(x,t)]\mathrm{d}t.$$

$$(12.7.9)$$

因为 $\frac{\partial g}{\partial x}$ 存在,根据微分中值定理,存在介于 x 和 $x+\Delta x$ 之间的点 ξ,使得

$$g(x+\Delta x,t)-g(x,t)=\frac{\partial g(\xi,t)}{\partial x}\Delta x,$$

注意,这里对于每一个 $t\in[\alpha,\beta]$, ξ 存在,但是一般 ξ 与 t 有关.

于是由(12.7.9)式得到

$$\frac{f(x+\Delta x)-f(x)}{\Delta x}=\int_{\alpha}^{\beta}\frac{\partial g(\xi,t)}{\partial x}\mathrm{d}t. \quad (12.7.10)$$

由(12.7.10)式得到

$$\left|\frac{f(x+\Delta x)-f(x)}{\Delta x}-\int_{\alpha}^{\beta}\frac{\partial g(x,t)}{\partial x}\mathrm{d}t\right|$$

$$=\left|\int_{\alpha}^{\beta}\frac{\partial g(\xi,t)}{\partial x}\mathrm{d}t-\int_{\alpha}^{\beta}\frac{\partial g(x,t)}{\partial x}\mathrm{d}t\right|$$

$$\leqslant\int_{\alpha}^{\beta}\left|\frac{\partial g(\xi,t)}{\partial x}-\frac{\partial g(x,t)}{\partial x}\right|\mathrm{d}t.$$

由于 $\frac{\partial g}{\partial x}$ 在区域 D 上连续,所以一致连续.因此对于任意正数 ε,存在正数 δ,只要 $|\Delta x|<\delta$,就有(注意 $|\xi-x|<|\Delta x|$)

$$\left|\frac{\partial g(\xi,t)}{\partial x}-\frac{\partial g(x,t)}{\partial x}\right|<\frac{\varepsilon}{\beta-\alpha},$$

于是当 $|\Delta x|<\delta$ 时,有

$$\left|\frac{f(x+\Delta x)-f(x)}{\Delta x}-\int_{\alpha}^{\beta}\frac{\partial g(x,t)}{\partial x}\mathrm{d}t\right|$$

$$\leqslant \int_\alpha^\beta \left| \frac{\partial g(\xi,t)}{\partial x} - \frac{\partial g(x,t)}{\partial x} \right| \mathrm{d}t < \int_\alpha^\beta \frac{\varepsilon}{\beta-\alpha}\mathrm{d}t = \varepsilon.$$

这说明当 $\Delta x \to 0$ 时, $\dfrac{f(x+\Delta x)-f(x)}{\Delta x}$ 的极限为 $\displaystyle\int_\alpha^\beta \dfrac{\partial g(x,t)}{\partial x}\mathrm{d}t.$
从而得

$$f'(x) = \frac{\mathrm{d}}{\mathrm{d}x}\int_\alpha^\beta g(x,t)\mathrm{d}t = \int_\alpha^\beta \frac{\partial g(x,t)}{\partial x}\mathrm{d}t.$$

注 (12.7.8)式说明：对于含参变量积分所确定的函数求导数时,对于参变量 x 求导运算可以与对于自变量 t 的积分运算交换顺序.

例 12.7.2 计算积分 $\displaystyle\int_0^\pi \ln\left(1+\frac{1}{2}\cos x\right)\mathrm{d}x.$

解 记 $I(y) = \displaystyle\int_0^\pi \ln(1+y\cos x)\mathrm{d}x$, 则根据定理 12.7.3 得到

$$I'(y) = \int_0^\pi \frac{\partial}{\partial y}\ln(1+y\cos x)\mathrm{d}x = \int_0^\pi \frac{\cos x}{1+y\cos x}\mathrm{d}x$$

$$= \frac{1}{y}\int_0^\pi \left(1 - \frac{1}{1+y\cos x}\right)\mathrm{d}x = \frac{\pi}{y} - \frac{1}{y}\int_0^\pi \frac{\mathrm{d}x}{1+y\cos x}.$$

对于积分 $\displaystyle\int_0^\pi \frac{\mathrm{d}x}{1+y\cos x}$, 令 $t = \tan\dfrac{x}{2}$, 则 $\cos x = \dfrac{1-t^2}{1+t^2}$, $\mathrm{d}x = \dfrac{2\mathrm{d}t}{1+t^2}$. 于是

$$\int_0^\pi \frac{\mathrm{d}x}{1+y\cos x} = \int_0^{+\infty} \frac{\dfrac{2}{1+t^2}}{1+y\dfrac{1-t^2}{1+t^2}}\mathrm{d}t = \int_0^{+\infty} \frac{2\mathrm{d}t}{1+y+(1-y)t^2}$$

$$= \frac{2}{\sqrt{1-y^2}}\arctan\left(\sqrt{\frac{1-y}{1+y}}\,t\right)\Bigg|_0^{+\infty} = \frac{2}{\sqrt{1-y^2}}\frac{\pi}{2}.$$

于是

$$I'(y) = \pi\left(\frac{1}{y} - \frac{1}{y\sqrt{1-y^2}}\right),$$

积分得到

$$I(y) = \pi\ln(1 + \sqrt{1-y^2}) + C.$$

注意到当 $y=0$ 时

$$I(0) = \int_0^\pi \ln(1 + 0\cos x)\mathrm{d}x = 0,$$

所以 $C=-\pi\ln2$,从而

$$I(y) = \pi\ln(1 + \sqrt{1-y^2}) - \pi\ln2,$$

因此

$$\int_0^\pi \ln\left(1 + \frac{1}{2}\cos x\right)\mathrm{d}x = I\left(\frac{1}{2}\right) = \pi\ln\left(1 + \frac{\sqrt{3}}{2}\right) - \pi\ln2$$

$$= \pi\ln\frac{2+\sqrt{3}}{4}.$$

在各种问题中经常见到下述形式的含参变量积分:

$$f(x) = \int_{\alpha(x)}^{\beta(x)} g(x,t)\mathrm{d}t. \tag{12.7.11}$$

有关此类函数的求导运算,有以下定理.

定理 12.7.4　假设函数 $g(x,t)$ 及其关于参变量 x 的偏导数 $\dfrac{\partial g}{\partial x}$ 都在区域 $D = \{(x,t) \mid a \leqslant x \leqslant b, c \leqslant t \leqslant d\}$ 上连续,又设函数 $\alpha(x), \beta(x)$ 可导,并且它们的值域都属于区间 $[c,d]$. 则 $f(x) = \int_{\alpha(x)}^{\beta(x)} g(x,t)\mathrm{d}t$ 在区间 $[a,b]$ 上可导,并且

$$f'(x) = \frac{\mathrm{d}}{\mathrm{d}x}\int_{\alpha(x)}^{\beta(x)} g(x,t)\mathrm{d}t = \int_{\alpha(x)}^{\beta(x)} \frac{\partial g(x,t)}{\partial x}\mathrm{d}t$$

$$+ g(x,\beta(x))\beta'(x) - g(x,\alpha(x))\alpha'(x). \tag{12.7.12}$$

12.7.3　含参变量的广义积分

设 I 是一个(有限或无限)区间,考察含参变量积分

$$f(x) = \int_I g(x,t)\mathrm{d}t. \tag{12.7.13}$$

如果对于每一个 x，$\int_I g(x,t)\,\mathrm{d}t$ 是一个广义积分（例如无穷积分或者瑕积分），则称由（12.7.3）式确定的函数为**含参变量广义积分**.

对于由含参变量广义积分确定的函数，同样需要研究连续性、积分交换顺序以及求导法则等问题. 但是由于这些问题的研究涉及到含参变量广义积分的一致收敛性，所以问题要复杂得多.

以下先介绍含参变量广义积分的一致收敛性，然后对于含参变量无穷积分叙述有关定理. 更为详细的研究和应用，读者可以参考任何一本数学分析教科书.

定义 12.7.1（含参变量无穷积分的一致收敛性）　考虑含参变量无穷积分 $\displaystyle\int_a^{+\infty} g(x,t)\,\mathrm{d}t$. 假设对于每个 $x \in I$，关于变量 t 的无穷积分 $\displaystyle\int_a^{+\infty} f(x,t)\,\mathrm{d}t$ 收敛，记 $F(x) = \displaystyle\int_a^{+\infty} f(x,t)\,\mathrm{d}t$. 如果对于任意正数 ε，都存在正数 N，只要 T 满足 $T > N$，对于所有的 $x \in I$ 都有 $\left| \displaystyle\int_a^T f(x,t)\,\mathrm{d}t - F(x) \right| < \varepsilon$，则称含参变量无穷积分 $\displaystyle\int_a^{+\infty} f(x,t)\,\mathrm{d}t$ 关于参变量 $x \in I$ 一致收敛.

关于含参变量无穷积分的连续性、求积分与求导数等问题，有与定理 12.7.1，12.7.2 和 12.7.3 平行的如下三个定理（由于篇幅所限，略去这些定理的证明细节）.

定理 12.7.5　设二元函数 $f(x,t)$ 在区域 $D = \{(x,t) \mid x \in I, t \geqslant a\}$ 上连续，并且含参变量无穷积分 $\displaystyle\int_a^{+\infty} f(x,t)\,\mathrm{d}t$ 关于参变量 $x \in I$ 一致收敛，则函数 $F(x) = \displaystyle\int_a^{+\infty} f(x,t)\,\mathrm{d}t$ 在区间 I 上连续.

定理 12.7.6　设 $[a,b]$ 是有界闭区间，c 是常数，二元函数 $f(x,t)$ 在区域 $D = \{(x,t) \mid x \in [a,b], t \geqslant c\}$ 上连续，并且含参

变量无穷积分 $\int_c^{+\infty} f(x,t)\mathrm{d}t$ 关于参变量 $x \in I$ 一致收敛,则积分 $\int_a^b \left(\int_c^{+\infty} f(x,t)\mathrm{d}t \right)\mathrm{d}x$ 存在,并且

$$\int_a^b \left(\int_c^{+\infty} f(x,t)\mathrm{d}t \right)\mathrm{d}x = \int_c^{+\infty} \left(\int_a^b f(x,t)\mathrm{d}x \right)\mathrm{d}t.$$

定理 12.7.7 设二元函数 $f(x,t)$ 在区域 $D = \{(x,t) \mid x \in I, t \geqslant a\}$ 上处处可导,且 $\dfrac{\partial f}{\partial x}$ 处处连续,其中 I 是任一区间. 假设对于每个 $x \in I$,关于变量 t 的无穷积分 $\int_a^{+\infty} f(x,t)\mathrm{d}t$ 收敛. 又设含参变量无穷积分 $\int_a^{+\infty} \dfrac{\partial f(x,t)}{\partial x}\mathrm{d}t$ 关于参变量 $x \in I$ 一致收敛. 则函数 $F(x) = \int_a^{+\infty} f(x,t)\mathrm{d}t$ 可导,并且

$$F'(x) = \int_a^{+\infty} \frac{\partial f(x,t)}{\partial x}\mathrm{d}t.$$

作为定理 12.7.7 的一个应用,下面计算一个著名的广义积分.

例 12.7.3 计算 $\int_0^{+\infty} \dfrac{\sin ax}{x}\mathrm{d}x$ (a 为常数).

解 任取正数 $k > 0$,令 $I(a) = \int_0^{+\infty} \mathrm{e}^{-kx} \dfrac{\sin ax}{x}\mathrm{d}x$. 考察以 a 为参变量的含参变量无穷积分 $\int_0^{+\infty} \mathrm{e}^{-kx} \dfrac{\sin ax}{x}\mathrm{d}x$.

可以证明(略去证明细节):参变量无穷积分 $\int_0^{+\infty} \mathrm{e}^{-kx} \dfrac{\sin ax}{x}\mathrm{d}x$ 对于每一个 $a \in (-\infty, +\infty)$ 都收敛,并且参变量无穷积分

$$\int_0^{+\infty} \frac{\partial}{\partial a}\left(\mathrm{e}^{-kx} \frac{\sin ax}{x} \right)\mathrm{d}x = \int_0^{+\infty} \mathrm{e}^{-kx}\cos ax \,\mathrm{d}x$$

关于参数 $a \in (-\infty, +\infty)$ 是一致收敛的. 于是由定理 12.7.7

可知

$$I'(a) = \int_0^{+\infty} \frac{\partial}{\partial a}\left(\mathrm{e}^{-kx}\,\frac{\sin ax}{x}\right)\mathrm{d}x = \int_0^{+\infty} \mathrm{e}^{-kx}\cos ax\,\mathrm{d}x.$$

简单计算得到

$$I'(a) = \int_0^{+\infty} \mathrm{e}^{-kx}\cos ax\,\mathrm{d}x = \frac{k}{a^2 + k^2},$$

于是

$$I(a) = \arctan\frac{a}{k} + C.$$

注意到 $I(0) = \int_0^{+\infty} \mathrm{e}^{-kx}\,\frac{\sin 0}{x}\mathrm{d}x = 0$，所以 $C=0$. 因此

$$I(a) = \arctan\frac{a}{k}.$$

另一方面，固定常数 a，将积分 $J(k) = \int_0^{+\infty} \mathrm{e}^{-kx}\,\frac{\sin ax}{x}\mathrm{d}x$ 看做是以 k 为参数的含参变量广义积分，则这个积分关于参数 $k \geqslant 0$ 是一致收敛的. 因此根据定理 12.7.5 可以知道，作为参数 k 的函数，含参变量广义积分 $J(k) = \int_0^{+\infty} \mathrm{e}^{-kx}\,\frac{\sin ax}{x}\mathrm{d}x$ 在 $0 \leqslant k < +\infty$ 连续. 于是

$$\int_0^{+\infty} \frac{\sin ax}{x}\mathrm{d}x = J(0) = \lim_{k\to 0_+}\arctan\frac{a}{k}.$$

由此式立即得到:

当 $a > 0$ 时，$\int_0^{+\infty} \dfrac{\sin ax}{x}\mathrm{d}x = \dfrac{\pi}{2}$;

当 $a < 0$ 时，$\int_0^{+\infty} \dfrac{\sin ax}{x}\mathrm{d}x = -\dfrac{\pi}{2}$;

当 $a = 0$ 时，$\int_0^{+\infty} \dfrac{\sin ax}{x}\mathrm{d}x = 0$.

习 题 12.7

1. 求下列含参变量积分的导数:

(1) $f(x) = \int_0^\pi \sin(xy)\mathrm{d}y$;　　　(2) $f(x) = \int_0^x \sin(xy)\mathrm{d}y$;

(3) $f(x) = \int_0^1 \dfrac{x\mathrm{d}y}{\sqrt{1-x^2y^2}}$;　　(4) $f(x) = \int_0^x f(y+x, y-x)\mathrm{d}y$.

2. 设 $f(x)$ 是 $[0,1]$ 上的连续函数,对 $x \in [0,1]$,令 $F(x) = \int_0^x f(t)(x-t)^{n-1}\mathrm{d}t$,求 $F^{(n)}(x)$.

3. 设 $f(y) = \int_0^1 (x-1)x^y \ln^{-1} x\mathrm{d}x$,求 $f'(y)$ 和 $\lim\limits_{y\to+\infty} f(y)$,并证明 $f(y) = \ln\dfrac{2+y}{1+y}$ $(y > -1)$.

第 12 章补充题

1. 设 $f(u)$ 是连续函数,求证:

$$\int_a^b \mathrm{d}x_1 \int_a^{x_1} \mathrm{d}x_2 \cdots \int_a^{x_{n-1}} f(x_n)\mathrm{d}x_n = \frac{1}{(n-1)!}\int_a^b (b-x)^{n-1}f(x)\mathrm{d}x.$$

2. 求椭圆 $\dfrac{x^2}{a^2} + \dfrac{y^2}{b^2} \leqslant 1$(质量均匀)绕直线 $y = kx$ 的转动惯量,并说明 k 为何值时转动惯量最大.

3. 设有半径为 R,高为 H 的正圆锥体(质量均匀),试求:

(1) 该圆锥体对位于其顶点处质量为 m 的质点的引力;

(2) 该圆锥体关于它的中心轴的转动惯量.

4. 计算积分 $\iint\limits_D (x^2+y^2)^{\frac{1}{2}}\mathrm{d}x\mathrm{d}y$,其中 $D = \{(x,y) \mid 0 \leqslant x, y \leqslant a\}$.

5. 设 $t > 0$,$f(x)$ 在 $[0,1]$ 上连续,求证:$\int_0^t \mathrm{d}x \int_0^x \mathrm{d}y \int_0^y f(x)f(y)f(z)\mathrm{d}z = \dfrac{1}{6}\left(\int_0^t f(s)\mathrm{d}s\right)^3$.

6. 计算 $\int_L \left(x^{\frac{4}{3}} + y^{\frac{4}{3}} \right) \mathrm{d}l$，其中 L 为星形线 $x^{\frac{2}{3}} + y^{\frac{2}{3}} = a^{\frac{2}{3}} \, (a > 0)$.

7. 设 $f(u)$ 是连续函数，$D = \{ (x,y) \mid x^2 + y^2 \leqslant a^2 \}$. 试求

$$\iint\limits_D \frac{af(x) + bf(y)}{f(x) + f(y)} \mathrm{d}x\mathrm{d}y.$$

8. 设 $D = \{ (x,y) \mid \mid x \mid + \mid y \mid \leqslant 1 \}$，将 $\iint\limits_D f(x+y) \mathrm{d}x\mathrm{d}y$ 化为定积分.

9. 设一元函数 f 连续，$\Omega_t = \{ (x,y,z) \mid x^2 + y^2 \leqslant t^2, 0 \leqslant z \leqslant h \}$. 令 $F(t) = \iiint\limits_{\Omega_t} [z^2 + f(x^2 + y^2)] \mathrm{d}V$，试求 $\dfrac{\mathrm{d}F}{\mathrm{d}t}$ 和 $\lim\limits_{t \to 0} \dfrac{F(t)}{t^2}$.

10. 计算下列积分：

(1) $\iiint\limits_\Omega (ax + by + cz)^2 \mathrm{d}V$，其中 $\Omega = \{ (x,y,z) \mid x^2 + y^2 + z^2 \leqslant R^2 \}$；

(2) $\iiint\limits_\Omega \left(\dfrac{x^2}{a^2} + \dfrac{y^2}{b^2} + \dfrac{z^2}{c^2} \right) \mathrm{d}V$，其中 $\Omega = \left\{ (x,y,z) \,\middle|\, \dfrac{x^2}{a^2} + \dfrac{y^2}{b^2} + \dfrac{z^2}{c^2} \leqslant 1 \right\}$.

第13章　向量场的微积分

13.1　向量场的微分运算

在物理学中,把发生某种物理现象的空间区域称为**场**.例如静止电荷产生的静电场,运动电荷产生的磁场、引力场以及热源产生的温度场等.如果区域 Ω 中每个点对应的物理量是一个数量(例如电位,温度等),则称这个场是**数量场**或**纯量场**,Ω 上的数量场就是定义在 Ω 上的函数.如果区域 Ω 中每个点对应的物理量是一个向量(例如力,速度,电场强度等),则称这个场是**向量场**.Ω 上的向量场就是定义在 Ω 上的向量值函数,或者映射.

如果 Ω 上的物理量不仅与 Ω 中的点有关,而且随时间变化,则称这个场为**非定常场**,否则为**定常场**.本节仅讨论定常场.设 $\boldsymbol{v}(x,y,z)$ 是 Ω 上的向量场,如果将 (x,y,z) 对应的向量 $\boldsymbol{v}(x,y,z)$ 放在该点(使向量的起始点与 (x,y,z) 重合),则 Ω 中充满了向量,于是我们看到一个直观的向量场(图13.1).

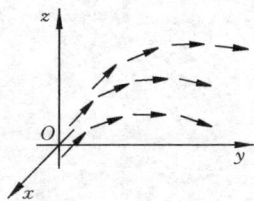

图　13.1

例13.1.1　在 $\mathbb{R}^3$ 的原点放置一个质量为 m 的质点.用 $\boldsymbol{F}(x,y,z)$ 表示该质点对点 (x,y,z) 处单位质点产生的引力,则有

$$\boldsymbol{F}(x,y,z)=-km\,\frac{\boldsymbol{r}}{r^3},$$

其中 $\boldsymbol{r}=x\boldsymbol{i}+y\boldsymbol{j}+z\boldsymbol{k}$,$r=\sqrt{x^2+y^2+z^2}$.这个引力场是定义在 $\mathbb{R}^3\setminus\{0\}$ 上的向量场.

例13.1.2　设 $\mathbb{R}^3$ 中有两条分别带有均匀正、负电荷的无限长导电直线,分别通过点$(1,0,0)$与$(-1,0,0)$并且与Oz轴平行,它们在$\mathbb{R}^3$中产生一个静点场(忽略一个常数因子)

$$E(x,y,z) = \frac{2(x^2 - y^2 - 1)i + 4xyj}{((x+1)^2 + y^2)((x-1)^2 + y^2)}.$$

这个向量场与z无关,在每一个与xOy平面平行的平面上,电场的分布都是相同的.这样的向量场称为平面向量场(图 13.2).

例 13.1.3　一个刚体T绕Oz轴以角速度ω旋转,即

$$x = r\cos(\omega t + \alpha), y = r\sin(\omega t + \alpha), z = z,$$

其中$r = \sqrt{x^2 + y^2}$. 用$v(x,y,z)$表示刚体T上点(x,y,z)处的线速度,则有

$$v(x,y,z) = \omega k \times (xi + yj) = \omega xj - \omega yi.$$

这是一个分布在刚体T上的向量场(图 13.3).

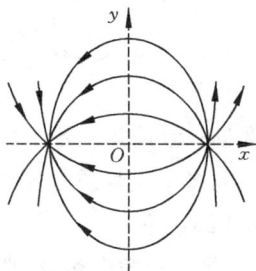

图 13.2

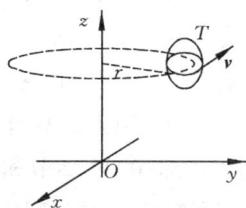

图 13.3

在直角坐标系中,向量场的表示形式为

$$v(x,y,z) = X(x,y,z)i + Y(x,y,z)j + Z(x,y,z)k,$$

其中,$X(x,y,z)$,$Y(x,y,z)$与$Z(x,y,z)$是向量场的三个分量. 如果这三个函数都是连续的,则称$v(x,y,z)$是**连续向量场**;如果这三个函数都是可微的,则称$v(x,y,z)$是**可微向量场**.

对于向量场(包括数量场)有三种不同的微分运算.

1. **数量场的梯度算子**

设f是定义在区域Ω上的函数,则f在点(x,y,z)处的梯

度是

$$\operatorname{grad} f(x,y,z) = \frac{\partial f(x,y,z)}{\partial x}\boldsymbol{i} + \frac{\partial f(x,y,z)}{\partial y}\boldsymbol{j} + \frac{\partial f(x,y,z)}{\partial z}\boldsymbol{k}.$$

引进记号

$$\nabla = \frac{\partial}{\partial x}\boldsymbol{i} + \frac{\partial}{\partial y}\boldsymbol{j} + \frac{\partial}{\partial z}\boldsymbol{k}, \tag{13.1.1}$$

则有

$$\operatorname{grad} f(x,y,z) = \nabla f(x,y,z) = \left(\frac{\partial}{\partial x}\boldsymbol{i} + \frac{\partial}{\partial y}\boldsymbol{j} + \frac{\partial}{\partial z}\boldsymbol{k}\right)f(x,y,z).$$

$$\tag{13.1.2}$$

如果 f 在区域 Ω 上可微,则 $\nabla f(x,y,z)$ 就是 Ω 上的向量场,称这个向量场为函数 f 的**梯度场**. 反之,对于 Ω 上的向量场 $\boldsymbol{v}(x,y,z)$,如果存在函数 f,使得

$$\boldsymbol{v}(x,y,z) = \nabla f(x,y,z), \quad \forall (x,y,z) \in \Omega,$$

则称 f 是向量场 $\boldsymbol{v}(x,y,z)$ 的**势函数**.

显然,每一个可微的函数都有梯度场;但是并非每个向量场 $\boldsymbol{v}(x,y,z)$ 都有势函数,只有这个向量场具备一定性质时才有势函数. 这个问题将在 13.2 节和 13.5 节作详细讨论.

形式运算 ∇ 叫做**梯度算子**. 梯度算子是一种微分运算,所以它具有和导数类似的运算性质. 读者不难验证,梯度算子 ∇ 有以下性质:对于任意可微函数 f,g 以及任意常数 α,β,有

(1) $\nabla(\alpha f + \beta g) = \alpha \nabla f + \beta \nabla g$;

(2) $\nabla(fg) = g \nabla f + f \nabla g$;

(3) $\nabla\left(\dfrac{f}{g}\right) = \dfrac{g \nabla f - f \nabla g}{g^2}$.

2. 向量场的散度算子

向量场的**散度算子** "$\nabla \cdot$" 是这样定义的,对于任意向量场

$$\boldsymbol{v}(x,y,z) = X(x,y,z)\boldsymbol{i} + Y(x,y,z)\boldsymbol{j} + Z(x,y,z)\boldsymbol{k},$$

定义

$$\nabla \cdot \boldsymbol{v}(x,y,z) = \left(\frac{\partial}{\partial x}\boldsymbol{i} + \frac{\partial}{\partial y}\boldsymbol{j} + \frac{\partial}{\partial z}\boldsymbol{k}\right) \cdot (X\boldsymbol{i} + Y\boldsymbol{j} + Z\boldsymbol{k})$$

$$= \frac{\partial X}{\partial x} + \frac{\partial Y}{\partial y} + \frac{\partial Z}{\partial z}.$$

由这个定义可以看出,对于已知向量场 $\boldsymbol{v}(x,y,z)$,它的散度 $\nabla \cdot \boldsymbol{v}(x,y,z)$ 是一个数量场.

散度算子"$\nabla \cdot$"具有下列性质:对于任意的常数 α,β,任意函数 f 以及任意向量场 $\boldsymbol{u},\boldsymbol{v}$,有

(1) $\nabla \cdot (\alpha\boldsymbol{u} + \beta\boldsymbol{v}) = \alpha \nabla \cdot \boldsymbol{u} + \beta \nabla \cdot \boldsymbol{v}$;

(2) $\nabla \cdot (f\boldsymbol{v}) = f \nabla \cdot \boldsymbol{v} + \nabla f \cdot \boldsymbol{v}$.

下面给出性质(2)的证明:

设 $\boldsymbol{v}(x,y,z) = X(x,y,z)\boldsymbol{i} + Y(x,y,z)\boldsymbol{j} + Z(x,y,z)\boldsymbol{k}$,则

$$f\boldsymbol{v} = f(x,y,z)X(x,y,z)\boldsymbol{i} + f(x,y,z)Y(x,y,z)\boldsymbol{j}$$
$$+ f(x,y,z)Z(x,y,z)\boldsymbol{k}.$$

于是

$$\frac{\partial}{\partial x}(fX) = X\frac{\partial f}{\partial x} + f\frac{\partial X}{\partial x},$$

$$\frac{\partial}{\partial y}(fY) = Y\frac{\partial f}{\partial y} + f\frac{\partial Y}{\partial y},$$

$$\frac{\partial}{\partial z}(fZ) = Z\frac{\partial f}{\partial z} + f\frac{\partial Z}{\partial z}.$$

因此

$$\nabla \cdot (f\boldsymbol{v}) = \frac{\partial(fX)}{\partial x} + \frac{\partial(fY)}{\partial y} + \frac{\partial(fZ)}{\partial z}$$

$$= \left(X\frac{\partial f}{\partial x} + f\frac{\partial X}{\partial x}\right) + \left(Y\frac{\partial f}{\partial y} + f\frac{\partial Y}{\partial y}\right) + \left(Z\frac{\partial f}{\partial z} + f\frac{\partial Z}{\partial z}\right)$$

$$= f\left(\frac{\partial X}{\partial x} + \frac{\partial Y}{\partial y} + \frac{\partial Z}{\partial z}\right) + \left(X\frac{\partial f}{\partial x} + Y\frac{\partial f}{\partial y} + Z\frac{\partial f}{\partial z}\right)$$

$$= f\nabla \cdot \boldsymbol{v} + \boldsymbol{v} \cdot \nabla f.$$

3. 向量场的旋度算子

向量场的**旋度算子**"$\nabla \times$"是这样定义的：对于任意向量场 $v(x,y,z) = X(x,y,z)\boldsymbol{i} + Y(x,y,z)\boldsymbol{j} + Z(x,y,z)\boldsymbol{k}$,

$$\nabla \times \boldsymbol{v} = \left(\frac{\partial}{\partial x}\boldsymbol{i} + \frac{\partial}{\partial x}\boldsymbol{j} + \frac{\partial}{\partial x}\boldsymbol{k}\right) \times (X\boldsymbol{i} + Y\boldsymbol{j} + Z\boldsymbol{k}) = \begin{vmatrix} \boldsymbol{i} & \boldsymbol{j} & \boldsymbol{k} \\ \dfrac{\partial}{\partial x} & \dfrac{\partial}{\partial y} & \dfrac{\partial}{\partial z} \\ X & Y & Z \end{vmatrix}$$

$$= \left(\frac{\partial Z}{\partial y} - \frac{\partial Y}{\partial z}\right)\boldsymbol{i} + \left(\frac{\partial X}{\partial z} - \frac{\partial Z}{\partial x}\right)\boldsymbol{j} + \left(\frac{\partial Y}{\partial x} - \frac{\partial X}{\partial y}\right)\boldsymbol{k}.$$

$$(13.1.3)$$

对于已知向量场 v, 它的旋度 $\nabla \times v$ 是一个新的向量场,称这个新的向量场为向量场 v 的**旋度场**.

旋度算子具有下列性质：

(1) $\nabla \times (\alpha \boldsymbol{u} + \beta \boldsymbol{v}) = \alpha \nabla \times \boldsymbol{u} + \beta \nabla \times \boldsymbol{v}$;

(2) $\nabla \times (f\boldsymbol{v}) = f\nabla \times \boldsymbol{v} + \nabla f \times \boldsymbol{v}$;

(3) $\nabla \cdot (\boldsymbol{u} \times \boldsymbol{v}) = \boldsymbol{v} \cdot \nabla \times \boldsymbol{u} - \boldsymbol{u} \cdot \nabla \times \boldsymbol{v}$.

以上各性质的证明,留给读者作为习题.

在以上各式中,α, β 为任意常数,f 为任意可微函数,$\boldsymbol{u}, \boldsymbol{v}$ 是任意可微向量场.

显然,任意可微向量场都有旋度场,但是并非所有的向量场都是另一个向量场的旋度场,这个问题将在 13.5 节再作讨论.

在以上各微分算子中,如果将算符(13.1.1)看做一个形式向量,那么,函数 f 的梯度就是 f 与 ∇ 的乘积;$\nabla \cdot v$ 和 $\nabla \times v$ 分别为算符 ∇ 与向量场 v 的点积和叉积. 不过 ∇ 并不是一个真正的向量,只是与 ∇ 有关的上述微分运算在形式上类似于向量的点积与叉积运算,为了表述方便,我们将 ∇ 作为一个形式向量.

对于二元函数 f 和平面向量场 $v(x,y) = X(x,y)\boldsymbol{i} + Y(x,y)\boldsymbol{j}$,有

$$
\begin{cases}
\nabla = \dfrac{\partial}{\partial x}\boldsymbol{i} + \dfrac{\partial}{\partial y}\boldsymbol{j} \, ; \\[2mm]
\nabla f = \dfrac{\partial f}{\partial x}\boldsymbol{i} + \dfrac{\partial f}{\partial y}\boldsymbol{j} \, ; \\[2mm]
\nabla \cdot \boldsymbol{v} = \dfrac{\partial X}{\partial x} + \dfrac{\partial Y}{\partial y} \, ; \\[2mm]
\nabla \times \boldsymbol{v} = \left(\dfrac{\partial Y}{\partial x} - \dfrac{\partial X}{\partial y} \right)\boldsymbol{k} \, .
\end{cases}
\tag{13.1.4}
$$

我们已经知道,数量场(即函数)的梯度向量的方向是函数在一点增长最快的方向,梯度向量的范数等于函数在一点的最大方向导数. 关于旋度和散度的物理意义将在以后几节中讨论.

习　题　13.1

1. 验证梯度算子∇的下列性质,其中α,β为任意常数,f,g为任意可微函数:

(1) $\nabla(\alpha f + \beta g) = \alpha \nabla f + \beta \nabla g$;

(2) $\nabla(fg) = g \nabla f + f \nabla g$;

(3) $\nabla\left(\dfrac{f}{g}\right) = \dfrac{g \nabla f - f \nabla g}{g^2}$ (在 g 不等于零处成立).

2. 验证散度算子的下列性质(其中 f 为函数,$\boldsymbol{u},\boldsymbol{v}$ 是向量场):

$$\nabla \cdot (\boldsymbol{u} \times \boldsymbol{v}) = -\boldsymbol{u} \cdot \nabla \times \boldsymbol{v} + \boldsymbol{v} \cdot \nabla \times \boldsymbol{u}.$$

3. 设 $\boldsymbol{r} = x\boldsymbol{i} + y\boldsymbol{j} + x\boldsymbol{i}, r = \sqrt{x^2 + y^2 + z^2}$:

(1) 设 $f(u)$ 为可微函数,求 $\nabla f(r)$;

(2) 设 $\boldsymbol{F} = f(r)\boldsymbol{r}$,求证 $\nabla \times \boldsymbol{F} \equiv \boldsymbol{0}$. 又问当 f 满足什么条件时,$\nabla \cdot \boldsymbol{F} = 0$?

4. 验证旋度算子的下列基本公式:

(1) $\nabla \times (\alpha \boldsymbol{u} + \beta \boldsymbol{v}) = \alpha \nabla \times \boldsymbol{u} + \beta \nabla \times \boldsymbol{v}$;

(2) $\nabla \times (\nabla f) = \boldsymbol{0}$;

(3) $\nabla \cdot (\nabla \times \boldsymbol{v}) = 0$.

5. 求下列向量场的散度:

(1) $\boldsymbol{v} = xyz(x\boldsymbol{i} + y\boldsymbol{j} + z\boldsymbol{k})$;

(2) $\boldsymbol{v} = (x\boldsymbol{i} + y\boldsymbol{j} + z\boldsymbol{k}) \times \boldsymbol{c}$;

(3) $\boldsymbol{v} = [(x\boldsymbol{i} + y\boldsymbol{j} + z\boldsymbol{k}) \cdot \boldsymbol{c}](x\boldsymbol{i} + y\boldsymbol{j} + z\boldsymbol{k})$ (其中 $\boldsymbol{c}$ 为常值向量).

6. 求下列向量场的旋度:

(1) $\boldsymbol{v} = y^2 z\boldsymbol{i} + z^2 x\boldsymbol{j} + x^2 y\boldsymbol{k}$;

(2) $\boldsymbol{v} = f\left(\sqrt{x^2 + y^2 + z^2}\right)\boldsymbol{c}$（其中 $\boldsymbol{c}$ 为常值向量）.

13.2　向量场在有向曲线上的积分

13.2.1　有向曲线

设 L 是一条连续曲线，端点为 A, B. 如果规定 A 为起点，B 为终点，则 L 就成为一条**有向曲线**，其正向是由 A 至 B. 同一条曲线 L，如果规定 B 为起点、A 为终点，则 L 变成另一条有向曲线. 如果前者记为 L，则后者记成 L_-（图 13.4）.

例如考虑空间螺线的一段：

$$x = a\cos t, \quad y = a\sin t, \quad z = \frac{c}{2\pi}t, \quad 0 \leqslant t \leqslant 2\pi,$$

它的两个端点为 $A(a, 0, 0)$, $B(a, 0, c)$. 如果规定由 A 至 B 为正向，则参数 t 增长的方向与曲线方向一致（图 13.5）.

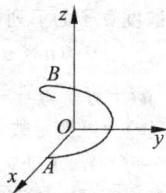

图　13.4　　　　　　　　图　13.5

设 L 是一条有向曲线，其参数方程是

$$x = x(t), \quad y = y(t), \quad z = z(t), \quad \alpha \leqslant t \leqslant \beta. \tag{13.2.1}$$

假设其中三个函数 $x(t), y(t), z(t)$ 连续可微，并且满足条件

$$[x'(t)]^2 + [y'(t)]^2 + [z'(t)]^2 > 0, \tag{13.2.2}$$

这样的曲线称为**光滑曲线**. 光滑曲线的特征就是曲线处处有非零的切向量，并且单位切向量在曲线上是连续变化的.

现在假定参数增长的方向与曲线正向一致,则对于曲线 L 上任意一点 $M(x(t),y(t),z(t))$,L 在 M 点的正向(沿曲线前进方向)单位切向量为

$$\boldsymbol{\tau}(M) = \frac{x'(t)\boldsymbol{i} + y'(t)\boldsymbol{j} + z'(t)\boldsymbol{k}}{\sqrt{[x'(t)]^2 + [y'(t)]^2 + [z'(t)]^2}}, \quad (13.2.3)$$

而 L 在 M 点的**有向弧微元**则是

$$\begin{aligned}
\mathrm{d}\boldsymbol{l} &= \boldsymbol{\tau}(M)\mathrm{d}l = \frac{x'(t)\boldsymbol{i} + y'(t)\boldsymbol{j} + z'(t)\boldsymbol{k}}{\sqrt{[x'(t)]^2 + [y'(t)]^2 + [z'(t)]^2}}\mathrm{d}l \\
&= \boldsymbol{\tau}(M)\sqrt{[x'(t)]^2 + [y'(t)]^2 + [z'(t)]^2}\,\mathrm{d}t \\
&= x'(t)\mathrm{d}t\boldsymbol{i} + y'(t)\mathrm{d}t\boldsymbol{j} + z'(t)\mathrm{d}t\boldsymbol{k} \\
&= \mathrm{d}x\boldsymbol{i} + \mathrm{d}y\boldsymbol{j} + \mathrm{d}z\boldsymbol{k}.
\end{aligned} \quad (13.2.4)$$

为了讨论方便,对于曲线取参数方程时,可以使参数增长方向与曲线正向一致.于是,当我们给出曲线的参数方程时,就同时确定了曲线的方向.

13.2.2 向量场在有向曲线的积分概念

首先研究一个例子.设在区域 Ω 中分布着连续力场

$$\boldsymbol{F}(x,y,z) = X(x,y,z)\boldsymbol{i} + Y(x,y,z)\boldsymbol{j} + Z(x,y,z)\boldsymbol{k}, \quad (13.2.5)$$

L 是 Ω 内一条有向光滑曲线,正向是由 A 至 B(见图 13.6),有一个单位质量的质点自点 A 出发沿曲线运动至点 B.计算力 $\boldsymbol{F}$ 在运动过程中对于质点所做的功.当质点自点 A 出发、沿曲线 L 运动到达点 B 时,假设力场 $\boldsymbol{F}$ 做功为 W.曲线 L 的起点为 A,终点为 B.在曲线上插入一组点 $M_0 = A, M_1, M_2, \cdots,$ $M_n = B$,将 L 分成 n 段弧 $\Delta L_1, \Delta L_2, \cdots,$ ΔL_n,用 Δl_i 表示 ΔL_i 的长度,$\boldsymbol{\tau}(M_{i-1})$ 表示曲线 L 在点 M_{i-1} 处质点前进方向的单

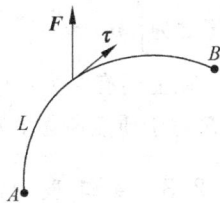

图 13.6

位切向量. 假定各个弧段的长度很小, 可以近似地将 ΔL_i 看做起点为 M_{i-1}、长度等于 Δl_i、方向与 $\boldsymbol{\tau}_i$ 相同的直线段. 于是, 质点沿曲线从点 M_{i-1} 运动至 M_i 的过程中, 力场 $\boldsymbol{F}$ 做功近似地等于 $\Delta W_i \approx \boldsymbol{F}(M_{i-1}) \cdot \boldsymbol{\tau}(M_{i-1})\Delta l_i$. 将各个弧段的做功求和, 得到力场 $\boldsymbol{F}$ 做功 W 的近似值

$$W = \sum_{i=1}^{n} \Delta W_i \approx \sum \boldsymbol{F}(M_{i-1}) \cdot \boldsymbol{\tau}(M_{i-1})\Delta l_i. \quad (13.2.6)$$

当所有 ΔL_i 的长度最大值 $\lambda \to 0$ 时, 上述积分和如果存在极限, 则这个极限就是力 $\boldsymbol{F}$ 在运动过程中对于质点所做的功.

另一方面, (13.2.6)式的右端恰好是函数 $\boldsymbol{F} \cdot \boldsymbol{\tau}$ 在曲线 L 上(第一型)曲线积分的积分和. 因此, 若(第一型)曲线积分 $\displaystyle\int_L \boldsymbol{F} \cdot \boldsymbol{\tau} \mathrm{d}l$ 存在, 则当 $\lambda \to 0$ 时, (13.2.6)式右端就趋向于曲线积分 $\displaystyle\int_L \boldsymbol{F} \cdot \boldsymbol{\tau} \mathrm{d}l$. 于是力场做功就化为函数 $\boldsymbol{F} \cdot \boldsymbol{\tau}$ 在曲线 L 上的曲线积分, 其中 $\boldsymbol{\tau}$ 是曲线 L 指向质点前进方向的单位切向量. 由这个实际背景就可以引出向量场的曲线积分的概念.

定义 13.2.1　设 Ω 是 $\mathbb{R}^3$(或 $\mathbb{R}^2$) 中一个区域, $\boldsymbol{v} = X(x,y,z)\boldsymbol{i} + Y(x,y,z)\boldsymbol{j} + Z(x,y,z)\boldsymbol{k}$ 是定义在 Ω 中的向量场, L 是 Ω 中的一条逐段光滑的有向曲线, $\boldsymbol{\tau}$ 是 L 的正向单位切向量. 于是 $\boldsymbol{v} \cdot \boldsymbol{\tau}$ 是定义在 L 上的一个函数. 如果(第一型)曲线积分 $\displaystyle\int_L \boldsymbol{v} \cdot \boldsymbol{\tau} \mathrm{d}l$ 存在, 则称这个积分为向量场 $\boldsymbol{v}$ 在曲线 L 上的曲线积分, 也称为第二型曲线积分, 并记之为 $\displaystyle\int_L \boldsymbol{v} \cdot \mathrm{d}l$.

在上述有关力场做功的例子中, 当质点沿有向曲线运动时, 力场 $\boldsymbol{F}$ 对于质点所做的功恰好就是力场 $\boldsymbol{F}$ 在该有向曲线上的积分.

13.2.3　第二型曲线积分的计算

第二型曲线积分是借助于第一型曲线积分定义的, 所以可以

按照第一型曲线积分的计算方法推导第二型曲线积分的计算公式,将第二型曲线积分直接转化为定积分来计算.

假设有向光滑曲线 L 的参数方程如(13.2.1)式所示.参数增长的方向即曲线正向,用 $\boldsymbol{\tau}(x,y,z)$ 表示 L 在点 $M(x,y,z)$ 的正向单位切向量(见(13.2.3)式).由于

$$\boldsymbol{\tau}(x,y,z) = \frac{x'(t)\boldsymbol{i} + y'(t)\boldsymbol{j} + z'(t)\boldsymbol{k}}{\sqrt{[x'(t)]^2 + [y'(t)]^2 + [z'(t)]^2}},$$

$$\mathrm{d}l = \sqrt{[x'(t)]^2 + [y'(t)]^2 + [z'(t)]^2}\,\mathrm{d}t,$$

所以

$$\begin{aligned}
\int_L \boldsymbol{v} \cdot \mathrm{d}\boldsymbol{l} &= \int_L \boldsymbol{v} \cdot \boldsymbol{\tau}(x,y,z)\,\mathrm{d}l \\
&= \int_L (X\boldsymbol{i} + Y\boldsymbol{j} + Z\boldsymbol{k}) \cdot (x'(t)\boldsymbol{i} + y'(t)\boldsymbol{j} + z'(t)\boldsymbol{k})\,\mathrm{d}t \\
&= \int_\alpha^\beta (X\boldsymbol{i} + Y\boldsymbol{j} + Z\boldsymbol{k}) \cdot (x'(t)\boldsymbol{i} + y'(t)\boldsymbol{j} + z'(t)\boldsymbol{k})\,\mathrm{d}t \\
&= \int_\alpha^\beta \big[X(x(t),y(t),z(t))x'(t) \\
&\quad + Y(x(t),y(t),z(t))y'(t) \\
&\quad + Z(x(t),y(t),z(t))z'(t) \big]\mathrm{d}t.
\end{aligned} \tag{13.2.7}$$

于是,第二型曲线积分就化为对于参数 t 的定积分.

注　如果曲线正方向和参数增加方向相反,则参数 t 的上限 β 对应于曲线的起点,下限 α 对应于曲线的终点.同时,曲线的正方向的单位切向量变成

$$\boldsymbol{\tau} = -\frac{x'(t)\boldsymbol{i} + y'(t)\boldsymbol{j} + z'(t)\boldsymbol{k}}{\sqrt{[x'(t)]^2 + [y'(t)]^2 + [z'(t)]^2}}.$$

因此计算公式(13.2.7)变成

$$\begin{aligned}
\int_L \boldsymbol{v} \cdot \mathrm{d}\boldsymbol{l} &= \int_L \boldsymbol{v} \cdot \boldsymbol{\tau}(x,y,z)\,\mathrm{d}l \\
&= \int_\alpha^\beta (X\boldsymbol{i} + Y\boldsymbol{j} + Z\boldsymbol{k}) \cdot (-x'(t)\boldsymbol{i} - y'(t)\boldsymbol{j} - z'(t)\boldsymbol{k})\,\mathrm{d}t
\end{aligned}$$

$$
\begin{aligned}
=-\int_{\alpha}^{\beta} & \big[X(x(t),y(t),z(t))x'(t)\\
&+Y(x(t),y(t),z(t))y'(t)\\
&+Z(x(t),y(t),z(t))z'(t)\big]\mathrm{d}t\\
=\int_{\beta}^{\alpha} & \big[X(x(t),y(t),z(t))x'(t)\\
&+Y(x(t),y(t),z(t))y'(t)\\
&+Z(x(t),y(t),z(t))z'(t)\big]\mathrm{d}t.
\end{aligned}
$$

最后的定积分中,积分下限和积分上限仍然分别对应于曲线起点和终点. 也就是说,将曲线积分$\displaystyle\int_{L}\boldsymbol{v}\cdot\mathrm{d}\boldsymbol{l}$ 化做定积分

$$
\int_{\alpha}^{\beta}\big[Xx'(t)+Yy'(t)+Zz'(t)\big]\mathrm{d}t
$$

时,不论曲线的方向和参数的增加方向是否一致,在将第二型曲线积分化为关于参数的定积分时,必须且只需使积分下限对应于曲线起点,积分上限对应于曲线终点.

在(13.2.7)式已经得到

$$
\begin{aligned}
\int_{L}\boldsymbol{v}\cdot\mathrm{d}\boldsymbol{l}&=\int_{L}\boldsymbol{v}\cdot\boldsymbol{\tau}(x,y,z)\mathrm{d}l\\
&=\int_{L}\big[Xx'(t)+Yy'(t)+Zz'(t)\big]\mathrm{d}t. \quad (13.2.8)
\end{aligned}
$$

又注意到

$$
x'(t)\mathrm{d}t=\mathrm{d}x,\quad y'(t)\mathrm{d}t=\mathrm{d}y,\quad z'(t)\mathrm{d}t=\mathrm{d}z.
$$

则由(13.2.8)式,可将向量场$\boldsymbol{v}$沿曲线 L 的曲线积分(13.2.7)式写作

$$
\int_{L}\boldsymbol{v}\cdot\mathrm{d}\boldsymbol{l}=\int_{L}X\mathrm{d}x+Y\mathrm{d}y+Z\mathrm{d}z, \quad (13.2.9)
$$

其中$\boldsymbol{v}=\boldsymbol{v}(x,y,z)=X(x,y,z)\boldsymbol{i}+Y(x,y,z)\boldsymbol{j}+Z(x,y,z)\boldsymbol{k}$.

鉴于这个原因,向量场在曲线上的积分也被称为**关于坐标的曲线积分**.

$\displaystyle\int_{L}\boldsymbol{v}\cdot\mathrm{d}\boldsymbol{l}$ 和$\displaystyle\int_{L}X\mathrm{d}x+Y\mathrm{d}y+Z\mathrm{d}z$ 是同一个积分的两种形式. 如

果将前者称为向量场在曲线上的积分,那么后者就称为微分形式 $X\mathrm{d}x + Y\mathrm{d}y + Z\mathrm{d}z$ 在曲线 L 上的积分.

例 13.2.1　计算曲线积分 $\displaystyle\int_{L_1} \boldsymbol{v} \cdot \mathrm{d}\boldsymbol{l}, \int_{L_2} \boldsymbol{v} \cdot \mathrm{d}\boldsymbol{l}$,其中 $\boldsymbol{v} = y\boldsymbol{i} - x\boldsymbol{j} + (x + y + z)\boldsymbol{k}$. L_1 是空间螺线一段:

$$x = a\cos t, \quad y = a\sin t, \quad z = \frac{c}{2\pi}t,$$

$$0 \leqslant t \leqslant 2\pi,$$

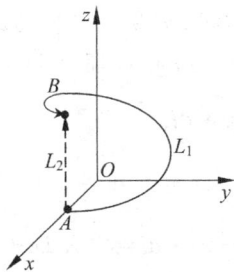

图　13.7

方向是由 $A(a, 0, 0)$ 到 $B(a, 0, c)$. L_2 为由 $A(a, 0, 0)$ 到 $B(a, 0, c)$ 的直线段(见图 13.7).

解　参数 $t=0$ 和 $t=2\pi$ 分别对应于曲线 L_1 的起点和终点,于是

$$\int_{L_1} \boldsymbol{v} \cdot \mathrm{d}\boldsymbol{l} = \int_0^{2\pi} \left[Xx'(t) + Yy'(t) + Zz'(t) \right] \mathrm{d}t$$

$$= \int_0^{2\pi} \left[y(t)x'(t) - x(t)y'(t) + (x(t) + y(t) + z(t))z'(t) \right] \mathrm{d}t$$

$$= \int_0^{2\pi} \left[-a^2\sin^2 t - a^2\cos^2 t + \left(a\cos t + a\sin t + \frac{ct}{2\pi} \right) \frac{c}{2\pi} \right] \mathrm{d}t$$

$$= \int_0^{2\pi} \left[-a^2 + \frac{ac}{2\pi}(\cos t + \sin t) + \frac{c^2 t}{4\pi^2} \right] \mathrm{d}t = \frac{c^2}{2} - 2\pi a^2.$$

对于 L_2,可以取 z 为参数,这时参数 $z=0, z=c$ 分别对应于起点和终点.因此

$$\int_{L_2} \boldsymbol{v} \cdot \mathrm{d}\boldsymbol{l} = \int_0^c (Xx' + Yy' + Zz') \mathrm{d}z$$

$$= \int_0^c (a + z)\mathrm{d}z = ac + \frac{1}{2}c^2.$$

例 13.2.2　计算第二型曲线积分

$$\int_L (x^2 - 2xy)\mathrm{d}x + (y^2 - 2xy)\mathrm{d}y,$$

其中 L 为 xOy 平面上以点 $(-1, 1), (1, -1)$ 和 $(1, 1)$ 为顶点的三角形周边 (图 13.8),逆时针方向为正.

注　这个积分是第二型曲线积分的坐标形式. 如果取向量场 $\boldsymbol{v} = (x^2 - 2xy)\boldsymbol{i} + (y^2 - 2xy)\boldsymbol{j}$,那么该积分可以改写为

$$\int_L \boldsymbol{v} \cdot \mathrm{d}\boldsymbol{l}.$$

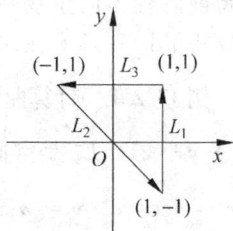

图　13.8

注意到 $\mathrm{d}x = x'(t)\mathrm{d}t, \mathrm{d}y = y'(t)\mathrm{d}t$,也可以直接利用公式

$$\int_L \boldsymbol{v} \cdot \mathrm{d}\boldsymbol{l} = \int_L X \mathrm{d}x + Y \mathrm{d}y$$

$$= \int_\alpha^\beta [X(x(t), y(t))x'(t) + Y(x(t), y(t))y'(t)]\mathrm{d}t$$

计算上述积分.

解　如图 13.8 所示,将 L 分成 L_1, L_2, L_3.

对于 L_1,取 y 为参数,并且注意到在 L_1 上 $x \equiv 1, \mathrm{d}x \equiv 0$,故有

$$\int_{L_1} (x^2 - 2xy)\mathrm{d}x + (y^2 - 2xy)\mathrm{d}y = \int_{-1}^1 (y^2 - 2y)\mathrm{d}y = \frac{2}{3}.$$

对于 L_3,取 x 为参数,则参数增加方向和曲线正向相反,又注意到 $y \equiv 1, \mathrm{d}y \equiv 0$,于是

$$\int_{L_3} (x^2 - 2xy)\mathrm{d}x + (y^2 - 2xy)\mathrm{d}y = -\int_{-1}^1 (x^2 + 2x)\mathrm{d}x = -\frac{2}{3}.$$

对于 L_2,取 x 为参数,则有 $y = -x, \mathrm{d}y = -\mathrm{d}x$,因此

$$\int_{L_2} (x^2 - 2xy)\mathrm{d}x + (y^2 - 2xy)\mathrm{d}y$$

$$= \int_{-1}^1 (x^2 + 2x^2)\mathrm{d}x - (x^2 + 2x^2)\mathrm{d}x = 0.$$

于是

$$\int_L (x^2 - 2xy)\mathrm{d}x + (y^2 - 2xy)\mathrm{d}y$$
$$= \left(\int_{L_1} + \int_{L_2} + \int_{L_3}\right)(x^2 + 2xy)\mathrm{d}x + (y^2 - 2xy)\mathrm{d}y = 0.$$

第一型曲线积分的性质,对于第二型曲线积分仍然成立. 但是两种积分的性质有一个重要的区别.

第一型曲线积分与曲线的方向无关,但是第二型曲线积分与曲线的方向有关. 如果分别用 L 和 L_- 表示一条曲线的两个相反的方向,则有

$$\int_{L_-} \boldsymbol{v} \cdot \mathrm{d}\boldsymbol{l} = -\int_L \boldsymbol{v} \cdot \mathrm{d}\boldsymbol{l}. \tag{13.2.10}$$

这是因为 L_- 的单位切向量与 L 的单位切向量方向相反.

例 13.2.3　假定在 $\mathbb{R}^3$ 中每点 (x,y,z) 的电场强度为
$$\boldsymbol{E}(x,y,z) = (y^2 - z^2)\boldsymbol{i} + (z^2 - x^2)\boldsymbol{j} + (x^2 - y^2)\boldsymbol{k},$$
曲线 L 的方程为
$$\begin{cases} x^2 + y^2 + z^2 = a^2, \\ \sqrt{z^2 + y^2} = x, \end{cases}$$
其正方向为从 x 轴正向往原点看去为逆时针方向,试求电场沿闭曲线 L 的环流量$\left(\text{向量场}\boldsymbol{v}(x,y,z)\text{沿有向闭曲线 } L \text{ 的环流量即}\right.$向量场 $\boldsymbol{v}(x,y,z)$ 在该曲线上的曲线积分 $\left.\oint_L \boldsymbol{v} \cdot \mathrm{d}\boldsymbol{l}\right)$.

解　在本题中,曲线 L 的方程为
$$y^2 + z^2 = \frac{1}{2}a^2, \quad x = \frac{a}{\sqrt{2}}.$$
以 yOz 平面上的极坐标中的 θ 为参数,则得到 L 的参数方程
$$x = \frac{a}{\sqrt{2}}, \quad y = \frac{a}{\sqrt{2}}\cos\theta, \quad z = \frac{a}{\sqrt{2}}\sin\theta, \quad 0 \leqslant \theta \leqslant 2\pi,$$
从而
$$x'(\theta) = 0, \quad y'(\theta) = -\frac{a}{\sqrt{2}}\sin\theta, \quad z'(\theta) = \frac{a}{\sqrt{2}}\cos\theta, \quad 0 \leqslant \theta \leqslant 2\pi,$$
并且参数 $\theta=0$ 对应于曲线起点,$\theta=2\pi$ 对应于参数终点. 于是所

求环流量等于曲线积分

$$\int_L \boldsymbol{E} \cdot \mathrm{d}\boldsymbol{l} = \int_0^{2\pi} \left(\frac{a^2}{2}\sin^2\theta - \frac{a^2}{2} \right) \left(-\frac{a}{\sqrt{2}}\sin\theta \right) \mathrm{d}\theta$$

$$+ \int_0^{2\pi} \left(\frac{a^2}{2} - \frac{a^2}{2}\cos^2\theta \right) \left(\frac{a}{\sqrt{2}}\cos\theta \right) \mathrm{d}\theta = 0.$$

例 13.2.4 在平面直角坐标系 Oxy 的原点处有一个带有质量的质点,这个质点在空间 $\mathbb{R}^2$ 产生一个引力场,如果忽略一个常数因子,这个引力场就是

$$\boldsymbol{F}(x,y,z) = -\frac{\boldsymbol{r}}{r^3},$$

其中 $\boldsymbol{r}=(x,y)$,$r=\sqrt{x^2+y^2}$. 单位质量的质点在该力场的作用下,自点 $A(0,2)$ 分别沿 L_1 与 L_2 两条有向曲线运动至点 $B(1,1)$,其中 L_1:先从点 $A(0,2)$ 沿水平方向至 $C(1,2)$,再沿竖直方向运动至点 $B(1,1)$;L_2:圆周 $x^2+y^2=2y$. 求力场所做的功(图 13.9).

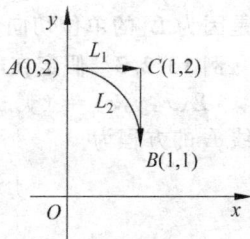

图　13.9

解 当质点沿某条有向曲线运动时,力场所做的功等于力场在该有向曲线上的第二型曲线积分.

(1) 沿 L_1 运动做功

$$W = \int_{L_1} \mathrm{d}W = -\int_{L_1} \frac{\boldsymbol{r} \cdot \boldsymbol{\tau}}{r^3} \mathrm{d}l$$

$$= \int_{L_1} \frac{-x\mathrm{d}x - y\mathrm{d}y}{(x^2+y^2)^{3/2}}$$

$$= \int_{A \to C} \frac{-x\mathrm{d}x - y\mathrm{d}y}{(x^2+y^2)^{3/2}} + \int_{C \to B} \frac{-x\mathrm{d}x - y\mathrm{d}y}{(x^2+y^2)^{3/2}}$$

$$= \int_0^1 \frac{-x\mathrm{d}x}{(x^2+4)^{3/2}} + \int_2^1 \frac{-y\mathrm{d}y}{(1+y^2)^{3/2}}$$

$$= \frac{1}{2}(\sqrt{2}-1).$$

（2）沿 L_2 运动做功

圆周 $x^2 + y^2 = 2y$ 的极坐标表示为 $r = 2\sin\theta$，取 θ 为参数，则该曲线的参数方程为

$$x = 2\sin\theta\cos\theta, \quad y = 2\sin\theta\sin\theta, \quad \frac{\pi}{4} \leqslant \theta \leqslant \frac{\pi}{2},$$

注意参数 $\theta = \dfrac{\pi}{2}$ 和 $\theta = \dfrac{\pi}{4}$ 分别对应于曲线的起点和终点，所以

$$W = \int_{L_2} \boldsymbol{F} \cdot \mathrm{d}\boldsymbol{l} = \int_{L_2} \frac{-x\mathrm{d}x - y\mathrm{d}y}{(x^2 + y^2)^{3/2}}$$

$$= \int_{\pi/2}^{\pi/4} \frac{-2\sin\theta\cos\theta(2\cos^2\theta - 2\sin^2\theta) - 2\sin^2\theta \cdot 4\sin\theta\cos\theta}{8\sin^3\theta} \mathrm{d}\theta$$

$$= +\int_{\pi/4}^{\pi/2} \frac{\cos\theta}{2\sin^2\theta}\mathrm{d}\theta = \frac{1}{2}(\sqrt{2} - 1).$$

习　题　13.2

1. 计算 $\displaystyle\int_L (x+y)\mathrm{d}x - (x-y)\mathrm{d}y$，其中 L 为椭圆 $\dfrac{x^2}{a^2} + \dfrac{y^2}{b^2} = 1$ 的上半周，逆时针方向为正.

2. 计算 $\displaystyle\int_L y^2\mathrm{d}x - x^2\mathrm{d}y$，其中 L 为抛物线 $y = x^2$ 自 $x = -1$ 到 $x = 1$ 的一段.

3. 计算 $\displaystyle\oint_L \frac{x\mathrm{d}y - y\mathrm{d}x}{x^2 + y^2}$，其中 L 为圆周 $x^2 + y^2 = a^2$（逆时针方向为正）.

4. 计算 $\displaystyle\oint_L \frac{y\mathrm{d}y - x\mathrm{d}x}{x^2 + y^2}$，其中 L 为圆周 $x^2 + y^2 = a^2$（逆时针方向为正）.

5. 计算 $\displaystyle\int_L \frac{\mathrm{d}x + \mathrm{d}y}{|x| + |y|}$，其中 L 为由 $A(0, -1)$ 到 $B(1, 0)$ 再到 $C(0, 1)$ 的折线.

6. 计算 $\displaystyle\int_L (x^2 + y^2)\mathrm{d}x + (x^2 - y^2)\mathrm{d}y$，其中 L 为 $y = 1 - |1 - x|$，$x \in [0, 2]$，曲线正向为 x 增长的方向.

7. 计算 $\displaystyle\oint_L xyz\mathrm{d}z$，其中 L 为 $x^2 + y^2 + z^2 = 1$，$z = y$，由 z 轴正向看去为逆时针方向.

8. 计算 $\displaystyle\int_L \frac{\mathrm{d}x + \mathrm{d}y}{|x| + |y|}$,其中 L 为 $|x| + |y| = 1$,逆时针方向为正.

9. 计算 $\displaystyle\oint_L (y^2 - z^2)\mathrm{d}x + (z^2 - x^2)\mathrm{d}y + (x^2 - y^2)\mathrm{d}z$,其中 L 为 $x^2 + y^2 + z^2 = 1$ 在第一卦限与三个坐标面的交线,方向是 $A(1,0,0) \rightarrow B(0,1,0) \rightarrow C(0,0,1) \rightarrow A(1,0,0)$.

10. 设平面上的力场 $\boldsymbol{F}(x,y)$ 指向原点,每点处力的大小与该点到原点的距离成正比,比例系数为 k. 设一单位质量的质点沿曲线 $\dfrac{x^2}{a^2} + \dfrac{y^2}{b^2} = 1$ 从 $A(a,0)$ 到 $B(0,b)$,求力场 $\boldsymbol{F}(x,y)$ 所做的功.

11. 计算 $\displaystyle\int_L y\mathrm{d}x + z\mathrm{d}y + x\mathrm{d}z$,其中 L 是螺旋线 $x = a\cos t, y = a\sin t, z = bt (0 \leqslant t \leqslant 2\pi)$,正向为 t 增加的方向.

13.3　格 林 公 式

如果某个向量场的所有向量都与某平面 π 平行,并且在每一条垂直于 π 的直线上向量相同,则称这个向量场为平面向量场. 不妨设 π 是 xOy 平面,因此,平面向量场就可以写为 $\boldsymbol{v}(x,y) = X(x,y)\boldsymbol{i} + Y(x,y)\boldsymbol{j}$. 格林公式对于研究平面向量场起着重要作用. 另一方面,格林公式将二元函数的导数在平面区域上的二重积分转化为函数本身在区域边界上的曲线积分. 在本质上,格林公式是牛顿-莱布尼茨公式对于二元函数的某种推广.

设 $D \subset \mathbb{R}^2$ 是一个有界区域,其边界 ∂D 是逐段光滑的有向曲线. ∂D 的方向是这样确定的:当一个人站在 xOy 平面上沿 ∂D 的正向前进时,区域 D 总是在他的左侧(图 13.10(a)). 于是,对于圆盘 $x^2 + y^2 \leqslant 1$,它的边界圆周 $x^2 + y^2 = 1$ 的正向是逆时针方向(图 13.10(b));对于环形区域 $1 \leqslant x^2 + y^2 \leqslant 4$,它的边界由两个圆周 $L_1: x^2 + y^2 = 1, L_2: x^2 + y^2 = 4$ 组成,对于前者,其正向为顺时针方向,而后者的正向为逆时针方向(图 13.10(c)).

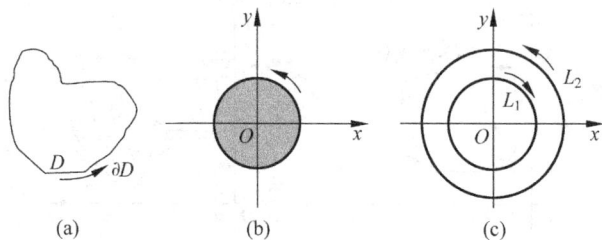

图 13.10

定理 13.3.1(格林公式) 设 $D \subset \mathbb{R}^2$ 是一个有界区域,其边界∂D是逐段光滑的、有向的简单闭曲线(即曲线没有自交叉). 又设函数 $X(x,y), Y(x,y)$ 在 D 内连续可微(即所有偏导数连续),在闭区域 $\overline{D} = D \cup \partial D$ 上连续. 则有$\left(\oint \text{表示在闭合曲线上积分} \right)$

$$\oint_{\partial D} X\mathrm{d}x + Y\mathrm{d}y = \iint_D \left(\frac{\partial Y}{\partial x} - \frac{\partial X}{\partial y} \right) \mathrm{d}x\mathrm{d}y. \qquad (13.3.1)$$

证明 我们将分别证明以下两式:

$$\oint_{\partial D} X\mathrm{d}x = -\iint_D \frac{\partial X}{\partial y}\mathrm{d}x\mathrm{d}y, \quad \oint_{\partial D} Y\mathrm{d}y = \iint_D \frac{\partial Y}{\partial x}\mathrm{d}x\mathrm{d}y. \qquad (13.3.2)$$

从而完成定理证明. 以下只证明第一式,第二式可用同法证明.

为了证明第一式,先考虑一种简单情形,假定区域 D 表示为

$$D = \{ (x,y) \mid a \leqslant x \leqslant b, y_1(x) \leqslant y \leqslant y_2(x) \},$$

其中 $y_1(x), y_2(x)$ 是 $[a,b]$ 上的连续可微函数. 此时边界∂D由四条光滑曲线 L_1, L_2, L_3, L_4 组成(图 13.11(a)).

将 $\iint_D \dfrac{\partial X}{\partial y}\mathrm{d}x\mathrm{d}y$ 化成累次积分可以得到

$$\iint_D \frac{\partial X}{\partial y}\mathrm{d}x\mathrm{d}y = \int_a^b \left(\int_{y_1(x)}^{y_2(x)} \frac{\partial X}{\partial y}\mathrm{d}y \right) \mathrm{d}x$$

$$= \int_a^b [X(x, y_2(x)) - X(x, y_1(x))]\mathrm{d}x$$

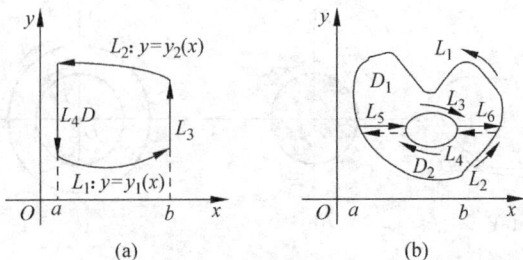

图 13.11

$$= \int_a^b X(x, y_2(x)) \mathrm{d}x - \int_a^b X(x, y_1(x)) \mathrm{d}x$$

$$= -\left(\int_{L_1} + \int_{L_2}\right) X \mathrm{d}x.$$

又注意到 $\int_{L_3} X \mathrm{d}x = \int_{L_4} X \mathrm{d}x = 0$. 于是由上述计算得到

$$\iint_D \frac{\partial X}{\partial y} \mathrm{d}x \mathrm{d}y = -\left(\int_{L_1} + \int_{L_2} + \int_{L_3} + \int_{L_4}\right) X \mathrm{d}x = -\oint_{\partial D} X \mathrm{d}x.$$

在一般情形, 即 D 为任意区域时, 可以用辅助线将 D 分成几个小区域 $D_1, D_2, \cdots, D_k$, 使得其中每个小区域都属于上述简单情形. 例如图 13.11(b) 中, 在 D 中加辅助线 L_5, L_6. 将区域 D 分成 D_1, D_2. 此时 D 的边界为 $\partial D = L_1 \cup L_2 \cup L_3 \cup L_4$, D_1 的边界为 $\partial D_1 = L_1 \cup L_5 \cup L_3 \cup L_6$; 同时 D_2 的边界为 $\partial D_2 = L_2 \cup L_{6_-} \cup L_4 \cup L_{5_-}$.

对于 D_1, D_2 分别应用已经证明过的结论得到

$$-\iint_{D_1} \frac{\partial X}{\partial y} \mathrm{d}x \mathrm{d}y = \oint_{\partial D_1} X \mathrm{d}x = \left(\int_{L_1} + \int_{L_5} + \int_{L_3} + \int_{L_6}\right) X \mathrm{d}x,$$

$$-\iint_{D_2} \frac{\partial X}{\partial y} \mathrm{d}x \mathrm{d}y = \oint_{\partial D_2} X \mathrm{d}x = \left(\int_{L_2} + \int_{L_{6_-}} + \int_{L_4} + \int_{L_{5_-}}\right) X \mathrm{d}x.$$

将以上两式相加, 并且注意到所有那些路线相同但方向相反的有向曲线上的积分互为负值从而抵消, 就得到

$$-\iint\limits_{D}\frac{\partial X}{\partial y}\mathrm{d}x\mathrm{d}y=-\left(\iint\limits_{D_1}+\iint\limits_{D_2}\right)\frac{\partial X}{\partial y}\mathrm{d}x\mathrm{d}y=\left(\oint_{\partial D_1}+\oint_{\partial D_1}\right)X\mathrm{d}x$$

$$=\left(\int_{L_1}+\int_{L_2}+\int_{L_3}+\int_{L_4}\right)X\mathrm{d}x=\oint_{\partial D}X\mathrm{d}x.$$

于是定理得证.

等式(13.3.1)称为**格林(Green)公式**.

注 记 $\boldsymbol{v}(x,y)=X(x,y)\boldsymbol{i}+Y(x,y)\boldsymbol{j}$,则 $\int_{\partial D}X\mathrm{d}x+Y\mathrm{d}y=\int_{\partial D}\boldsymbol{v}\cdot\mathrm{d}\boldsymbol{l}$. 于是格林公式(13.3.1)又可以写成

$$\int_{\partial D}\boldsymbol{v}\cdot\mathrm{d}\boldsymbol{l}=\iint\limits_{D}\left(\frac{\partial Y}{\partial x}-\frac{\partial X}{\partial y}\right)\mathrm{d}x\mathrm{d}y. \qquad (13.3.3)$$

例 13.3.1 计算积分

$$I=\int_{L}(y^2-2xy\sin x^2)\mathrm{d}x+\cos x^2\mathrm{d}y,$$

其中 L 为椭圆 $\dfrac{x^2}{a^2}+\dfrac{y^2}{b^2}=1$ 的右半部分($x\geqslant 0$),正向为逆时针方向(图 13.12).

解 设 L_1 是起点和终点分别为 $A(0,b),B(0,-b)$ 的有向直线段. D 表示右半椭圆 $\dfrac{x^2}{a^2}+\dfrac{y^2}{b^2}\leqslant 1(x\geqslant 0)$. 注意到区域 D 的边界 $\partial D=L\bigcup L_1$,于是由格林公式(13.3.1)得到

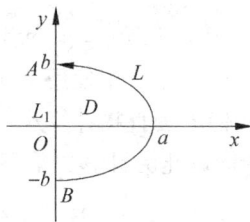

图 13.12

$$\left(\int_{L}+\int_{L_1}\right)(y^2-2xy\sin x^2)\mathrm{d}x+\cos x^2\mathrm{d}y$$

$$=\iint\limits_{D}\left[\frac{\partial}{\partial x}\cos x^2-\frac{\partial}{\partial y}(y^2-2xy\sin x^2)\right]\mathrm{d}x\mathrm{d}y$$

$$=-\iint\limits_{D}2y\mathrm{d}x\mathrm{d}y=-2ab\iint\limits_{D}br\sin\theta\cdot r\mathrm{d}r\mathrm{d}\theta$$

$$=-2ab^2\int_{-\frac{\pi}{2}}^{\frac{\pi}{2}}\sin\theta\mathrm{d}\theta\int_0^1 r^2\,\mathrm{d}r=0.$$

再计算曲线积分

$$\int_{L_1}[y^2-2xy\sin x^2]\mathrm{d}x+\cos x^2\mathrm{d}y.$$

取 y 为参数,由于在 L_1 上 $x\equiv0$,所以 $\mathrm{d}x=0$. 又注意到 L_1 的起点和终点 $A(0,b)$,$B(0,-b)$ 分别对应参数值 $y=b$ 和 $y=-b$,所以

$$\int_{L_1}(y^2-2xy\sin x^2)\mathrm{d}x+\cos x^2\mathrm{d}y$$

$$=\int_{L_1}\cos x^2\mathrm{d}y=\int_b^{-b}\cos0\mathrm{d}y=-2b.$$

于是

$$\int_L[y^2-2xy\sin x^2]\mathrm{d}x+\cos x^2\mathrm{d}y$$

$$=\iint_D\left[\frac{\partial}{\partial x}\cos x^2-\frac{\partial}{\partial y}(y^2-2xy\sin x^2)\right]\mathrm{d}x\mathrm{d}y$$

$$-\int_{L_1}[y^2-2xy\sin x^2]\mathrm{d}x+\cos x^2\mathrm{d}y$$

$$=0-(-2b)=2b.$$

这个题目中使用了如下的方法:为了计算题目中的曲线积分 I,我们不去直接计算这个积分,而是借助于格林公式将计算积分 I 的问题化为计算二重积分与另一个较为简单的曲线积分.

例 13.3.2　计算积分 $\int_L\dfrac{x\mathrm{d}y-y\mathrm{d}x}{x^2+y^2}$,其中 L 为椭圆周 $\dfrac{x^2}{a^2}+\dfrac{y^2}{b^2}=1$,逆时针方向为正(图 13.13).

解　设 L_1 为圆周 $x^2+y^2=r^2$,顺时针为正,r 为充分小的正数,使得圆周 L_1 在 L 包围区域的内部. 记 $X=\dfrac{-y}{x^2+y^2}$,$Y=\dfrac{x}{x^2+y^2}$. 容易验证在由 L 和 L_1 围成的环形区域 D 上 $\dfrac{\partial X}{\partial y}-\dfrac{\partial Y}{\partial x}=0$.

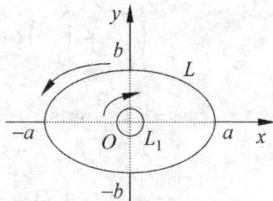

图　13.13

对于环形区域 D 及其边界应用格林公式得到

$$\int_L \frac{x\mathrm{d}y - y\mathrm{d}x}{x^2 + y^2} + \int_{L_1} \frac{x\mathrm{d}y - y\mathrm{d}x}{x^2 + y^2} = \iint_D 0\mathrm{d}x\mathrm{d}y = 0.$$

由此得到

$$\int_L \frac{x\mathrm{d}y - y\mathrm{d}x}{x^2 + y^2} = \int_{L_{1_-}} \frac{x\mathrm{d}y - y\mathrm{d}x}{x^2 + y^2}$$

$$= \int_0^{2\pi} \frac{r^2(\cos^2\theta + \sin^2\theta)}{r^2}\mathrm{d}\theta = 2\pi.$$

格林公式还可以写作另外一种形式,即

$$\oint_{\partial D} \boldsymbol{v} \cdot \boldsymbol{n}\mathrm{d}l = \iint_D \left(\frac{\partial X}{\partial x} + \frac{\partial Y}{\partial y}\right)\mathrm{d}x\mathrm{d}y, \qquad (13.3.4)$$

其中 $\boldsymbol{n}$ 是闭合曲线 ∂D 指向区域 D 的外部的单位法向量(简称外单位法向量).对此可以做如下证明.

考察向量场 $\boldsymbol{u} = -Y(x,y)\boldsymbol{i} + X(x,y)\boldsymbol{j}$,则不难看出,$\boldsymbol{u}$,$\boldsymbol{\tau}$ ($\boldsymbol{\tau}$ 是 ∂D 的单位正切向量)恰好由 $\boldsymbol{v}$,$\boldsymbol{n}$ 分别逆时针旋转 $\frac{\pi}{2}$ 得到,于是 $\boldsymbol{u} \cdot \boldsymbol{\tau} = \boldsymbol{v} \cdot \boldsymbol{n}$.对于向量场 $\boldsymbol{u} = -Y(x,y)\boldsymbol{i} + X(x,y)\boldsymbol{j}$ 应用格林公式(13.3.1)得到

$$\int_{\partial D} \boldsymbol{u} \cdot \mathrm{d}\boldsymbol{l} = \iint_D \left(\frac{\partial X}{\partial x} - \frac{\partial(-Y)}{\partial y}\right)\mathrm{d}x\mathrm{d}y,$$

即

$$\oint_{\partial D} \boldsymbol{v} \cdot \boldsymbol{n}\mathrm{d}l = \oint_{\partial D} \boldsymbol{u} \cdot \boldsymbol{\tau}\mathrm{d}l = \iint_D \left(\frac{\partial X}{\partial x} + \frac{\partial Y}{\partial y}\right)\mathrm{d}x\mathrm{d}y.$$

这就是(13.3.4)式.

习 题 13.3

1. 用格林公式计算下列积分:

(1) $\oint_L xy^2\mathrm{d}y - x^2y\mathrm{d}x$,其中 L 为圆周 $x^2 + y^2 = a^2$,逆时针方向;

(2) $\oint_L (3x+y)\mathrm{d}y - (x-y)\mathrm{d}x$,其中 L 为圆周 $(x-1)^2 + (y-4)^2 = 9$,

逆时针方向；

(3) $\oint_L (x^2+y^2)\mathrm{d}x+(y^2-x^2)\mathrm{d}y$，其中 L 是区域 D 的边界正向（逆时针），区域 D 由直线 $y=0, x=1, y=x$ 围成；

(4) $\oint_L (2xy-x^2)\mathrm{d}x+(x+y^2)\mathrm{d}y$，其中 L 是区域 D 的边界正向，区域 D 由曲线 $x=y^2, y=x^2$ 围成；

(5) $\oint_L (x+y)\mathrm{d}x+xy\mathrm{d}y$，其中 L 为椭圆周 $\dfrac{x^2}{a^2}+\dfrac{y^2}{b^2}=1$，正向；

(6) $\oint_L \sqrt{x^2+y^2}\,\mathrm{d}x+[x+y\ln(x+\sqrt{x^2+y^2})]\mathrm{d}y$，其中 L 为圆周 $(x-2)^2+y^2=1$，逆时针方向；

(7) $\oint_L \mathrm{e}^x[(1-\cos y)\mathrm{d}x-(y-\sin y)\mathrm{d}y]$，其中 L 为 $D=\{(x,y)\mid 0\leqslant x\leqslant\pi, 0\leqslant y\leqslant\sin x\}$ 的正向边界.

2. 计算 $I=\oint_L \dfrac{(x+y)\mathrm{d}x-(x-y)\mathrm{d}y}{x^2+y^2}$，其中 L：

(1) $D=\{(x,y)\mid r^2\leqslant x^2+y^2\leqslant R^2\}\,(0<r<R)$ 的正向边界；

(2) $D=\left\{(x,y)\,\middle|\,\dfrac{x^2}{a^2}+\dfrac{y^2}{b^2}\leqslant 1\right\}$ 的正向边界.

3. 设 D 为平面区域，∂D 为逐段光滑曲线，$(\bar{x},\bar{y})$ 是 D 的形心，D 的面积等于 $\sigma(D)$. 试证：

(1) $\displaystyle\int_{\partial D} x^2\mathrm{d}y=2\sigma(D)\bar{x}$；　　(2) $\displaystyle\int_{\partial D} xy\mathrm{d}y=\sigma(D)\bar{y}$.

4. 设 D 为平面区域，∂D 为逐段光滑曲线，$f\in C^2(\bar{D})$，求证：

$$\oint_{\partial D}\frac{\partial f}{\partial \boldsymbol{n}}\mathrm{d}l=\iint_D\left(\frac{\partial^2 f}{\partial x^2}+\frac{\partial^2 f}{\partial y^2}\right)\mathrm{d}x\mathrm{d}y.$$

13.4　向量场的曲面积分

13.4.1　有向曲面

设曲面 S 在每点都有非零的法向量，此时 S 上每点 $M(x,y,z)$ 都有两个方向相反的单位法向量 $\boldsymbol{n}(x,y,z)$，$-\boldsymbol{n}(x,y,z)$（图 13.14）.

又设当 $M(x,y,z)$ 在 S 上连续移动时，$n(x,$ $y,z)$ 连续变化. 这样的曲面称为**光滑曲面**. 如果 S 由若干这样的曲面连接而成，则称 S 为逐片光滑曲面.

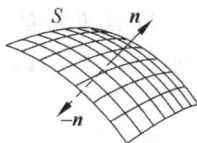

图　13.14

设 $M_0(x_0,y_0,z_0)$ 为曲面上确定的一点，任取在该点的两个单位法向量之一，例如 $n(x_0,y_0,z_0)$. 如果点 $M(x,y,z)$ 在曲面上任意移动，则法向量 $n(x,y,z)$ 也连续变化. 假定不论动点 $M(x,y,z)$ 在曲面 S 上如何运动，当它回到 $M_0(x_0,y_0,z_0)$ 时，$n(x,y,z)$ 总是与 $n(x_0,y_0,z_0)$ 重合，而不会与另一个单位法向量 $-n(x_0,y_0,z_0)$ 重合，这样的曲面称为**双侧曲面**. 本章只研究双侧曲面. 常见的一些曲面，例如平面、球面、柱面等都是双侧曲面.

设 S 是一个光滑的双侧曲面，在它的每个点有两个单位法向量 $n(x,y,z)$，$-n(x,y,z)$. 当点 $M(x,y,z)$ 在曲面上任意移动时，$n(x,y,z)$ 和 $-n(x,y,z)$ 形成 S 上的两个连续的法向量场，分别指向曲面两侧. 由于是双侧曲面，这两个向量场没有公共向量.

所谓**有向曲面** S，就是在曲面的两个侧中指定其中一侧为正，或者在上述两个单位法向量场中选定了一个，即 $n(x,y,z)$ 或 $-n(x,y,z)$.

(1) 如果曲面 S 由方程 $F(x,y,z)=0$ 给出. 当 $\nabla F(x,y,z)\neq 0$ 时，曲面上任意一点 $M(x,y,z)$ 处的单位法向量是 $\pm n=\pm\dfrac{\nabla F(x,y,z)}{\|\nabla F(x,y,z)\|}$. 这时可以根据事先指定的一侧，选取其中的符号，使得单位法向量指向正侧.

例如考察球面 $S: x^2+y^2+z^2=a^2$. 在其上任意一点 $M(x,y,z)$ 的单位法向量为

$$\pm n(x,y,z)=\pm\frac{xi+yj+zk}{a}. \tag{13.4.1}$$

如果外侧为正侧，则应当在上式中选取正号，否则取负号(图 13.15).

（2）如果曲面 S 由方程 $z=f(x,y)$ 确定,则在曲面上任意一点 $M(x,y,f(x,y))$ 的单位法向量是

$$\pm \boldsymbol{n}(x,y,z)=\pm \frac{-\dfrac{\partial f}{\partial x}\boldsymbol{i}-\dfrac{\partial f}{\partial y}\boldsymbol{j}+\boldsymbol{k}}{\sqrt{1+\left(\dfrac{\partial f}{\partial x}\right)^2+\left(\dfrac{\partial f}{\partial x}\right)^2}}. \qquad (13.4.2)$$

如果曲面上侧为正,则上式中符号取正,否则取负.

例如考察平面 S: $z=1-x-y$,如果上侧为正,则上述向量的符号应当取正(图 13.16),即

$$\boldsymbol{n}(x,y,z)=\frac{\boldsymbol{i}+\boldsymbol{j}+\boldsymbol{k}}{\sqrt{3}}.$$

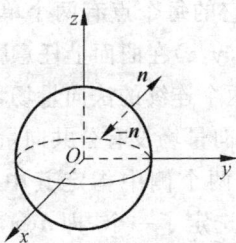 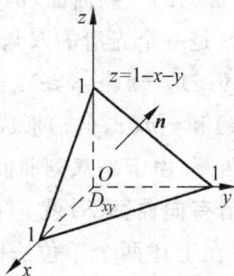

图　13.15　　　　　　　　图　13.16

（3）如果曲面 S 由参数方程确定:$x=x(u,v)$,$y=y(u,v)$,$z=z(u,v)$,则在任意一点的单位法向量是

$$\pm \boldsymbol{n}=\frac{A\boldsymbol{i}+B\boldsymbol{j}+C\boldsymbol{k}}{\sqrt{A^2+B^2+C^2}}, \qquad (13.4.3)$$

其中

$$A=\det \frac{\partial(y,z)}{\partial(u,v)}, \quad B=\det \frac{\partial(z,x)}{\partial(u,v)}, \quad C=\det \frac{\partial(x,y)}{\partial(u,v)},$$

$$(13.4.4)$$

参见 11.2.4 节. 这时可以根据曲面的方向适当地选取(13.4.3)式

中的符号.

有向曲面 S 的边界 ∂S 是有向曲线. ∂S 的方向是这样规定的:当一个人站在曲面的正向(即站立方向与正侧法向量一致),沿着 ∂S 正向前进时,曲面 S 总是在它的左侧(图 13.17).

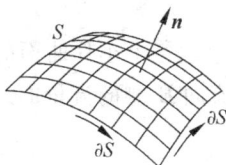

图 13.17

如果 S 是有向曲面的一部分,则定向原则与上述相同.

现在介绍有向面积元的概念.在第 12 章中曾经给出了曲面的面积微元 dS 的表达式.当曲面 S 表示为不同方程时,dS 有不同的形式.但是无论如何,dS 是一个没有方向的标量.

设在曲面 S 上点 $M(x,y,z)$ 处的面积微元是 dS,曲面的正侧单位法向量为 $\boldsymbol{n}(x,y,z)$,则称 $d\boldsymbol{S}=\boldsymbol{n}(x,y,z)dS$ 为曲面 S 在点 $M(x,y,z)$ 的**有向面积微元**(或有向面积元素).有向面积微元 $d\boldsymbol{S}$ 的方向为 $\boldsymbol{n}(x,y,z)$,数值大小等于 dS.

13.4.2 向量场曲面积分的概念和计算

先考察一个具体问题.设区域 $\Omega \subseteq \mathbb{R}^3$ 中分布着流体,假设流体有均匀的密度 1,流速是 $\boldsymbol{v}(x,y,z)$,这是一个分布在 Ω 上的向量场.又设 S 为 Ω 内的一个光滑曲面,试求在单位时间内流体自 S 的 A 侧穿越 S 流向 B 侧的流量(图 13.18).

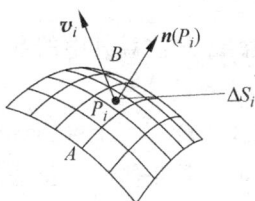

图 13.18

将曲面分割成若干小片 ΔS_1, $\Delta S_2, \cdots, \Delta S_n$,并在每片 ΔS_i 上任意取一点 $P_i(i=1,2,\cdots,n)$.当所有小片曲面直径的最大值充分小时,可以将 ΔS_i 近似看成一小片平面,其单位法向量就是曲面 S 在点 P_i 指向 B 侧的单位法向量 $\boldsymbol{n}(P_i)$.这样一来,如果仍用 ΔS_i 表示 ΔS_i 的面积,则流体在单位时间自 A 侧穿过 ΔS_i 流向 B 侧的流量就近似等于

$$\boldsymbol{v}(P_i) \cdot \boldsymbol{n}(P_i)\Delta S_i.$$

将通过各个小片曲面的流量求和,就得到单位时间内自 A 侧穿越 S 流向 B 侧的流量的近似值

$$\sum_{i=1}^{n}\boldsymbol{v}(P_i) \cdot \boldsymbol{n}(P_i)\Delta S_i. \tag{13.4.5}$$

当各个小片曲面的最大直径趋向于零时,这个和的极限就是单位时间内自 A 侧穿越 S 流向 B 侧的流量.

另一方面,上述和式(13.4.5)恰好是函数 $\boldsymbol{v}(x,y,z) \cdot \boldsymbol{n}(x,y,z)$ 在曲面 S 上曲面积分的积分和. 于是,如果曲面积分

$$\iint_S \boldsymbol{v}(x,y,z) \cdot \boldsymbol{n}(x,y,z)\mathrm{d}S$$

存在,则当所有小片曲面直径的最大值趋向于零时,上述和式的极限就是这个曲面积分.

于是,流体从曲面一侧穿过曲面流向另一侧的流量就是函数 $\boldsymbol{v}(x,y,z) \cdot \boldsymbol{n}(x,y,z)$ 在曲面 S 上的(第一型)曲面积分

$$\iint_S \boldsymbol{v}(x,y,z) \cdot \boldsymbol{n}(x,y,z)\mathrm{d}S.$$

如果我们抛开这个例子的具体物理意义,只注意其中的数学过程,就得到第二型曲面积分的概念.

定义 13.4.1　设 $\boldsymbol{v}(x,y,z)$ 是分布在区域 $\Omega \subseteq \mathbb{R}^3$ 上的连续向量场,S 是 Ω 中的光滑的有向曲面,$\boldsymbol{n}(x,y,z)$ 是正侧的单位法向量. 则函数 $\boldsymbol{v}(x,y,z) \cdot \boldsymbol{n}(x,y,z)$ 在曲面 S 上连续,从而(第一型)曲面积分

$$\iint_S \boldsymbol{v}(x,y,z) \cdot \boldsymbol{n}(x,y,z)\mathrm{d}S = \iint_S \boldsymbol{v} \cdot \mathrm{d}\boldsymbol{S} \tag{13.4.6}$$

存在. 称这个曲面积分为**向量场 $\boldsymbol{v}(x,y,z)$ 在有向曲面 S 上的积分**,也称为**第二型曲面积分**.

如果 S 是由有向光滑曲面 $S_1, S_2, \cdots, S_k$ 连接而成的逐片有

向光滑曲面,则定义

$$\iint\limits_{S} \boldsymbol{v} \cdot \mathrm{d}\boldsymbol{S} = \sum_{i=1}^{k} \iint\limits_{S_i} \boldsymbol{v} \cdot \mathrm{d}\boldsymbol{S}.$$

如同第二型曲线积分一样,第二型曲面积分也具有方向性,即

$$\iint\limits_{S_-} \boldsymbol{v} \cdot \mathrm{d}\boldsymbol{S} = -\iint\limits_{S} \boldsymbol{v} \cdot \mathrm{d}\boldsymbol{S}, \tag{13.4.7}$$

其中 S_- 表示有向曲面 S 的另一侧.

现在研究第二型曲面积分的计算. 计算第二型曲面积分最直接的方法是根据曲面 S 的具体形式,求出曲面 S 的单位法向量 $\boldsymbol{n}(x,y,z)$ 和面积元 $\mathrm{d}S$,代入(13.4.6)式,化为第一型曲面积分进行计算.

例 13.4.1 计算积分 $I = \iint\limits_{S} \boldsymbol{v} \cdot \mathrm{d}\boldsymbol{S}$, 其中 $\boldsymbol{v} = x^2\boldsymbol{i} + y^2\boldsymbol{j} + z^2\boldsymbol{k}$,$S$ 是三个坐标面与平面 $x+y+z=1$ 围成的四面体的外表面.

解 S 由 4 片光滑曲面 S_1,S_2,S_3,S_4 组成(图 13.19),其中 S_1,S_2,S_3 分别是 xOy,zOx,yOz 平面上的三角形,S_4 是平面 $x+y+z=1$ 在第一卦限中的部分. 于是

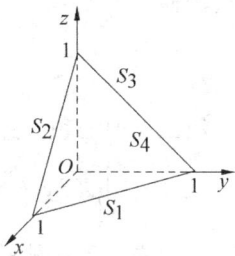

图 13.19

$$\iint\limits_{S} \boldsymbol{v} \cdot \mathrm{d}\boldsymbol{S} = \left(\iint\limits_{S_1} + \iint\limits_{S_2} + \iint\limits_{S_3} + \iint\limits_{S_4} \right) \boldsymbol{v} \cdot \mathrm{d}\boldsymbol{S}.$$

在 S_1 上,由于是沿下侧积分,而下侧的单位法向量是 $-\boldsymbol{k}$,并且 $\mathrm{d}S = \mathrm{d}x\mathrm{d}y$,所以

$$\iint\limits_{S_1} \boldsymbol{v} \cdot \mathrm{d}\boldsymbol{S} = \iint\limits_{S_1} \boldsymbol{v} \cdot \boldsymbol{n}\mathrm{d}S = -\iint\limits_{S_1} z^2 \mathrm{d}x\mathrm{d}y$$

$$= -\iint\limits_{S_1} 0 \mathrm{d}x\mathrm{d}y = 0.$$

同样可以得到

$$\iint\limits_{S_2} \boldsymbol{v} \cdot \mathrm{d}\boldsymbol{S} = \iint\limits_{S_3} \boldsymbol{v} \cdot \mathrm{d}\boldsymbol{S} = 0.$$

在 S_4 上，

$$\mathrm{d}S = \sqrt{3}\,\mathrm{d}x\mathrm{d}y, \quad \boldsymbol{n} = \frac{1}{\sqrt{3}}(\boldsymbol{i} + \boldsymbol{j} + \boldsymbol{k}),$$

所以

$$\iint\limits_{S_4} \boldsymbol{v} \cdot \mathrm{d}\boldsymbol{S} = \iint\limits_{S_4} \boldsymbol{v} \cdot \boldsymbol{n}\mathrm{d}S = \iint\limits_{S_4} (x^2 + y^2 + z^2)\mathrm{d}x\mathrm{d}y$$

$$= \iint\limits_{\substack{0 \leqslant x \leqslant 1 \\ 0 \leqslant y \leqslant 1-x}} [x^2 + y^2 + (1 - x - y)^2]\mathrm{d}x\mathrm{d}y = \frac{1}{4}.$$

因而

$$\iint\limits_{S} \boldsymbol{v} \cdot \mathrm{d}\boldsymbol{S} = \frac{1}{4}.$$

第二型曲面积分经常以下述形式出现：

$$\iint\limits_{S} X\mathrm{d}y \wedge \mathrm{d}z + Y\mathrm{d}z \wedge \mathrm{d}x + Z\mathrm{d}x \wedge \mathrm{d}y. \qquad (13.4.8)$$

我们先对于这种形式进行解释，然后讨论它的计算问题.

在第二型曲面积分定义中，分别用 $\cos\alpha, \cos\beta, \cos\gamma$ 表示曲面的单位法向量 $\boldsymbol{n}(x, y, z)$ 的三个方向系数，即

$$\boldsymbol{n} = \cos\alpha\boldsymbol{i} + \cos\beta\boldsymbol{j} + \cos\gamma\boldsymbol{k}, \qquad (13.4.9)$$

则有向面积微元 $\mathrm{d}\boldsymbol{S}$（作为向量）的三个分量为 $\cos\alpha\mathrm{d}S, \cos\beta\mathrm{d}S,$ $\cos\gamma\mathrm{d}S$. 于是积分(13.4.6)可以改写为

$$\iint\limits_{S} \boldsymbol{v} \cdot \mathrm{d}\boldsymbol{S} = \iint\limits_{S} (X\boldsymbol{i} + Y\boldsymbol{j} + Z\boldsymbol{k}) \cdot (\cos\alpha\boldsymbol{i} + \cos\beta\boldsymbol{j} + \cos\gamma\boldsymbol{k})\mathrm{d}S$$

$$= \iint\limits_{S} X\cos\alpha\mathrm{d}S + Y\cos\beta\mathrm{d}S + Z\cos\gamma\mathrm{d}S. \qquad (13.4.10)$$

引进记号

$$\mathrm{d}y \wedge \mathrm{d}z = \cos\alpha \mathrm{d}S, \quad \mathrm{d}z \wedge \mathrm{d}x = \cos\beta \mathrm{d}S, \quad \mathrm{d}x \wedge \mathrm{d}y = \cos\gamma \mathrm{d}S,$$
$$(13.4.11)$$

则 $\mathrm{d}x \wedge \mathrm{d}y$ 是这样一个量：它的绝对值等于曲面面积微元 $\mathrm{d}S$ 在 xOy 平面上的投影的面积 $\mathrm{d}\sigma_{xy}$，它的符号与 $\cos\gamma$ 相同，即 $\mathrm{d}x \wedge \mathrm{d}y = \pm\mathrm{d}\sigma_{xy}$，其中符号的正与负取决于曲面法向量 $\boldsymbol{n}(x,y,z)$ 与 Oz 轴正向的夹角 γ，当 γ 是锐角时取正号，当 γ 是钝角时取负号.

如果令 $\boldsymbol{v} = X\boldsymbol{i} + Y\boldsymbol{j} + Z\boldsymbol{k}$，则有

$$\iint\limits_{S} X\mathrm{d}y \wedge \mathrm{d}z + Y\mathrm{d}z \wedge \mathrm{d}x + Z\mathrm{d}x \wedge \mathrm{d}y = \iint\limits_{S} \boldsymbol{v} \cdot \mathrm{d}\boldsymbol{S}.$$

明确了这层关系之后，就可以将积分 (13.4.8) 转化为积分 $\iint\limits_{S} \boldsymbol{v} \cdot \mathrm{d}\boldsymbol{S}$ 进行计算.

例 13.4.2 计算第二型曲面积分

$$I = \iint\limits_{S} xz\mathrm{d}y \wedge \mathrm{d}z + yz\mathrm{d}z \wedge \mathrm{d}x + z^2\mathrm{d}x \wedge \mathrm{d}y,$$

其中 S 为半球面 $z = \sqrt{R^2 - x^2 - y^2}$，上侧为正 (图 13.20).

解 将积分 I 改写为 $I = \iint\limits_{S} \boldsymbol{v} \cdot \boldsymbol{n}\mathrm{d}S$，

其中 $\boldsymbol{v} = xz\boldsymbol{i} + yz\boldsymbol{j} + z^2\boldsymbol{k}$. 注意到

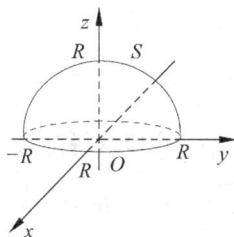

$$\mathrm{d}S = \sqrt{1 + \left(\frac{\partial z}{\partial x}\right)^2 + \left(\frac{\partial z}{\partial y}\right)^2}$$
$$= \frac{R}{z}\mathrm{d}x\mathrm{d}y,$$

图 13.20

$$\boldsymbol{n} = \frac{1}{R}(x\boldsymbol{i} + y\boldsymbol{j} + z\boldsymbol{k}),$$

所以

$$I = \iint\limits_{S} \boldsymbol{v} \cdot \mathrm{d}\boldsymbol{S} = \iint\limits_{S} (x^2 + y^2 + z^2)\mathrm{d}x\mathrm{d}y$$

$$= \iint\limits_{x^2+y^2 \leqslant R^2} R^2 \mathrm{d}x\mathrm{d}y = \pi R^4.$$

例 13.4.3 计算 $I = \iint\limits_{S} x(y-z)\mathrm{d}y \wedge \mathrm{d}z + (x-y)\mathrm{d}x \wedge \mathrm{d}y$,其中 S 为 $x^2 + y^2 = 1$ $(0 \leqslant z \leqslant 2)$ 的外侧(图 13.21).

解 上述积分可以改写作 $\iint\limits_{S} \boldsymbol{v} \cdot \mathrm{d}\boldsymbol{S}$,其中 $\boldsymbol{v} = x(y-z)\boldsymbol{i} + (x-y)\boldsymbol{k}$. 又注意到 S 的正向单位法向量为 $\boldsymbol{n} = x\boldsymbol{i} + y\boldsymbol{j}$,$\boldsymbol{v} \cdot \boldsymbol{n} = x^2(y-z)$,曲面取参数方程

$$x = \cos\theta, \quad y = \sin\theta, \quad z = z,$$
$$0 \leqslant \theta \leqslant 2\pi, 0 \leqslant z \leqslant 2,$$

则 $\mathrm{d}S = \mathrm{d}\theta\mathrm{d}z$. 于是

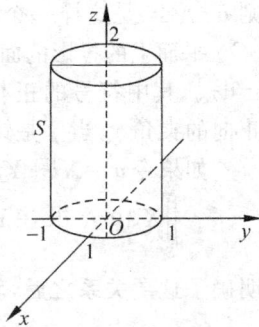

图 13.21

$$\iint\limits_{S} \boldsymbol{v} \cdot \boldsymbol{n}\mathrm{d}S = \iint\limits_{S} x^2(y-z)\mathrm{d}S$$

$$= \iint\limits_{\substack{0 \leqslant \theta \leqslant 2\pi \\ 0 \leqslant z \leqslant 2}} \cos^2\theta(\sin\theta - z)\mathrm{d}\theta\mathrm{d}z$$

$$= \int_0^{2\pi} \mathrm{d}\theta \int_0^2 \cos^2\theta(\sin\theta - z)\mathrm{d}z = -2\pi.$$

例 13.4.4 计算 $\iint\limits_{S} x^2\mathrm{d}y \wedge \mathrm{d}z + z\mathrm{d}x \wedge \mathrm{d}y$,其中 S 为抛物面 $z = x^2 + y^2$ 介于 $z = 0$ 和 $z = 1$ 之间部分的下侧.

解 上述积分可以写成 $\iint\limits_{S} \boldsymbol{v} \cdot \boldsymbol{n}\mathrm{d}S$,其中

$$\boldsymbol{v} = x^2\boldsymbol{i} + z\boldsymbol{k}, \quad \boldsymbol{n} = \frac{(2x\boldsymbol{i} + 2y\boldsymbol{j} - \boldsymbol{k})}{\sqrt{1 + 4x^2 + 4y^2}},$$

$$\mathrm{d}S = \sqrt{1 + 4x^2 + 4y^2}\,\mathrm{d}x\mathrm{d}y,$$

于是

$$\iint\limits_{S} x^2\mathrm{d}y \wedge \mathrm{d}z + z\mathrm{d}x \wedge \mathrm{d}y = \iint\limits_{S} \boldsymbol{v} \cdot \boldsymbol{n}\mathrm{d}S$$

$$= \iint_S (x^2\boldsymbol{i} + z\boldsymbol{k}) \cdot \frac{(2x\boldsymbol{i} + 2y\boldsymbol{j} - \boldsymbol{k})}{\sqrt{1 + 4x^2 + 4y^2}} \sqrt{1 + 4x^2 + 4y^2} \, \mathrm{d}x\mathrm{d}y$$

$$= \iint_{x^2+y^2 \leqslant 1} (2x^3 - x^2 - y^2) \, \mathrm{d}x\mathrm{d}y$$

$$= \int_0^{2\pi} \mathrm{d}\theta \int_0^1 (2r^3\cos^3\theta - r^2)r\mathrm{d}r = -\frac{\pi}{2}.$$

例 13.4.5 电量等于 q 的点电荷置于球的中心,求电场强度对于球面的通量$\left(\text{向量场 } \boldsymbol{v} = X\boldsymbol{i} + Y\boldsymbol{j} + Z\boldsymbol{k} \text{ 沿有向曲面 } S \text{ 的积分}\right.$ $\iint_S \boldsymbol{v} \cdot \mathrm{d}\boldsymbol{S}$ 称为对于有向曲面 S 的**通量**$\Big)$.

解 设球心为原点 O,球半径等于 R. 在球坐标系中,该球面的方程是

$$x = R\sin\varphi\cos\theta, \quad y = R\sin\varphi\sin\theta, \quad z = R\cos\varphi,$$
$$0 \leqslant \varphi \leqslant \pi, 0 \leqslant \theta < 2\pi.$$

球面的面积元素是 $\mathrm{d}S = R^2\sin\varphi$,球面在任意点 (x,y,z) 处的外法向量为

$$\boldsymbol{n} = \frac{x\boldsymbol{i} + y\boldsymbol{j} + z\boldsymbol{k}}{R}.$$

放置在原点并且带电量为 q 的点电荷在原点以外的空间任意一点 (x,y,z) 处产生的电场强度为(忽略一个常数因子)

$$\boldsymbol{E}(x,y,z) = \frac{(x\boldsymbol{i} + y\boldsymbol{j} + z\boldsymbol{k})q}{(x^2 + y^2 + z^2)^{3/2}},$$

于是电场强度对于球面外侧的通量等于(其中 S 为球面外侧)

$$\iint_S \boldsymbol{E} \cdot \boldsymbol{n}\mathrm{d}S = \iint \frac{(x\boldsymbol{i} + y\boldsymbol{j} + z\boldsymbol{k})q}{(x^2 + y^2 + z^2)^{3/2}} \cdot \frac{x\boldsymbol{i} + y\boldsymbol{j} + z\boldsymbol{k}}{R} R^2\sin\varphi\mathrm{d}\varphi\mathrm{d}\theta$$

$$= q\int_0^{2\pi}\mathrm{d}\theta \int_0^\pi \frac{x\boldsymbol{i} + y\boldsymbol{j} + z\boldsymbol{k}}{(x^2 + y^2 + z^2)^{3/2}} \cdot \frac{x\boldsymbol{i} + y\boldsymbol{j} + z\boldsymbol{k}}{R} R^2\sin\varphi\mathrm{d}\varphi$$

$$= q\int_0^{2\pi}\mathrm{d}\theta \int_0^\pi \sin\varphi\mathrm{d}\varphi = 4\pi q.$$

习 题 13.4

计算下列第二型曲面积分:

1. $\iint\limits_{S}(x^2+y^2)\mathrm{d}x\wedge\mathrm{d}y$, S 为 $x^2+y^2\leqslant1,z=0$ 的下侧.

2. $\iint\limits_{S}z\mathrm{d}x\wedge\mathrm{d}y$, S 为 $x^2+y^2+z^2=R^2$ 上半部分的下侧.

3. $\iint\limits_{S}xz^2\mathrm{d}x\wedge\mathrm{d}y$, S 为 $x^2+y^2+z^2=1$ 第一卦限部分的外侧.

4. $\iint\limits_{S}z^2\mathrm{d}x\wedge\mathrm{d}y$, S 为 $z=\sqrt{a^2-x^2-y^2}(a>0)$ 被圆柱面 $x^2+y^2=ax$ 所截的部分的上侧.

5. $\iint\limits_{S}2y\mathrm{d}z\wedge\mathrm{d}x$,其中 S 为锥面 $y=\sqrt{x^2+z^2}$ 介于 $y=1$ 和 $y=2$ 之间的部分外侧.

6. $\iint\limits_{S}x\mathrm{d}y\wedge\mathrm{d}z+z\mathrm{d}x\wedge\mathrm{d}y$, S 为 $x^2+y^2=a^2$ 在第一卦限中介于 $z=0,z=h$ $(h>0)$之间的部分,外侧为正.

7. $\iint\limits_{S}z\mathrm{d}x\wedge\mathrm{d}y+\mathrm{d}y\wedge\mathrm{d}z$, S 为平面 $x+y-z=1$ 在第五卦限中的部分下侧.

8. $\iint\limits_{S}(y-z)\mathrm{d}y\wedge\mathrm{d}z+(z-x)\mathrm{d}z\wedge\mathrm{d}x+(x-y)\mathrm{d}x\wedge\mathrm{d}y$, S 为 $y=\sqrt{x^2+z^2}$, $y=h(h>0)$ 所围区域的表面外侧.

9. $\oiint\limits_{S}x\mathrm{d}y\wedge\mathrm{d}z+y\mathrm{d}z\wedge\mathrm{d}x+z\mathrm{d}x\wedge\mathrm{d}y$, S 为 $x^2+y^2+z^2=R^2$ 的外侧.

10. $\oiint\limits_{S}yz\mathrm{d}y\wedge\mathrm{d}z+zx\mathrm{d}z\wedge\mathrm{d}x+xy\mathrm{d}x\wedge\mathrm{d}y$, S 为区域 $\begin{cases}x+y+z\leqslant a,a>0,\\x\geqslant0,y\geqslant0,z\geqslant0\end{cases}$ 表面的外侧.

11. $\oiint\limits_{S}\dfrac{x}{r^3}\mathrm{d}y\wedge\mathrm{d}z+\dfrac{y}{r^3}\mathrm{d}z\wedge\mathrm{d}x+\dfrac{z}{r^3}\mathrm{d}x\wedge\mathrm{d}y$,其中 $r=\sqrt{x^2+y^2+z^2}$, S 为球面 $x^2+y^2+z^2=a^2$ 的外侧.

13.5 高斯公式与斯托克斯公式

13.5.1 高斯公式

高斯公式描述函数的偏导数在空间区域上的积分与函数本身在区域边界上曲面积分之间的某种关系. 德国数学家高斯曾经在地球磁场和引力场的研究中使用过高斯公式, 所以在西方将这个公式称为"高斯公式". 在同一个年代, 俄罗斯数学家奥斯特罗格拉得斯基在研究三重积分与曲面积分的相互关系时得到了这个结果, 并且将这个公式用于热流的研究. 因此, 在俄罗斯以及某些东欧国家, 人们也将这个公式称为奥斯特罗格拉得斯基公式.

高斯公式在电学和流体力学中有非常清楚的物理意义. 在这一节我们将利用高斯公式解释散度运算"$\nabla \cdot$"的物理意义, 揭示向量场的一个重要规律.

定理 13.5.1(高斯公式) 假设 $\Omega \subseteq \mathbb{R}^3$ 为有界的、由逐片光滑曲面围成的区域, 向量场
$$v(x,y,z) = X(x,y,z)i + Y(x,y,z)j + Z(x,y,z)k$$
在 Ω 内连续可微, 在闭区域 $\overline{\Omega} = \Omega \cup \partial \Omega$ 上连续, 则有

$$\iint\limits_{\partial\Omega} X\,\mathrm{d}y \wedge \mathrm{d}z + Y\mathrm{d}z \wedge \mathrm{d}x + Z\mathrm{d}x \wedge \mathrm{d}y$$

$$= \iiint\limits_{\Omega} \left(\frac{\partial X}{\partial x} + \frac{\partial Y}{\partial y} + \frac{\partial Z}{\partial z} \right) \mathrm{d}x\mathrm{d}y\mathrm{d}z, \qquad (13.5.1)$$

或者

$$\iint\limits_{\partial\Omega} v \cdot \mathrm{d}S = \iiint\limits_{\Omega} \nabla \cdot v \mathrm{d}V, \qquad (13.5.2)$$

其中曲面积分是沿 $\partial\Omega$ 外侧进行的.

证明 我们将分别证明以下三式, 从而完成定理证明.

$$
\begin{cases}
\iint\limits_{\partial\Omega} Z\,\mathrm{d}x \wedge \mathrm{d}y = \iiint\limits_{\Omega} \dfrac{\partial Z}{\partial z}\mathrm{d}V, \\[2mm]
\iint\limits_{\partial\Omega} Y\,\mathrm{d}z \wedge \mathrm{d}x = \iiint\limits_{\Omega} \dfrac{\partial Y}{\partial y}\mathrm{d}V, \\[2mm]
\iint\limits_{\partial\Omega} X\,\mathrm{d}y \wedge \mathrm{d}z = \iiint\limits_{\Omega} \dfrac{\partial X}{\partial x}\mathrm{d}V.
\end{cases}
\tag{13.5.3}
$$

只证其中第一式,其他两式可以类似地证明.

在证明第一式时,首先考虑区域 Ω 的一种特殊情形:即设 Ω 是一个母线平行于 Oz 轴,并且下底面和上底面分别为 S_1: $z = z_1(x,y)$ 和 S_2: $z = z_2(x,y)$ 的曲顶柱体. 该柱体在 xOy 平面上的投影是 D_{xy};下底 S_1 和上底 S_2 分别为逐片光滑曲面. 此时 $\partial\Omega$ 由 S_1,S_2 和柱面 S_3 组成,外侧为正(图 13.22).

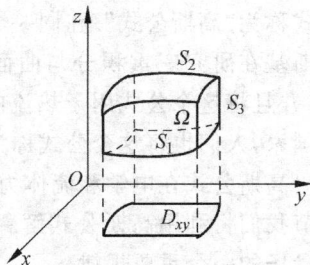

图　13.22

在柱面 S_3 上,法向量与 Oz 轴垂直,所以

$$
\iint\limits_{S_3} Z\,\mathrm{d}x \wedge \mathrm{d}y = \iint\limits_{S_3} Z\cos\gamma\,\mathrm{d}S = 0.
$$

在下底 S_1 的下侧,法向量与 Oz 轴成钝角,所以

$$
\iint\limits_{S_1} Z\,\mathrm{d}x \wedge \mathrm{d}y = -\iint\limits_{D_{xy}} Z(x,y,z_1(x,y))\mathrm{d}\sigma
$$

$$
= -\iint\limits_{D_{xy}} Z(x,y,z_1(x,y))\mathrm{d}x\mathrm{d}y.
$$

在上底 S_2 上侧,法向量与 Oz 轴成锐角,所以

$$
\iint\limits_{S_2} Z\,\mathrm{d}x \wedge \mathrm{d}y = \iint\limits_{D_{xy}} Z(x,y,z_2(x,y))\mathrm{d}\sigma
$$

$$
= \iint\limits_{D_{xy}} Z(x,y,z_2(x,y))\mathrm{d}x\mathrm{d}y.
$$

将以上三式相加得到

$$\oiint_{\partial\Omega} Z \mathrm{d}x \wedge \mathrm{d}y = \left(\iint_{S_1} + \iint_{S_2} + \iint_{S_3} \right) Z \mathrm{d}x \wedge \mathrm{d}y$$

$$= \iint_{D_{xy}} \left[Z(x,y,z_2(x,y)) - Z(x,y,z_1(x,y)) \right] \mathrm{d}x \mathrm{d}y$$

$$= \iint_{D_{xy}} \left(\int_{z_1(x,y)}^{z_2(x,y)} \frac{\partial Z}{\partial z} \mathrm{d}z \right) \mathrm{d}x \mathrm{d}y = \iiint_{\Omega} \frac{\partial Z}{\partial z} \mathrm{d}V.$$

于是对于上述简单情形,定理结论是正确的.

对于一般的区域 Ω,可以将其分成若干个小区域 $\Omega_1, \Omega_2, \cdots, \Omega_k$,使得每一个小区域都属于上面的简单情形. 由已经证明的结论得到

$$\iint_{\partial\Omega_i} Z \mathrm{d}x \wedge \mathrm{d}y = \iiint_{\Omega_i} \frac{\partial Z}{\partial z} \mathrm{d}V, \quad i = 1,2,\cdots,k. \quad (13.5.4)$$

将上式两端分别对于 i 求和. 注意到在区域 Ω 内部的那些 $\partial\Omega_i$ 上的积分都是沿其两侧各积分一次,因而互相抵消. 所以左端只剩下在 $\partial\Omega$ 上的积分,即

$$\sum_{i=1}^{k} \iint_{\partial\Omega_i} Z \mathrm{d}x \wedge \mathrm{d}y = \oiint_{\partial\Omega} Z \mathrm{d}x \wedge \mathrm{d}y.$$

(13.5.4)式右端求和得到

$$\sum_{i=1}^{k} \iiint_{\Omega_i} \frac{\partial Z}{\partial z} \mathrm{d}x \mathrm{d}y \mathrm{d}z = \iiint_{\Omega} \frac{\partial Z}{\partial z} \mathrm{d}x \mathrm{d}y \mathrm{d}z. \quad (13.5.5)$$

联合以上两式就得到(13.5.1)式. 于是定理得证.

(13.5.1)式和(13.5.2)式称为高斯(Gauss)公式.

在二维情形,设 $\boldsymbol{v}(x,y) = X(x,y)\boldsymbol{i} + Y(x,y)\boldsymbol{j}$ 是区域 $D \subseteq \mathbb{R}^2$ 上的连续可微向量场,则格林公式的第二种形式变成

$$\oint_{\partial D} \boldsymbol{v} \cdot \boldsymbol{n} \mathrm{d}l = \iint_{D} \left(\frac{\partial X}{\partial x} + \frac{\partial Y}{\partial y} \right) \mathrm{d}x \mathrm{d}y = \iint_{D} \nabla \cdot \boldsymbol{v} \mathrm{d}x \mathrm{d}y.$$

于是高斯公式可以看成是格林公式在三维空间的推广.

例 13.5.1 设在空间分布着不可压缩流体,它的密度 $\mu(x,y,z,t)$ 和速度 $\boldsymbol{v}(x,y,z,t)$ 是空间和时间的函数. 考察以点

(x,y,z) 为中心，以 $r(r>0)$ 为半径的球 D_r. 在时刻 t，D_r 中所包含

流体总量等于 $\iiint\limits_{D_r}\mu(x,y,z,t)\mathrm{d}x\mathrm{d}y\mathrm{d}z$. 这个量随时间变化，它对于时间

的变化率等于流体此刻自 D_r 内部穿越其边界向外通量的负值，即

$$\frac{\partial}{\partial t}\iiint\limits_{D_r}\mu(x,y,z,t)\mathrm{d}V=-\oiint\limits_{\partial D_r}\mu(x,y,z,t)\,\boldsymbol{v}(x,y,z,t)\cdot\boldsymbol{n}\mathrm{d}S,$$

$$(13.5.6)$$

其中 $\boldsymbol{n}$ 为 ∂D_r 的外单位法向量.

由高斯公式得到

$$\oiint\limits_{\partial D_r}\mu(x,y,z,t)\,\boldsymbol{v}(x,y,z,t)\cdot\boldsymbol{n}\mathrm{d}S=\iiint\limits_{D_r}\nabla\cdot(\mu\boldsymbol{v})\mathrm{d}V.$$

将此式代入(13.5.6)式，得到

$$\frac{\partial}{\partial t}\iiint\limits_{D_r}\mu\mathrm{d}V=-\iiint\limits_{D_r}\nabla\cdot(\mu\boldsymbol{v})\mathrm{d}V.$$

上式两端同除以 D_r 的体积，并且令 $r\to0$，便得到

$$\frac{\partial\mu(x,y,z,t)}{\partial t}=-\nabla\cdot[\mu(x,y,z,t)\,\boldsymbol{v}(x,y,z,t)].$$

这就是流体动力学中的连续性方程.

例 13.5.2　利用高斯公式计算第二型曲面积分

$$\iint\limits_{S}(y^2-x)\mathrm{d}y\wedge\mathrm{d}z+(z^2-y)\mathrm{d}z\wedge\mathrm{d}x+(x^2-z)\mathrm{d}x\wedge\mathrm{d}y,$$

其中 S 为曲面 $z=1-x^2-y^2(z\geqslant0)$ 的

上侧(图 13.23).

解　用 S_1 表示 xOy 平面上的圆盘

$x^2+y^2\leqslant1$ 的下侧，Ω 为 S 和 S_1 围成的

区域. 又令

$$\boldsymbol{v}(x,y,z)=(y^2-x)\boldsymbol{i}+(z^2-y)\boldsymbol{j}$$
$$+(x^2-z)\boldsymbol{k},$$

则由高斯公式得到

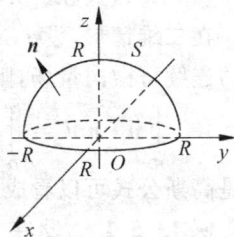

图　13.23

$$\left(\iint\limits_{S} + \iint\limits_{S_1}\right) \boldsymbol{v} \cdot \boldsymbol{n}\mathrm{d}S = \iiint\limits_{\Omega} \nabla \cdot \boldsymbol{v}\mathrm{d}V = \iiint\limits_{\Omega} (-1-1-1)\mathrm{d}V$$

$$= -3\int_{0}^{2\pi}\mathrm{d}\theta\int_{0}^{1} r\mathrm{d}r\int_{0}^{1-r^2}\mathrm{d}z$$

$$= -6\pi\int_{0}^{1} r(1-r^2)\mathrm{d}r = -\frac{3}{2}\pi.$$

另一方面，

$$\iint\limits_{S_1} \boldsymbol{v} \cdot \boldsymbol{n}\mathrm{d}S = -\iint\limits_{x^2+y^2\leqslant 1} (x^2-z)\mathrm{d}x\mathrm{d}y$$

$$= -\int_{0}^{2\pi}\mathrm{d}\theta\int_{0}^{1} r^2\cos^2\theta \cdot r\mathrm{d}r = -\frac{\pi}{4}.$$

于是由以上两式及高斯公式得到

$$\iint\limits_{S} (y^2-x)\mathrm{d}y \wedge \mathrm{d}z + (z^2-y)\mathrm{d}z \wedge \mathrm{d}x + (x^2-z)\mathrm{d}x \wedge \mathrm{d}y$$

$$= \iint\limits_{S} \boldsymbol{v} \cdot \boldsymbol{n}\mathrm{d}S = \oiint\limits_{\partial\Omega} \boldsymbol{v} \cdot \boldsymbol{n}\mathrm{d}S - \iint\limits_{S_1} \boldsymbol{v} \cdot \boldsymbol{n}\mathrm{d}S$$

$$= \iiint\limits_{\Omega} \nabla \cdot \boldsymbol{v}\mathrm{d}V - \iint\limits_{S_1} \boldsymbol{v} \cdot \boldsymbol{n}\mathrm{d}S = -\frac{3}{2}\pi + \frac{\pi}{4} = -\frac{5}{4}\pi.$$

利用高斯公式，可以解释散度运算"$\nabla\cdot$"的物理意义.

假设 $\boldsymbol{v}(x,y,z) = X(x,y,z)\boldsymbol{i} + Y(x,y,z)\boldsymbol{j} + Z(x,y,z)\boldsymbol{k}$ 是区域 Ω 上的连续可微向量场，M_0 是 Ω 内一点. 用 A 表示包含点 M_0 的一个小区域，这个小区域被包含在 Ω 之内，其边界 ∂A 是逐片光滑的有向曲面. 又用 $|A|$ 表示小区域 A 的体积，则由高斯公式得到

$$\oiint\limits_{\partial A} \boldsymbol{v} \cdot \boldsymbol{n}\mathrm{d}S = \iiint\limits_{A} \nabla \cdot \boldsymbol{v}\mathrm{d}V. \tag{13.5.7}$$

根据积分中值定理，存在 $M^* \in A$，使得

$$\iiint\limits_{A} \nabla \cdot \boldsymbol{v}\mathrm{d}V = \nabla \cdot \boldsymbol{v}\,|_{M^*}\,|A|,$$

代入(13.5.7)式得到

$$\nabla \cdot \boldsymbol{v} \mid_{M^*} = \frac{1}{|A|} \oiint_{\partial A} \boldsymbol{v} \cdot \boldsymbol{n} \mathrm{d}S, \qquad (13.5.8)$$

其中等式右端的曲面积分 $\oiint_{\partial A} \boldsymbol{v} \cdot \boldsymbol{n} \mathrm{d}S$ 是向量场 $\boldsymbol{v}$ 从 A 内部穿过

∂A 的通量，$\dfrac{1}{|A|} \oiint_{\partial A} \boldsymbol{v} \cdot \boldsymbol{n} \mathrm{d}S$ 是向量场 $\boldsymbol{v}$ 在小区域 A 中的平均（向

外）通量.

当小区域 A 的直径 $d(A)$ 趋向于零时，由于向量场连续可微，所以 $\nabla \cdot \boldsymbol{v} \mid_{M^*} \to \nabla \cdot \boldsymbol{v} \mid_{M_0}$. 于是在(13.5.8)式两端取极限就得到

$$\nabla \cdot \boldsymbol{v} (M_0) = \lim_{d(A) \to 0} \frac{1}{|A|} \iint_{\partial A} \boldsymbol{v} \cdot \boldsymbol{n} \mathrm{d}S. \qquad (13.5.9)$$

(13.5.9)式右端的平均通量的极限反映了向量场 $\boldsymbol{v}$ 在点 M_0 的流量密度，被称为向量场 $\boldsymbol{v}$ 在点 M_0 的散度 $\mathrm{div}\,\boldsymbol{v}(M_0)$. 于是数学上定义的微分运算 $\nabla \cdot \boldsymbol{v}$ 等于这个具有物理背景的散度.

有了以上讨论，可以将高斯公式写为

$$\oiint_{\partial D_r} \boldsymbol{v} \cdot \boldsymbol{n} \mathrm{d}S = \iiint_{D_r} \mathrm{div}\,\boldsymbol{v} \mathrm{d}V. \qquad (13.5.10)$$

由此可以看出高斯公式的明显的物理意义：向量场 $\boldsymbol{v}$ 在区域 Ω 内的每个点的流量密度（渗出率）之和，等于在单位时间中向量场 $\boldsymbol{v}$ 自区域 Ω 内部穿过 $\partial\Omega$ 向外的流量.

13.5.2　斯托克斯公式

斯托克斯建立了函数的导数在曲面上的积分与函数本身在曲面边界上的曲线积分之间的某种关系. 这个公式首次出现在英国数学家汤姆逊致斯托克斯的一封信中. 第一次公开出现是在 1854 年剑桥大学举办的数学竞赛中的竞赛试题中. 由于斯托克斯当时是英国剑桥数学物理学派的重要代表人物，是非常著名的数学家，因此在他去世之

后,这个公式就以斯托克斯公式之名流传于世.斯托克斯公式在电学和流体力学中有非常清楚的物理意义,也是研究向量场的重要工具.斯托克斯公式可以看成是格林公式在三维空间的推广.

定理 13.5.2(斯托克斯公式) 设 $v(x,y,z)=X(x,y,z)i+Y(x,y,z)j+Z(x,y,z)k$ 是区域 Ω 上的连续可微向量场,S 是区域 Ω 内的一个逐片光滑的有向曲面(图 13.24),其边界 ∂S 为逐段光滑的有向曲线(关于有向曲面的边界的定向在上一节已经说明).则有

$$\oint_{\partial S} X\,\mathrm{d}x + Y\,\mathrm{d}y + Z\,\mathrm{d}z$$

$$=\iint_S \left(\frac{\partial Z}{\partial y}-\frac{\partial Y}{\partial z}\right)\mathrm{d}y\wedge\mathrm{d}z + \left(\frac{\partial X}{\partial z}-\frac{\partial Z}{\partial x}\right)\mathrm{d}z\wedge\mathrm{d}x$$

$$+\left(\frac{\partial Y}{\partial x}-\frac{\partial X}{\partial y}\right)\mathrm{d}x\wedge\mathrm{d}y, \qquad (13.5.11)$$

或者

$$\oint_{\partial S} X\,\mathrm{d}x + Y\,\mathrm{d}y + Z\,\mathrm{d}z = \iint_S (\nabla\times v)\cdot n\mathrm{d}S. \quad (13.5.12)$$

(13.5.11)式或(13.5.12)式称为**斯托克斯公式**.

由于篇幅的原因,我们略去这个定理的证明.

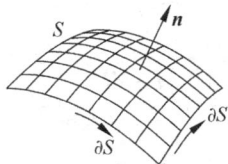 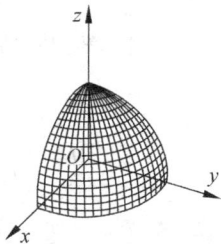

图 13.24   图 13.25

例 13.5.3 设 S 为球面 $x^2+y^2+z^2=R^2$ 在第一卦限部分的外侧,$v=yi+zj+xk$,验证斯托克斯公式(图 13.25).

解　注意到 S 的法向量与三个坐标轴都成锐角,故

$$\iint_S (\nabla \times \boldsymbol{v}) \cdot \boldsymbol{n} \mathrm{d}S = \iint_S \left(\frac{\partial Z}{\partial Y} - \frac{\partial Y}{\partial z}\right) \mathrm{d}y \wedge \mathrm{d}z$$

$$+ \left(\frac{\partial X}{\partial z} - \frac{\partial Z}{\partial x}\right) \mathrm{d}z \wedge \mathrm{d}x + \left(\frac{\partial Y}{\partial x} - \frac{\partial X}{\partial y}\right) \mathrm{d}x \wedge \mathrm{d}y$$

$$= -\iint_S \mathrm{d}y \wedge \mathrm{d}z + \mathrm{d}z \wedge \mathrm{d}x + \mathrm{d}x \wedge \mathrm{d}y$$

$$= -\left(\iint_{D_{yz}} \mathrm{d}y\mathrm{d}z + \iint_{D_{zx}} \mathrm{d}z\mathrm{d}x + \iint_{D_{xy}} \mathrm{d}x\mathrm{d}y\right)$$

$$= -\frac{3}{4}\pi R^2,$$

其中 D_{yz}, D_{zx}, D_{xy} 分别是 S 在三个坐标面上的投影.

另一方面,∂S 由 L_1, L_2, L_3 组成,其中

$$\int_{L_1} \boldsymbol{v} \cdot \mathrm{d}\boldsymbol{l} = \int_0^{\frac{\pi}{2}} (R\sin\theta \boldsymbol{i} + R\cos\theta \boldsymbol{k}) \cdot (-R\sin\theta \boldsymbol{i} + R\cos\theta \boldsymbol{j}) \mathrm{d}\theta$$

$$= -\frac{\pi}{4}R^2.$$

同样可以得到

$$\int_{L_2} \boldsymbol{v} \cdot \mathrm{d}\boldsymbol{l} = \int_{L_3} \boldsymbol{v} \cdot \mathrm{d}\boldsymbol{l} = -\frac{\pi}{4}R^2.$$

于是有

$$\int_{\partial S} \boldsymbol{v} \cdot \mathrm{d}\boldsymbol{l} = \left(\int_{L_1} + \int_{L_2} + \int_{L_3}\right) \boldsymbol{v} \cdot \mathrm{d}\boldsymbol{l}$$

$$= -\frac{3}{4}\pi R^2 = \iint_S \nabla \times \boldsymbol{v} \cdot \boldsymbol{n} \mathrm{d}\boldsymbol{S}.$$

例 13.5.4　计算积分

$$I = \oint_L (y - z)\mathrm{d}x + (z - x)\mathrm{d}y + (x - y)\mathrm{d}z,$$

其中 L 是柱面 $x^2+y^2=R^2$ 与平面 $\dfrac{x}{a}+\dfrac{z}{b}=1$ 的

交线 $(a>0, b>0)$,其正向从 Oz 轴向下看去为逆

时针方向(图 13.26).

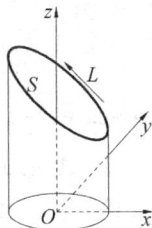

图 13.26

解 曲线 L 是平面 $\dfrac{x}{a}+\dfrac{z}{b}=1$ 上的一个椭

圆周,设 S 是 L 围成的椭圆,上侧为正,则由斯

托克斯公式得到

$$
\begin{aligned}
I &= \oint_L (y-z)\mathrm{d}x + (z-x)\mathrm{d}y + (x-y)\mathrm{d}z \\
&= -2\iint_S (\boldsymbol{i}+\boldsymbol{j}+\boldsymbol{k}) \cdot \boldsymbol{n}\,\mathrm{d}S \\
&= -2(\cos\alpha + \cos\beta + \cos\gamma)\iint_S \mathrm{d}S, \qquad (13.5.13)
\end{aligned}
$$

其中 α, β, γ 是平面的法向量与三个坐标轴的夹角,它们分别等于

$$
\cos\alpha = \frac{b}{\sqrt{a^2+b^2}}, \quad \cos\beta = 0, \quad \cos\gamma = \frac{a}{\sqrt{a^2+b^2}}.
$$

S 上的面积微元是

$$
\mathrm{d}S = \sqrt{1 + \left(\frac{\partial z}{\partial x}\right)^2 + \left(\frac{\partial z}{\partial y}\right)^2}\,\mathrm{d}x\mathrm{d}y = \frac{1}{a}\sqrt{a^2+b^2}\,\mathrm{d}x\mathrm{d}y.
$$

于是

$$
\iint_S \mathrm{d}S = \iint_{x^2+y^2 \leqslant R^2} \frac{1}{a}\sqrt{a^2+b^2}\,\mathrm{d}x\mathrm{d}y = \frac{\sqrt{a^2+b^2}}{a}\pi R^2.
$$

将以上结果代入(13.5.13)式便得到

$$
I = -\frac{2(a+b)}{a}\pi R^2.
$$

例 13.5.5 计算积分

$$
I = \int_L (x^2 - yz)\mathrm{d}x + (y^2 - zx)\mathrm{d}y + (z^2 - xy)\mathrm{d}z,
$$

其中 L 为

$$x = a\cos\theta, \quad y = a\sin\theta, \quad z = \frac{h}{2\pi}\theta, \quad 0 \leqslant \theta \leqslant 2\pi,$$

曲线的正向与参数增加方向一致.

解　$A(a,0,0), B(a,0,h)$ 为 L 的起点和终点,用 L_1 表示由 B 到 A 的有向线段,S 表示由 L 和 L_1 张成的某个有向曲面,则由斯托克斯公式得到

$$\oint_{\partial S} (x^2 - yz)\mathrm{d}x + (y^2 - zx)\mathrm{d}y + (z^2 - xy)\mathrm{d}z$$

$$= \iint_S \begin{vmatrix} \boldsymbol{i} & \boldsymbol{j} & \boldsymbol{k} \\ \dfrac{\partial}{\partial x} & \dfrac{\partial}{\partial y} & \dfrac{\partial}{\partial z} \\ x^2 - yz & y^2 - zx & z^2 - xy \end{vmatrix} \cdot \boldsymbol{n}\mathrm{d}S = \iint_S 0\mathrm{d}S = 0.$$

于是

$$I = \int_L (x^2 - yz)\mathrm{d}x + (y^2 - zx)\mathrm{d}y + (z^2 - xy)\mathrm{d}z$$

$$= \left(\oint_{\partial S} - \int_{L_1} \right)(x^2 - yz)\mathrm{d}x + (y^2 - zx)\mathrm{d}y + (z^2 - xy)\mathrm{d}z$$

$$= -\int_{L_1} (x^2 - yz)\mathrm{d}x + (y^2 - zx)\mathrm{d}y + (z^2 - xy)\mathrm{d}z$$

$$= -\int_{L_1} (z^2 - xy)\mathrm{d}z = \int_0^h z^2 \mathrm{d}z = \frac{h^3}{3}.$$

在二维情形,设 $\boldsymbol{v}(x,y) = X(x,y)\boldsymbol{i} + Y(x,y)\boldsymbol{j}$,则 $\nabla \times \boldsymbol{v} = \left(\dfrac{\partial Y}{\partial x} - \dfrac{\partial X}{\partial y} \right)\boldsymbol{k}$. 将平面区域 D 看成是空间的有向曲面,其单位法向量为 $\boldsymbol{k}$. 对于向量场 $\boldsymbol{v}(x,y) = X(x,y)\boldsymbol{i} + Y(x,y)\boldsymbol{j}$ 以及有向曲面 D,运用斯托克斯公式得到

$$\oint_{\partial D} X\mathrm{d}x + Y\mathrm{d}y = \iint_D (\nabla \times \boldsymbol{v}) \cdot \boldsymbol{n}\mathrm{d}S = \iint_D \left(\dfrac{\partial Y}{\partial x} - \dfrac{\partial X}{\partial y} \right)\mathrm{d}x\mathrm{d}y.$$

这恰好是格林公式.因此斯托克斯公式可以看做是格林公式在三

维空间的推广.

现在用斯托克斯公式分析旋度算子 $\nabla \times \boldsymbol{v}$ 的物理意义. 设 M 为固定点，$\boldsymbol{n}$ 为单位向量，π 是通过点 M 且以 $\boldsymbol{n}$ 为法向量的 (有向) 平面，在 π 上取一个以 M 为中心，以正数 r 为半径的圆盘 S_r

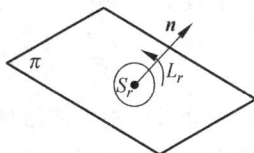

图 13.27

(图 13.27)，其边界 L_r 为有向曲线. 曲线积分 $\oint_{L_r} \boldsymbol{v} \cdot \mathrm{d}\boldsymbol{l}$ 是向量场 $\boldsymbol{v}$ 沿 L_r 的环流量. 在圆盘 S_r 上的平均环流量就是 $\dfrac{1}{\pi r^2} \oint_{L_r} \boldsymbol{v} \cdot \mathrm{d}\boldsymbol{l}$.

由斯托克斯公式得到

$$\frac{1}{\pi r^2} \oint_{L_r} \boldsymbol{v} \cdot \mathrm{d}\boldsymbol{l} = \frac{1}{\pi r^2} \iint_{S_r} (\nabla \times \boldsymbol{v}) \cdot \boldsymbol{n} \mathrm{d}S.$$

在这个等式中，令 $r \to 0$，由被积函数的连续性就得到

$$\lim_{r \to 0} \frac{1}{\pi r^2} \oint_{L_r} \boldsymbol{v} \cdot \mathrm{d}\boldsymbol{l} = \lim_{r \to 0} \frac{1}{\pi r^2} \iint_{S_r} (\nabla \times \boldsymbol{v}) \cdot \boldsymbol{n} \mathrm{d}S$$

$$= (\nabla \times \boldsymbol{v}(M)) \cdot \boldsymbol{n}. \qquad (13.5.14)$$

这就是说，在点 M 处，向量 $\nabla \times \boldsymbol{v}$ 在 $\boldsymbol{n}$ 方向的投影等于向量场 $\boldsymbol{v}$ 沿圆周 L_r 的环流量当 $r \to 0$ 时的极限. 因此 $\nabla \times \boldsymbol{v}$ 在 $\boldsymbol{n}$ 方向的投影反映了向量场 $\boldsymbol{v}$ 环绕向量 $\boldsymbol{n}$ 的旋转强度. 当平面 π 的法向量 $\boldsymbol{n}$ 与向量 $\nabla \times \boldsymbol{v}$ 方向相同时，就得到

$$\lim_{r \to 0} \frac{1}{\pi r^2} \oint_{L_r} \boldsymbol{v} \cdot \mathrm{d}\boldsymbol{l} = \nabla \times \boldsymbol{v}(M). \qquad (13.5.15)$$

于是，在任意一点 M 处，向量场 $\boldsymbol{v}$ 环绕向量 $\nabla \times \boldsymbol{v}$ 的旋转强度最大 (假定 $\nabla \times \boldsymbol{v}$ 是非零向量). 因而，向量场 $\boldsymbol{v}$ 的旋度 $\nabla \times \boldsymbol{v}$ 是这样一个向量：如果它不等于零，那么向量场 $\boldsymbol{v}$ 环绕向量 $\nabla \times \boldsymbol{v}$ 的旋转强度最大. 由于 $\nabla \times \boldsymbol{v}$ 是反映向量场 $\boldsymbol{v}$ 的旋转方向及强度的一个向量，因此在向量场中用记号 $\mathrm{rot}\boldsymbol{v}$ 表示.

旋度$\nabla \times \boldsymbol{v}$在直角坐标系中的三个分量是

$$\frac{\partial Z}{\partial y} - \frac{\partial Y}{\partial z}, \quad \frac{\partial X}{\partial z} - \frac{\partial Z}{\partial x}, \quad \frac{\partial Y}{\partial x} - \frac{\partial X}{\partial y}.$$

这三个分量分别为向量场$\boldsymbol{v}$环绕三个坐标轴的旋转强度.

为了更加直观地解释$\nabla \times \boldsymbol{v}$的物理意义,我们考察一个绕自身的某个直径旋转的球体Ω. 假定球体的中心位于原点,旋转轴与Oz轴重合. 此时球体旋转的角速度为$\boldsymbol{\omega} = \omega \boldsymbol{k}$. 根据有关的物理知识,球体上任意一点$M(x, y, z)$的线速度为$\boldsymbol{v}(x, y, z) = \boldsymbol{\omega} \times \boldsymbol{r}$,其中$\boldsymbol{r} = x\boldsymbol{i} + y\boldsymbol{j} + z\boldsymbol{k}$. 于是$\boldsymbol{v}(x, y, z) = \boldsymbol{\omega} \times \boldsymbol{r} = \omega \boldsymbol{k} \times (x\boldsymbol{i} + y\boldsymbol{j} + z\boldsymbol{k}) = -\omega y\boldsymbol{i} + \omega x\boldsymbol{j}$. 简单计算可以得到

$$\nabla \times \boldsymbol{v}(x, y, z) = 2\omega \boldsymbol{k}.$$

这就是说,球体绕它的直径旋转在球体所占据的空间区域上产生了一个线速度场$\boldsymbol{v}(x, y, z)$,线速度场作为一个向量场,它的旋度等于角速度的两倍. 在更一般的情形,任何一个刚体绕某个轴旋转所产生的线速度场,其旋度也是等于角速度的两倍. 由此清楚地看到,向量场的旋度$\nabla \times \boldsymbol{v}$是反映向量场旋转的一个向量,它的方向是旋转强度最大的方向,它的范数(即绝对值)反映了旋转强度的大小.

以上分析同时也说明,向量场的旋度$\nabla \times \boldsymbol{v}(x, y, z)$是向量场本身的一个固有的量,与坐标系的选取无关.

例 13.5.6　设$\boldsymbol{H}(x, y, z)$是由稳恒电流$\boldsymbol{I}$产生的磁场强度,S为有向曲面,则由电学的有关知识知道

$$\oint_{\partial S} \boldsymbol{H} \cdot \mathrm{d}l = \iint_S \boldsymbol{I} \cdot \mathrm{d}\boldsymbol{S}$$

这就是说,磁场强度沿∂S的环流量等于穿越S的电流的(代数)和. 另一方面,由斯托克斯公式得到

$$\oint_{\partial S} \boldsymbol{H} \cdot \mathrm{d}l = \iint_S \mathrm{rot}\boldsymbol{H} \cdot \mathrm{d}\boldsymbol{S}$$

比较以上两式可以得到 $\text{rot}\boldsymbol{H}=\boldsymbol{I}$.

格林公式对于平面区域 D 建立了二重积分和区域边界∂D 上的曲线积分的关系；斯托克斯公式则将这种关系推广到三维空间的曲面 S,建立了曲面积分(第二型)和曲面边界∂S上的曲线积分的关系. 从向量场的角度看,两个公式描述向量场的同一性质：向量场穿过有向曲面 S 的通量(例如流体的流量、磁通量等)等于向量场沿该曲面边界∂S 的环流量. 两者的区别在于：格林公式仅描述平面向量场,而斯托克斯公式描述的是一般的空间向量场.

习 题 13.5

1. 用高斯公式计算下列曲面积分：

(1) $\iint\limits_{S} x^3 \mathrm{d}y \wedge \mathrm{d}z + y^3 \mathrm{d}z \wedge \mathrm{d}x + z^3 \mathrm{d}x \wedge \mathrm{d}y$,其中 S 为区域 $x^2+y^2 \leqslant z, 0 \leqslant z \leqslant 4$ 的边界外侧；

(2) $\iint\limits_{S} x^2 \mathrm{d}y \wedge \mathrm{d}z + y^2 \mathrm{d}z \wedge \mathrm{d}x + z^2 \mathrm{d}x \wedge \mathrm{d}y$,其中 S 为 $x^2+y^2+z^2=R^2$ 的内侧；

(3) $\iint\limits_{S} x^2 \mathrm{d}y \wedge \mathrm{d}z + y^2 \mathrm{d}z \wedge \mathrm{d}x + z^2 \mathrm{d}x \wedge \mathrm{d}y$,其中 S 为正方体 Ω:$0 \leqslant x \leqslant 1$, $0 \leqslant y \leqslant 1, 0 \leqslant z \leqslant 1$ 的外表面；

(4) $\iint\limits_{S} xz \mathrm{d}x \wedge \mathrm{d}y + xy \mathrm{d}y \wedge \mathrm{d}z + yz \mathrm{d}z \wedge \mathrm{d}x$,其中 S 为平面$x+y+z=1$ 与三个坐标面围成的区域边界外侧；

(5) $\iint\limits_{S} x^2 \mathrm{d}y \wedge \mathrm{d}z + (z^2-2z) \mathrm{d}x \wedge \mathrm{d}y$,其中 S 为 $z=\sqrt{x^2+y^2}$ 被平面 $z=0$ 和 $z=1$ 所截部分的外侧；

(6) $\oiint\limits_{S} (x-y) \mathrm{d}x \wedge \mathrm{d}y + (y-z)x \mathrm{d}y \wedge \mathrm{d}z$,其中 S 为柱面 $x^2+y^2=1$ 与平面 $z=1, z=3$ 所围柱体的边界外侧；

(7) $\oiint\limits_{S} \dfrac{x \mathrm{d}y \wedge \mathrm{d}z + y \mathrm{d}z \wedge \mathrm{d}x + z \mathrm{d}x \wedge \mathrm{d}y}{(x^2+y^2+z^2)^{3/2}}$,其中 S 为椭球面 $\dfrac{x^2}{a^2}+\dfrac{y^2}{b^2}+\dfrac{z^2}{c^2}=1$

外侧.

2. 用斯托克斯公式计算下列曲线积分：

(1) $\oint_L y\mathrm{d}x+z\mathrm{d}y+x\mathrm{d}z$,其中 L 是圆周 $\begin{cases} x^2+y^2+z^2=R^2, \\ x+y+z=0, \end{cases}$ 从 x 轴正向看去为逆时针方向；

(2) $\oint_L (y-x)\mathrm{d}x+(z-y)\mathrm{d}y+(x-z)\mathrm{d}z$,其中 L 是柱面 $x^2+y^2=a^2$ 与平面 $x+z=a(a>0)$ 的交线,从 z 轴正向看去为逆时针方向.

3. 计算 $I=\oint_L \dfrac{-y\mathrm{d}x+x\mathrm{d}y}{x^2+y^2}+z\mathrm{d}z$,其中 L 是：

(1) 任意一条既不环绕 z 轴,也不与 z 轴相交的简单闭曲线；

(2) 任意一条环绕 z 轴一圈且不与 z 轴相交的简单闭曲线,从 z 轴正向看去为逆时针方向.

4. 证明：

$$\oint_L \begin{vmatrix} \mathrm{d}x & \mathrm{d}y & \mathrm{d}z \\ \cos\alpha & \cos\beta & \cos\gamma \\ x & y & z \end{vmatrix} = 2S,$$

其中 L 是 $\mathbb{R}^3$ 中某个平面上的一条简单逐段光滑闭曲线,$\boldsymbol{n}=(\cos\alpha,\cos\beta,\cos\gamma)$ 是该平面的单位法向量,L 的方向与 $\boldsymbol{n}$ 的方向服从右手法则,S 是 L 所围的面积.

13.6　保　守　场

保守场是一种重要的向量场.这一节的主要内容是应用格林公式和斯托克斯公式研究平面保守场和空间保守场.

13.6.1　平面保守场

考察平面区域 D 上的连续向量场 $\boldsymbol{v}=X(x,y)\boldsymbol{i}+Y(x,y)\boldsymbol{j}$. 设 L_1,L_2 是起点和终点都相同,但路径不同的任意两条逐段光滑有向曲线. 一般情形,两个积分 $\displaystyle\int_{L_1}\boldsymbol{v}\cdot\mathrm{d}\boldsymbol{l}$,$\displaystyle\int_{L_2}\boldsymbol{v}\cdot\mathrm{d}\boldsymbol{l}$ 是不相同的.

如果曲线积分 $\displaystyle\int_L \boldsymbol{v}\cdot \mathrm{d}\boldsymbol{l}=\int_L X\mathrm{d}x+Y\mathrm{d}y$ 只与曲线的起点和终点有关,而与曲线本身的路线无关,则称曲线积分 $\displaystyle\int_L \boldsymbol{v}\cdot \mathrm{d}\boldsymbol{l}=\int_L X\mathrm{d}x+$ $Y\mathrm{d}y$ 与**积分路线无关**.

定义 13.6.1 若连续向量场 $\boldsymbol{v}=X(x,y)\boldsymbol{i}+Y(x,y)\boldsymbol{j}$ 在区域 D 内的曲线积分 $\displaystyle\int_L \boldsymbol{v}\cdot \mathrm{d}\boldsymbol{l}=\int_L X\mathrm{d}x+Y\mathrm{d}y$ 都与积分路线无关,则称这个向量场为区域 D 内的**保守场**.

积分与路线无关的问题与势函数的存在性有密切关系,这可以由下面的定理看出.

定理 13.6.1 设 $D\subseteq \mathbb{R}^2$ 为区域, $\boldsymbol{v}=X(x,y)\boldsymbol{i}+Y(x,y)\boldsymbol{j}$ 是 D 上的连续向量场,则以下命题互相等价:

(1) $\boldsymbol{v}=X(x,y)\boldsymbol{i}+Y(x,y)\boldsymbol{j}$ 是 D 上的保守场;

(2) 对于 D 中的任意一条有向的逐段光滑的简单闭合曲线 L,有 $\displaystyle\oint_L X\mathrm{d}x+Y\mathrm{d}y=0$;

(3) $\boldsymbol{v}=X(x,y)\boldsymbol{i}+Y(x,y)\boldsymbol{j}$ 在 D 上存在势函数,即存在可微函数 $f(x,y)$,使得 $\mathrm{grad}f(x,y)=\boldsymbol{v}(x,y)$.

证明 $(1)\Rightarrow(2)$ 设 L 是 D 中的任意一条逐段光滑的有向简单闭合曲线. 在其上任取两个不同的点 A 和 B,将 L 分成两条有相同起点 A 和终点 B 的逐段光滑有向闭曲线 L_1,L_2(图 13.28). 因为 $\boldsymbol{v}$ 是保守场,所以积分与路线无关,因而 $\displaystyle\int_{L_1} X\mathrm{d}x+$

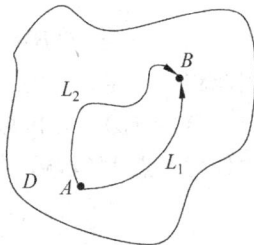

图 13.28

$Y\mathrm{d}y=\displaystyle\int_{L_2} X\mathrm{d}x+Y\mathrm{d}y$. 于是

$$\oint_L X\mathrm{d}x + Y\mathrm{d}y = \oint_{L_1} X\mathrm{d}x + Y\mathrm{d}y + \oint_{L_2} X\mathrm{d}x + Y\mathrm{d}y$$

$$= \oint_{L_1} X\mathrm{d}x + Y\mathrm{d}y - \oint_{L_2} X\mathrm{d}x + Y\mathrm{d}y = 0.$$

(2)$\Rightarrow$(1)　设 L_1, L_2 是有相同的起点 A 和终点 B 的任意两条逐段光滑有向曲线,则 $L = L_1 \bigcup L_2^-$ 是一条有向的逐段光滑闭合曲线(图 13.28). 于是

$$\left(\int_{L_1} - \int_{L_2}\right) X\mathrm{d}x + Y\mathrm{d}y = \left(\int_{L_1} + \int_{L_2^-}\right) X\mathrm{d}x + Y\mathrm{d}y = 0.$$

这就证明 $\boldsymbol{v} = X\boldsymbol{i} + Y\boldsymbol{j}$ 是 D 上的保守场.

(3)$\Rightarrow$(1)　设存在函数 $f(x, y)$,使得 $\mathrm{grad} f = \boldsymbol{v}$,即

$$\frac{\partial f}{\partial x} = X(x, y), \quad \frac{\partial f}{\partial y} = Y(x, y). \tag{13.6.1}$$

对于任意一条起点为 A 和终点为 B 的逐段光滑有向闭合曲线 L,假定它们的参数方程为

$$x = x(t), \quad y = y(t), \quad \alpha \leqslant t \leqslant \beta,$$

并且 $A = (x(\alpha), y(\alpha)), B = (x(\beta), y(\beta))$,则有

$$\int_L X\mathrm{d}x + Y\mathrm{d}y = \int_\alpha^\beta [X(x(t), y(t))x'(t) + Y(x(t), y(t))y'(t)]\mathrm{d}t$$

$$= \int_\alpha^\beta \frac{\mathrm{d}f(x(t), y(t))}{\mathrm{d}t}\mathrm{d}t = f(x(\beta), y(\beta)) - f(x(\alpha), y(\alpha))$$

$$= f(B) - f(A). \tag{13.6.2}$$

因此积分与路线无关.

(1)$\Rightarrow$(3)　在区域 D 中任意取定一点 $M_0(x_0, y_0)$. 对于 D 中任意一点 $M(x, y)$,令

$$f(M) = \int_{M_0(x_0, y_0)}^{M(x, y)} X\mathrm{d}x + Y\mathrm{d}y.$$

等式右端表示向量场 $\boldsymbol{v}$ 在起点为 $M_0(x_0, y_0)$,终点为 $M(x, y)$ 的任意一条逐段光滑曲线上的曲线积分. 由于积分与路线无关,所以函数 f 在 D 上是确定的. 下面证明对任意 $M(x, y) \in D$,(13.6.1)式都

成立,从而 $f(x,y)$ 是 $\boldsymbol{v}=X(x,y)\boldsymbol{i}+Y(x,y)\boldsymbol{j}$ 的势函数.

设 $M(x,y)\in D$,并且 Δy 充分小,使得 $(x,y+\Delta y)\in D$. 于是 $f(x,y),f(x,y+\Delta y)$ 都有定义,并且

$$f(x,y+\Delta y)-f(x,y)=\int_{(x_0,y_0)}^{(x,y+\Delta y)}X\mathrm{d}x+Y\mathrm{d}y-\int_{(x_0,y_0)}^{(x,y)}X\mathrm{d}x+Y\mathrm{d}y.$$

由于积分与路线无关,可以按照下述方式取积分路线:对于上式右端第二个积分,任意取一条起点为 $M_0(x_0,y_0)$,终点为 $M(x,y)$ 的逐段光滑曲线 L. 对于上式右端第一个积分,可以先沿上述曲线 L 由点 M_0 积分至点 M,再沿平行于 Oy 轴的线段 L_1 从 $M(x,y)$ 积分到点 $(x,y+\Delta y)$(图 13.29). 这样一来,我们有

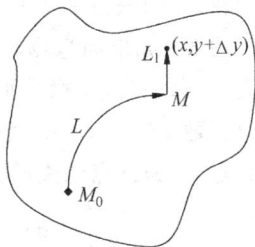

图 13.29

$$f(x,y+\Delta y)-f(x,y)=\int_{(x_0,y_0)}^{(x,y+\Delta y)}X\mathrm{d}x+Y\mathrm{d}y-\int_{(x_0,y_0)}^{(x,y)}X\mathrm{d}x+Y\mathrm{d}y$$

$$=\int_{L_1}X\mathrm{d}x+Y\mathrm{d}y$$

$$=\int_0^{\Delta y}Y(x,y+t)\mathrm{d}t.$$

于是由一元函数的积分中值定理得到

$$\frac{\partial f(x,y)}{\partial y}=\lim_{\Delta y\to 0}\frac{f(x,y+\Delta y)-f(x,y)}{\Delta y}$$

$$=\lim_{\Delta y\to 0}\frac{1}{\Delta y}\int_0^{\Delta y}Y(x,y+t)\mathrm{d}t$$

$$=\lim_{\Delta y\to 0}Y(x,y+\theta\Delta y)=Y(x,y)\quad(0<\theta<1).$$

同样的方法可以证明 $\dfrac{\partial f(x,y)}{\partial x}=X(x,y)$.

注 1 当 $f(x,y)$ 是 $\boldsymbol{v}=X(x,y)\boldsymbol{i}+Y(x,y)\boldsymbol{j}$ 的势函数时,微

分形式 $X(x,y)\mathrm{d}x + Y(x,y)\mathrm{d}y$ 是函数 $f(x,y)$ 的全微分,这时我们称 $f(x,y)$ 是微分形式 $X(x,y)\mathrm{d}x + Y(x,y)\mathrm{d}y$ 的原函数. 这就是说,求向量场 $\boldsymbol{v} = X(x,y)\boldsymbol{i} + Y(x,y)\boldsymbol{j}$ 的势函数与求微分形式 $X(x,y)\mathrm{d}x + Y(x,y)\mathrm{d}y$ 的原函数是同一个问题.

注 2　势函数(或原函数)不是惟一的,但任意两个势函数(或原函数)之间只差一个常数.

注 3　如果向量场 $\boldsymbol{v} = X(x,y)\boldsymbol{i} + Y(x,y)\boldsymbol{j}$ 在区域 D 内有势函数 $f(x,y)$(或者微分形式 $X(x,y)\mathrm{d}x + Y(x,y)\mathrm{d}y$ 在区域 D 内有原函数 $f(x,y)$),那么由(13.6.2)式知道,对于任意一条以点 A 为起点,B 为终点的逐段光滑的有向曲线 L,都有

$$\int_L X\mathrm{d}x + Y\mathrm{d}y = f(B) - f(A). \tag{13.6.3}$$

例 13.6.1　设 D 是 xOy 平面除掉原点得到的区域. 在这个区域中,函数 $f(x,y) = \ln\sqrt{x^2 + y^2}$ 是向量场 $\boldsymbol{v}(x,y) = \dfrac{x\boldsymbol{i} + y\boldsymbol{j}}{x^2 + y^2}$ 的一个势函数. 因此对于原点以外的任意两点 $A(x_1, y_1)$,$B(x_2, y_2)$ 与任意一条以 A 为起点,以 B 为终点的逐段光滑曲线 L,有

$$\int_L \boldsymbol{v} \cdot \mathrm{d}\boldsymbol{l} = \int_L X\mathrm{d}x + Y\mathrm{d}y = \ln\sqrt{x_2^2 + y_2^2} - \ln\sqrt{x_1^2 + y_1^2}.$$

定义 13.6.2　设 $\boldsymbol{v} = X(x,y)\boldsymbol{i} + Y(x,y)\boldsymbol{j}$ 是 D 上的连续可微向量场,如果在 D 上有

$$\frac{\partial Y}{\partial x} - \frac{\partial X}{\partial y} \equiv 0,$$

则称这个向量场是区域 D 上的**无旋场**.

定理 13.6.1 指出,连续的保守场一定有势函数. 如果保守场是连续可微的,则容易推出它是无旋的;但是在一般情形,无旋场不一定是保守场.

下面的定理 13.6.2 将告诉我们,在一定条件下,无旋场一定是保守场.

定义 13.6.3 如果 D 是平面区域,并且 D 内的任意一条简单闭曲线可以连续收缩为 D 内一个点,曲线在收缩过程中不与 D 以外的点相交,则称 D 是**单连通区域**.

例如,整个平面是单连通区域,但是除去原点之后剩下的区域不再是单连通区域,圆周 $x^2+y^2=1$ 在这样的区域中不能连续收缩成一个点,因为原点不在这个区域中. 圆盘 $x^2+y^2<4$ 是单连通区域,但是在其中除去一个点,或者除去一个小圆盘 $x^2+y^2<1$ 所剩下的区域不是单连通区域.

非单连通的区域称为**复连通区域**.

定理 13.6.2 设 D 为 xOy 平面上的单连通区域,$\boldsymbol{v}=X(x,y)\boldsymbol{i}+Y(x,y)\boldsymbol{j}$ 是 D 上的连续可微向量场. 则下列命题互相等价:

(1) $\boldsymbol{v}=X(x,y)\boldsymbol{i}+Y(x,y)\boldsymbol{j}$ 是保守场;

(2) $\boldsymbol{v}=X(x,y)\boldsymbol{i}+Y(x,y)\boldsymbol{j}$ 在 D 上是无旋场,即

$$\frac{\partial Y}{\partial x}-\frac{\partial X}{\partial y}\equiv 0. \qquad (13.6.4)$$

证明 (1)$\Rightarrow$(2) 由定理 13.6.1 知,保守场有势函数 $f(x,y)$,即(13.6.1)式成立. 因为 $f(x,y)$ 二阶连续可微,故有

$$\frac{\partial X}{\partial y}=\frac{\partial^2 f}{\partial y\partial x}=\frac{\partial^2 f}{\partial x\partial y}=\frac{\partial Y}{\partial x}.$$

(2)$\Rightarrow$(1) 设 L 是 D 中任意一条逐段光滑的有向闭曲线. 因为 D 是单连通区域,所以 L 所包围的区域 D_1 完全在 D 的内部. 因而在 D_1 上(13.6.4)式处处成立. 于是由格林公式得到

$$\oint_L X\mathrm{d}x+Y\mathrm{d}y=\iint\limits_{D_1}\left(\frac{\partial Y}{\partial x}-\frac{\partial X}{\partial y}\right)\mathrm{d}x\mathrm{d}y=\iint\limits_{D_1}0\mathrm{d}x\mathrm{d}y=0.$$

因此根据定理 13.6.1 立即推出 $\boldsymbol{v}=X(x,y)\boldsymbol{i}+Y(x,y)\boldsymbol{j}$ 是保守场.

定理 13.6.2 给出了关于保守场一个非常方便的验证方法:在单连通区域和连续可微向量场的条件下,无旋场一定是保守场.

在质点产生的引力场中,如果区域 D 中不含任何质量,那么引力场在这个区域中就是保守场. 在点电荷产生的静电场中,如果区域 D 中不含任何电荷,那么这个静电场在这个区域中就是保守场.

例 13.6.2 利用积分与路线无关性计算积分 $\int_L \dfrac{y}{x}\mathrm{d}x +$ $\ln x \mathrm{d}y$,其中 L 是起点为 $A(1,1)$,终点为 $B(2,2)$ 的一条逐段光滑有向曲线,并且不与 y 轴相交.

解　由题意知道曲线 L 位于 y 轴右侧的区域 D ,这是一个单连通区域. 另一方面容易验证,向量场 $\dfrac{y}{x}\boldsymbol{i} + \ln x\boldsymbol{j}$ 在这个区域内是无旋场,因此由定理 13.6.2 推出向量场 $\dfrac{y}{x}\boldsymbol{i} + \ln x\boldsymbol{j}$ 在区域 D 内是保守场,从而积分与路线无关. 也就是说,可以在区域 D 内任意另外取一条与 L 有相同起点和终点的逐段光滑有向曲线进行积分.

设 L_1 是从点出发,沿竖直方向经过点 $C(1,2)$,再沿水平线段至点 $B(2,2)$ 的有向折线,则

$$\int_L \frac{y}{x}\mathrm{d}x + \ln x \mathrm{d}y = \Big(\int_{A \to C} + \int_{C \to B} \Big) \frac{y}{x}\mathrm{d}x + \ln x \mathrm{d}y$$

$$= \int_1^2 \ln 1 \mathrm{d}y + \int_1^2 \frac{2}{x}\mathrm{d}x = 2\ln x \big|_1^2 = 2\ln 2.$$

13.6.2　势函数的计算

微分形式 $X(x,y)\mathrm{d}x + Y(x,y)\mathrm{d}y$ 的原函数就是向量场 $\boldsymbol{v} = X(x,y)\boldsymbol{i} + Y(x,y)\boldsymbol{j}$ 的势函数,反之亦然. 因此求 $X(x,y)\mathrm{d}x + Y(x,y)\mathrm{d}y$ 的原函数与求向量场 $\boldsymbol{v} = X(x,y)\boldsymbol{i} + Y(x,y)\boldsymbol{j}$ 的势函数是同一个问题. 下面研究求向量场的势函数的方法.

1. 用第二型曲线积分求向量场的势函数

如果向量场 $\boldsymbol{v} = X(x,y)\boldsymbol{i} + Y(x,y)\boldsymbol{j}$ 在区域 D 中有势函数,

根据定理 13.6.1,曲线积分 $\int_L \boldsymbol{v} \cdot \mathrm{d}\boldsymbol{l} = \int_L X\mathrm{d}x + Y\mathrm{d}y$ 与路线无关,只与曲线 L 的起点和终点有关. 于是,如果在区域 D 中任意取定一点 M_0,可以借助于曲线积分

$$f(M) = \int_{M_0}^{M} X\mathrm{d}x + Y\mathrm{d}y, \quad \forall M \in D$$

在区域 D 上定义一个函数 $f(M)$,由于积分与路线无关,这个积分可以沿区域 D 中的任意一条逐段光滑的有向曲线进行. 在定理 13.6.1 的证明过程中已经指出:函数 $f(M)$ 的全微分等于 $X(x,y)\mathrm{d}x + Y(x,y)\mathrm{d}y$,因此 $f(M)$ 就是向量场 $\boldsymbol{v} = X(x,y)\boldsymbol{i} + Y(x,y)\boldsymbol{j}$ 的势函数.

例 13.6.3 求微分形式 $2xy^3\mathrm{d}x + 3x^2y^2\mathrm{d}y$ 的原函数.

解 首先要验证这个微分形式是否有原函数. 注意到

$$X(x,y) = 2xy^3, \quad Y(x,y) = 3x^2y^2$$

在整个平面构成的单连通区域上连续可微,并且满足

$$\frac{\partial X}{\partial y} = 6xy^2 = \frac{\partial Y}{\partial x},$$

于是由定理 13.6.2 知道,向量场 $\boldsymbol{v} = 2xy^3\boldsymbol{i} + 3x^2y^2\boldsymbol{j}$ 在全平面有势函数,即微分形式 $2xy^3\mathrm{d}x + 3x^2y^2\mathrm{d}y$ 有原函数.

为了求出原函数 $f(x,y)$,令

$$f(x_0, y_0) = \int_{(0,0)}^{(x_0,y_0)} 2xy^3\mathrm{d}x + 3x^2y^3\mathrm{d}y.$$

由于积分与路线无关,上述积分可以沿任意一条以 $(0,0)$ 为起点,以 (x_0, y_0) 为终点的逐段光滑有向曲线进行. 例如可以选择下面的路线进行:首先由 $(0,0)$ 出发,沿 Ox 轴上的有向线段 L_1 积分至点 $(x_0, 0)$,然后由点 $(x_0, 0)$ 出发沿竖直线段 L_2 积分至点 (x_0, y_0)(图 13.30). 于是

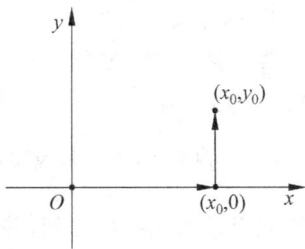

图 13.30

$$f(x_0, y_0) = \left(\int_{L_1} + \int_{L_2} \right) 2xy^3 \, \mathrm{d}x + 3x^2 y^2 \, \mathrm{d}y$$

$$= \int_0^{x_0} 0 \, \mathrm{d}x + \int_0^{y_0} 3x_0^2 y^2 \, \mathrm{d}y = x_0^2 y_0^3,$$

即 $f(x, y) = x^2 y^3$. 因为不同的原函数之间差一个常数，所以对于任意常数 $C, f(x, y) + C$ 也是原函数.

2. 用不定积分的方法求向量场的势函数

如果函数 $f(x, y)$ 是向量场 $\boldsymbol{v} = X(x, y)\boldsymbol{i} + Y(x, y)\boldsymbol{j}$ 的一个势函数，则有

$$\mathrm{d}f(x, y) = X(x, y)\mathrm{d}x + Y(x, y)\mathrm{d}y,$$

于是 $\dfrac{\partial f}{\partial x} = X(x, y), \dfrac{\partial f}{\partial y} = Y(x, y)$. 由此推出

$$f(x, y) = \int X(x, y)\mathrm{d}x + g(y), \qquad (13.6.5)$$

其中 $g(y)$ 是可微函数. 对于上式两端分别关于变量 y 求偏导数得到

$$Y(x, y) = \frac{\partial}{\partial y} f(x, y) = \frac{\partial}{\partial y} \int X(x, y)\mathrm{d}x + g'(y). \quad (13.6.6)$$

于是

$$g'(y) = Y(x, y) - \frac{\partial}{\partial y} \int X(x, y)\mathrm{d}x.$$

由此可以解出函数 $g(y)$，从而求出势函数 $f(x, y)$.

例 13.6.4　用不定积分方法解例 13.6.3 中的问题.

解　注意到 $X(x, y) = 2xy^3, Y(x, y) = 3x^2 y^2$，所以由 (13.6.5) 式，有

$$f(x, y) = \int 2xy^3 \, \mathrm{d}x + g(y) = x^2 y^3 + g(y).$$

两端关于 y 求偏导数得到 $\left(\text{注意到} \dfrac{\partial f}{\partial y} = Y(x, y) = 3x^2 y^2 \right)$

$$3x^2 y^2 = \frac{\partial}{\partial y} \left[\int 2xy^3 \, \mathrm{d}x + g(y) \right] = 3x^2 y^2 + g'(y).$$

由此得到 $g'(y)=0$,从而 $g(y)$ 为常数,所以势函数为 x^2y^3+C,其中 C 是任意常数.

13.6.3 空间保守场

假设 $\boldsymbol{v}=X\boldsymbol{i}+Y\boldsymbol{j}+Z\boldsymbol{k}$ 是空间区域 Ω 上的连续向量场,如果对于 Ω 中的任意逐段光滑的有向曲线 L,积分 $\displaystyle\int_L \boldsymbol{v}\cdot\mathrm{d}\boldsymbol{l}$ 只与曲线 L 的起点、终点有关,而与具体路线无关,则称该向量场是 Ω 上的**保守场**.

如果存在 Ω 上的可微函数 $f(x,y,z)$ 使得 $\boldsymbol{v}=\operatorname{grad}f$,则称 $\boldsymbol{v}$ 是 Ω 上的**有势场**,并称 $f(x,y,z)$ 是向量场 $\boldsymbol{v}$ 的势函数.

如果 $f(x,y,z)$ 是向量场 $\boldsymbol{v}$ 的势函数,则 $f(x,y,z)$ 的全微分等于

$$X(x,y,z)\mathrm{d}x+Y(x,y,z)\mathrm{d}y+Z(x,y,z)\mathrm{d}z,$$

因此称 $f(x,y,z)$ 是这个微分形式的原函数.这就是说,求向量场 $\boldsymbol{v}=X\boldsymbol{i}+Y\boldsymbol{j}+Z\boldsymbol{k}$ 的势函数与求微分形式 $X(x,y,z)\mathrm{d}x+Y(x,y,z)\mathrm{d}y+Z(x,y,z)\mathrm{d}z$ 的原函数是同一个问题.

定理 13.6.3 设 Ω 是 $\mathbb{R}^3$ 中的区域,$\boldsymbol{v}=X\boldsymbol{i}+Y\boldsymbol{j}+Z\boldsymbol{k}$ 是 Ω 上的连续向量场,则下列命题互相等价:

(1) $\boldsymbol{v}$ 是 Ω 上的保守场;

(2) 对于 Ω 内部的任意一条有向闭曲线 L,有 $\displaystyle\oint_L \boldsymbol{v}\cdot\mathrm{d}\boldsymbol{l}=0$;

(3) $\boldsymbol{v}$ 是 Ω 上的有势场.

这个定理的证明与定理 13.6.1 类似,故不再重复.

设 $\boldsymbol{v}$ 是 Ω 上的可微向量场,如果在 Ω 上处处有

$$\operatorname{rot}\boldsymbol{v}(x,y,z)=\boldsymbol{0},$$

则称 $\boldsymbol{v}$ 是 Ω 上的**无旋场**.

下面研究这样的问题:在什么条件下保守场等价于无旋场?对此我们有一个与定理 13.6.2 相似的结论.

称区域 Ω 是 $\mathbb{R}^3$ 中的单连通区域,是指对 Ω 内的任意一条简单闭曲线 L,都存在 Ω 内的一个逐片光滑曲面 S,使得 $L=\partial S$.

定理 13.6.4　设 Ω 是 $\mathbb{R}^3$ 中的单连通区域,$\boldsymbol{v}=X\boldsymbol{i}+Y\boldsymbol{j}+Z\boldsymbol{k}$ 是 Ω 上的连续可微向量场,则下列命题互相等价:

(1) $\boldsymbol{v}$ 是 Ω 上的保守场;

(2) $\boldsymbol{v}$ 是 Ω 上的无旋场.

证明　根据定理 13.6.3,保守场一定是有势场,从而容易证明有势场是无旋场. 反之,假设 $\boldsymbol{v}$ 是 Ω 上的无旋场,即处处有 $\mathrm{rot}\,\boldsymbol{v}(x,y,z)=\boldsymbol{0}$. 对于 Ω 内的任意一条简单闭曲线 L,由于 Ω 是 $\mathbb{R}^3$ 中的单连通区域,所以存在 Ω 内的一个逐片光滑曲面 S(S 的方向可以根据有向曲线 L 的方向,按照有向曲面与其边界方向的关系确定),使得 $L=\partial S$. 由斯托克斯公式得到

$$\oint_L \boldsymbol{v}\cdot\mathrm{d}\boldsymbol{l}=\iint_S \mathrm{rot}\,\boldsymbol{v}\cdot\boldsymbol{n}\,\mathrm{d}S=\iint_S 0\,\mathrm{d}S=0.$$

因此,由定理 13.6.3 推出 $\boldsymbol{v}$ 是 Ω 上的保守场.

例 13.6.5　验证向量场 $\boldsymbol{v}=yz(2x+y+z)\boldsymbol{i}+zx(x+2y+z)\boldsymbol{j}+xy(x+y+2z)\boldsymbol{k}$ 为保守场,并且求其势函数.

解　向量场 $\boldsymbol{v}$ 在单连通区域 $\mathbb{R}^3$ 上连续可微,并且处处满足 $\mathrm{rot}\,\boldsymbol{v}(x,y,z)=\boldsymbol{0}$,于是由定理 13.6.4 推出 $\boldsymbol{v}$ 在 $\mathbb{R}^3$ 上存在势函数. 令

$$f(x,y,z)=\int_{(0,0,0)}^{(x,y,z)} yz(2x+y+z)\,\mathrm{d}x$$
$$+zx(x+2y+z)\,\mathrm{d}y+xy(x+y+2z)\,\mathrm{d}z.$$

上式右端表示向量场 $\boldsymbol{v}$ 沿 Ω 中的一条以 $(0,0,0)$ 为起点,(x,y,z) 为终点的逐段光滑曲线的第二型曲线积分. 因为积分与路线无关,所以这个积分可以沿任意一条起点为 $(0,0,0)$,终点为 (x,y,z) 的逐段光滑曲线进行. 例如,可以先从 $(0,0,0)$ 沿 x 轴积分至点 $(x,0,0)$;然后从 $(x,0,0)$ 沿与 y 轴平行的直线积分至 $(x,y,0)$;最后从 $(x,y,0)$ 沿与 z 轴平行的直线积分至 (x,y,z). 可以用与定理 13.6.1 相同的

方法证明,这个函数就是 v 在 $\mathbb{R}^3$ 上的势函数. 又因为任意两个势函数之间只差一个常数,所以对于任意常数 $C,f(x,y,z)+C$ 也是 v 在 $\mathbb{R}^3$ 上的势函数.

我们再次提醒读者注意: $v=Xi+Yj+Zk$ 有势函数 $f(x,y,z)$ 等价于微分形式 $X(x,y,z)\mathrm{d}x+Y(x,y,z)\mathrm{d}y+Z(x,y,z)\mathrm{d}z$ 有原函数 $f(x,y,z)$. 因此求向量场 v 的势函数与求这个微分形式的原函数两个问题是等价的.

13.6.4 无源场

设向量场 $v=Xi+Yj+Zk$ 在空间区域 Ω 上处处有 $\mathrm{div}v(x,y,z)=0$,则称向量场 v 在区域 Ω 上为无源场. 对于空间一点 (x,y,z),如果 $\mathrm{div}v(x,y,z)\neq0$,则称向量场 v 在点 (x,y,z) 有流源. 当 $\mathrm{div}v(x,y,z)>0$ 时为正流源,$\mathrm{div}\, v(x,y,z)<0$ 时为负流源.

如果向量场 v 在区域 Ω 上为无源场,则对于 Ω 内的任意一个逐片光滑的闭曲面 S,只要 S 所包围的区域 D 也在 Ω 内,就有

$$\oiint\limits_{S} v \cdot n\mathrm{d}S = \iiint\limits_{D} \nabla\cdot v\mathrm{d}V = 0,$$

等式左端的曲面积分是沿 D 的外侧进行的.

例 13.6.6 设在 $\mathbb{R}^3$ 中的点 $M_i(x_i,y_i,z_i)(i=1,2,\cdots,k)$ 放有质量为 m_i 的质点. 由这些质点在 $\mathbb{R}^3$ 产生了一个引力场. 在空间某个点 $M(x,y,z)(M\neq M_i,i=1,2,\cdots,k)$ 单位质量的质点受力等于

$$F(x,y,z) = -\sum_{i=1}^{k}G\frac{m_i r_i}{r_i^3}, \tag{13.6.7}$$

其中

$$r_i = \overrightarrow{M_iM} = (x-x_i)i + (y-y_i)j + (z-z_i)k,$$
$$r_i = \sqrt{(x-x_i)^2+(y-y_i)^2+(z-z_i)^2},$$

G 是引力常数.

不难验证:除了 $M_i(x_i,y_i,z_i)(i=1,2,\cdots,k)$ 之外,处处有

$$\nabla\cdot F = 0. \tag{13.6.8}$$

因此,如果 S 是一个内部不包围 $M_i(x_i, y_i, z_i)(i=1,2,\cdots,k)$ 的闭曲面,则由高斯公式得到

$$\oiint\limits_{S} \boldsymbol{F} \cdot \boldsymbol{n} \mathrm{d}S = \iiint\limits_{\Omega} \nabla \cdot \boldsymbol{F} \mathrm{d}V = 0,$$

其中 Ω 是 S 所包围的区域.

如果 S_i 是一个只包围一个 $M_i(x_i, y_i, z_i)$ 的半径充分小的球面,外侧为正,则由简单计算得到

$$\oiint\limits_{S_i} \boldsymbol{F} \cdot \boldsymbol{n} \mathrm{d}S = -4\pi m_i. \tag{13.6.9}$$

假如 S 内部包围上述诸点 $M_i(x_i, y_i, z_i)(i=1,2,\cdots,k)$,以 $M_i(x_i, y_i, z_i)(i=1,2,\cdots,k)$ 为中心,以充分小的正数为半径作球面 S_i,并且用 Ω' 表示于 Ω 之内,各小球面之外的区域. 对于向量场 (13.6.7)在 Ω' 上应用高斯公式,并且注意到(13.6.8)式,可以得到

$$\oiint\limits_{S} \boldsymbol{F} \cdot \boldsymbol{n} \mathrm{d}S - \sum_{i=1}^{k} \oiint\limits_{S_i} \boldsymbol{F} \cdot \boldsymbol{n} \mathrm{d}S = \iiint\limits_{\Omega} \nabla \cdot \boldsymbol{F} \mathrm{d}V = 0.$$

再由(13.6.9)式就得到

$$\oiint\limits_{S} \boldsymbol{F} \cdot \boldsymbol{n} \mathrm{d}S = \sum_{i=1}^{k} \oiint\limits_{S_i} \boldsymbol{F} \cdot \boldsymbol{n} \mathrm{d}S = -4\pi \sum_{i=1}^{k} m_i.$$

由以上讨论可知,在引力场的某个区域中如果没有质量,则处处有 $\nabla \cdot \boldsymbol{F} = 0$. 因此,引力场中的"源"来自质量.

例 13.6.7 设在 $\mathbb{R}^3$ 中的点 $M_i(x_i, y_i, z_i)(i=1,2,\cdots,k)$,$P_j(x_j', y_j', z_j')(j=1,2,\cdots,m)$ 分别放有正电荷 $q_1, q_2, \cdots, q_k$ 和负电荷 $\overline{q}_1, \overline{q}_2, \cdots, \overline{q}_m$. 用 $E(x,y,z)$ 表示由这些电荷产生的电场,如果忽略一个常数因子,则有

$$\boldsymbol{E}(x,y,z) = \sum_{i=1}^{k} \frac{q_i \boldsymbol{r}_i}{r_i^3} - \sum_{j=1}^{m} \frac{\overline{q}_j \boldsymbol{r}_j'}{r_j'^3}$$

其中 $\boldsymbol{r}_i = \overrightarrow{M_i M}, \boldsymbol{r}_j' = \overrightarrow{M_j M}(i=1,2,\cdots,k; j=1,2,\cdots,m)$;$M = (x,y,z)$.

除了 $M_i(x_i, y_i, z_i)(i=1,2,\cdots,k)$, $P_j(x_j, y_j, z_j)(j=1,2,\cdots,m)$ 之外,处处有 $\nabla \cdot \boldsymbol{E}=0$. 因此,与上例同样的分析可以得到这样的结果:对于任意一个其上不含电荷的逐片光滑的闭曲面 S,电场强度 $\boldsymbol{E}$ 穿过 S 的通量为

$$\oiint\limits_{S} \boldsymbol{E} \cdot \boldsymbol{n}\mathrm{d}S = 4\pi Q,$$

其中 Q 为 S 内部的电荷的代数和. 由此看出,电场的"源"来自电荷. 正电荷为正"源",负电荷为负"源". 如果闭曲面 S 上及其所围区域内部不含有电荷,那么电场强度 $\boldsymbol{E}$ 穿过 S 的通量等于零.

可以直接验证,对于任意二阶连续可微的向量场 $\boldsymbol{v}(x,y,z)$,它的旋度构成的向量场 $\boldsymbol{u}(x,y,z)=\nabla\times\boldsymbol{v}(x,y,z)$ 一定是无源场. 但是一个向量场只有在满足一定条件时,它才可能是另外一个向量场的旋度场. 这里我们不加证明地叙述下述定理.

定理 13.6.5 设 Ω 是 $\mathbb{R}^3$ 中的一个球形区域,$\boldsymbol{v}=X\boldsymbol{i}+Y\boldsymbol{j}+Z\boldsymbol{k}$ 是 Ω 上的可微向量场. 如果 $\nabla \cdot \boldsymbol{v} \equiv 0$,则存在向量场 $\boldsymbol{u}(x,y,z)=L(x,y,z)\boldsymbol{i}+M(x,y,z)\boldsymbol{j}+N(x,y,z)\boldsymbol{k}$,使得

$$\boldsymbol{v}(x,y,z) = \mathrm{rot}\boldsymbol{u}(x,y,z).$$

13.6.5 调和场

如果向量场 $\boldsymbol{v}=X\boldsymbol{i}+Y\boldsymbol{j}+Z\boldsymbol{k}$ 既是有势场,又是无源场,则称 $\boldsymbol{v}$ 是**调和场**. 因为 $\boldsymbol{v}$ 是有势场,所以存在势函数 $f(x,y,z)$,即 $\boldsymbol{v}=\nabla f$. 又因为 $\boldsymbol{v}$ 是无源场,所以 $\nabla \cdot \boldsymbol{v}(x,y,z)=0$,即 $\nabla \cdot (\nabla f)=0$. 也就是说,调和场的势函数 $f(x,y,z)$ 满足方程

$$\frac{\partial^2 f}{\partial x^2} + \frac{\partial^2 f}{\partial y^2} + \frac{\partial^2 f}{\partial z^2} = 0.$$

这是一个非常重要的偏微分方程,称为**拉普拉斯方程**. 如果记 $\nabla^2 f = \nabla \cdot (\nabla f)$,以及

$$\Delta f = \left(\frac{\partial^2}{\partial x^2} + \frac{\partial^2}{\partial y^2} + \frac{\partial^2}{\partial z^2}\right)f = \frac{\partial^2 f}{\partial x^2} + \frac{\partial^2 f}{\partial y^2} + \frac{\partial^2 f}{\partial z^2},$$

则拉普拉斯方程又可以表示为

$$\nabla^2 f = 0,$$

或者

$$\Delta f = 0.$$

称 $\Delta = \left(\dfrac{\partial^2}{\partial x^2} + \dfrac{\partial^2}{\partial y^2} + \dfrac{\partial^2}{\partial z^2} \right)$ 为拉普拉斯算子.

上述例 13.6.6 和例 13.6.7 中的引力场和电场都是调和场.

习　题　13.6

1. 利用积分与路线无关的性质计算下列积分:

(1) $\displaystyle\int_L (x^3 + xy^2)\mathrm{d}x + (y^3 + x^2 y)\mathrm{d}y$,其中 L 为从 $O(0,0)$ 经 $A(1,1)$ 到 $B(2,0)$ 的折线;

(2) $\displaystyle\int_L (y+1)\tan x \mathrm{d}x - \ln\cos x \mathrm{d}y$,其中 L 为曲线 $x = \cos t, y = 2\sin t (0 \leqslant t \leqslant \pi)$,顺时针方向;

(3) $\displaystyle\int_L \left(\ln\dfrac{y}{x} - 1 \right)\mathrm{d}x + \dfrac{x}{y}\mathrm{d}y$,其中 L 为由点 $A(1,1)$ 出发到 $B(\mathrm{e}, 3\mathrm{e})$ 的任何一条不与 x 轴以及 y 轴相交的曲线;

(4) $\displaystyle\int_L \dfrac{1 + y^2 f(xy)}{y}\mathrm{d}x + \dfrac{x}{y^2}[y^2 f(xy) - 1]\mathrm{d}y$,其中 L 为由点 $A(0,1)$ 出发到 $B(1,2)$ 的任何一条不与 x 轴相交的曲线,f 是连续可微函数.

2. 确定 p 的值,使积分 $\displaystyle\int_A^B (x^4 + 4xy^p)\mathrm{d}x + (6x^{p-1}y^2 - 5y^4)\mathrm{d}y$ 与路线无关. 当 $A = (0,0)$,$B = (1,2)$ 时计算积分的值.

3. 判定下列微分形式是否为全微分,若是,求出其原函数:

(1) $(2x\cos y - y^2 \sin x)\mathrm{d}x + (2y\cos x - x^2 \sin y)\mathrm{d}y$;

(2) $(\mathrm{e}^x \cos y + 2xy^2)\mathrm{d}x + (2x^2 y - \mathrm{e}^x \sin y)\mathrm{d}y$.

4. 设 $f(u)$ 连续,L 为逐段光滑简单闭曲线,求证:

$$\oint_L f(x^2 + y^2)(x\mathrm{d}x + y\mathrm{d}y) = 0.$$

5. 设一元函数 f 有连续的导数,计算 $\nabla \cdot (f(r)\boldsymbol{r})$,其中

$$r = x\boldsymbol{i} + y\boldsymbol{j} + z\boldsymbol{k}, \quad r = \sqrt{x^2 + y^2 + z^2},$$

并说明 f 满足什么条件时，$f(r)\boldsymbol{r}$ 为无源场.

6. 设 $\boldsymbol{F} = f(r)\boldsymbol{r}$（$r$ 与 $\boldsymbol{r}$ 的意义与上题同），证明 $\mathrm{rot}\boldsymbol{F} \equiv \boldsymbol{0}$.

7. 设 f 有连续的二阶导数，计算 $\nabla \cdot (\nabla f(r))$，其中 $r, \boldsymbol{r}$ 同题 5，并说明 f 满足什么条件时，∇f 为无源场.

8. 证明下列向量场为无源场：

（1）$\boldsymbol{v} = \boldsymbol{u}_1 \times \boldsymbol{u}_2$，其中 $\boldsymbol{u}_1, \boldsymbol{u}_2$ 是无旋场；

（2）$\boldsymbol{v} = \dfrac{\boldsymbol{r}}{r^3}$，其中 $r, \boldsymbol{r}$ 同题 5.

9. 求电场 $\boldsymbol{v} = \dfrac{\boldsymbol{r}}{r^3}$ 穿过包围原点的任意简单光滑闭曲面的电通量，其中 $r, \boldsymbol{r}$ 同题 5.

10. 证明下列向量场为无旋场：

（1）$\boldsymbol{v} = (x - x_0)\boldsymbol{i} + (y - y_0)\boldsymbol{j} + (z - z_0)\boldsymbol{k}$；

（2）$\boldsymbol{v} = yz(2x + y + z)\boldsymbol{i} + zx(x + 2y + z)\boldsymbol{j} + xy(x + y + 2z)\boldsymbol{k}$.

第 13 章补充题

1. 设 D 为 $y = x, y = 4x, xy = 1, xy = 4$ 所围成的区域，F 是一元连续可微函数，$f = F'$. 求证：$\oint_{\partial D} \dfrac{F(xy)}{y} \mathrm{d}y = \ln 2 \int_1^4 f(v) \mathrm{d}v$.

2. 设 D 是平面上的有界区域，函数 $u(x, y)$ 与 $v(x, y)$ 在 $\overline{D}$ 上存在二阶连续偏导数. 求证：$\oint_{\partial D} \begin{vmatrix} \dfrac{\partial u}{\partial \boldsymbol{n}} & \dfrac{\partial v}{\partial \boldsymbol{n}} \\ u & v \end{vmatrix} \mathrm{d}l = \iint_D \begin{vmatrix} \Delta u & \Delta v \\ u & v \end{vmatrix} \mathrm{d}\sigma$.

3. 计算 $I = \oiint_S \dfrac{\cos \widehat{\boldsymbol{rn}}}{r^2} \mathrm{d}S$，其中 S 为任意光滑闭曲面，$\boldsymbol{n}$ 为 S 的外单位法向量，$M_0(x_0, y_0, z_0)$ 是 S 内的一个确定点，$\boldsymbol{r}$ 是连接 $M_0(x_0, y_0, z_0)$ 和 S 上点 $M(x, y, z)$ 的向量，r 是 $\boldsymbol{r}$ 的长度.

4. 设 $\Omega \subset \mathbb{R}^3$ 为有界区域，其边界 $\partial\Omega$ 为逐片光滑的闭曲面，$\boldsymbol{n}$ 是 $\partial\Omega$ 的外单位法向量. 函数 u 和 v 在 Ω 中有连续偏导数. 求证：

(1) $\oiint\limits_{\partial\Omega} \dfrac{\partial u}{\partial \boldsymbol{n}}\mathrm{d}S=\iiint\limits_{\Omega} \Delta u\mathrm{d}V$;

(2) $\oiint\limits_{\partial\Omega} u\,\dfrac{\partial u}{\partial \boldsymbol{n}}\mathrm{d}S=\iiint\limits_{\Omega}\left[\left(\dfrac{\partial u}{\partial x}\right)^{2}+\left(\dfrac{\partial u}{\partial y}\right)^{2}+\left(\dfrac{\partial u}{\partial z}\right)^{2}\right]\mathrm{d}V+\iiint\limits_{\Omega} u\Delta u\mathrm{d}V$;

(3) $\oiint\limits_{\partial\Omega}\left(u\,\dfrac{\partial v}{\partial \boldsymbol{n}}-v\,\dfrac{\partial u}{\partial \boldsymbol{n}}\right)\mathrm{d}S=\iiint\limits_{\Omega}(u\Delta v-v\Delta u)\mathrm{d}V$.

5. 设 D 为平面区域，$u(x,y)$ 在 D 上有二阶连续偏导数. 求证下列命题等价：

(1) $u(x,y)$ 在 D 上是调和函数，即 $\Delta u=\dfrac{\partial^{2}u}{\partial x^{2}}+\dfrac{\partial^{2}u}{\partial y^{2}}\equiv 0$;

(2) 对于 D 内任意一条圆周 L，如果 L 包围的区域完全属于 D，则有 $\oint_{L}\dfrac{\partial u}{\partial \boldsymbol{n}}\mathrm{d}l=0$.

6. 设 Ω 为光滑曲面 S 围成的有界闭区域，u 是 Ω 上的调和函数 $\left(\Delta u=\dfrac{\partial^{2}u}{\partial x^{2}}+\dfrac{\partial^{2}u}{\partial y^{2}}+\dfrac{\partial^{2}u}{\partial z^{2}}\equiv 0\right)$. 求证：

$$\oiint\limits_{S}\left[\dfrac{1}{r}\dfrac{\partial u}{\partial \boldsymbol{n}}-u\dfrac{\partial\left(\dfrac{1}{r}\right)}{\partial \boldsymbol{n}}\right]\mathrm{d}S=-\oiint\limits_{S_{\delta}}\left[\dfrac{1}{r}\dfrac{\partial u}{\partial \boldsymbol{n}}-u\dfrac{\partial\left(\dfrac{1}{r}\right)}{\partial \boldsymbol{n}}\right]\mathrm{d}S,$$

其中 $M_{0}(x_{0},y_{0},z_{0})$ 是 Ω 内一点，S_{δ} 是以 $M_{0}(x_{0},y_{0},z_{0})$ 为中心，δ 为半径的球面，且 $S_{\delta}\subset\Omega$；$\boldsymbol{r}=(x-x_{0})\boldsymbol{i}+(y-y_{0})\boldsymbol{j}+(z-z_{0})\boldsymbol{k}$，$r$ 是 $\boldsymbol{r}$ 的长度；$\boldsymbol{n}$ 是 S 的外单位法向量、S_{δ} 的内单位法向量.

7. 设 $\Omega\subset\mathbb{R}^{3}$ 为有界区域，其边界 $\partial\Omega$ 逐片光滑，$\boldsymbol{n}$ 是 S 的外单位法向量. f 在 Ω 内调和，在 $\partial\Omega$ 上有连续的偏导数，并且在闭区域 $\overline{\Omega}$ 上连续. 求证：

(1) $\oiint\limits_{\partial\Omega}\dfrac{\partial f}{\partial \boldsymbol{n}}\mathrm{d}S=0$;

(2) $\oiint\limits_{\partial\Omega} f\dfrac{\partial f}{\partial \boldsymbol{n}}\mathrm{d}S=\iiint\limits_{\Omega}\|\nabla f\|^{2}\mathrm{d}V$（$\|\nabla f\|$ 是向量 ∇f 的长度）;

(3) 若当 $(x,y,z)\in\partial\Omega$ 时，$f(x,y,z)\equiv 0$，求证在 Ω 内 $f(x,y,z)\equiv 0$.

8. 设 $M_{0}(x_{0},y_{0},z_{0})$ 为空间一确定点，S 是点 M_{0} 之外的一张逐片光滑曲面. 从点 M_{0} 出发作射线，假定每一条这样的射线与曲面最多相交于一点，则所有与曲面 S 相交的射线构成一个锥体 Λ. 以点 M_{0} 为中心，以任意正数 a

为半径作球,并设该球面含于锥体 Λ 内部的部分面积为 S_a. 定义曲面 S 关于点 M_0 的立体角为 $\Omega_S = \dfrac{S_a}{a^2}$.

（1）若 S 是以点 M_0 为中心,以任意正数 a 为半径的球面,求 Ω_S;

（2）令 $\boldsymbol{v} = \dfrac{\boldsymbol{r}}{r^3}$,求证：$\Omega_S = \displaystyle\iint\limits_{S} \boldsymbol{v} \cdot \boldsymbol{n} \mathrm{d}S$. 其中 $\boldsymbol{r} = \overrightarrow{M_0 M}$, $r = \parallel \boldsymbol{r} \parallel$.

第14章 常微分方程

14.1 微分方程的基本概念

我们所研究的函数是反映客观世界中量与量之间的一种依赖关系,或者反映某种物理、生物、社会等对象发展过程中的数量关系.在大量的实际问题中,这些函数往往不能直接获得,但是经常可以建立起函数与其导数之间的某种数量关系.这种包含了函数及其导数的方程式就称为微分方程.科学与工程中的许多现象的内在规律,都需要用微分方程描述.微分方程是数学理论解决实际问题的重要渠道之一.在这一节我们首先通过一些例子说明如何对于实际问题建立微分方程,然后介绍有关微分方程的一些基本概念.

14.1.1 某些实际问题的数学模型

例 14.1.1 已知一条平面曲线 $y=y(x)$ 上每点的切线被两坐标轴所截的线段被切点所平分,并且曲线通过点 $(2,3)$,求此曲线.

解 设曲线方程为 $y=y(x)$.对于曲线上任意一点 $M(x,y)$,用 (X,Y) 表示曲线在该点的切线上的点,则切线方程是

$$Y - y = y'(X - x).$$

此切线与两坐标轴的交点是 $A\left(x-\dfrac{y}{y'},0\right)$,$B(0,-xy'+y)$(图 14.1).由于线段 AB 被切点平分,所以有

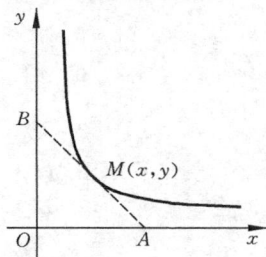

图 14.1

$$x = \frac{1}{2}\left(x - \frac{y}{y'}\right), \quad y = \frac{1}{2}(y - xy').$$

由以上两式中任意一式可以推出

$$xy' + y = 0. \tag{14.1.1}$$

这就是曲线所满足的微分方程.可以直接验证,对于任意常数 c,

函数 $y = \frac{c}{x}$ 都是这个方程的解,再由曲线通过点 $(2,3)$,即 $y(2) =$

3,就可以得到该曲线的方程是 $xy = 6$.

例 14.1.2(冷却过程的数学模型) 初始温度为 u_0 的物体置于温度为 $u_1(u_1 < u_0)$ 的空气中,根据物体冷却过程的牛顿定律知道,物体温度下降的速度与该物体和环境温度之差成正比.试求物体温度随时间变化的规律.

解 用 $u(t)$ 表示在时刻 $t(>0)$ 物体的温度,则在时刻 t 物体温度下降速度等于 $-\dfrac{\mathrm{d}u(t)}{\mathrm{d}t}$.于是由牛顿定律知道,$u(t)$ 满足如下微分方程:

$$-\frac{\mathrm{d}u}{\mathrm{d}t} = k(u - u_1), \quad t > 0,$$

其中 k 是一个与物体本身以及介质(空气)有关的正常数,它的数值可以通过实验确定.将上述方程改写作

$$\frac{\mathrm{d}u}{\mathrm{d}t} + ku = A, \tag{14.1.2}$$

其中 $k, A = ku_1$ 为常数.不难验证,对于任意常数 c,函数

$$u(t) = ce^{-kt} + \frac{A}{k}$$

都是这个微分方程的解.如果已知初始温度 u_0,则可以由初始条件 $u|_{t=0} = u_0$ 确定其中的常数 c.

图 14.2 描述了物体温度随时间变化的规律.

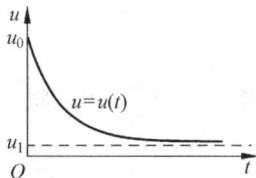

图 14.2

微分方程(14.1.2)不仅能描述物体的冷却过程,而且可以描述其他许多实际问题,例如 R-C 电路和 R-L 电路中电流的变化规律;运动物体受到恒定阻力时的运动规律;放射元素的衰变过程等.

例 14.1.3(单摆运动)　长度等于 l 的细绳一端系于固定点 O,另一端系有质量为 m 的小球. 将小球看做一个质点,并且忽略细绳的质量及其长度的变化,这样一来,小球和细绳构成的系统就称为单摆(也称数学摆). 试求单摆的运动规律.

解　设单摆在铅直 xOy 平面中运动,点 O 为坐标原点,铅直向下方向为 x 轴正向(图 14.3). 这时小球在 xOy 平面中做圆周运动,并且小球和细绳以 x 轴为平衡位置,小球的位置由细绳与 x 轴正向的夹角 θ 完全确定,规定图 14.3 中 θ 在右侧为正,在左侧为负. 因此只需要推导 θ 随时间 t 变化的规律.

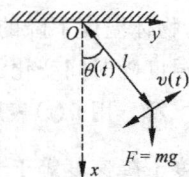

图　14.3

当小球做圆周运动时,受到重力 $\boldsymbol{F}$ 与细绳张力的合力作用,因为重力在与小球运动方向垂直的分力和细绳张力平衡,所以小球所受的合力的大小等于 $mg\sin\theta$(其中 g 是重力加速度),方向与圆周切向一致,并且与 θ 增加方向相反. 又设小球在运动过程中受到空气的阻力与小球运动线速度成正比,比例常数为 $\mu > 0$. 用 v 表示小球的线速度,则根据牛顿第二运动定律可以列出小球的运动方程为

$$m\frac{\mathrm{d}v}{\mathrm{d}t} = -mg\sin\theta - \mu v.$$

注意到 $v = l\dfrac{\mathrm{d}\theta}{\mathrm{d}t}$,可以将上述方程改写为

$$\frac{\mathrm{d}^2\theta}{\mathrm{d}t^2} + \frac{\mu}{m}\frac{\mathrm{d}\theta}{\mathrm{d}t} + \frac{g}{l}\sin\theta = 0. \tag{14.1.3}$$

当小球摆动不大时,即 $\theta \ll 1$ 时,有 $\sin\theta \sim \theta$. 于是(14.1.3)式又近

似地变成下述方程

$$\frac{\mathrm{d}^2\theta}{\mathrm{d}t^2} + \frac{\mu}{m}\frac{\mathrm{d}\theta}{\mathrm{d}t} + \frac{g}{l}\theta = 0. \tag{14.1.4}$$

形如

$$\frac{\mathrm{d}^2 x}{\mathrm{d}t^2} + p\frac{\mathrm{d}x}{\mathrm{d}t} + qx = 0 \tag{14.1.5}$$

的一类方程不仅能够描述单摆运动,而且能够描述一大类客观对象的数学规律,例如机械振动、电路振荡等,有非常广泛的应用.

例 14.1.4(捕食系统) 考虑以下生态系统:在一个很大的湖里有两个鱼群 A 与 B. 鱼群 A 以水草为食,假定其食物是取之不尽的;而鱼群 B 以鱼群 A 为食,试建立这两个鱼群互相作用的数学模型.

解 分别用 $x(t)$ 和 $y(t)$ 表示鱼群 A 与 B 在时刻 t 的数量,并且认为函数 $x(t)$ 和 $y(t)$ 是可微的.

对于鱼群 A,设其自然增长率(即出生率与死亡率之差)为 $a(a>0)$. 从时刻 t 到 $t+\Delta t$,自然增长数量为 $ax(t)\Delta t$;另一方面,由于鱼群 B 的捕食,鱼群 A 又有一个负增长,这个负增长与 $x(t)$ 和 $y(t)$ 均成正比,即存在正数 b,在时刻 t 到 $t+\Delta t$,鱼群 A 的负增长等于 $-bx(t)y(t)\Delta t$. 因此在时刻 t 到 $t+\Delta t$ 这一段时间内,鱼群 A 的净增加量等于

$$\Delta x = x(t+\Delta t) - x(t) = ax(t)\Delta t - bx(t)y(t)\Delta t.$$

等式两端同时除以 Δt,并且令 Δt 趋向于零,则得到

$$\frac{\mathrm{d}x}{\mathrm{d}t} = ax - bxy. \tag{14.1.6}$$

对于鱼群 B,设其自然死亡率为 $c(c>0)$,在时刻 t 到 $t+\Delta t$ 这一段时间内,由于自然死亡率而造成的负增长为 $-cy(t)\Delta t$. 另一方面,鱼群 B 有自然增长,这个自然增长量与鱼群 B 的总量成正比,并且也与其食物(鱼群 A)来源丰富程度成正比,即存在正数 d,使得在上述时间内鱼群 B 正增长量等于 $dx(t)y(t)\Delta t$. 因此在

时刻 t 到 $t+\Delta t$ 这一段时间内，鱼群 B 的总增加量等于

$$\Delta y = y(t+\Delta t) - y(t) = -cy(t)\Delta t + dx(t)y(t)\Delta t.$$

等式两端同时除以 Δt，并且令 Δt 趋向于零，则得到

$$\frac{\mathrm{d}y}{\mathrm{d}t} = -cy + dxy. \tag{14.1.7}$$

由方程(14.1.6)与(14.1.7)构成的方程组就是两个鱼群 A 与 B 互相作用而随时间变化的数学模型. 如果给出两个鱼群的初始数量，则可以通过一定的数值方法计算出 $x(t)$ 和 $y(t)$ 随时间变化的规律(图 14.4).

由方程(14.1.6)和(14.1.7)又得到

$$\frac{\mathrm{d}y}{\mathrm{d}x} = \frac{(dx-c)y}{(a-by)x}. \tag{14.1.8}$$

按照一定的算法，用计算机可以计算出鱼群 A 与 B 互相作用的规律(图 14.5).

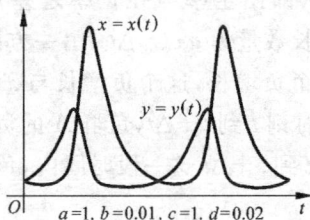
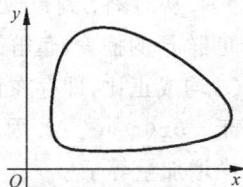

图　14.4　　　　　　　　　图　14.5

捕食系统的数学模型是由意大利生物学家 D'Ancona 及数学家 Volterra 在 20 世纪 20 年代初建立起来的. 图 14.5 说明，在方程(14.1.6)与(14.1.7)所描述的系统中，捕食鱼群 B 的数量 y 与被捕食鱼群 A 的数量 x 是呈周期性变化的. 从生态意义上看这很好理解，当 A 的数量增长时，意味着鱼群 B 的食物增多，这就会促进 B 的数量增长. 反过来 B 的数量增长又会造成鱼群 A 的数量的减少，进而又引起 B 的减少. 这样周而复始.

14.1.2 微分方程的基本概念

包含未知函数及其导数的方程式称为**微分方程**. 例如上面的方程(14.1.1)~(14.1.8)都是微分方程. 如果方程中的未知函数是两个或者两个以上的自变量的函数,则称这样的微分方程为**偏微分方程**. 例如

$$\frac{\partial^2 u}{\partial x^2} + \frac{\partial^2 u}{\partial y^2} + \frac{\partial^2 u}{\partial z^2} = f(x, y, z), \quad \frac{\partial u}{\partial t} = a \frac{\partial^2 u}{\partial x^2}$$

等都是偏微分方程.

如果方程中的未知函数是一元函数,则称这样的微分方程为**常微分方程**. 除了上面的方程(14.1.1)~(14.1.8)之外,像方程

$$\frac{d^2 y}{dx^2} = \sqrt{1 + \left(\frac{dy}{dx}\right)^2}, \quad y' = f(x, y)$$

等也是常微分方程.

微分方程中出现的未知函数的最高阶导数的阶数称为这个微分方程的**阶**. 例如方程(14.1.1),(14.1.2)和(14.1.8)都是一阶常微分方程;方程(14.1.6)和(14.1.7)是一阶常微分方程组. 方程(14.1.3),(14.1.4)和(14.1.5)都是二阶常微分方程.

n 阶常微分方程的一般形式为

$$F\left(x, y, \frac{dy}{dx}, \frac{d^2 y}{dx^2}, \cdots, \frac{d^n y}{dx^n}\right) = 0. \tag{14.1.9}$$

如果方程(14.1.9)中的函数 F 关于未知函数 y 及其各阶导数 $\frac{dy}{dx}$, $\frac{d^2 y}{dx^2}, \cdots, \frac{d^n y}{dx^n}$ 都是一次整式,则称这个方程是**线性微分方程**,否则称为**非线性微分方程**. n 阶线性常微分方程的一般形式为

$$a_0(x) \frac{d^n y}{dx^n} + a_1(x) \frac{d^{n-1} y}{dx^{n-1}} + \cdots + a_{n-1}(x) \frac{dy}{dx} + a_n(x) y = f(x),$$

$$\tag{14.1.10}$$

其中 $a_i(x)$ ($i=0,1,\cdots,n$), $f(x)$ 是已知函数. 如果 $a_0(x)$ 在某个区间 I 上不等于零, 则在这个区间上方程(14.1.10)又可以写作

$$\frac{\mathrm{d}^n y}{\mathrm{d}x^n} + a_1(x)\frac{\mathrm{d}^{n-1}y}{\mathrm{d}x^{n-1}} + \cdots + a_{n-1}(x)\frac{\mathrm{d}y}{\mathrm{d}x} + a_n(x)y = f(x).$$

(14.1.11)

在前面碰到的微分方程中, 方程(14.1.1), (14.1.2), (14.1.4), (14.1,5)是线性微分方程. 而方程(14.1.3), (14.1.8)都是非线性微分方程.

14.1.3　微分方程的解与定解问题的提法

如果函数 $y=f(x)$ 在区间 I 上具有 1 至 n 阶导数, 并且将 $y=f(x)$ 代入方程(14.1.9)之后使得方程(14.1.9)成为恒等式, 则称函数 $y=f(x)$ 是微分方程(14.1.9)在区间 I 上的一个解. 例如, 对于任意常数 c, 函数

$$\frac{A}{k} + ce^{-kt}$$

(14.1.12)

是微分方程(14.1.2)在区间 $(0,+\infty)$ 上的一个解. 又如, 对于任意常数 c, 函数 $y=\dfrac{c}{x}$ 是微分方程(14.1.1)在区间 $(0,+\infty)$ 的一个解. 再如对于任意常数 A,ϕ, 函数

$$A\sin(\omega t + \phi)$$

(14.1.13)

是微分方程

$$\frac{\mathrm{d}^2 x}{\mathrm{d}t^2} + \omega^2 x = 0$$

(14.1.14)

在区间 $(-\infty,+\infty)$ 的一个解.

微分方程的解也可以写成隐函数形式, 例如, 对于任意常数 a,

$$x^2 + y^2 = a^2$$

(14.1.15)

是方程

$$\frac{\mathrm{d}y}{\mathrm{d}x} = -\frac{x}{y}$$

(14.1.16)

的解. 这样的解称为**隐式解**.

在上面列举的方程中,它们的解都包含了若干任意常数. 例如,(14.1.12)式中的任意常数 c,(14.1.13)式中的任意常数 A, ϕ 以及(14.1.15)式中的任意常数 a 等. 当这些常数任意变动时,就得到以这些常数为参数的函数族. 例如,(14.1.12)式中的 c 任意变动时,就得到一个单参数函数族,其中每个函数都是方程(14.1.2)的解;(14.1.13)式中的 A 和 ϕ 任意变动时,就得到一个双参数函数族,其中每个函数都是方程(14.1.14)的解;(14.1.15)式中的 a 任意变动时,就得到一个单参数函数族,其中每个函数都是方程(14.1.16)的解.

一般情况下,在 n 阶微分方程的解中含有 n 个任意常数 c_1, $c_2, \cdots, c_n$,也就是说,n 阶微分方程的解的表达式为

$$y = f(x, c_1, c_2, \cdots, c_n). \qquad (14.1.17)$$

这种包含了 n 个任意常数(对于 n 阶微分方程而言)的解称为微分方程的**通解**. 上面的函数族(14.1.12),(14.1.13)和(14.1.15)分别是微分方程(14.1.2),(14.1.14)和(14.1.16)的通解. 一个微分方程可以有无穷多个解.

另一方面,一个微分方程在数学上虽然可以有无穷多个解,但是这个方程所描述的物理过程的数量关系却是惟一确定的. 这就需要从微分方程的通解中找出所需要的解. 为此,需要对微分方程附加某些条件,即所谓**定解条件**.

例如,对于一阶方程(14.1.2),如果已知初始温度,即函数 $u(t)$ 在 $t=0$ 的值 u_0,就可以由关系

$$u(0) = \left(\frac{A}{k} + c\mathrm{e}^{-kt} \right) \bigg|_{t=0} = u_0$$

得到

$$c = u_0 - \frac{A}{k},$$

从而确定物体温度变化规律. 因此如果用下述形式描述降温过程:

$$\begin{cases} \dfrac{\mathrm{d}u}{\mathrm{d}t} = k(u - u_0), \\ u\mid_{t=0} = u_0, \end{cases}$$

则问题的解就是惟一确定的.

对于 n 阶微分方程 (14.1.9)~(14.1.11), 为了从通解中找到所需要的解, 需要附加 n 个初始值条件, 即

$$\begin{cases} F\left(x, y, \dfrac{\mathrm{d}y}{\mathrm{d}x}, \cdots, \dfrac{\mathrm{d}^n y}{\mathrm{d}x^n}\right) = 0, \\ y\mid_{x=x_0} = y_0, \\ \quad \vdots \\ \dfrac{\mathrm{d}^{n-1} y}{\mathrm{d}x^{n-1}}\bigg|_{x=x_0} = y_{n-1}. \end{cases} \tag{14.1.18}$$

这样的定解条件称为**初值条件**, 问题 (14.1.18) 就称为初值问题, 或者为柯西问题.

还有其他形式的定解问题. 例如对于二阶常微分方程

$$F\left(x, y, \dfrac{\mathrm{d}y}{\mathrm{d}x}, \dfrac{\mathrm{d}^2 y}{\mathrm{d}x^2}\right) = 0, \tag{14.1.19}$$

附加条件

$$y(0) = a, \quad y(1) = b, \tag{14.1.20}$$

即求二阶可微函数 $y(x)$, 使其满足方程 (14.1.19), 并且适合条件 (14.1.20). 定解条件 (14.1.20) 称为**边值条件**.

满足微分方程 (14.1.9) 并且适合定解条件 (14.1.18) 的解称为微分方程 (14.1.9) 的**特解**. 对于初值问题 (14.1.18), 假定方程的通解表达式为 $y = f(x, c_1, c_2, \cdots, c_n)$, 可以利用初值条件

$$y\mid_{x=x_0} = y_0, \quad y'\mid_{x=x_0} = y_1, \quad \cdots, \quad y^{(n-1)}\mid_{x=x_0} = y_{n-1}$$

确定其中的常数 $c_1, c_2, \cdots, c_n$, 从而获得所需要的特解.

14.1.4 积分曲线

考察一阶常微分方程

$$\frac{\mathrm{d}y}{\mathrm{d}x} = f(x, y). \qquad (14.1.21)$$

它的解 $y = y(x)$ 或者 $F(x, y) = 0$ 是 xOy 平面上的一条曲线,这样的曲线称为微分方程(14.1.21)**积分曲线**. 微分方程(14.1.21)的通解是 xOy 平面上一个单参数曲线族,称为积分曲线族,而其中通过点 (x_0, y_0) 的那一条积分曲线就是方程(14.1.21)满足初值条件 $y(x_0) = y_0$ 的特解.

方程(14.1.1)和(14.1.16)的积分曲线族如图 14.6(a),14.6(b)所示.

设方程(14.1.21)右端函数 $f(x, y)$ 在 xOy 平面的区域 D 上有定义,则由 $\boldsymbol{v}(x, y) = \boldsymbol{i} + f(x, y)\boldsymbol{j}$ 确定了一个向量场,称这个向量场为方程(14.1.21)的方向场. 对于方程(14.1.21)的任意一条积分曲线 L,在 L 上任意一点 (x, y),$\boldsymbol{v}(x, y) = \boldsymbol{i} + f(x, y)\boldsymbol{j}$ 恰好是曲线 L 在该点的切向量;反之,如果区域 D 中的一条曲线 L 每点的切向量与向量场 $\boldsymbol{v}(x, y) = \boldsymbol{i} + f(x, y)\boldsymbol{j}$ 一致,则曲线 L 一定是方程(14.1.21)的一条积分曲线.

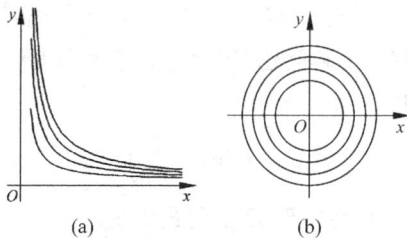

图 14.6

14.1.5 微分方程的存在惟一性定理

微分方程源于实际问题. 通过研究微分方程可以达到以下几个方面的目的:一个是明了系统运行的数量关系;二是解释各种

物理现象；三是对系统未来的状态作有效的预报. 但是,对于给定的一个微分方程的定解问题(例如初值问题与边值问题),在大多数情形,很难求得它的解的具体表达式. 因此自然要关心这个定解问题的解是否存在. 另一方面,一个具体的物理过程的数量关系在很多情形是惟一确定的,因此对应于微分方程惟一的一个解. 于是另一个重要问题就是定解问题如果有解,那么解是否惟一. 关于这些问题,有如下定理.

定理 14.1.1(存在惟一性定理)　考察一阶常微分方程的初值问题:

$$
\begin{cases}
\dfrac{\mathrm{d}y}{\mathrm{d}x} = f(x, y), \\[2mm]
y(x_0) = y_0.
\end{cases}
\tag{14.1.22}
$$

假设 (x_0, y_0) 为固定点,二元函数 $f(x, y)$ 在某个以点 (x_0, y_0) 为中心的矩形

$$
D = \{(x, y) \mid |x - x_0| \leqslant a, |y - y_0| \leqslant b\}
$$

中连续,并且关于变元 y 满足利普希茨条件,即存在正数 L,使得对于任意的 $(x, y_1) \in D, (x, y_2) \in D$ 都有

$$
|f(x, y_1) - f(x, y_2)| \leqslant L|y_1 - y_2|, \tag{14.1.23}
$$

则存在正数 h,使得定解问题(14.1.22)在区间 $[x_0 - h, x_0 + h]$ 上有惟一的解,其中

$$
h = \min\left(a, \frac{b}{M}\right),
$$

这里 M 是 $|f(x, y)|$ 在矩形 D 上的最大值.

由于篇幅所限,略去这个定理的证明.

若 $f'_y(x, y)$ 在 D 上连续,则 $f(x, y)$ 在 D 上关于 y 满足利普希茨条件. 这是因为,若 $f'_y(x, y)$ 在 D 上连续,则 $f'_y(x, y)$ 在 D 上有界,存在常数 $L > 0$,使得 $|f'_y(x, y)| \leqslant L$,因此 $|f(x, y_1) - f(x, y_2)| = |f'_y(x, \xi)(y_1 - y_2)| \leqslant L|y_1 - y_2|$.

对于线性微分方程,存在惟一性有更进一步的结果:假定函数 $p(x),q(x)$ 在某个区间 I 上连续,又 $x_0 \in I$,则对于任意的实数 y_0,方程

$$\frac{\mathrm{d}y}{\mathrm{d}x} = p(x)y + q(x) \tag{14.1.24}$$

在整个区间 I 上存在惟一的一个满足初值条件 $y(x_0) = y_0$ 的解.

例 14.1.5 假设函数 $p(x)$ 在区间 I 上连续,则方程 $\frac{\mathrm{d}y}{\mathrm{d}x} = p(x)y$ 与 Ox 轴在点 x_0 相交的积分曲线必与 Ox 轴重合.

证明 按照上面的讨论,对于任意的 $x_0 \in I$,这个方程在区间 I 上存在惟一的一个满足初值条件 $y(x_0) = 0$ 的解 $y(x)$. 但是 $\varphi(x) \equiv 0$ 是满足初值条件 $\varphi(x_0) = 0$ 的解,根据惟一性得到 $y(x) \equiv \varphi(x) \equiv 0$,即积分曲线与 Ox 轴重合.

习 题 14.1

1. 检验下列函数是否为所给的微分方程的解,若是,请给出当 $t = 0$ 时它们满足的初值条件:

(1) $y = \sin kt$ 与 $y = \cos kt$,$y'' + k^2 y = 0$;

(2) $y = \mathrm{e}^{\cos t}\left(\frac{1}{\mathrm{e}} + x\right)$,$y' - y\sin t = \mathrm{e}^{\cos t}$;

(3) $x = \ln(\mathrm{e}^t + \mathrm{e} - 1)$,$x' = \mathrm{e}^{t-x}$;

(4) $y = c\mathrm{e}^{-t} + t - 1$,$y' - t + y = 0$.

2. 设弹簧上端固定,下端挂有一个质量为 m 的小球. 若弹簧的弹性系数等于 k,且小球在运动过程中受到的空气阻力与其运动速度成正比,比例系数为 μ. 试列出小球运动的微分方程.

3. 列出下列曲线 $y = f(x)$ 满足的微分方程:

(1) 通过点 $(2,3)$,在曲线上任意一点 $P(x,y)$ 的法线与 x 轴的交点为 Q,线段 PQ 恰好被 y 轴平分;

(2) 有一条连接点 $A(0,1)$ 和 $B(1,0)$ 的下凸曲线,在其上任取一点 $P(x,y)$,则该曲线与弦 AP 之间的面积等于 x^3.

14.2　微分方程的初等解法

对于若干简单类型的一阶常微分方程,可以用不定积分的方法求方程的通解.这样的方法称为**初等积分法**.若干常见的一阶常微分方程可以用初等积分方法求解,本节将介绍几个最基本最常用的初等积分方法.

14.2.1　分离变量法

形如

$$\frac{\mathrm{d}y}{\mathrm{d}x} = f(x)g(y), \qquad (14.2.1)$$

或者

$$f(x)\mathrm{d}x = g(y)\mathrm{d}y \qquad (14.2.2)$$

的方程称为变量分离方程.对于这类方程可以在(14.2.2)两端分别积分求解.

例 14.2.1　求方程

$$\frac{\mathrm{d}y}{\mathrm{d}x} = \frac{\sin x}{\sin y}$$

的通解.

解　将方程改写为 $\sin y \mathrm{d}y = \sin x \mathrm{d}x$,两端积分,得到方程的通解 $\cos y = \cos x + c$,或者 $y = \arccos(\cos x + c)$.

例 14.2.2　解初值问题

$$\begin{cases} xy(1 - xy') = x + yy', \\ y(1) = 2. \end{cases}$$

解　首先求方程通解.将方程改写为

$$\frac{\mathrm{d}y}{\mathrm{d}x} = \frac{x(y-1)}{(1+x^2)y}.$$

直接可以看出,$y \equiv 1$ 是方程的一个解,因为将函数 $y \equiv 1$ 代入方

程,能够使方程变成恒等式. 当 $y \neq 1$ 时,可以将方程改写成

$$\frac{y \mathrm{d} y}{y-1} = \frac{x \mathrm{d} x}{1+x^2}.$$

等式两端积分得到

$$y + \ln|y-1| = \frac{1}{2}\ln(1+x^2) + c_1,$$

其中 c_1 为任意常数. 两端取指数得到 $\mathrm{e}^{y+\ln|y-1|} = (\mathrm{e}^{\ln(1+x^2)})^{\frac{1}{2}} \mathrm{e}^{c_1}$.

当 $y > 1$ 时,

$$\mathrm{e}^y(y-1) = \mathrm{e}^{c_1}\sqrt{1+x^2};$$

当 $y < 1$ 时,

$$\mathrm{e}^y(y-1) = -\mathrm{e}^{c_1}\sqrt{1+x^2}.$$

记 $c = \pm \mathrm{e}^{c_1}$,则上两式又可以写作

$$\mathrm{e}^y(y-1) = c\sqrt{1+x^2}, \quad c \neq 0.$$

由于 $y \equiv 1$ 是方程的一个解,故上式中常数 c 也可以等于零,于是方程的通解为

$$\mathrm{e}^y(y-1) = c\sqrt{1+x^2}, \quad c \in \mathbb{R}.$$

在上式中代入初值条件 $y(1)=2$,可以得到 $c = \frac{1}{\sqrt{2}}\mathrm{e}^2$,于是所求特解为

$$\mathrm{e}^y(y-1) = \frac{1}{\sqrt{2}}\mathrm{e}^2\sqrt{1+x^2}.$$

例 14.2.3 解方程 $x\sqrt{1+y^2} + yy'\sqrt{1+x^2} = 0$.

解 方程两端同乘以 $\dfrac{\mathrm{d} x}{\sqrt{1+y^2}\sqrt{1+x^2}}$,将方程化为变量分离方程

$$\frac{x \mathrm{d} x}{\sqrt{1+x^2}} + \frac{y \mathrm{d} y}{\sqrt{1+y^2}} = 0.$$

积分得到通解

$$\sqrt{1+y^2} + \sqrt{1+x^2} = c, \quad c > 2.$$

这个方程的积分曲线族如图 14.7 所示.

有些方程虽然不是变量分离方程,但是经过适当的变形能够化为变量分离方程. 下面要介绍的齐次方程就是其中一种.

形如

$$\frac{\mathrm{d}y}{\mathrm{d}x} = g\left(\frac{y}{x}\right) \qquad (14.2.3)$$

的方程称为齐次方程. 利用代换 $u = \dfrac{y}{x}$

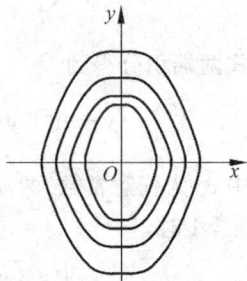

图 14.7

可以将这类方程化为变量分离方程. 事实上,这时有 $\dfrac{\mathrm{d}y}{\mathrm{d}x} = x\dfrac{\mathrm{d}u}{\mathrm{d}x} + u$. 将其代入(14.2.3)式,就将原方程化为 $x\dfrac{\mathrm{d}u}{\mathrm{d}x} + u = g(u)$ 或者

$$\frac{\mathrm{d}u}{\mathrm{d}x} = \frac{g(u) - u}{x}.$$

这是一个变量分离方程,可以用分离变量法求解 $u(x)$,然后就得到原方程的解 $y = xu(x)$.

例 14.2.4 求方程 $y' = \dfrac{y}{x} + \tan\dfrac{y}{x}$ 满足初值条件 $y(1) = \dfrac{\pi}{6}$ 的特解.

解 令 $u = \dfrac{y}{x}$,原方程变成 $u + x\dfrac{\mathrm{d}u}{\mathrm{d}x} = u + \tan u$,分离变量得到 $\cot u\,\mathrm{d}u = \dfrac{\mathrm{d}x}{x}$,两端积分得 $\ln|\sin u| = \ln|x| + c_1$,取指数又得到 $|\sin u| = \mathrm{e}^{c_1}|x|$ 或者 $\sin u = \pm\mathrm{e}^{c_1}x$. 令 $c = \pm\mathrm{e}^{c_1}$,则有 $\sin u = cx$ $(c \neq 0)$,由此得到 $\sin\dfrac{y}{x} = cx$ $(c \neq 0)$. 注意到 $y \equiv 0$ 也是原方程的解,所以上面的常数 c 也可以等于零,即方程通解为

$$\sin \frac{y}{x} = cx, \quad c \in \mathbb{R}.$$

利用初值条件得到 $c=\dfrac{1}{2}$,因此所求特解是

$$\sin \frac{y}{x} = \frac{1}{2}x.$$

例 14.2.5 求方程 $xy' = y(1+\ln y - \ln x)$ 的通解.

解 将方程改写为 $\dfrac{\mathrm{d}y}{\mathrm{d}x} = \dfrac{y}{x}\left(1+\ln\dfrac{y}{x}\right)$,令 $u=\dfrac{y}{x}$,则方程又变成

$$\frac{\mathrm{d}u}{u\ln u} = \frac{\mathrm{d}x}{x}.$$

分离变量求解得到 $\ln|\ln u| = \ln x + c_1$,即 $\ln u = \pm \mathrm{e}^{c_1} x = cx$($c \neq 0$),或者 $u = \mathrm{e}^{cx}$($c \neq 0$). 于是又有 $y = x\mathrm{e}^{cx}$($c \neq 0$). 但是 $y \equiv x$ 也是原方程的解,因此原方程的通解为

$$y = x\mathrm{e}^{cx}, \quad c \in \mathbb{R}.$$

14.2.2 一阶线性微分方程

考察一阶线性微分方程

$$a(x)\frac{\mathrm{d}y}{\mathrm{d}x} + b(x)y + c(x) = 0, \qquad (14.2.4)$$

其中 a,b,c 是连续函数. 在 $a(x) \neq 0$ 的区间 I 上,此方程可以化为

$$\frac{\mathrm{d}y}{\mathrm{d}x} + p(x)y = q(x), \qquad (14.2.5)$$

其中 p,q 是区间 I 上的连续函数. 方程(14.2.5)是一阶线性方程,其中右端函数 $q(x)$ 称为非齐次项. 称方程(14.2.5)为一阶线性**非齐次**方程. 如果 $q(x) \equiv 0$,则方程(14.2.5)变成相应的**齐次方程**

$$\frac{\mathrm{d}y}{\mathrm{d}x} + p(x)y = 0. \qquad (14.2.6)$$

首先讨论齐次方程(14.2.6)的求解问题. 注意到方程(14.2.6)

是一个变量分离方程,将其写作

$$\frac{\mathrm{d}y}{y} = -p(x)\mathrm{d}x.$$

积分得到 $\ln|y| = -\int p(x)\mathrm{d}x + c_1$,其中 c_1 是任意常数,于是

$$y = \pm\, \mathrm{e}^{-\int p(x)\mathrm{d}x + c_1} = \pm\, \mathrm{e}^{c_1}\mathrm{e}^{-\int p(x)\mathrm{d}x}.$$

记 $c = \pm\mathrm{e}^{c_1}$,则

$$y = c\mathrm{e}^{-\int p(x)\mathrm{d}x}, \quad c \neq 0.$$

由于 $y(x) \equiv 0$ 也是方程(14.2.6)的解,所以常数 c 又可以取零,因此方程(14.2.6)的通解为

$$y = c\mathrm{e}^{-\int p(x)\mathrm{d}x}, \quad c \in \mathbb{R}. \tag{14.2.7}$$

需要注意,(14.2.7)式中的 $\int p(x)\mathrm{d}x$ 是 $p(x)$ 的一个原函数(可以是任意一个),而不是不定积分.

现在讨论非齐次方程(14.2.5)的解法. 为了求非齐次方程(14.2.5)的解,我们假设方程(14.2.5)的解有如下形式:

$$y = c(x)\mathrm{e}^{-\int p(x)\mathrm{d}x}. \tag{14.2.8}$$

然后将此式代入方程(14.2.5),求出待定函数 $c(x)$.

将(14.2.8)式代入方程(14.2.5)后,计算得到

$$c'(x)\mathrm{e}^{-\int p(x)\mathrm{d}x} - p(x)c(x)\mathrm{e}^{-\int p(x)\mathrm{d}x} + p(x)c(x)\mathrm{e}^{-\int p(x)\mathrm{d}x} = q(x),$$

即

$$c'(x) = q(x)\mathrm{e}^{\int p(x)\mathrm{d}x}.$$

积分得到

$$c(x) = \int q(x)\mathrm{e}^{\int p(x)\mathrm{d}x}\mathrm{d}x + c. \tag{14.2.9}$$

代入(14.2.8)式得到方程(14.2.5)的通解

$$y = \left(\int q(x)\mathrm{e}^{\int p(x)\mathrm{d}x}\mathrm{d}x + c\right)\mathrm{e}^{-\int p(x)\mathrm{d}x}. \tag{14.2.10}$$

在(14.2.10)式中，$\int p(x)\mathrm{d}x$ 是 $p(x)$ 的（任意）一个原函数，

$\int q(x)\mathrm{e}^{\int p(x)\mathrm{d}x}\mathrm{d}x$ 是 $q(x)\mathrm{e}^{\int p(x)\mathrm{d}x}$ 的（任意）一个原函数．

上面求解非齐次方程(14.2.5)的方法称为**常数变易法**．

例 14.2.6　解方程 $\dfrac{\mathrm{d}y}{\mathrm{d}x}+\dfrac{1}{x}y=\dfrac{\sin x}{x}$．

解　先解相应的齐次方程

$$\frac{\mathrm{d}y}{\mathrm{d}x}+\frac{1}{x}y=0.$$

利用公式(14.2.7)得到

$$y=c\mathrm{e}^{-\int\frac{\mathrm{d}x}{x}}=\frac{c}{x}.$$

再用常数变易法求非齐次方程的解．令 $y=\dfrac{c(x)}{x}$，并且代入原方程

得到

$$\frac{xc'(x)-c(x)}{x^2}+\frac{c(x)}{x^2}=\frac{\sin x}{x},$$

即 $c'(x)=\sin x, c(x)=-\cos x+c$，最后得到原方程的通解为

$$y=\frac{1}{x}(-\cos x+c).$$

也可以直接用公式(14.2.10)计算：

$$y=\left(\int\frac{\sin x}{x}\mathrm{e}^{\int\frac{\mathrm{d}x}{x}}\mathrm{d}x+c\right)\mathrm{e}^{-\int\frac{\mathrm{d}x}{x}}=\frac{1}{x}(-\cos x+c).$$

例 14.2.7　解方程 $x\mathrm{d}y-y\mathrm{d}x=y^2\mathrm{e}^y\mathrm{d}y$．

解　将方程改写成关于未知函数 $x=x(y)$ 的一阶线性微分
方程

$$\frac{\mathrm{d}x}{\mathrm{d}y}-\frac{x}{y}=-y\mathrm{e}^y.$$

由公式(14.2.7)求出相应的齐次方程

$$\frac{\mathrm{d}x}{\mathrm{d}y} - \frac{x}{y} = 0$$

的通解是 $x = cy$，然后用常数变易法得到原方程通解 $x = cy - y\mathrm{e}^y$.

例 14.2.8　图 14.8 是由电动势 E，电阻 R 以及电感 L 组成的闭合电路. 如果在时刻 t_0 接通电路，试求回路中电流 $I(t)$（不计电源内阻）.

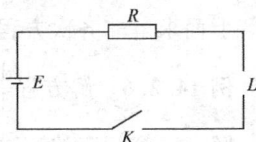

解　由电学的基尔霍夫定律知道，电动势等于回路中各电压之和，即

图　14.8

$$L\frac{\mathrm{d}I}{\mathrm{d}t} + RI = E.$$

用常数变易法可以求得方程通解

$$I(t) = \frac{E}{R} - c\mathrm{e}^{-\frac{R}{L}t}.$$

在接通回路的瞬间，由于电感的作用使 $I(t_0) = 0$，由这个初值条件可以得到

$$I(t) = \frac{E}{R}\left(1 - \mathrm{e}^{-\frac{R}{L}(t-t_0)}\right).$$

例 14.2.9　设 $a > 0$，$f(t)$ 在 $[0, +\infty)$ 连续有界，试证明方程

$$\frac{\mathrm{d}x}{\mathrm{d}t} + ax = f(t), \quad t \geqslant 0$$

的所有解在 $[0, +\infty)$ 上有界.

证明　设 $x = x(t)$ 是方程满足初始条件 $x(0) = x_0$ 的解，则由公式 (14.2.10) 得到

$$x(t) = \mathrm{e}^{-at}\left(x_0 + \int_0^t \mathrm{e}^{as}f(s)\,\mathrm{d}s\right), \quad t > 0,$$

若 $|f(t)| \leqslant M$ $(t \geqslant 0)$，则由上述等式不难推出：当 $t \geqslant 0$ 时，有

$$|x(t)| \leqslant |x_0| + \left|\int_0^t \mathrm{e}^{-a(t-s)}f(s)\,\mathrm{d}s\right| \leqslant |x_0| + M\left|\int_0^t \mathrm{e}^{-a(t-s)}\,\mathrm{d}s\right|$$

$$= |x_0| + \frac{M}{a}.$$

形如

$$\frac{\mathrm{d}y}{\mathrm{d}x} + p(x)y = q(x)y^n, \quad n \neq 0, n \neq 1 \qquad (14.2.11)$$

的方程称为**伯努利方程**. 用 y^n 除以等式两端,将方程(14.2.11)化为

$$y^{-n}\frac{\mathrm{d}y}{\mathrm{d}x} + p(x)y^{1-n} = q(x). \qquad (14.2.12)$$

再令 $z = y^{1-n}$,则 $\frac{\mathrm{d}z}{\mathrm{d}x} = (1-n)y^{-n}\frac{\mathrm{d}y}{\mathrm{d}x}$,即 $y^{-n}\frac{\mathrm{d}y}{\mathrm{d}x} = \frac{1}{1-n}\frac{\mathrm{d}z}{\mathrm{d}x}$,将其代入(14.2.12)式得到

$$\frac{1}{1-n}\frac{\mathrm{d}z}{\mathrm{d}x} + p(x)z = q(x),$$

或者

$$\frac{\mathrm{d}z}{\mathrm{d}x} + (1-n)p(x)z = (1-n)q(x). \qquad (14.2.13)$$

这是一个一阶线性方程. 求出 z 之后,再还原为 y,就得到方程(14.2.11)的解.

例 14.2.10　解方程 $\frac{\mathrm{d}y}{\mathrm{d}x} = 6\frac{y}{x} - xy^2$.

解　这是 $n = 2$ 的伯努利方程. 令 $z = y^{-1}$,得到 $\frac{\mathrm{d}z}{\mathrm{d}x} = -y^{-2}\frac{\mathrm{d}y}{\mathrm{d}x}$,代入原方程得到

$$\frac{\mathrm{d}z}{\mathrm{d}x} + \frac{6}{x}z = x.$$

解此线性方程得通解

$$z = \frac{c}{x^6} + \frac{x^2}{8}.$$

还原为 y 得到 $\frac{1}{y} = \frac{c}{x^6} + \frac{x^2}{8}$ 或者 $\frac{x^6}{y} - \frac{x^8}{8} = c$.

例 14.2.11　解方程 $\frac{1}{\sqrt{y}}y' + \frac{4x}{x^2-1}\sqrt{y} = x$.

解　将方程改写为

$$y' + \frac{4xy}{x^2 - 1} = x\sqrt{y},$$

这是一个 $n = \dfrac{1}{2}$ 的伯努利方程. 令 $z = y^{1 - \frac{1}{2}} = y^{\frac{1}{2}}$，原方程变成

$$\frac{\mathrm{d}z}{\mathrm{d}x} + \frac{2x}{x^2 - 1} z = \frac{x}{2}.$$

解这个线性方程，得到通解 $z = \dfrac{x^2(x^2 - 2) + c}{8(x^2 - 1)}$，由此得到原方程通解

$$y = z^2 = \left(\frac{x^2(x^2 - 1) + c}{8(x^2 - 1)} \right)^2.$$

14.2.3　全微分方程

有时，将微分方程 $y'(x) = f(x, y)$ 写成对称形式 $f(x, y)\mathrm{d}x - \mathrm{d}y = 0$ 会更加方便. 现在考虑更一般的形式：

$$M(x, y)\mathrm{d}x + N(x, y)\mathrm{d}y = 0, \qquad (14.2.14)$$

其中 $M(x, y)$ 与 $N(x, y)$ 是在平面上某个单连通区域内连续可微的函数.

如果存在一个二元连续可微的函数 $u(x, y)$ 使得

$$\frac{\partial u}{\partial x} = M(x, y), \quad \frac{\partial u}{\partial y} = N(x, y), \qquad (14.2.15)$$

即

$$\mathrm{d}u = M\mathrm{d}x + N\mathrm{d}y, \qquad (14.2.16)$$

则称方程(14.2.14)是**全微分方程**，这时方程(14.2.14)的通解就是 $u(x, y) = c$. 于是自然要关心如下问题：

(1) 如何判定方程(14.2.14)是全微分方程？

(2) 如何求解全微分方程？

在第 13 章中已经证明，在平面上的单连通区域 D 中存在二

元连续可微的函数 $u(x,y)$ 使得 (14.2.15) 式或者 (14.2.16) 式成立的充分必要条件是

$$\frac{\partial M(x,y)}{\partial y} = \frac{\partial N(x,y)}{\partial x}. \qquad (14.2.17)$$

这是全微分方程的充分必要条件. 原函数 $u(x,y)$ 可以由第二型曲线积分得到:

$$u(x,y) = \int_{(x_0,y_0)}^{(x,y)} M\mathrm{d}x + N\mathrm{d}y, \qquad (14.2.18)$$

其中 (x_0,y_0) 是 D 中任意一个固定点. 上述积分曲线可以是 D 中任意一条以 (x_0,y_0) 为起点, 以 (x,y) 为终点的逐段光滑有向曲线.

另外, 也可以直接用不定积分的方法计算原函数 $u(x,y)$. 注意到 (14.2.15) 式, 将其中第一式对 x 积分 (在积分过程中将 y 看成常数) 可以得到

$$u(x,y) = \int M(x,y)\mathrm{d}x + \varphi(y), \qquad (14.2.19)$$

其中 $\varphi(y)$ 是 y 的待定函数. 为了确定 $\varphi(y)$, 可以将 (14.2.19) 式代入 (14.2.15) 第二式得到

$$N(x,y) = \frac{\partial}{\partial y}u(x,y) = \frac{\partial}{\partial y}\Big(\int M(x,y) + \varphi(y)\Big),$$

从而

$$\varphi'(y) = N(x,y) - \frac{\partial}{\partial y}\int M(x,y)\mathrm{d}x, \qquad (14.2.20)$$

积分并且代入 (14.2.19) 式得到

$$u(x,y) = \int M(x,y)\mathrm{d}x + \int N(x,y)\mathrm{d}y - \int \frac{\partial}{\partial y}\Big(\int M(x,y)\mathrm{d}x\Big)\mathrm{d}y.$$

$$(14.2.21)$$

下面通过几个例子说明如何求解全微分方程.

例 14.2.12　解方程

$$\left(1 + e^{\frac{x}{y}}\right)dx + e^{\frac{x}{y}}\left(1 - \frac{x}{y}\right)dy = 0. \qquad (14.2.22)$$

解　记 $M = \left(1 + e^{\frac{x}{y}}\right), N = e^{\frac{x}{y}}\left(1 - \frac{x}{y}\right)$,则有

$$\frac{\partial}{\partial y}M = \frac{\partial}{\partial y}\left(1 + e^{\frac{x}{y}}\right) = -\frac{x}{y^2}e^{\frac{x}{y}} = \frac{\partial}{\partial x}N = \frac{\partial}{\partial x}\left(e^{\frac{x}{y}}\left(1 - \frac{x}{y}\right)\right).$$

因此如果限定 $y > 0$,那么方程(14.2.22)是一个全微分方程,下面我们用几种方法来求解这个方程.

解法 1　取一确定点 $(0,1)$,则

$$u(x,y) = \int_1^y N(0,s)ds + \int_0^x M(t,y)dt = \int_1^y ds + \int_0^x \left(1 + e^{\frac{t}{y}}\right)dt$$
$$= x + ye^{\frac{x}{y}} - 1,$$

因此方程通解为

$$x + ye^{\frac{x}{y}} = c.$$

解法 2　用不定积分计算.

$$u(x,y) = \int M(x,y)dx + \varphi(y) = \int \left(1 + e^{\frac{x}{y}}\right)dx + \varphi(y)$$
$$= x + ye^{\frac{x}{y}} + \varphi(y),$$
$$\varphi'(y) = N(x,y) - \frac{\partial}{\partial y}\int M(x,y)dx = 0.$$

因此 $\varphi(y) = c$,由此又得到 $u(x,y) = x + ye^{\frac{x}{y}}$. 于是方程通解为

$$u(x,y) = x + ye^{\frac{x}{y}} + c.$$

解法 3　将方程中各项重新组合为

$$dx + e^{\frac{x}{y}}dy + e^{\frac{x}{y}}\left(\frac{ydx - xdy}{y}\right) = 0,$$

或者

$$dx + e^{\frac{x}{y}}dy + ye^{\frac{x}{y}}\left(\frac{ydx - xdy}{y^2}\right) = 0,$$

即 $dx + e^{\frac{x}{y}}dy + ye^{\frac{x}{y}}d\left(\frac{x}{y}\right) = 0.$ 此式进一步又化为 $dx + e^{\frac{x}{y}}dy +$

$y\mathrm{d}(\mathrm{e}^{\frac{x}{y}})=0$,或者 $\mathrm{d}x+\mathrm{d}(y\mathrm{e}^{\frac{x}{y}})=0$,即 $\mathrm{d}(x+y\mathrm{e}^{\frac{x}{y}})=0$. 由此立即得到方程通解为 $x+y\mathrm{e}^{\frac{x}{y}}=c$.

以上方法称为**分项组合凑微分法**.

例 14.2.13 解方程 $\dfrac{\mathrm{d}y}{\mathrm{d}x}=\dfrac{2+y\mathrm{e}^{xy}}{2y-x\mathrm{e}^{xy}}$.

解 将方程改写为微分形式

$$(2+y\mathrm{e}^{xy})\mathrm{d}x+(x\mathrm{e}^{xy}-2y)\mathrm{d}y=0.$$

$M(x,y)=2+y\mathrm{e}^{xy}$,$N(x,y)=x\mathrm{e}^{xy}-2y$. 因为

$$\frac{\partial M}{\partial y}=\frac{\partial N}{\partial x}=\mathrm{e}^{xy}+xy\mathrm{e}^{xy},$$

所以这是一个全微分方程.

用曲线积分计算得到

$$\int_{(0,0)}^{(x,y)}M\mathrm{d}x+N\mathrm{d}y=\int_0^x 2\mathrm{d}t+\int_0^y(x\mathrm{e}^{xs}-2s)\mathrm{d}s$$
$$=2x+\mathrm{e}^{xy}-1-y^2,$$

因此方程通解为 $2x+\mathrm{e}^{xy}-y^2=c$.

如果用不定积分求解,则由(14.2.21)式得到

$$u(x,y)=\int(2+y\mathrm{e}^{xy})\mathrm{d}x+\int(x\mathrm{e}^{xy}-2y)\mathrm{d}y$$
$$-\int\frac{\partial}{\partial y}\Big(\int(2+y\mathrm{e}^{xy})\mathrm{d}x\Big)\mathrm{d}y$$
$$=2x+\mathrm{e}^{xy}-y^2+c.$$

于是可以得到相同的结果.

最后,用分项组合凑微分法将方程各项重新组合为

$$(y\mathrm{e}^{xy}\mathrm{d}x+x\mathrm{e}^{xy}\mathrm{d}y)+2\mathrm{d}x-2y\mathrm{d}y=0.$$

分别凑微分得到通解 $2x+\mathrm{e}^{xy}-y^2=c$.

形如(14.2.14)式的方程不一定是全微分方程,但有时可以找到一个(在某个区间上)不等于零的函数 $\mu(x,y)$,使得

$$\mu(x,y)M(x,y)\mathrm{d}x+\mu(x,y)N(x,y)\mathrm{d}y=0 \qquad (14.2.23)$$

成为全微分方程,这样的函数 $\mu(x,y)$ 称为**积分因子**. 在 $\mu(x,y)$ 不等于零的区域上,方程(14.2.23)与(14.2.14)同解,因此如果能够求出方程(14.2.23)的通解 $u(x,y)=c$,则这也是方程(14.2.14)的通解.

由于篇幅所限,这里只介绍几个简单例题,在这里通过观察就可以获得积分因子.

例 14.2.14　解方程 $y\mathrm{d}x+(x-3x^3y^2)\mathrm{d}y=0$.

解　对于表达式 $x\mathrm{d}y+y\mathrm{d}x$,乘以函数 $\dfrac{1}{xy}$ 或 $\dfrac{1}{(xy)^k}$ $(k>1)$ 都能够成为全微分,例如

$$\frac{x\mathrm{d}y+y\mathrm{d}x}{xy}=\mathrm{d}(\ln xy),$$

$$\frac{x\mathrm{d}y+y\mathrm{d}x}{(xy)^k}=\mathrm{d}\left(\frac{-1}{(k-1)(xy)^{k-1}}\right).$$

但是为了照顾后面一项 $3x^3y^2$,使得 $\dfrac{3x^3y^2}{(xy)^k}$ 也变成一个全微分,可以取 $k=3$,即取 $\dfrac{1}{(xy)^3}$ 为积分因子. 这时原方程变为

$$\frac{y\mathrm{d}x+x\mathrm{d}y}{(xy)^3}-\frac{3\mathrm{d}y}{y}=0,$$

即

$$\mathrm{d}\left(\frac{-1}{2(xy)^2}\right)-\mathrm{d}(3\ln y)=0.$$

于是原方程的通解为 $\dfrac{1}{2(xy)^2}+3\ln y=c$.

例 14.2.15　解方程 $x\mathrm{d}x+y\mathrm{d}y+4y^3(x^2+y^2)\mathrm{d}y=0$.

解　对于表达式 $x\mathrm{d}x+y\mathrm{d}y$,乘以函数 $\dfrac{1}{x^2+y^2}$ 或 $\dfrac{1}{(x^2+y^2)^k}$ $(k>1)$ 都可以使其成为一个全微分. 例如

$$\frac{x\mathrm{d}x+y\mathrm{d}y}{x^2+y^2}=\mathrm{d}\left[\frac{1}{2}\ln(x^2+y^2)\right],$$

$$\frac{x\mathrm{d}x+y\mathrm{d}y}{(x^2+y^2)^n}=\mathrm{d}\left[\frac{-1}{2(n-1)(x^2+y^2)^{n-1}}\right].$$

如果取积分因子 $\mu(x,y)=\dfrac{1}{x^2+y^2}$,则可以使整个方程变成全微分方程

$$\frac{x\mathrm{d}x+y\mathrm{d}y}{x^2+y^2}+4y^3\mathrm{d}y=\mathrm{d}\left(\frac{1}{2}\ln(x^2+y^2)+y^4\right)=0,$$

从而得到方程通解

$$\frac{1}{2}\ln(x^2+y^2)+y^4=c.$$

例 14.2.16 解方程 $x\mathrm{d}y-y\mathrm{d}x-(1-x^2)\mathrm{d}x=0$.

解 对于表达式 $x\mathrm{d}y-y\mathrm{d}x$,乘以函数 $\dfrac{1}{x^2},\dfrac{1}{y^2},\dfrac{1}{xy}$ 中的每一个都可以成为一个全微分. 如果同时使后面一项也成为全微分,可取积分因子 $\mu(x,y)=\dfrac{1}{x^2}$,将原方程变成全微分方程

$$\frac{x\mathrm{d}y-y\mathrm{d}x}{x^2}-\left(\frac{1}{x^2}-1\right)\mathrm{d}x=0,$$

从而得到原方程的通解 $y+x^2+1=cx$.

14.2.4 可降阶的高阶微分方程

一般情况下,求解高阶方程更加困难. 处理高阶方程的思路之一是设法降低方程的阶,从而降低问题的难度. 在这里,我们主要讨论二阶方程的几种简单情形.

1. 形如 $y^{(n)}=f(x)$ 的方程通过 n 次积分可以得到通解

逐次积分得到

$$y^{(n-1)}=\int_{x_0}^{x}f(t_1)\mathrm{d}t_1+c_1,$$

$$y^{(n-2)}=\int_{x_0}^{x}\left(\int_{x_0}^{t_1}f(t_2)\mathrm{d}t_2\right)\mathrm{d}t_1+c_1x+c_2,$$

$$\vdots$$

$$y=\int_{x_0}^{x}\cdots\left(\int_{x_0}^{t_{n-1}}f(t_n)\mathrm{d}t_n\right)\cdots\mathrm{d}t_1+c_1x^{n-1}+c_2x^{n-2}+\cdots$$
$$+c_{n-1}x+c_n.$$

利用归纳法可以证明

$$\int_{x_0}^{x} \cdots \left(\int_{x_0}^{t_{n-1}} f(t_n) \mathrm{d}t_n \right) \cdots \mathrm{d}t_1 = \frac{1}{(n-1)!} \int_{x_0}^{x} (x-t)^{n-1} f(t) \mathrm{d}t.$$

(14.2.24)

将(14.2.24)式代入上面最后一式,方程通解变为

$$
\begin{aligned}
y &= \int_{x_0}^{x} \cdots \left(\int_{x_0}^{t_{n-1}} f(t_n) \mathrm{d}t_n \right) \cdots \mathrm{d}t_1 \\
&\quad + c_1 x^{n-1} + c_2 x^{n-2} + \cdots + c_{n-1} x + c_n \\
&= \frac{1}{(n-1)!} \int_{x_0}^{x} (x-t)^{n-1} f(t) \mathrm{d}t + c_1 x^{n-1} \\
&\quad + c_2 x^{n-2} + \cdots + c_{n-1} x + c_n.
\end{aligned}
$$

(14.2.25)

例 14.2.17 解方程 $y^{(4)} = \sin x + x$.

解 由(14.2.25)式得

$$y = \frac{1}{6} \int_{0}^{x} (x-t)^3 (\sin t + t) \mathrm{d}t + c_1 x^3 + c_2 x^2 + c_3 x + c_4.$$

(14.2.26)

由分部积分法得到

$$\frac{1}{6} \int_{0}^{x} (x-t)^3 \sin t \mathrm{d}t = \sin x + \frac{x^3}{6} + x, \qquad \frac{1}{6} \int_{0}^{x} (x-t)^3 t \mathrm{d}t = \frac{x^5}{5!},$$

代入(14.2.26)式得到方程通解

$$
\begin{aligned}
y &= \sin x + \frac{x^5}{5!} + c_1 x^3 + \frac{x^3}{6} + c_2 x^2 + c_3 x + x + c_4 \\
&= \sin x + \frac{x^5}{5!} + c_1 x^3 + c_2 x^2 + c_3 x + c_4.
\end{aligned}
$$

例 14.2.18 设有单位质量的质点 Q 受到沿 x 轴方向的力 $P = -A\omega^2 \sin \omega t$ 的作用沿 x 轴运动,其中 A, ω 为常数,如果 $x|_{t=0} = 0, x'|_{t=0} = A\omega$,试求质点运动规律.

解 根据牛顿第二定律,质点运动方程为

$$\frac{\mathrm{d}^2 x}{\mathrm{d}t^2} = -A\omega^2 \sin \omega t.$$

积分两次得到通解

$$x(t) = A\sin\omega t + c_1 t + c_2.$$

代入初值条件计算得到 $c_1 = c_2 = 0$，于是质点运动规律为 $x(t) = A\sin\omega t$.

2. 右端不显含 y 的方程

形如

$$\frac{\mathrm{d}^2 y}{\mathrm{d}x^2} = f\left(x, \frac{\mathrm{d}y}{\mathrm{d}x}\right) \tag{14.2.27}$$

的方程，可以令 $p = p(x) = \dfrac{\mathrm{d}y}{\mathrm{d}x}$，这时 $\dfrac{\mathrm{d}^2 y}{\mathrm{d}x^2} = \dfrac{\mathrm{d}p}{\mathrm{d}x}$. 代入(14.2.27)式将原方程化为

$$\frac{\mathrm{d}p}{\mathrm{d}x} = f(x, p). \tag{14.2.28}$$

如能求出这个一阶方程的解 $p = \varphi(x, c_1)$（一阶方程的通解中含有一个任意常数），则方程(14.2.27)的解就是

$$y = \int \varphi(x, c_1) \,\mathrm{d}x + c_2.$$

例 14.2.19 解方程 $xy'' = y'\ln y'$.

解 令 $p = y'$，并且将 $y' = p$ 代入原方程，则原方程化为

$$x\frac{\mathrm{d}p}{\mathrm{d}x} = p\ln p.$$

由此解出 $p = \mathrm{e}^{c_1 x}$，于是原方程的通解为

$$y = \int p\,\mathrm{d}x = \frac{1}{c_1}\mathrm{e}^{c_1 x} + c_2.$$

3. 右端不显含 x 的二阶方程

形如

$$\frac{\mathrm{d}^2 y}{\mathrm{d}x^2} = f\left(y, \frac{\mathrm{d}y}{\mathrm{d}x}\right) \tag{14.2.29}$$

的方程，可以令 $\dfrac{\mathrm{d}y}{\mathrm{d}x} = p = p(y)$，这时 $\dfrac{\mathrm{d}^2 y}{\mathrm{d}x^2} = \dfrac{\mathrm{d}p}{\mathrm{d}y}\dfrac{\mathrm{d}y}{\mathrm{d}x} = p\dfrac{\mathrm{d}p}{\mathrm{d}y}$ 代入

(14.2.29)式就将原方程化为

$$p\frac{\mathrm{d}p}{\mathrm{d}y} = f(p,y),\qquad(14.2.30)$$

于是得到一个关于未知函数 p 和自变量 y 的一阶方程. 如果能够求出这个方程的解 $p = \varphi(y,c_1)$,那么由 $\frac{\mathrm{d}y}{\mathrm{d}x} = p = p(y)$ 得到 $\frac{\mathrm{d}y}{\varphi(y,c_1)} = \mathrm{d}x$,因此

$$\int \frac{\mathrm{d}y}{\varphi(y,c_1)} = x + c_2$$

就是方程(14.2.29)的通解.

例 14.2.20 解方程 $\dfrac{\mathrm{d}^2 y}{\mathrm{d}x^2} = \dfrac{1+\left(\dfrac{\mathrm{d}y}{\mathrm{d}x}\right)^2}{2y}$.

解 令 $p = p(y) = \dfrac{\mathrm{d}y}{\mathrm{d}x}$,并且将 $\dfrac{\mathrm{d}^2 y}{\mathrm{d}x^2} = \dfrac{\mathrm{d}p}{\mathrm{d}y}\dfrac{\mathrm{d}y}{\mathrm{d}x} = p\dfrac{\mathrm{d}p}{\mathrm{d}y}$ 代入方程,

得到 $p\dfrac{\mathrm{d}p}{\mathrm{d}y} = \dfrac{1+p^2}{2y}$,即

$$\frac{2p\mathrm{d}p}{1+p^2} = \frac{\mathrm{d}y}{y}.$$

两端积分得到 $\ln(1+p^2) = \ln y + \ln c_1$,即

$$1 + \left(\frac{\mathrm{d}y}{\mathrm{d}x}\right)^2 = c_1 y.$$

分离变量,将上式改写成

$$\frac{\mathrm{d}y}{\pm\sqrt{c_1 y - 1}} = \mathrm{d}x.$$

解此方程,得到 $\pm\dfrac{2}{c_1}\sqrt{c_1 y - 1} = x + c_2$,化简得到

$$\frac{4}{c_1^2}(c_1 y - 1) = (x + c_2)^2.$$

这就是原方程的通解.

习 题 14.2

1. 求下列微分方程的通解：

(1) $y' = \dfrac{x^3}{(1+y^2)(1+x^4)}$；

(2) $x^2 y' + y = 0$；

(3) $2xy(1+x)y' = 1+y^2$；

(4) $\dfrac{x}{y}\mathrm{d}y - \dfrac{1}{y}\mathrm{d}x = \dfrac{2+y}{1-y-y^2}\mathrm{d}x$；

(5) $y'\cot x + y = -3$；

(6) $y' = \dfrac{1-x^2}{xy}$.

2. 求下列微分方程的通解或特解：

(1) $x\dfrac{\mathrm{d}y}{\mathrm{d}x} = x\mathrm{e}^{y/x} + y$；

(2) $xy' - y = x\tan\dfrac{y}{x}$；

(3) $x\dfrac{\mathrm{d}y}{\mathrm{d}x} = y(\ln y - \ln x)$；

(4) $y' = \dfrac{x}{y} + \dfrac{y}{x}, y(1) = 2$；

(5) $y' + 2x = \sqrt{y + x^2}$；

(6) $\left(x + y\cos\dfrac{y}{x}\right)\mathrm{d}x - x\cos\dfrac{y}{x}\mathrm{d}y = 0, y(1) = 0$.

3. 求解下列微分方程：

(1) $y' + 2xy = 2x\mathrm{e}^{-x^2}$；

(2) $xy' + 2y = \mathrm{e}^x$；

(3) $xy' + y = \cos x$；

(4) $\dfrac{\mathrm{d}y}{\mathrm{d}x} = \dfrac{1}{x\cos y + \sin 2y}$；

(5) $\mathrm{d}x + (xy - \mathrm{e}^{-\frac{1}{2}y^2})\mathrm{d}y = 0$；

(6) $y' - \dfrac{y}{x} - x^2 = 0$；

(7) $ydx-xdy+x^3e^{-x^2}dx=0$;

(8) $x\dfrac{dy}{dx}+y=\sin x, y(\pi)=1$;

(9) $y'+y\cos x=\sin x\cos x, y(0)=1$;

(10) $xy'+(1-x)y=e^{2x}(0<x<+\infty), \lim\limits_{x\to 0}y(x)=1$.

4. 求解下列微分方程：

(1) $2yy'+2xy^2=xe^{-x^2}, y(0)=1$;

(2) $y'-\dfrac{1}{x}y=-\dfrac{\cos x}{x}y^2, y(\pi)=1$.

5. 求解下列微分方程：

(1) $(1+x)dy+(y+x^2+x^3)dx=0$;

(2) $(x\cos y+\cos x)\dfrac{dy}{dx}-y\sin x+\sin y=0$;

(3) $\left(\ln y-\dfrac{y}{x}\right)dx+\left(\dfrac{x}{y}-\ln x\right)dy=0$;

(4) $(x+y)dx+(y-x)dy=0$;

(5) 已知连续可微函数 $f(x)$ 满足 $f(0)=-\dfrac{1}{2}$，并能使积分 $\displaystyle\int_L[e^{-x}+f(x)]ydx-f(x)dy$ 与路径无关，试求出函数 $f(x)$，并计算 $\displaystyle\int_{(0,0)}^{(1,1)}[e^{-x}+f(x)]ydx-f(x)dy$.

6. 求解下列伯努利方程：

(1) $xy'+y=xy^3$;

(2) $xy'-4y=x^2\sqrt{y}$;

(3) $xy'-y=y^2\ln x$.

7. 求解下列二阶方程：

(1) $(1-x^2)y''-xy'=0, y(0)=0, y'(0)=1$;

(2) $y''=2yy', y(0)=1, y'(0)=2$;

(3) $2yy''=(y')^2+y^2, y(0)=1, y'(0)=-1$;

(4) $xy''-y'\ln y'+y'\ln x=0, y(1)=2, y'(1)=e^2$.

8. 应用题：

(1) 已知曲线上任意一点横坐标与该点处法线同 x 轴交点横坐标之乘

积等于该点纵坐标的平方,求此曲线的方程;

（2）若以初速度 v_0 竖直向上抛出质量等于 m 的物体,假定空气对物体的阻力与速度成正比,比例系数为 k,求物体到达最高点所需的时间;

（3）现有 $0.3\,\mathrm{kg/L}$ 的食盐水溶液,以 $2\,\mathrm{L/min}$ 的速度将其连续注入盛有 $10\,\mathrm{L}$ 纯水的容器中,溶液在容器中经过稀释后又以同样速度流出. 问经过 $5\mathrm{min}$ 后,容器中有多少食盐?

9. 求证: $\mu(x) = \exp\left(\int_{x_0}^{x} p(x)\mathrm{d}x\right)$ 是一阶线性方程 $y' + p(x)y = q(x)$ 的一个积分因子.

14.3　高阶线性微分方程解的结构

14.3.1　高阶线性微分方程

n 阶线性微分方程的一般形式为

$$\frac{\mathrm{d}^n x}{\mathrm{d}t^n} + a_1(t)\frac{\mathrm{d}^{n-1}x}{\mathrm{d}t^{n-1}} + a_{n-1}(t)\frac{\mathrm{d}x}{\mathrm{d}t} + \cdots + a_n(t)x = f(t),$$

$$(14.3.1)$$

其中 $a_i(t)\ (i=1,2,\cdots,n)$ 以及 $f(t)$ 都是某个区间 I 上的已知连续函数. 当 $f(t)\equiv 0$ 时,方程(14.3.1)变成相应的线性齐次方程

$$\frac{\mathrm{d}^n x}{\mathrm{d}t^n} + a_1(t)\frac{\mathrm{d}^{n-1}x}{\mathrm{d}t^{n-1}} + a_{n-1}(t)\frac{\mathrm{d}x}{\mathrm{d}t} + \cdots + a_n(t)x = 0.$$

$$(14.3.2)$$

对于 n 阶线性常微分方程,我们不加证明地给出以下存在惟一性定理.

定理 14.3.1　设方程(14.3.1)中的系数 $a_i(t)\ (i=1,2,\cdots,n)$ 以及非齐次项 $f(t)$ 都是区间 I 上的已知连续函数,$t_0 \in I$,则对于任意一组实数 $\xi_0, \xi_1, \cdots, \xi_{n-1}$,方程(14.3.1)在区间 I 上存在惟一满足初值条件

$$x(t_0) = \xi_0,\ x'(t_0) = \xi_1,\ \cdots,\ x^{(n-1)}(t_0) = \xi_{n-1} \quad (14.3.3)$$

的解 $x(t)$.

本节的一个重要问题是讨论方程(14.3.1)和方程(14.3.2)解集合的结构. 首先我们有下述命题.

命题 1(叠加原理)

(1) 若 $x_1(t),x_2(t)$ 都是齐次方程(14.3.2)的解,则对任意常数 c_1,c_2,函数 $c_1x_1(t)+c_2x_2(t)$ 也是齐次方程(14.3.2)的解,即方程(14.3.2)的所有解构成一个线性空间.

(2) 非齐次方程(14.3.1)任意两个解之差是齐次方程(14.3.2)的解;另外,如果已知非齐次方程(14.3.1)的一个解 $y_0(t)$,那么非齐次方程(14.3.1)的每个解都可以表示为 $y(t)=y_0(t)+x(t)$,其中 $x(t)$ 是齐次方程(14.3.2)的解.

请读者自己验证第一个结论. 下面对第二个结论作简要解释.

设 $y_0(t)$ 是方程(14.3.1)的一个解,则对于方程(14.3.1)的任意一个解 $y(t)$,容易验证 $y(t)-y_0(t)$ 是齐次方程(14.3.2)的解. 令 $x(t)=y(t)-y_0(t)$,则有 $y(t)=y_0(t)+x(t)$.

为了讨论方程(14.3.1)和方程(14.3.2)解集合的构造,需要介绍函数的线性相关与无关的概念.

定义 14.3.1 设 $\varphi_1,\varphi_2,\cdots,\varphi_m$ 是区间 I 上的连续函数,如果存在一组不全为零的实数 $c_1,c_2,\cdots,c_m$,使得

$$c_1\varphi_1(t)+c_2\varphi_2(t)+\cdots+c_m\varphi_m(t)\equiv0,\quad t\in I,$$

$$(14.3.4)$$

则称函数 $\varphi_1,\varphi_2,\cdots,\varphi_m$ 在区间 I 上**线性相关**,否则称为**线性无关**.

例 14.3.1 设 $\lambda_1,\lambda_2,\cdots,\lambda_m\in\mathbb{R}$ 互不相等,则函数 $e^{\lambda_1 t},e^{\lambda_2 t},\cdots,e^{\lambda_m t}$ 在任意区间 I 上线性无关.

证明 为了书写简单,只对 $m=3$ 时的情形给出证明. 如果有常数 c_1,c_2,c_3 使得

$$c_1e^{\lambda_1 t}+c_2e^{\lambda_2 t}+c_3e^{\lambda_3 t}\equiv0,\quad t\in I,$$

则对此式两端关于 t 求导得到

$$\begin{cases} c_1 e^{\lambda_1 t} + c_2 e^{\lambda_2 t} + c_3 e^{\lambda_3 t} \equiv 0, \\ \lambda_1 c_1 e^{\lambda_1 t} + \lambda_2 c_2 e^{\lambda_2 t} + \lambda_3 c_3 e^{\lambda_3 t} \equiv 0, \\ \lambda_1^2 c_1 e^{\lambda_1 t} + \lambda_2^2 c_2 e^{\lambda_2 t} + \lambda_3^2 c_3 e^{\lambda_3 t} \equiv 0. \end{cases} \quad (14.3.5)$$

将(14.3.5)式看成未知量 $c_1 e^{\lambda_1 t}, c_2 e^{\lambda_2 t}, \cdots, c_m e^{\lambda_m t}$ 的线性方程组,那么它的系数行列式为

$$\begin{vmatrix} 1 & 1 & 1 \\ \lambda_1 & \lambda_2 & \lambda_3 \\ \lambda_1^2 & \lambda_2^2 & \lambda_3^2 \end{vmatrix} = (\lambda_2 - \lambda_1)(\lambda_3 - \lambda_2)(\lambda_3 - \lambda_1) \neq 0.$$

因此这个方程组只有零解,即 $c_1 e^{\lambda_1 t} = c_2 e^{\lambda_2 t} = c_3 e^{\lambda_3 t} = 0$,由此推出 $c_1 = c_2 = c_3 = 0$,于是函数 $e^{\lambda_1 t}, e^{\lambda_2 t}, e^{\lambda_3 t}$ 在任意区间 I 上线性无关.

下面讨论如何判定函数组 $\varphi_1, \varphi_2, \cdots, \varphi_m$ 在区间 I 上线性相关.

定义 14.3.2 设 $\varphi_1, \varphi_2, \cdots, \varphi_m \in C^m(I)$,定义 $\varphi_1, \varphi_2, \cdots, \varphi_m$ 的朗斯基行列式为

$$\begin{aligned} W(t) &= W[\varphi_1, \varphi_2, \cdots, \varphi_m](t) \\ &= \begin{vmatrix} \varphi_1(t) & \varphi_2(t) & \cdots & \varphi_m(t) \\ \varphi_1'(t) & \varphi_2'(t) & \cdots & \varphi_m'(t) \\ \vdots & \vdots & & \vdots \\ \varphi_1^{(m-1)}(t) & \varphi_2^{(m-1)}(t) & \cdots & \varphi_m^{(m-1)}(t) \end{vmatrix}, \quad t \in I. \end{aligned}$$

$$(14.3.6)$$

命题 2 $\varphi_1, \varphi_2, \cdots, \varphi_m \in C^m(I)$ 在区间 I 上线性相关的必要条件是

$$W(t) = W[\varphi_1, \varphi_2, \cdots, \varphi_m](t) \equiv 0, \quad t \in I. \quad (14.3.7)$$

证明 如果 $\varphi_1, \varphi_2, \cdots, \varphi_m \in C^m(I)$ 在区间 I 上线性相关,即存在一组不全为零的实数 $c_1, c_2, \cdots, c_m$ 使得(14.3.4)式成立.对此式两端关于 t 求导得到

$$\begin{cases} c_1 \varphi_1(t) + c_2 \varphi_2(t) + \cdots + c_m \varphi_m(t) = 0, \\ c_1 \varphi_1'(t) + c_2 \varphi_2'(t) + \cdots + c_m \varphi_m'(t) = 0, \\ \qquad\qquad\qquad \vdots \\ c_1 \varphi_1^{(m-1)}(t) + c_2 \varphi_2^{(m-1)}(t) + \cdots + c_m \varphi_m^{(m-1)}(t) = 0, \end{cases} \quad t \in I.$$

$$(14.3.8)$$

将(14.3.8)式看成未知量 $c_1, c_2, \cdots, c_m$ 的齐次线性方程组,由于这个方程组有非零解 $c_1, c_2, \cdots, c_m$,所以它的系数行列式等于零,即

$$W(t) = W[\varphi_1, \varphi_2, \cdots, \varphi_m](t) \equiv 0 \ (t \in I).$$

但是一般情况下,条件(14.3.7)并不能保证 $\varphi_1, \varphi_2, \cdots, \varphi_m \in C^m(I)$ 在区间 I 上线性相关. 考察下例.

例 14.3.2 设

$$\varphi(t) = \begin{cases} 0, & t \leqslant 0, \\ t^3, & t > 0, \end{cases} \qquad \psi(t) = \begin{cases} t^3, & t \leqslant 0, \\ 0, & t > 0. \end{cases}$$

则 $W[\varphi, \psi](t) \equiv 0 \ (t \in \mathbb{R})$,但是这两个函数在 $\mathbb{R}$ 上不是线性相关的. 否则,如果有常数 c_1, c_2,使得 $c_1 \varphi(t) + c_2 \psi(t) \equiv 0 \ (t \in \mathbb{R})$,在这个恒等式中取 $t > 0$ 得到 $c_1 = 0$;取 $t < 0$,又得到 $c_2 = 0$.

然而,如果 $\varphi_1, \varphi_2, \cdots, \varphi_n \in C^n(I)$ 是齐次方程(14.3.2)的 n 个解,则(14.3.7)式对于 $\varphi_1, \varphi_2, \cdots, \varphi_n$ 在区间 I 上线性相关也是充分条件.

命题 3 如果 $\varphi_1, \varphi_2, \cdots, \varphi_n \in C^n(I)$ 是齐次方程(14.3.2)的 n 个解,则以下三条互相等价:

(1) $\varphi_1, \varphi_2, \cdots, \varphi_n$ 在区间 I 上线性相关;

(2) $W(t) = W[\varphi_1, \varphi_2, \cdots, \varphi_n](t) \equiv 0 \ (t \in I)$;

(3) 存在 $t_0 \in I$ 使 $W(t_0) = 0$.

证明 由(1)推(2)在命题 2 中已经证明;由(2)推(3)是显然的,因此只需要由(3)证明(1).

假设有 $t_0 \in I$ 使 $W(t_0) = 0$,即

$$W(t_0) = W[\varphi_1, \varphi_2, \cdots, \varphi_n](t_0)$$

$$= \begin{vmatrix} \varphi_1(t_0) & \varphi_2(t_0) & \cdots & \varphi_n(t_0) \\ \varphi_1{}'(t_0) & \varphi_2{}'(t_0) & \cdots & \varphi_n{}'(t_0) \\ \vdots & \vdots & & \vdots \\ \varphi_1^{(n-1)}(t_0) & \varphi_2^{(n-1)}(t_0) & \cdots & \varphi_n^{(n-1)}(t_0) \end{vmatrix} = 0,$$

则存在一组不全为零的实数 $c_1, c_2, \cdots, c_n$,使得

$$\begin{bmatrix} \varphi_1(t_0) & \varphi_2(t_0) & \cdots & \varphi_n(t_0) \\ \varphi_1{'}(t_0) & \varphi_2{'}(t_0) & \cdots & \varphi_n{'}(t_0) \\ \vdots & \vdots & & \vdots \\ \varphi_1^{(n-1)}(t_0) & \varphi_2^{(n-1)}(t_0) & \cdots & \varphi_n^{(n-1)}(t_0) \end{bmatrix} \begin{bmatrix} c_1 \\ c_2 \\ \vdots \\ c_n \end{bmatrix} = 0. \qquad (14.3.9)$$

令 $x(t) = c_1\varphi_1(t) + c_2\varphi_2(t) + \cdots + c_n\varphi_n(t)$，则由命题 1 知，$x(t)$ 仍然是方程(14.3.2)的解. 并且由(14.3.9)式不难看到，这个解满足初值条件

$$x(t_0) = x'(t_0) = \cdots = x^{(n-1)}(t_0) = 0.$$

但是方程(14.3.2)恒等于零的解也满足同样的初值条件，因而由存在惟一性定理(定理 14.3.1)知，

$$x(t) = c_1\varphi_1(t) + c_2\varphi_2(t) + \cdots + c_n\varphi_n(t) \equiv 0, \quad t \in I,$$

于是 $\varphi_1, \varphi_2, \cdots, \varphi_n$ 在区间 I 上线性相关.

定理 14.3.2　假设系数 $a_1(t), a_2(t), \cdots, a_n(t)$ 在区间 I 连续，则方程(14.3.2)在 I 上存在 n 个线性无关解. 如果找到该方程的 n 个线性无关解，则所有的解都可以表示为这 n 个线性无关解的线性组合.

证明　为了证明定理，我们需要构造 n 个线性无关的解，并且指出方程(14.3.2)每个解都可以由这 n 个解线性表示.

在 $\mathbb{R}^n$ 中取 n 个线性无关的向量

$$\boldsymbol{e}_1 = (1,0,0,\cdots,0), \ \boldsymbol{e}_2 = (0,1,0,\cdots,0), \ \cdots, \ \boldsymbol{e}_n = (0,0,0,\cdots,1).$$

并且设 $\varphi_i(t)$ 是方程(14.3.2)满足初值条件 $(\varphi_i(t_0), \varphi_i{'}(t_0), \varphi_i^{(2)}(t_0), \cdots,$ $\varphi_i^{(n-1)}(t_0)) = \boldsymbol{e}_i \ (i=1,2,\cdots,n)$ 的解(根据存在惟一性定理，这样的解是惟一存在的)，其中 $t_0 \in I$. 因为

$$W[\varphi_1, \varphi_2, \cdots, \varphi_n](t_0) = \begin{vmatrix} 1 & 0 & \cdots & 0 \\ 0 & 1 & \cdots & 0 \\ \vdots & \vdots & & \vdots \\ 0 & 0 & \cdots & 1 \end{vmatrix} = 1 \neq 0,$$

所以由命题 2 推出 $\varphi_1, \varphi_2, \cdots, \varphi_n$ 在区间 I 上线性无关.

其次,设 $x(t)$ 是方程(14.3.2)的任意一个解,满足

$$x(t_0) = \xi_1, \; x'(t_0) = \xi_2, \; \cdots, \; x^{(n-1)}(t_0) = \xi_n.$$

如果令 $y(t) = \xi_1 \varphi_1(t) + \xi_2 \varphi_2(t) + \cdots + \xi_n \varphi_n(t)$,则方程(14.3.2)的这两个解 $x(t)$ 与 $y(t)$ 在 t_0 满足同样的初值条件,根据惟一性定理 14.3.1 知,$x(t) \equiv y(t)$,于是 $x(t)$ 可以由 $\varphi_1, \varphi_2, \cdots, \varphi_n$ 线性表示.

由定理 14.3.2 可知,如果求出方程(14.3.2)的 n 个线性无关的解 $\varphi_1, \varphi_2, \cdots, \varphi_n$,则方程(14.3.2)的通解就是

$$x(t) = c_1 \varphi_1(t) + c_2 \varphi_2(t) + \cdots + c_n \varphi_n(t), \qquad (14.3.10)$$

其中 $c_1, c_2, \cdots, c_n$ 为任意常数.

现在讨论非齐次方程(14.3.1)的通解结构.

假设 $\varphi_1(t), \varphi_2(t), \cdots, \varphi_n(t)$ 是齐次方程(14.3.2)的一组线性无关的解. 如果已经求得非齐次方程(14.3.1)的某个特解 $y_0(t)$. 则根据命题 1,对于该方程的任意一个解 $y(t)$,$y(t) - y_0(t)$ 是齐次方程(14.3.2)的解. 于是 $y(t) - y_0(t)$ 能够表示为 $\varphi_1(t), \varphi_2(t), \cdots, \varphi_n(t)$ 的线性组合:

$$y(t) - y_0(t) = c_1 \varphi_1(t) + c_2 \varphi_2(t) + \cdots + c_n \varphi_n(t),$$

即

$$y(t) = y_0(t) + c_1 \varphi_1(t) + c_2 \varphi_2(t) + \cdots + c_n \varphi_n(t). \quad (14.3.11)$$

反之,对于任意一组常数 $c_1, c_2, \cdots, c_n$,(14.3.11)式都是非齐次方程(14.3.1)的解. 这就是说,非齐次方程(14.3.1)的通解等于它的一个特解(可以是任意一个特解)与齐次方程(14.3.2)的通解之和. 即非齐次方程(14.3.1)的通解可以表示为(14.3.11)式,其中 $c_1, c_2, \cdots, c_n$ 是 n 个任意常数.

例 14.3.3 考察方程

$$x'' + \omega^2 x = a \qquad (14.3.12)$$

与相应的齐次方程

$$x'' + \omega^2 x = 0. \qquad (14.3.13)$$

不难验证,$\sin\omega t, \cos\omega t$ 是齐次方程(14.3.13)的两个线性无关解,

$\dfrac{a}{\omega^2}$ 是非齐次方程(14.3.12)的一个特解. 因此,齐次方程(14.3.13)的

通解是 $x(t)=c_1\sin\omega t+c_2\cos\omega t$. 而非齐次方程(14.3.12)的通解为

$$y(t) = \frac{a}{\omega^2} + c_1\sin\omega t + c_2\cos\omega t.$$

14.3.2 二阶线性常微分方程的常数变易法

为了求解一阶非齐次线性常微分方程,我们引进了所谓的常数变易法. 这种方法的本质就是通过变量替换 $x=c(t)x_0(t)$ 将非齐次方程化为未知函数 $c(t)$ 的微分方程,其中 $x_0(t)$ 是齐次方程的一个非零解. 对于高阶的线性常微分方程,常数变易法同样有效. 下面仅就二阶线性常微分方程来讨论.

情形 1:由齐次方程的一个解求非齐次方程的一个解.

设 $x_0(t)$ 是齐次方程

$$x'' + p(t)x' + q(t)x = 0 \qquad (14.3.14)$$

的一个非零解. 设 $x(t)=u(t)x_0(t)$ 是非齐次方程

$$x'' + p(t)x' + q(t)x = f(t) \qquad (14.3.15)$$

的解. 将

$$x = ux_0,$$
$$x' = u'x_0 + ux_0',$$
$$x'' = u''x_0 + 2u'x_0' + ux_0''$$

代入方程(14.3.15)并整理得

$$x_0u'' + (2x_0' + p(t)x_0)u' + (x_0'' + p(t)x_0' + q(t)x_0)u = f(t),$$

注意到 $x_0(t)$ 满足方程(14.3.14),由上式得到

$$x_0u'' + (2x_0' + p(t)x_0)u' = f(t). \qquad (14.3.16)$$

方程(14.3.16)是一个不显含未知函数 $u(t)$ 的二阶常微分方程,通过降阶就可以将其化为一阶常微分方程进行求解. 这就是求解二阶线性常微分方程的常数变易法.

情形 2：由齐次方程的两个线性无关解求非齐次方程通解.

当已知齐次方程(14.3.14)的两个线性无关解 $x_1(t)$ 与 $x_2(t)$ 时，令

$$x(t) = u(t)x_1(t) + v(t)x_2(t)$$

为非齐次方程(14.3.15)的解. 为了确定未知函数 $u(t),v(t)$，除了方程(14.3.15)外，还需要增加一个条件. 注意到

$$x' = u'x_1 + ux_1' + v'x_2 + vx_2',$$

为了避免出现 u'' 与 v''，可令

$$u'x_1 + v'x_2 = 0, \tag{14.3.17}$$

这时有

$$x'' = u'x_1' + ux_1'' + v'x_2' + vx_2''.$$

将 x,x',x'' 的表达式代入方程(14.3.15)并整理得

$$u'x_1' + v'x_2' = f(t). \tag{14.3.18}$$

联立方程(14.3.17)与(14.3.18)，并注意到

$$W[x_1,x_2] = \begin{vmatrix} x_1 & x_2 \\ x_1' & x_2' \end{vmatrix} \neq 0,$$

可解得

$$u' = -\frac{x_2 f}{W}, \quad v' = \frac{x_1 f}{W}.$$

由此可以求得 $u(t),v(t)$，进而求出非齐次方程(14.3.15)的通解. 这就是已知齐次方程的通解时，求解二阶线性常微分方程的常数变易法.

例 14.3.4　已知 $x_0(t) = \mathrm{e}^t$ 是齐次方程 $x'' - 2x' + x = 0$ 的解，求非齐次方程 $x'' - 2x' + x = \dfrac{1}{t}\mathrm{e}^t$ 的通解.

解　令 $x = u(t)\mathrm{e}^t$，则

$$x' = (u' + u)\mathrm{e}^t,$$

$$x'' = (u'' + 2u' + u)\mathrm{e}^t.$$

将 x,x',x'' 的表达式代入非齐次方程并整理得

$$u'' = \frac{1}{t},$$

解得

$$u = c_2 + (c_1 - 1)t + t\ln|t|.$$

从而所求的通解为

$$x = u(t)\mathrm{e}^t = c_2 \mathrm{e}^t + (c_1 - 1)t\mathrm{e}^t + t\mathrm{e}^t \ln|t|.$$

例 14.3.5 已知齐次方程 $(t-1)x'' - tx' + x = 0$ 的两个线性无关解 t 与 e^t,求非齐次方程 $(t-1)x'' - tx' + x = (t-1)^2$ 的通解.

解 将非齐次方程化为

$$x'' - \frac{t}{t-1}x' + \frac{1}{t-1}x = t-1.$$

令 $x = u(t)t + v(t)\mathrm{e}^t$,求解

$$\begin{cases} tu' + v'\mathrm{e}^t = 0, \\ u' + v'\mathrm{e}^t = t-1, \end{cases}$$

得 $u' = -1, v' = t\mathrm{e}^{-t}$. 积分得

$$\begin{cases} u = c_1 - t, \\ v = c_2 - \mathrm{e}^{-t} - t\mathrm{e}^{-t}, \end{cases}$$

从而所求的通解为

$$x = t(c_1 - t) + \mathrm{e}^t(c_2 - \mathrm{e}^{-t} - t\mathrm{e}^{-t})$$
$$= c_1 t + c_2 \mathrm{e}^t - (t^2 + t + 1).$$

习 题 14.3

1. 判断下列函数组在其定义区间内是否线性相关:

(1) $1, x, x^2, x^3, x^4$;　　　　(2) $\mathrm{e}^{-x}, 1, \mathrm{e}^x$;

(3) $\mathrm{e}^x, x\mathrm{e}^x$;　　　　　　　(4) $\sin x, \cos x$;

(5) $\mathrm{e}^x \cos x, \mathrm{e}^x \sin x$;　　　(6) $\ln x, x\ln x$.

2. 验证 $y_1 = \mathrm{e}^{x^2}$ 与 $y_2 = x\mathrm{e}^{x^2}$ 都是方程 $y'' - 4xy' + (4x^2 - 2)y = 0$ 的解,并写出该方程的通解.

3. 验证 $y = \dfrac{1}{x}(c_1 \mathrm{e}^x + c_2 \mathrm{e}^{-x}) + \dfrac{1}{2}\mathrm{e}^x$ (c_1, c_2 是任意常数)是方程 $xy'' +$

$2y' - xy = e^x$ 的通解.

4. 已知 $y_1(x) = e^x$ 是齐次方程 $(2x-1)y'' - (2x+1)y' + 2y = 0$ 的一个解,求该方程的通解.

5. 已知 $y_1(x) = \cos x, y_2(x) = \sin x$ 是齐次方程 $y'' + y = 0$ 的两个解,求非齐次方程 $y'' + y = \sec x$ 的通解.

6. 设 $y = \varphi(x)$ 是方程 $y'' + p(x)y' + q(x)y = 0$ 的一个不恒等于零的解,其中 $p(x), q(x)$ 为 $[a, b]$ 上的连续函数. 求证不存在 $x_0 \in (a, b)$,使得 $\varphi(x_0) = \varphi'(x_0) = 0$.

7. 设 $p(x), q(x), r(x)$ 是区间 I 上的连续函数,$y_1(x), y_2(x), y_3(x)$ 是方程

$$y'''(x) + p(x)y''(x) + q(x)y'(x) + r(x)y(x) = 0$$

的三个线性无关解,问是否存在 $x_0 \in I$,使得 $y_1(x_0) = y_2(x_0) = y_3(x_0) = 0$,并说明理由.

8. 设 $y_1(x), y_2(x), y_3(x)$ 是方程

$$y''(x) + p(x)y'(x) + q(x)y(x) = f(x)$$

的三个特解,并且 $\dfrac{y_2(x) - y_1(x)}{y_3(x) - y_1(x)}$ 不为常数. 求证 $y(x) = (1 - c_1 - c_2)y_1(x) + c_1 y_2(x) + c_2 y_3(x)$ 是该方程的通解.

9. 设函数 $a_1(x), a_2(x), \cdots, a_n(x)$ 与 $f(x)$ 连续,其中 $f(x) \not\equiv 0$,求证微分方程

$$y^{(n)} + a_1(x)y^{(n-1)} + \cdots + a_{n-1}(x)y' + a_n(x)y = f(x)$$

具有 $n+1$ 个线性无关解,并用其 $n+1$ 个线性无关解给出该方程的通解.

14.4 高阶线性常系数微分方程

14.4.1 齐次方程

考察 n 阶线性常系数齐次方程

$$\frac{\mathrm{d}^n x}{\mathrm{d}t^n} + a_1 \frac{\mathrm{d}^{n-1} x}{\mathrm{d}t^{n-1}} + \cdots + a_{n-1} \frac{\mathrm{d}x}{\mathrm{d}t} + a_n x = 0, \quad (14.4.1)$$

其中 $a_1, \cdots, a_n$ 为常数.

由第 14.3 节的讨论知道,方程(14.4.1)在区间 $(-\infty, +\infty)$ 有 n 个线性无关解,并且只要求出这 n 个线性无关解,就可以得到通解. 通常只需要求方程的实解,但是为了方便,某些情形需要先求出方程(14.4.1)的复值解.

设 $z(t) = u(t) + \mathrm{i}v(t)$ 是定义在区间 I 上的复值函数,如果 $u(t)$ 和 $v(t)$ 都是 C^q 类函数,则称 $z(t) = u(t) + \mathrm{i}v(t)$ 为 C^q 类函数,并且定义它的导数为

$$\frac{\mathrm{d}z}{\mathrm{d}t} = \frac{\mathrm{d}u}{\mathrm{d}t} + \mathrm{i}\frac{\mathrm{d}v}{\mathrm{d}t}.$$

例如,对于复数 $\lambda = \alpha + \mathrm{i}\beta$,函数 $\mathrm{e}^{\lambda t} = \mathrm{e}^{\alpha t}(\cos\beta t + \mathrm{i}\sin\beta t)$ 的导数等于

$$(\mathrm{e}^{\lambda t})' = (\mathrm{e}^{\alpha t}\cos\beta t)' + \mathrm{i}(\mathrm{e}^{\alpha t}\sin\beta t)' = \lambda\mathrm{e}^{\lambda t}.$$

读者可以验证,如果复值函数 $z(t) = u(t) + \mathrm{i}v(t)$ 是齐次方程 (14.4.1) 的解,则其实部 $u(t)$ 和虚部 $v(t)$ 都是齐次方程(14.4.1)的实解.

下面研究如何求解二阶线性常系数齐次方程 $\dfrac{\mathrm{d}^2 x}{\mathrm{d}t^2} + a_1\dfrac{\mathrm{d}x}{\mathrm{d}t} + a_2 x = 0$. 我们假定这个方程有形如 $x = \mathrm{e}^{\lambda t}$ 的解,其中 λ 待定. 将 $x = \mathrm{e}^{\lambda t}$ 代入方程,得

$$(\lambda^2 + a_1\lambda + a_2)\mathrm{e}^{\lambda t} = 0, \quad \lambda^2 + a_1\lambda + a_2 = 0.$$

于是,当二次代数方程 $\lambda^2 + a_1\lambda + a_2 = 0$ 有两个不同的实根 λ_1, λ_2 时,$x_1 = \mathrm{e}^{\lambda_1 t}, x_2 = \mathrm{e}^{\lambda_2 t}$ 是 $\dfrac{\mathrm{d}^2 x}{\mathrm{d}t^2} + a_1\dfrac{\mathrm{d}x}{\mathrm{d}t} + a_2 x = 0$ 的两个线性无关解;当上述二次代数方程有一个重实根 λ 时,易证 $x_1 = \mathrm{e}^{\lambda t}, x_2 = t\mathrm{e}^{\lambda t}$ 是 $\dfrac{\mathrm{d}^2 x}{\mathrm{d}t^2} + a_1\dfrac{\mathrm{d}x}{\mathrm{d}t} + a_2 x = 0$ 的两个线性无关解;当上述二次代数方程有一对共轭复根 $\lambda_1 = \alpha + \beta\mathrm{i}, \lambda_2 = \alpha - \beta\mathrm{i}$ 时,则 $x_1 = \mathrm{e}^{\alpha t}\cos\beta t, x_2 = \mathrm{e}^{\alpha t}\sin\beta t$ 就是 $\dfrac{\mathrm{d}^2 x}{\mathrm{d}t^2} + a_1\dfrac{\mathrm{d}x}{\mathrm{d}t} + a_2 x = 0$ 的两个线性无关的实解. 因此,

二阶线性常系数齐次方程 $\dfrac{d^2 x}{dt^2} + a_1 \dfrac{dx}{dt} + a_2 x = 0$ 有什么样的通解，完全决定于二次代数方程 $\lambda^2 + a_1 \lambda + a_2 = 0$ 有什么样的根. 代数方程 $\lambda^2 + a_1 \lambda + a_2 = 0$ 称为微分方程 $\dfrac{d^2 x}{dt^2} + a_1 \dfrac{dx}{dt} + a_2 x = 0$ 的 **特征方程**.

在一般情形，称代数方程

$$\lambda^n + a_1 \lambda^{n-1} + \cdots + a_n = 0 \qquad (14.4.2)$$

为 n 阶线性常系数齐次方程(14.4.1)的 **特征方程**. 特征方程的根称为 **特征根**. 由特征根就可以得到方程(14.4.1)所有线性无关的解.

定理 14.4.1

(1) 设 λ 是特征方程的一个单重实根，则 $e^{\lambda t}$ 是方程(14.4.1)的一个实解；

(2) 设 $\alpha \pm i\beta$ 是特征方程的一对单重复根，则 $e^{\alpha t}\cos\beta t$，$e^{\alpha t}\sin\beta t$ 是方程(14.4.1)的两个线性无关的实解；

(3) 设 λ 是特征方程的 $k(1 < k \leqslant n)$ 重实根，则 $e^{\lambda t}$，$te^{\lambda t}$，$\cdots$，$t^{k-1}e^{\lambda t}$ 是方程(14.4.1)的 k 个线性无关的实解；

(4) 设 $\alpha \pm i\beta$ 是特征方程的一对 $k\left(1 < k \leqslant \dfrac{n}{2}\right)$ 重复根，则

$$e^{\alpha t}\cos\beta t，e^{\alpha t}\sin\beta t，te^{\alpha t}\cos\beta t，te^{\alpha t}\sin\beta t，\cdots，t^{k-1}e^{\alpha t}\cos\beta t，t^{k-1}e^{\alpha t}\sin\beta t$$

是方程(14.4.1)的 $2k$ 个线性无关的实解.

由定理 14.4.1 看出，不论特征方程的根属于何种情形，均能够得到方程(14.4.1)的 n 个线性无关解.

例 14.4.1 设 μ 为实数，求方程 $x'' + \mu x = 0$ 的通解.

解 此方程的特征方程为 $\lambda^2 + \mu = 0$，以下分三种情形讨论.

(1) $\mu > 0$，此时特征方程有一对单重复根 $\lambda = \pm i\sqrt{\mu}$，于是由

定理 14.4.1,方程有两个线性无关解 $\cos\sqrt{\mu}\,t$, $\sin\sqrt{\mu}\,t$. 因此方程的通解为 $c_1\cos\sqrt{\mu}\,t+c_2\sin\sqrt{\mu}\,t\,(c_1,c_2\in\mathbb{R})$.

（2）$\mu=0$,此时特征方程有一个二重根 $\lambda=0$. 由定理 14.4.1 知,方程有两个线性无关解 $\varphi_1(t)=1$, $\varphi_2(t)=t$,于是方程的通解为 $x(t)=c_1+c_2t$.

（3）$\mu<0$,此时特征方程有两个单重实根 $\lambda=\pm\sqrt{-\mu}$. 由定理 14.4.1,方程有两个线性无关解 $\mathrm{e}^{\sqrt{-\mu}\,t}$, $\mathrm{e}^{-\sqrt{-\mu}\,t}$,且方程通解为

$$x(t)=c_1\mathrm{e}^{\sqrt{-\mu}\,t}+c_2\mathrm{e}^{-\sqrt{-\mu}\,t}=\bar{c}_1\cosh\sqrt{-\mu}\,t+\bar{c}_2\sinh\sqrt{-\mu}\,t,$$

$$c_1,c_2,\bar{c}_1,\bar{c}_2\in\mathbb{R}.$$

例 14.4.2　求方程 $x^{(4)}-x=0$ 的通解.

解　此方程的特征方程为 $\lambda^4-1=0$,它有四个单根 $\lambda_{1,2}=\pm1$, $\lambda_{3,4}=\pm\mathrm{i}$. 于是该方程有四个线性无关解 e^t, e^{-t}, $\cos t$, $\sin t$,方程通解为 $x(t)=c_1\mathrm{e}^t+c_2\mathrm{e}^{-t}+c_3\cos t+c_4\sin t$.

例 14.4.3　求方程 $x'''-3x''+3x'-x=0$ 的通解.

解　特征方程 $\lambda^3-3\lambda^2+3\lambda-1=0$ 有一个三重根 $\lambda=1$. 于是方程有三个线性无关解 e^t, $t\mathrm{e}^t$, $t^2\mathrm{e}^t$,所以通解为

$$x(t)=c_1\mathrm{e}^t+c_2t\mathrm{e}^t+c_3t^2\mathrm{e}^t=(c_1+c_2t+c_3t^2)\mathrm{e}^t.$$

例 14.4.4　求方程 $x^{(4)}+2x^{(2)}+x=0$ 通解.

解　特征方程 $\lambda^4+2\lambda^2+1=(\lambda^2+1)^2=0$,它有一对二重复根 $\pm\mathrm{i}$. 于是该方程有四个线性无关解 $\cos t$, $\sin t$, $t\cos t$, $t\sin t$,所以通解为

$$x(t)=c_1\cos t+c_2\sin t+c_3t\cos t+c_4t\sin t$$

$$=(c_1+c_3t)\cos t+(c_2+c_4t)\sin t.$$

14.4.2　非齐次方程的解

现在讨论线性常系数非齐次方程

$$\frac{\mathrm{d}^n x}{\mathrm{d}t^n}+a_1\frac{\mathrm{d}^{n-1}x}{\mathrm{d}t^{n-1}}+\cdots+a_{n-1}\frac{\mathrm{d}x}{\mathrm{d}t}+a_nx=f(t),\qquad(14.4.3)$$

其中 $a_1, \cdots, a_n$ 为常数，$f(t)$ 是已知连续函数. 与方程(14.4.3)相应的齐次方程(14.4.1)的求解问题已经完全解决，因此，如果能够求得方程(14.4.3)的一个特解，就能够根据定理 14.4.1 写出方程(14.4.3)的通解.

一般情况下可以用常数变易法根据方程(14.4.1)的通解求出方程(14.4.3)的一个特解，但是这种方法一般计算较繁. 当方程(14.4.3)的右端函数 $f(t)$ 属于某些简单类型时，可以用比较系数法求方程(14.4.3)的一个特解. 下面我们以二阶方程为例说明这种方法. 对于高阶方程也可以类似地求解.

考察二阶线性常系数方程

$$\frac{\mathrm{d}^2 x}{\mathrm{d}t^2} + a\,\frac{\mathrm{d}x}{\mathrm{d}t} + bx = f(t). \tag{14.4.4}$$

假定右端函数具有形式

$$f(t) = P(t)\mathrm{e}^{\lambda t}, \tag{14.4.5}$$

其中 $P(t)$ 是 t 的一个多项式.

比较系数法的出发点是假定方程(14.4.4)有一个形如

$$x(t) = Q(t)\mathrm{e}^{\lambda t} \tag{14.4.6}$$

的解，其中 $Q(t)$ 是 t 的一个多项式. 这里主要问题是如何确定 $Q(t)$ 的次数和系数，方法是将待定形式解 $x(t) = Q(t)\mathrm{e}^{\lambda t}$ 代入方程(14.4.4)，计算化简以后，等式两端都是多项式，由于两端的多项式相等，所以它们的次数和系数都相等，通过比较两端的系数就可以最后确定 $Q(t)$，从而求出方程(14.4.4)的一个特解.

由(14.4.6)式得到

$$x'(t) = Q'(t)\mathrm{e}^{\lambda t} + \lambda Q(t)\mathrm{e}^{\lambda t},$$

$$x''(t) = Q''(t)\mathrm{e}^{\lambda t} + 2\lambda Q'(t)\mathrm{e}^{\lambda t} + \lambda^2 Q(t)\mathrm{e}^{\lambda t}.$$

将这些结果代入方程(14.4.4)，整理并且约去公因子 $\mathrm{e}^{\lambda t}$ 之后得到

$$Q''(t) + (2\lambda + a)Q'(t) + (\lambda^2 + a\lambda + b)Q(t) = P(t).$$

$$\tag{14.4.7}$$

为了使等式 $x(t) = Q(t)e^{\lambda t}$ 满足方程(14.4.4), 必须且只须使 (14.4.7)式成立. 为此, 首先(14.4.7)式两端的多项式的次数必须相同. 下面分三种情形讨论.

(1) 当 λ 不是特征方程

$$\lambda^2 + a\lambda + b = 0 \qquad (14.4.8)$$

的根时, (14.4.7)式中 $Q(t)$ 的系数 $\lambda^2 + a\lambda + b \neq 0$, 因此(14.4.7)式左端是一个次数与 $Q(t)$ 相同的多项式. 于是为了使(14.4.7)式两端相等, 待定的 $Q(t)$ 应当是一个与 $P(t)$ 次数相同的多项式.

(2) 当 λ 是特征方程的单根时, (14.4.7)式中 $Q(t)$ 的系数 $\lambda^2 + a\lambda + b = 0$, 但是 $Q'(t)$ 的系数 $2\lambda + a \neq 0$, 于是(14.4.7)式右端是一个比 $Q(t)$ 低一次的多项式. 为了使(14.4.7)式两端相等, $Q(t)$ 应当是一个比 $P(t)$ 次数高一次的多项式, 此时可以取 $Q(t) = tR(t)$, 这里 $R(t)$ 是一个次数与 $P(t)$ 相同的多项式.

(3) 当 λ 是特征方程的重根时, (14.4.7)式中 $Q(t)$ 的系数 $\lambda^2 + a\lambda + b = 0$, $Q'(t)$ 的系数 $2\lambda + a = 0$, 于是(14.4.7)式右端是一个比 $Q(t)$ 低两次的多项式. 为了使(14.4.7)式两端相等, $Q(t)$ 应当是一个比 $P(t)$ 次数高两次的多项式. 可以取 $Q(t) = t^2 R(t)$. 这里 $R(t)$ 是一个次数与 $P(t)$ 相同的多项式.

例 14.4.5 求方程 $x'' + x' = 2t^2 + 1$ 的通解.

解 将方程写作 $x'' + x' = (2t^2 + 1)e^{0t}$. 因为 $\lambda = 0$ 是特征方程 $\lambda^2 + \lambda = 0$ 的单根, 所以应当假定待定解为

$$x_0(t) = t(at^2 + bt + c)e^{0t} = at^3 + bt^2 + ct.$$

将这个解代入原方程得到

$$3at^2 + (2b + 6a)t + (c + 2b) = 2t^2 + 1.$$

比较两端同次项的系数又有

$$3a = 2, \quad 2b + 6a = 0, \quad c + 2b = 1,$$

解这个方程组得到 $a = \dfrac{2}{3}, b = -2, c = 5$, 从而得到原方程的一个

特解 $x_0(t) = \dfrac{2}{3}t^3 - 2t^2 + 5t$.

又求得相应的齐次方程 $x'' + x' = 0$ 的通解 $x(t) = c_1 + c_2 e^{-t}$,所以方程通解为 $x(t) = c_1 + c_2 e^{-t} + \dfrac{2}{3}t^3 - 2t^2 + 5t$.

例 14.4.6 求方程 $x'' - 2x' + x = 4te^t$ 的通解.

解 $\lambda = 1$ 是特征方程 $\lambda^2 - 2\lambda + 1 = 0$ 的重根,所以待定解为
$$x_0(t) = t^2(at + b)e^t.$$
将这个解代入方程得到 $(6at + 2b)e^t = 4te^t$,比较两端系数得到 $a = \dfrac{2}{3}$,$b = 0$,于是得到方程的一个特解 $x_0(t) = \dfrac{2}{3}t^3 e^t$. 另一方面,相应地齐次方程的通解是 $x(t) = (c_1 + c_2 t)e^t$,因此原方程的通解为 $x(t) = (c_1 + c_2 t)e^t + \dfrac{2}{3}t^3 e^t$.

例 14.4.7 求下面方程的通解
$$x'' - x = 4\cos t. \tag{14.4.9}$$

解 考虑方程
$$x'' - x = 4e^{it} = 4(\cos t + i\sin t). \tag{14.4.10}$$
这个方程的解是复值函数,解的实部就是方程(14.4.9)的解.

现在首先求解方程(14.4.10). 注意到虚数 i 不是特征方程 $\lambda^2 - \lambda = 0$ 的根,所以方程(14.4.10)的待定特解形式为 $x_0(t) = (A + iB)e^{it}$(A, B 为实常数). 将这个解代入方程(14.4.10)得到 $-2(A + iB)e^{it} = 4e^{it}$. 由此得到 $A = -2, B = 0$,于是求出方程(14.4.10)的一个特解为 $x_0(t) = -2e^{it}$,它的实部 $-2\cos t$ 就是方程(14.4.9)的一个特解.

另外又求得相应的齐次方程 $x'' - x = 0$ 的通解 $x = c_1 e^t + c_2 e^{-t}$,因此方程(14.4.9)的通解为 $x = c_1 e^t + c_2 e^{-t} - 2\cos t$.

形如
$$x'' + ax' + bx = e^{at}(P_1(t)\cos\beta t + P_2(t)\sin\beta t) \tag{14.4.11}$$
(其中 $P_1(t)$ 和 $P_2(t)$ 为多项式)的方程,也可以直接用比较系数法

求解. 例如, 当 $\alpha + i\beta$ 不是特征方程 $\lambda^2 + a\lambda + b = 0$ 的根时, 可以假定方程 (14.4.11) 有形如

$$e^{\alpha t}(Q_1(t)\cos\beta t + Q_2(t)\sin\beta t)$$

的解, 其中 $Q_1(t), Q_2(t)$ 是两个多项式, 它们的次数等于 $P_1(t)$ 和 $P_2(t)$ 中的那个较高的次数. 将这个待定解代入方程 (14.4.11), 比较系数就可以解出 $Q_1(t), Q_2(t)$.

当 $\alpha + i\beta$ 是特征方程 $\lambda^2 + a\lambda + b = 0$ 的根时, 可以假定方程 (14.1.11) 有形如

$$te^{\alpha t}(Q_1(t)\cos\beta t + Q_2(t)\sin\beta t)$$

的解, 其中 $Q_1(t), Q_2(t)$ 是两个多项式, 它们的次数等于 $P_1(t)$ 和 $P_2(t)$ 中的那个较高的次数.

例如, 若假定方程 (14.4.9) 有一个形如 $A\cos t + B\sin t$ 的解, 将其代入方程 (14.4.9), 通过比较系数就可以得到 $A = -2, B = 0$, 于是得到与上面相同的解 $-2\cos t$.

例 14.4.8　求解方程

$$x'' + \omega^2 x = H\sin\beta t, \qquad (14.4.12)$$

其中 H, ω, β 为常数.

解　此方程对应的齐次方程 $x'' + \omega^2 x = 0$ 的通解为

$$x = c_1\cos\omega t + c_2\sin\omega t.$$

按照例 14.4.7 的说明, 方程

$$x'' + \omega^2 x = He^{i\beta t} \qquad (14.4.13)$$

解的虚部就是方程 (14.4.12) 的解. 为了求非齐次方程 (14.4.13) 的特解, 可以分两种情况考虑.

(1) 若 $\beta \neq \omega$, 则 $i\beta$ 不是特征根, 因此可以假定方程 (14.4.13) 有特解 $y = Ae^{i\beta t}$ (A 为复数), 代入方程得 $A(\omega^2 - \beta^2)e^{i\beta t} = He^{i\beta t}$ 由此得到 $A = \dfrac{H}{\omega^2 - \beta^2}$, 即方程 (14.4.13) 有特解 $y = \dfrac{H}{\omega^2 - \beta^2}e^{i\beta t}$, 它的虚部 $\dfrac{H}{\omega^2 - \beta^2}\sin\beta t$ 就是方程 (14.4.12) 的一个解. 从而方程 (14.4.12) 的通解是

$$x(t) = c_1 \cos\omega t + c_2 \sin\omega t + \frac{H}{\omega^2 - \beta^2} \sin\beta t.$$

（2）若 $\beta = \omega$，则 $i\beta$ 是特征根，并且是单重根，此时可以假定方程（14.4.13）有特解 $y = At\mathrm{e}^{i\beta t}$. 代入方程得到 $2Ai\omega = H$，$A = -\dfrac{Hi}{2\omega}$，于是方程（14.4.13）有复值解 $y = -\dfrac{H}{2\omega}it\mathrm{e}^{i\omega t}$，取其虚部就得到方程（14.4.12）的解 $-\dfrac{H}{2\omega}t\cos\omega t$，从而方程（14.4.12）的通解是

$$x(t) = \left(c_1 - \frac{H}{2\omega}t\right)\cos\omega t + c_2 \sin\omega t.$$

例 14.4.9　求方程 $x'' - x = t^2 + 1 + t\mathrm{e}^{2t}$ 的一个特解.

解　考察以下两个方程：

$$x'' - x = t^2 + 1, \quad x'' - x = t\mathrm{e}^{2t}.$$

用比较系数法分别求出这两个方程的特解

$$y_1 = -t^2 - 3, \quad y_2 = \left(\frac{t}{3} - \frac{4}{9}\right)\mathrm{e}^{2t}.$$

于是这两个解之和就是原方程的一个解，即

$$y = y_1 + y_2 = -t^2 - 3 + \left(\frac{t}{3} - \frac{4}{9}\right)\mathrm{e}^{2t}.$$

14.4.3　欧拉方程

一般地，变系数的线性常微分方程是不容易求解的. 但是对于某些特殊的变系数线性常微分方程，则可以通过变量替换的方法将其化为常系数线性常微分方程，进而求得其解，欧拉方程就是其中的一种.

形如

$$t^n \frac{\mathrm{d}^n x}{\mathrm{d}t^n} + a_1 t^{n-1} \frac{\mathrm{d}^{n-1} x}{\mathrm{d}t^{n-1}} + \cdots + a_{n-1} t \frac{\mathrm{d}x}{\mathrm{d}t} + a_n x = f(t)$$

$$(14.4.14)$$

的线性常微分方程称为**欧拉方程**，其中 $a_1, \cdots, a_n$ 是常数.

当 $t>0$ 时，做变换 $t=e^s$ 将自变量 t 换成 s，有

$$\frac{\mathrm{d}x}{\mathrm{d}t} = \frac{\mathrm{d}x}{\mathrm{d}s}\frac{\mathrm{d}s}{\mathrm{d}t} = \frac{1}{t}\frac{\mathrm{d}x}{\mathrm{d}s}, \tag{14.4.15}$$

$$\frac{\mathrm{d}^2 x}{\mathrm{d}t^2} = -\frac{1}{t^2}\frac{\mathrm{d}x}{\mathrm{d}s} + \frac{1}{t}\frac{\mathrm{d}^2 x}{\mathrm{d}s^2}\frac{\mathrm{d}s}{\mathrm{d}t} = \frac{1}{t^2}\left(\frac{\mathrm{d}^2 x}{\mathrm{d}s^2} - \frac{\mathrm{d}x}{\mathrm{d}s}\right), \tag{14.4.16}$$

$$\frac{\mathrm{d}^3 x}{\mathrm{d}t^3} = \frac{1}{t^3}\left(\frac{\mathrm{d}^3 x}{\mathrm{d}s^3} - 3\frac{\mathrm{d}^2 x}{\mathrm{d}s^2} + 2\frac{\mathrm{d}x}{\mathrm{d}s}\right). \tag{14.4.17}$$

令 $\mathrm{D}=\dfrac{\mathrm{d}}{\mathrm{d}s}$ 使得

$$\mathrm{D}x = \frac{\mathrm{d}x}{\mathrm{d}s}, \quad \mathrm{D}^2 x = \frac{\mathrm{d}^2 x}{\mathrm{d}s^2}, \quad \mathrm{D}^3 x = \frac{\mathrm{d}^3 x}{\mathrm{d}s^3}, \cdots,$$

则由(14.4.15),(14.4.16)与(14.4.17)式便知

$$t\frac{\mathrm{d}x}{\mathrm{d}t} = \mathrm{D}x,$$

$$t^2\frac{\mathrm{d}^2 x}{\mathrm{d}t^2} = \mathrm{D}(\mathrm{D}-1)x,$$

$$t^3\frac{\mathrm{d}^3 x}{\mathrm{d}t^3} = \mathrm{D}(\mathrm{D}-1)(\mathrm{D}-2)x.$$

事实上，可以证明对于 $k=1,2,3,\cdots,n$，都有

$$t^k\frac{\mathrm{d}^k x}{\mathrm{d}t^k} = \mathrm{D}(\mathrm{D}-1)(\mathrm{D}-2)\cdots(\mathrm{D}-k+1)x. \tag{14.4.18}$$

将(14.4.18)式代入欧拉方程(14.4.14)，便得一个以 s 为自变量的常系数线性常微分方程．在求出这个新方程的解后，把 s 换成 $\ln t$，便会得到原方程(14.4.14)的解．

当 $t<0$ 时，做变量替换 $t=-e^s$，类似地可以求得欧拉方程的解．一般地，通过变量替换 $|t|=e^s$ 或 $s=\ln|t|$，就可以得到欧拉方程的解．

例 14.4.10 求解欧拉方程 $t^2\dfrac{\mathrm{d}^2 x}{\mathrm{d}t^2} + 2t\dfrac{\mathrm{d}x}{\mathrm{d}t} + 2x = 0$.

解　令 $s = \ln|t|$, 则

$$\frac{\mathrm{d}x}{\mathrm{d}t} = \frac{1}{t}\frac{\mathrm{d}x}{\mathrm{d}s}, \quad \frac{\mathrm{d}^2 x}{\mathrm{d}t^2} = -\frac{1}{t^2}\frac{\mathrm{d}x}{\mathrm{d}s} + \frac{1}{t^2}\frac{\mathrm{d}^2 x}{\mathrm{d}s^2},$$

代入原方程将其化为

$$\frac{\mathrm{d}^2 x}{\mathrm{d}s^2} + \frac{\mathrm{d}x}{\mathrm{d}s} + 2x = 0.$$

此方程的通解为

$$x(s) = \mathrm{e}^{-\frac{s}{2}}\left(c_1 \cos\frac{\sqrt{7}}{2}s + c_2 \sin\frac{\sqrt{7}}{2}s \right), \quad c_1, c_2 \in \mathbb{R},$$

则原方程的通解为

$$x(t) = |t|^{-\frac{1}{2}}\left[c_1 \cos\frac{\sqrt{7}}{2}\ln|t| + c_2 \sin\frac{\sqrt{7}}{2}\ln|t| \right].$$

例 14.4.11　求欧拉方程 $t^3 \dfrac{\mathrm{d}^3 x}{\mathrm{d}t^3} + t^2 \dfrac{\mathrm{d}^2 x}{\mathrm{d}t^2} - 4t\dfrac{\mathrm{d}x}{\mathrm{d}t} = 3t^2 \ (t > 0)$ 的通解.

解　令 $t = \mathrm{e}^s$, 则原方程化为

$$\mathrm{D}(\mathrm{D}-1)(\mathrm{D}-2)x + \mathrm{D}(\mathrm{D}-1)x - 4\mathrm{D}x = 3\mathrm{e}^{2s},$$

整理得

$$\mathrm{D}^3 x - 2\mathrm{D}^2 x - 3\mathrm{D}x = 3\mathrm{e}^{2s},$$

即

$$\frac{\mathrm{d}^3 x}{\mathrm{d}s^3} - 2\frac{\mathrm{d}^2 x}{\mathrm{d}s^2} - 3\frac{\mathrm{d}x}{\mathrm{d}s} = 3\mathrm{e}^{2s}. \tag{14.4.19}$$

由于与方程 (14.4.19) 对应的齐次方程的三个特征根分别是 $-1, 0, 3$, 所以可令方程 (14.4.19) 的一个特解形式为

$$x_0(s) = A\mathrm{e}^{2s}.$$

将其代入方程 (14.4.19), 求得 $A = -\dfrac{1}{2}$, 即

$$x_0(s) = -\frac{1}{2}\mathrm{e}^{2s}.$$

所以方程(14.4.19)的通解为

$$x(s) = c_1 + c_2 e^{-s} + c_3 e^{3s} - \frac{1}{2}e^{2s}, \quad c_1, c_2, c_3 \in \mathbb{R},$$

则原方程的通解为

$$x(t) = c_1 + \frac{c_2}{t} + c_3 t^3 - \frac{1}{2}t^2.$$

14.4.4 微分方程的应用：振动问题

设弹簧一端固定，另一端有质量为 m 的质点. 取弹簧的固定端点为原点 O，并设弹簧沿 Ox 轴运动(图 14.9). 设质点在时刻 t 的位置为 $x(t)$，试建立 $x(t)$ 满足的微分方程.

弹簧在运动过程中受到两个力的作用，其中一个力是弹簧自身的恢复力，这是一个与位移成正比，方向与位移相反的力，其值等于 $-kx(t)$（$k>0$ 为常数）；另一个力是空气阻力，当运动速度不大时，可以认为空

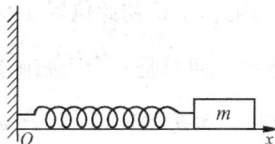

图 14.9

气阻力与运动速度成正比，并且与速度方向相反，即 $-\mu x'(t)$（$\mu>0$ 是常数）. 又假定弹簧在运动过程中受到沿 Ox 轴方向的外力 $f(t)$ 作用，由牛顿第二定律得到弹簧的运动方程为

$$mx'' + \mu x' + kx = f(t). \tag{14.4.20}$$

为了讨论方便，我们将上述方程改写成下面的形式：

$$x'' + 2nx' + \omega^2 x = f(t). \tag{14.4.21}$$

除了弹簧振动外，许多运动，例如钟摆的往复运动、机械振动、电路振荡都可以用这个方程作为其数学模型. 例如在弹簧振动方程(14.4.20)中，$n = \dfrac{\mu}{2m} > 0$，$\omega = \sqrt{\dfrac{k}{m}} > 0$. 又如在单摆运动方程(14.1.4)中，$n = \dfrac{\mu}{2m} > 0$，$\omega = \sqrt{\dfrac{g}{l}} > 0$. 对于方程(14.4.21)根据有

无阻力、阻尼大小以及有无外力,我们分为几种情形讨论.

1. 自由振动,即无外力作用($f(t)=0$)

(1) 无阻尼自由振动

当阻尼系数 $\mu=0$ 时,有 $n=0$,此时方程(14.4.21)变成

$$x'' + \omega^2 x = 0, \tag{14.4.22}$$

其通解为 $x(t) = c_1 \cos\omega t + c_2 \sin\omega t$ 或者

$$x(t) = A\sin(\omega t + \theta), \quad A, \theta \in \mathbb{R}. \tag{14.4.23}$$

如果已知方程(14.4.22)的初值条件 $x(0)=x_0$,$x'(0)=v_0$,则可以得到

$$A = \sqrt{x_0^2 + \left(\frac{v_0}{\omega}\right)^2}, \quad \theta = \tan^{-1}\left(\frac{\omega x_0}{v_0}\right).$$

因此,不论初始位置 x_0 和初始速度 v_0 取什么值,方程(14.4.22)的运动规律总是一个正弦函数. 其周期为 $T = \dfrac{2\pi}{\omega}$,振动频率 ω 与初始位置 x_0 和初始速度 v_0 无关. A 和 θ 分别是振幅和初始位相(它们由初始位置 x_0 和初始速度 v_0 决定)(图 14.10).

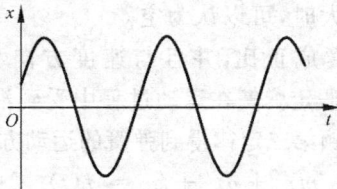

图　14.10

(2) 有阻尼自由振动

当阻尼系数 $\mu > 0$ 时,有 $n > 0$,方程(14.4.22)变成

$$x'' + 2nx' + \omega^2 x = 0. \tag{14.4.24}$$

其特征方程为 $\lambda^2 + 2n\lambda + \omega^2 = 0$,特征根为 $\lambda_{1,2} = -n \pm \sqrt{n^2 - \omega^2}$. 这时又可以分三种情况.

① 小阻尼自由振动: $n < \omega$. 此时特征根为 $\lambda_{1,2} = -n \pm i\omega_1$,其

中 $\omega_1 = \sqrt{\omega^2 - n^2} > 0$.

因此方程(14.4.24)的通解为

$$x(t) = e^{-nt}(c_1\cos\omega_1 t + c_2\sin\omega_1 t) = Ae^{-nt}\sin(\omega_1 t + \theta).$$

$$(14.4.25)$$

(14.4.25)式表明,这是一个随时间 t 增长而衰减的振动(图 14.11),其周期 $T_1 = \dfrac{2\pi}{\omega_1}$ 仍然与初值无关.

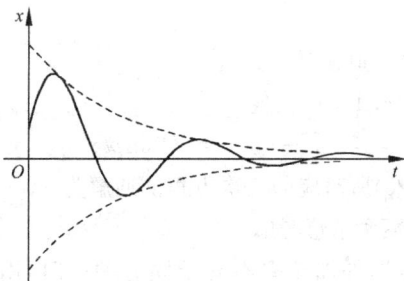

图   14.11

② 临界阻尼振动:$n = \omega$. 此时特征根为 $\lambda_1 = \lambda_2 = -n(<0)$,方程(14.4.24)的通解为

$$x(t) = e^{-nt}(c_1 + c_2 t). \qquad (14.4.26)$$

其中 $c_1 = x_0$,$c_2 = v_0 + nx_0$. 由(14.2.26)式知道,这是一个衰减运动,不发生振动(图 14.12).

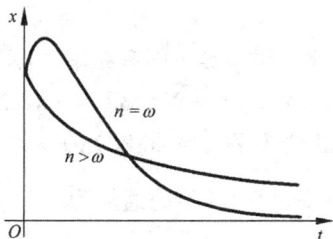

图   14.12

③ 大阻尼自由振动：$n > \omega$. 此时两个相异特征根 λ_1, λ_2 均为负数,方程(14.4.24)通解为

$$x(t) = c_1 \mathrm{e}^{\lambda_1 t} + c_2 \mathrm{e}^{\lambda_2 t}. \tag{14.4.27}$$

因此这时仍然是衰减运动,不发生振动(图 14.12).

2. 强迫振动,即 $f(t)$ 不恒等于零

为简单起见,假定弹簧只受到周期外力

$$f(t) = H \sin pt, \quad H, p > 0$$

的作用.

(1) 无阻尼强迫振动

此时方程(14.4.21)变成

$$x'' + \omega^2 x = H \sin pt. \tag{14.4.28}$$

并且方程(14.4.28)所对应的齐次方程的通解为 $x(t) = A \sin(\omega t + \theta)$. 这时又可以分为两种情形考虑.

① 当 $p \neq \omega$ 即外加频率不同于固有频率时,用待定系数法可以求得方程(14.4.28)的一个特解 $x_0(t) = \dfrac{H}{\omega^2 - p^2} \sin pt$,因此方程(14.4.28)的通解为

$$x(t) = A \sin(\omega t + \theta) + \frac{H}{\omega^2 - p^2} \sin pt, \quad A, \theta \in \mathbb{R}. \tag{14.4.29}$$

这是一个由固有振动(齐次方程通解)和外力叠加而成的有界振动.

② 当 $p = \omega$ 即外加频率等于固有频率时,用待定形式解

$$x_0(t) = t(M \cos \omega t + N \sin \omega t), \quad M, N \in \mathbb{R}.$$

通过比较系数法得到方程(14.4.28)的一个特解为 $x_0(t) = -\dfrac{H}{2\omega} t \cos \omega t$. 于是方程(14.4.28)的通解为

$$x(t) = A \sin(\omega t + \theta) - \frac{H}{2\omega} t \cos \omega t, \quad A, \theta \in \mathbb{R}. \tag{14.4.30}$$

由(14.4.30)式可以看出,虽然外力是有界的,但是 $x(t)$ 的振动却是无界的,因为当 $t \to +\infty$,(14.4.30)式中的右端第二项的振幅趋向于无穷大.这就是物理学中著名的共振现象,即小的外力导致大的振动(图14.13).

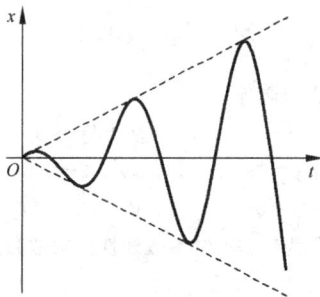

图 14.13

(2) 有阻尼强迫振动

我们仅讨论小阻尼情形:$0 < n < \omega$. 此时方程(14.4.21)变成

$$x'' + 2nx' + \omega^2 x = H\sin pt. \qquad (14.4.31)$$

并且方程(14.4.31)相应的齐次方程的通解为 $x(t) = Ae^{-nt}\sin(\omega_1 t + \theta)$ $(\omega_1 = \sqrt{\omega^2 - n^2} > 0)$. 又用比较系数法得到(14.4.31)的一个特解 $x_0(t) = M\cos\omega t + N\sin\omega t$ $(M, N \in \mathbb{R})$,其中

$$M = \frac{-2npH}{(\omega^2 - p^2)^2 + 4n^2 p^2}, \qquad N = \frac{(\omega^2 - p^2)H}{(\omega^2 - p^2)^2 + 4n^2 p^2}.$$

若令

$$B = \frac{H}{\sqrt{(\omega^2 - p^2)^2 + 4n^2 p^2}} > 0, \qquad \theta = \arctan\left(\frac{-2np}{\omega^2 - p^2}\right),$$

则方程(14.4.31)的通解为

$$x(t) = Ae^{-nt}\sin(\omega_1 t + \theta) + B\sin(pt + \theta). \quad (14.4.32)$$

此解仍然是振动的,它由两部分组成:(14.4.32)式中第一项为固

有的衰减振动；第二项为周期外力引起的周期振动.不难验证,当外加力的频率为 $p=\sqrt{\omega^2-2n^2}$ 时,外加力产生的强迫振幅最大,即这时有 $B=B_{\max}=\dfrac{H}{2n\sqrt{\omega^2-n^2}}$.

习　题　14.4

1. 求下列齐次方程的通解：

(1) $y''+6y'+9y=0$；　　　　(2) $y''+4y'+5y=0$；

(3) $y^{(4)}+y'''+y'+y=0$；　(4) $3y''-2y'-8y=0$；

(5) $y^{(6)}+2y^{(5)}+y^{(4)}=0$；　(6) $y'''+6y''+11y'+6y=0$.

2. 求出以下列函数为特解的常系数线性齐次常微分方程：

(1) e^{2x},e^{-2x},二阶；

(2) e^x,xe^x,二阶；

(3) $2,\cos x,\sin x$,三阶；

(4) $e^{-x},2xe^{-x},3e^x$,三阶.

3. 写出下列非齐次方程一个特解的形式：

(1) $y''-5y'+6y=3e^{4x}$；

(2) $y''+y=(x^2-1)e^x$；

(3) $y''-2y'+5y=xe^x\cos 2x$；

(4) $y''+4y=2\cos^2 2x$；

(5) $y''+k^2y'=k\sin(kx+2)$；

(6) $y^{(4)}-y'''=4$.

4. 求下列二阶非齐次微分方程的通解：

(1) $y''+2y'-3y=4x$；

(2) $2y''+y'-y=2e^x$；

(3) $y''-3y'+2y=xe^x$；

(4) $y''-3y'+2y=\cos x$；

(5) $y''+4y'+5y=\sin x$.

5. 求下列二阶非齐次微分方程满足初值条件的特解：

(1) $y''+3y'+2y=\sin x,y(0)=y'(0)=0$；

（2）$y'' + y' = \dfrac{1}{2}\cos x, y(0) = y'(0) = 0.$

6. 求下列二阶微分方程的通解：

（1）$x^2 y'' + 2xy' - 2y = 0$；

（2）$x^2 y'' + 2xy' - 2y = x^2 + 2.$

7. 应用题：

（1）长度等于 6m 的链条在光滑桌面上滑动. 假定在开始时刻链条垂在桌面下的部分长度为 1m, 问链条全部滑下桌面需要多少时间？

（2）弹簧上端固定, 下面挂有三个质量相同的重物, 使弹簧伸长了 $3a$. 若突然除去其中两个重物, 弹簧开始自由振动, 求重物的运动规律.

14.5　线性常系数微分方程组

　　线性微分方程组是常微分方程中很重要的一部分内容. 许多物理过程（例如互相影响的多个电路中的电流变化规律, 多个质点互相作用的运动系统, 多重线性控制系统等）的数学模型都可以化为线性常微分方程组, 许多非线性微分方程组在一定条件下也可以近似地用线性微分方程组代替.

14.5.1　一般理论

　　如果矩阵 $\boldsymbol{A} = (a_{ij})_{i=1,\cdots,m; j=1,\cdots,n}$ 的每个元素都是变量 t 的函数, 即

$$\boldsymbol{A}(t) = \begin{bmatrix} a_{11}(t) & a_{12}(t) & \cdots & a_{1n}(t) \\ a_{21}(t) & a_{22}(t) & \cdots & a_{2n}(t) \\ \vdots & \vdots & & \vdots \\ a_{m1}(t) & a_{m2}(t) & \cdots & a_{mn}(t) \end{bmatrix},$$

则称 $\boldsymbol{A}$ 为**矩阵函数**, 如果每个 $a_{ij} = a_{ij}(t)$ 是连续（可微）的, 则称矩阵函数 $\boldsymbol{A}$ 是**连续（可微）**的, 并且约定

$$\frac{\mathrm{d}\boldsymbol{A}(t)}{\mathrm{d}t} = \begin{bmatrix} a'_{11}(t) & a'_{12}(t) & \cdots & a'_{1n}(t) \\ a'_{21}(t) & a'_{22}(t) & \cdots & a'_{2n}(t) \\ \vdots & \vdots & & \vdots \\ a'_{m1}(t) & a'_{m2}(t) & \cdots & a'_{mn}(t) \end{bmatrix},$$

$$\int_{t_0}^{t} \boldsymbol{A}(s)\mathrm{d}s = \begin{bmatrix} \int_{t_0}^{t} a_{11}(s)\mathrm{d}s & \int_{t_0}^{t} a_{12}(s)\mathrm{d}s & \cdots & \int_{t_0}^{t} a_{1n}(s)\mathrm{d}s \\ \int_{t_0}^{t} a_{21}(s)\mathrm{d}s & \int_{t_0}^{t} a_{22}(s)\mathrm{d}s & \cdots & \int_{t_0}^{t} a_{2n}(s)\mathrm{d}s \\ \vdots & \vdots & & \vdots \\ \int_{t_0}^{t} a_{m1}(s)\mathrm{d}s & \int_{t_0}^{t} a_{m2}(s)\mathrm{d}s & \cdots & \int_{t_0}^{t} a_{mn}(s)\mathrm{d}s \end{bmatrix}.$$

本节主要研究下列线性常微分方程组

$$\begin{cases} \dfrac{\mathrm{d}x_1}{\mathrm{d}t} = a_{11}(t)x_1 + a_{12}(t)x_2 + \cdots + a_{1n}(t)x_n + f_1(t), \\[2mm] \dfrac{\mathrm{d}x_2}{\mathrm{d}t} = a_{21}(t)x_1 + a_{22}(t)x_2 + \cdots + a_{2n}(t)x_n + f_2(t), \\[2mm] \vdots \\[1mm] \dfrac{\mathrm{d}x_n}{\mathrm{d}t} = a_{n1}(t)x_1 + a_{n2}(t)x_2 + \cdots + a_{nn}(t)x_n + f_n(t); \end{cases}$$

$$(14.5.1)$$

和

$$\begin{cases} \dfrac{\mathrm{d}x_1}{\mathrm{d}t} = a_{11}(t)x_1 + a_{12}(t)x_2 + \cdots + a_{1n}(t)x_n, \\[2mm] \dfrac{\mathrm{d}x_2}{\mathrm{d}t} = a_{21}(t)x_1 + a_{22}(t)x_2 + \cdots + a_{2n}(t)x_n, \\[2mm] \vdots \\[1mm] \dfrac{\mathrm{d}x_n}{\mathrm{d}t} = a_{n1}(t)x_1 + a_{n2}(t)x_2 + \cdots + a_{nn}(t)x_n. \end{cases} \quad (14.5.2)$$

记

$$\boldsymbol{x}(t) = (x_1(t), x_2(t), \cdots, x_n(t))^{\mathrm{T}},$$

$$\frac{\mathrm{d}\boldsymbol{x}}{\mathrm{d}t} = \left(\frac{\mathrm{d}x_1}{\mathrm{d}t}, \frac{\mathrm{d}x_2}{\mathrm{d}t}, \cdots, \frac{\mathrm{d}x_n}{\mathrm{d}t}\right)^{\mathrm{T}},$$

$$\boldsymbol{f}(t) = (f_1(t), f_2(t), \cdots, f_n(t))^{\mathrm{T}},$$

则可以将方程组(14.5.1)和方程组(14.5.2)写作

$$\frac{\mathrm{d}\boldsymbol{x}}{\mathrm{d}t} = \boldsymbol{A}(t)\boldsymbol{x} + \boldsymbol{f}(t), \tag{14.5.3}$$

$$\frac{\mathrm{d}\boldsymbol{x}}{\mathrm{d}t} = \boldsymbol{A}(t)\boldsymbol{x}. \tag{14.5.4}$$

如果向量值函数 $\boldsymbol{x}(t) = (x_1(t), \cdots, x_n(t))^{\mathrm{T}}$ 使方程组 (14.5.3)或者(14.5.4)在区间 I 上成为恒等式,则称向量值函数 $\boldsymbol{x}(t) = (x_1(t), \cdots, x_n(t))^{\mathrm{T}}$ 是方程组(14.5.3)或者方程组(14.5.4)在区间 I 上的一个解.

如果方程组(14.5.1)和方程组(14.5.2)中的系数 $a_{ij} = a_{ij}(t)$ 为常数,那么这两个方程组就成为**常系数线性微分方程组**

$$\begin{cases} \dfrac{\mathrm{d}x_1}{\mathrm{d}t} = a_{11}x_1 + a_{12}x_2 + \cdots + a_{1n}x_n + f_1(t), \\[2mm] \dfrac{\mathrm{d}x_2}{\mathrm{d}t} = a_{21}x_1 + a_{22}x_2 + \cdots + a_{2n}x_n + f_2(t), \\[2mm] \vdots \\[2mm] \dfrac{\mathrm{d}x_n}{\mathrm{d}t} = a_{n1}x_1 + a_{n2}x_2 + \cdots + a_{nn}x_n + f_n(t); \end{cases} \tag{14.5.5}$$

以及相应的**齐次方程组**

$$\begin{cases} \dfrac{\mathrm{d}x_1}{\mathrm{d}t} = a_{11}x_1 + a_{12}x_2 + \cdots + a_{1n}x_n, \\[2mm] \dfrac{\mathrm{d}x_2}{\mathrm{d}t} = a_{21}x_1 + a_{22}x_2 + \cdots + a_{2n}x_n, \\[2mm] \vdots \\[2mm] \dfrac{\mathrm{d}x_n}{\mathrm{d}t} = a_{n1}x_1 + a_{n2}x_2 + \cdots + a_{nn}x_n. \end{cases} \tag{14.5.6}$$

或者写成矩阵形式:

$$\frac{\mathrm{d}\boldsymbol{x}}{\mathrm{d}t} = \boldsymbol{A}\boldsymbol{x} + \boldsymbol{f}(t), \tag{14.5.7}$$

$$\frac{\mathrm{d}\boldsymbol{x}}{\mathrm{d}t} = \boldsymbol{A}\boldsymbol{x}. \tag{14.5.8}$$

我们不加证明地给出线性微分方程组解的存在惟一性定理.

定理 14.5.1 设矩阵函数 $\boldsymbol{A}(t)$ 和向量值函数 $\boldsymbol{f}(t)$ 在区间 I 上连续, $t_0 \in I$. 则对于任意的 $\boldsymbol{\xi} = (\xi_1, \cdots, \xi_n)^{\mathrm{T}} \in \mathbb{R}^n$, 初值问题

$$\begin{cases} \dfrac{\mathrm{d}\boldsymbol{x}}{\mathrm{d}t} = \boldsymbol{A}(t)\boldsymbol{x} + \boldsymbol{f}(t), \\ \boldsymbol{x}(t_0) = \boldsymbol{\xi} \end{cases} \tag{14.5.9}$$

在区间 I 上有惟一解.

定义 14.5.1(向量值函数的线性相关与无关) 设

$$\boldsymbol{\varphi}_1(t) = (\varphi_{11}(t), \varphi_{21}(t), \cdots, \varphi_{n1}(t))^{\mathrm{T}},$$
$$\vdots$$
$$\boldsymbol{\varphi}_n(t) = (\varphi_{1n}(t), \varphi_{2n}(t), \cdots, \varphi_{nn}(t))^{\mathrm{T}}$$

是定义在区间 I 上的 n 个向量值函数. 如果存在不全为零的 n 个常数 $c_1, \cdots, c_n$, 使得

$$c_1 \boldsymbol{\varphi}_1(t) + \cdots + c_n \boldsymbol{\varphi}_n(t) \equiv \boldsymbol{0}, \quad t \in I, \tag{14.5.10}$$

则称这 n 个向量值函数在区间 I 上**线性相关**. 否则**为线性无关**.

定义 14.5.2 设 $\boldsymbol{\varphi}_1(t) = (\varphi_{11}(t), \varphi_{21}(t), \cdots, \varphi_{n1}(t))^{\mathrm{T}}, \cdots,$ $\boldsymbol{\varphi}_n(t) = (\varphi_{1n}(t), \varphi_{2n}(t), \cdots, \varphi_{nn}(t))^{\mathrm{T}}$, 称以这些向量值函数为列的行列式

$$W(t) = W[\boldsymbol{\varphi}_1, \cdots, \boldsymbol{\varphi}_n](t) = \begin{vmatrix} \varphi_{11}(t) & \varphi_{12}(t) & \cdots & \varphi_{1n}(t) \\ \varphi_{21}(t) & \varphi_{22}(t) & \cdots & \varphi_{2n}(t) \\ \vdots & \vdots & & \vdots \\ \varphi_{n1}(t) & \varphi_{n2}(t) & \cdots & \varphi_{nn}(t) \end{vmatrix}$$

$$\tag{14.5.11}$$

为向量值函数 $\boldsymbol{\varphi}_1(t), \cdots, \boldsymbol{\varphi}_n(t)$ 的**朗斯基行列式**.

命题 1　如果向量值函数

$$\boldsymbol{\varphi}_1(t) = (\varphi_{11}(t), \varphi_{21}(t), \cdots, \varphi_{n1}(t))^{\mathrm{T}},$$

$$\boldsymbol{\varphi}_2(t) = (\varphi_{12}(t), \varphi_{22}(t), \cdots, \varphi_{n2}(t))^{\mathrm{T}},$$

$$\vdots$$

$$\boldsymbol{\varphi}_n(t) = (\varphi_{1n}(t), \varphi_{2n}(t), \cdots, \varphi_{nn}(t))^{\mathrm{T}}$$

在区间 I 上线性相关,则 $\boldsymbol{\varphi}_1(t), \boldsymbol{\varphi}_2(t), \cdots, \boldsymbol{\varphi}_n(t)$ 的朗斯基行列式在区间 I 上恒等于零.

证明　设 $\boldsymbol{\varphi}_1(t), \cdots, \boldsymbol{\varphi}_n(t)$ 在区间 I 上线性相关,则由定义 14.5.1, 存在不全为零的 n 个常数 $c_1, \cdots, c_n$,使得(14.5.6)成立,即

$$\begin{cases} c_1\varphi_{11}(t) + c_2\varphi_{12}(t) + \cdots + c_1\varphi_{1n}(t) \equiv 0, \\ c_1\varphi_{21}(t) + c_2\varphi_{22}(t) + \cdots + c_1\varphi_{2n}(t) \equiv 0, \\ \qquad\qquad\qquad \vdots \\ c_1\varphi_{n1}(t) + c_2\varphi_{n2}(t) + \cdots + c_1\varphi_{nn}(t) \equiv 0. \end{cases} \tag{14.5.12}$$

$c_1, c_2, \cdots, c_n$ 不全为零说明方程组(14.5.12)对于任意 $t \in I$ 都有非零解.因而对于任意 $t \in I$,其系数行列式等于零,即 $\boldsymbol{\varphi}_1(t), \boldsymbol{\varphi}_2(t), \cdots,$ $\boldsymbol{\varphi}_n(t)$ 的朗斯基行列式在区间 I 上恒等于零.

14.5.2　线性微分方程组解的结构

命题 2　齐次方程组(14.5.4)的解集合是一个线性空间.

也就是说,如果 $\boldsymbol{x}(t)$ 和 $\boldsymbol{y}(t)$ 都是齐次方程组(14.5.4)的解, 则对于任意的常数 $\alpha, \beta, \alpha\boldsymbol{x}(t) + \beta\boldsymbol{y}(t)$ 也是齐次方程组 (14.5.4)的解.

这个命题的证明留给读者.

命题 3　设向量值函数

$$\boldsymbol{\varphi}_1(t) = (\varphi_{11}(t), \varphi_{21}(t), \cdots, \varphi_{n1}(t))^{\mathrm{T}},$$

$$\boldsymbol{\varphi}_2(t) = (\varphi_{12}(t), \varphi_{22}(t), \cdots, \varphi_{n2}(t))^{\mathrm{T}},$$

$$\vdots$$

$$\boldsymbol{\varphi}_n(t) = (\varphi_{1n}(t), \varphi_{2n}(t), \cdots, \varphi_{nn}(t))^{\mathrm{T}}$$

都是齐次方程组(14.5.4)在区间 I 上的解,如果存在 $t_0 \in I$,使得 $W[\boldsymbol{\varphi}_1, \boldsymbol{\varphi}_2, \cdots, \boldsymbol{\varphi}_n](t_0) = 0$,则这 n 个向量值函数在区间 I 上线性相关.

证明　由 $W[\boldsymbol{\varphi}_1,\boldsymbol{\varphi}_2,\cdots,\boldsymbol{\varphi}_n](t_0)=0$ 可以推出，当 $t=t_0$ 时，方程组(14.5.12)有一组不全等于零的常数解 $c_1,c_2,\cdots,c_n$. 即有

$$c_1\,\boldsymbol{\varphi}_1(t_0)+c_2\,\boldsymbol{\varphi}_2(t_0)+\cdots+c_n\boldsymbol{\varphi}_n(t_0)=\boldsymbol{0}. \quad (14.5.13)$$

令 $\boldsymbol{x}(t)=c_1\,\boldsymbol{\varphi}_1(t)+c_2\,\boldsymbol{\varphi}_2(t)+\cdots+c_n\boldsymbol{\varphi}_n(t)$，由命题 2 知，$\boldsymbol{x}(t)$ 是方程组(14.5.4)的解，并且由(14.5.13)式知，$\boldsymbol{x}(t)$ 满足初值条件 $\boldsymbol{x}(t_0)=\boldsymbol{0}$，即

$$(x_1(t_0),x_2(t_0),\cdots,x_n(t_0))^{\mathrm{T}}=(0,0,\cdots,0)^{\mathrm{T}}. \quad (14.5.14)$$

但是恒等于零的向量值函数是方程组(14.5.4)的解，并且满足同样的初值条件(14.5.14). 由存在惟一性定理 14.5.1，就推出 $\boldsymbol{x}(t)\equiv\boldsymbol{0}$，即 $c_1\,\boldsymbol{\varphi}_1(t)+\cdots+c_n\boldsymbol{\varphi}_n(t)\equiv\boldsymbol{0}(t\in I)$. 所以命题成立.

定理 14.5.2　齐次方程组(14.5.4)的解集合是一个 n 维线性空间.

证明　我们必须找出齐次方程组(14.5.4)的 n 个线性无关的解

$$\boldsymbol{\varphi}_1(t)=(\varphi_{11}(t),\varphi_{21}(t),\cdots,\varphi_{n1}(t))^{\mathrm{T}},$$
$$\boldsymbol{\varphi}_2(t)=(\varphi_{12}(t),\varphi_{22}(t),\cdots,\varphi_{2n}(t))^{\mathrm{T}},$$
$$\vdots$$
$$\boldsymbol{\varphi}_n(t)=(\varphi_{1n}(t),\varphi_{2n}(t),\cdots,\varphi_{m}(t))^{\mathrm{T}},$$

并且证明方程(14.5.4)的任何一个解都可以由这 n 个解线性表示.

设 $t_0\in I$，在 $\mathbb{R}^n$ 中取 n 个向量

$$\boldsymbol{e}_1=(1,0,0,\cdots,0)^{\mathrm{T}},$$
$$\boldsymbol{e}_2=(0,1,0,\cdots,0)^{\mathrm{T}},$$
$$\vdots$$
$$\boldsymbol{e}_n=(0,0,0,\cdots,1)^{\mathrm{T}},$$

并且设 $\boldsymbol{\varphi}_i(t)=(\varphi_{1i}(t),\varphi_{2i}(t),\cdots,\varphi_{ni}(t))^{\mathrm{T}}(i=1,2,\cdots,n)$ 是下述初值问题的惟一解(这些解的存在性由存在惟一性定理 14.5.1 保证)：

$$\begin{cases}\dfrac{\mathrm{d}\boldsymbol{x}}{\mathrm{d}t}=\boldsymbol{A}(t)\boldsymbol{x},\\[2mm]\boldsymbol{x}(t_0)=\boldsymbol{e}_i.\end{cases} \quad (14.5.15)$$

它们的朗斯基行列式在 t_0 的值等于

$$W(t_0) = W[\boldsymbol{\varphi}_1, \boldsymbol{\varphi}_2, \cdots, \boldsymbol{\varphi}_n](t_0) = \begin{vmatrix} \varphi_{11}(t_0) & \varphi_{12}(t_0) & \cdots & \varphi_{1n}(t_0) \\ \varphi_{21}(t_0) & \varphi_{22}(t_0) & \cdots & \varphi_{2n}(t_0) \\ \vdots & \vdots & & \vdots \\ \varphi_{n1}(t_0) & \varphi_{n2}(t_0) & \cdots & \varphi_{nn}(t_0) \end{vmatrix}$$

$$= \begin{vmatrix} 1 & 0 & \cdots & 0 \\ 0 & 1 & \cdots & 0 \\ \vdots & \vdots & & \vdots \\ 0 & 0 & \cdots & 1 \end{vmatrix} = 1.$$

于是由命题 1 推出这 n 个解线性无关.

设 $\boldsymbol{x}(t) = (x_1(t), \cdots, x_n(t))^{\mathrm{T}}$ 是方程组 (14.5.4) 的任意一个解, 令

$$\boldsymbol{y}(t) = x_1(t_0) \boldsymbol{\varphi}_1(t) + x_2(t_0) \boldsymbol{\varphi}_2(t) + \cdots + x_n(t_0) \boldsymbol{\varphi}_n(t),$$

则这个解与上述解 $\boldsymbol{x}(t) = (x_1(t), \cdots, x_n(t))^{\mathrm{T}}$ 满足同样的初值条件. 因而由存在惟一性定理推出两者是一个解, 所以有 $\boldsymbol{x}(t) = x_1(t_0)\boldsymbol{\varphi}_1(t) + x_2(t_0)\boldsymbol{\varphi}_2(t) + \cdots + x_n(t_0)\boldsymbol{\varphi}_n(t)$. 也就是说, 方程组 (14.5.4) 的任意一个解都可以由 $\boldsymbol{\varphi}_i(t) = (\varphi_{1i}(t), \varphi_{2i}(t), \cdots, \varphi_{ni}(t))^{\mathrm{T}} (i = 1, 2, \cdots, n)$ 线性表示, 从而方程组 (14.5.4) 的解集合是一个 n 维线性空间.

定义 14.5.3 由齐次方程组 (14.5.4) 的任意 n 个线性无关解

$$\boldsymbol{\varphi}_i(t) = (\varphi_{1i}(t), \varphi_{2i}(t), \cdots, \varphi_{ni}(t))^{\mathrm{T}}, \quad i = 1, 2, \cdots, n \tag{14.5.16}$$

构成的向量值函数集合称为齐次方程组 (14.5.4) 的一个**基本解组**. 以这 n 个线性无关解为列向量的矩阵

$$\boldsymbol{\Phi}(t) = \begin{bmatrix} \varphi_{11}(t) & \varphi_{12}(t) & \cdots & \varphi_{1n}(t) \\ \varphi_{21}(t) & \varphi_{22}(t) & \cdots & \varphi_{2n}(t) \\ \vdots & \vdots & & \vdots \\ \varphi_{n1}(t) & \varphi_{n2}(t) & \cdots & \varphi_{nn}(t) \end{bmatrix} \tag{14.5.17}$$

称为齐次方程组 (14.5.4) 的一个**基本解矩阵**.

例 14.5.1 验证矩阵

$$\boldsymbol{\Phi}(t) = \begin{bmatrix} \mathrm{e}^t & t\,\mathrm{e}^t \\ 0 & \mathrm{e}^t \end{bmatrix} \tag{14.5.18}$$

是方程组

$$\frac{\mathrm{d}\boldsymbol{x}}{\mathrm{d}t} = \begin{bmatrix} 1 & 1 \\ 0 & 1 \end{bmatrix}\boldsymbol{x} \tag{14.5.19}$$

的一个基本解矩阵.

解 首先证明矩阵(14.5.18)的每一列都是方程组(14.5.19)的解. 记

$$\boldsymbol{\varphi}_1(t) = (\mathrm{e}^t, 0)^{\mathrm{T}}, \quad \boldsymbol{\varphi}_2(t) = (t\,\mathrm{e}^t, \mathrm{e}^t)^{\mathrm{T}}.$$

于是有

$$\frac{\mathrm{d}\boldsymbol{\varphi}_1}{\mathrm{d}t} = \begin{bmatrix} (\mathrm{e}^t)' \\ 0 \end{bmatrix} = \begin{bmatrix} \mathrm{e}^t \\ 0 \end{bmatrix} = \begin{bmatrix} 1 & 1 \\ 0 & 1 \end{bmatrix}\begin{bmatrix} \mathrm{e}^t \\ 0 \end{bmatrix} = \begin{bmatrix} 1 & 1 \\ 0 & 1 \end{bmatrix}\boldsymbol{\varphi}_1(t),$$

$$\frac{\mathrm{d}\boldsymbol{\varphi}_2}{\mathrm{d}t} = \begin{bmatrix} (t\,\mathrm{e}^t)' \\ \mathrm{e}^t \end{bmatrix} = \begin{bmatrix} \mathrm{e}^t + t\,\mathrm{e}^t \\ \mathrm{e}^t \end{bmatrix} = \begin{bmatrix} 1 & 1 \\ 0 & 1 \end{bmatrix}\begin{bmatrix} t\,\mathrm{e}^t \\ \mathrm{e}^t \end{bmatrix} = \begin{bmatrix} 1 & 1 \\ 0 & 1 \end{bmatrix}\boldsymbol{\varphi}_2(t),$$

因此矩阵(14.5.18)的两个列向量都是方程组(14.5.19)的解. 另外,这两个解的朗斯基行列式在 $t=0$ 的值为

$$\begin{vmatrix} \mathrm{e}^t & t\,\mathrm{e}^t \\ 0 & \mathrm{e}^t \end{vmatrix}\Big|_t = \begin{vmatrix} 1 & 0 \\ 0 & 1 \end{vmatrix} = 1,$$

所以这两个解线性无关,从而矩阵(14.5.18)是方程组(14.5.19)的一个基本解矩阵.

还可以验证矩阵

$$\begin{bmatrix} \mathrm{e}^t + t\,\mathrm{e}^t & t\,\mathrm{e}^t \\ \mathrm{e}^t & \mathrm{e}^t \end{bmatrix}$$

也是方程组(14.5.19)的一个基本解矩阵. 因此,一个齐次方程组的基本解组和基本解矩阵都不是惟一的. 例如不难验证,假设(14.5.17)式是方程组(14.5.4)的一个基本解矩阵,则对于任意的 $n \times n$ 可逆的常数矩阵 $\boldsymbol{T}$,矩阵 $\boldsymbol{\Phi}(t)\boldsymbol{T}$ 仍然是方程组(14.5.4)的一个基本解矩阵.

如果求得方程组(14.5.4)一个基本解组(14.5.16),则由定

理 14.5.2,方程组(14.5.4)的通解就可以表示成

$$x(t) = c_1 \boldsymbol{\varphi}_1(t) + c_2 \boldsymbol{\varphi}_2(t) + \cdots + c_n \boldsymbol{\varphi}_n(t), \qquad (14.5.20)$$

其中 $c_1, c_2, \cdots, c_n$ 为任意常数. 记 $\boldsymbol{c} = (c_1, c_2, \cdots, c_n)^{\mathrm{T}} \in \mathbb{R}^n$,利用基本解矩阵(14.5.17),又可以将方程组(14.5.4)的通解表示为

$$\boldsymbol{x}(t) = \boldsymbol{\Phi}(t)\boldsymbol{c}. \qquad (14.5.21)$$

如果 $\boldsymbol{\varphi}_i(t) = (\varphi_{1i}(t), \varphi_{2i}(t), \cdots, \varphi_{ni}(t))^{\mathrm{T}} (i = 1, 2, \cdots, n)$ 是方程组(14.5.4)满足的初值条件

$$\boldsymbol{\varphi}_1(t_0) = (1, 0, 0, \cdots, 0)^{\mathrm{T}},$$
$$\boldsymbol{\varphi}_2(t_0) = (0, 1, 0, \cdots, 0)^{\mathrm{T}},$$
$$\vdots$$
$$\boldsymbol{\varphi}_n(t_0) = (0, 0, 0, \cdots, 1)^{\mathrm{T}}$$

的一个基本解组,则方程组(14.5.4)满足初值条件

$$\boldsymbol{x}(t_0) = \boldsymbol{\xi} \in \mathbb{R}^n$$

的解就是

$$\boldsymbol{x}(t) = \boldsymbol{\Phi}(t)\boldsymbol{\xi}.$$

例 14.5.2 求方程组(14.5.19)满足初值条件 $\boldsymbol{x}(0) = (-3, 2)^{\mathrm{T}}$ 的解.

解 由例 14.5.1 的结果知道 $\boldsymbol{\varphi}_1(t) = (e^t, 0)^{\mathrm{T}}, \boldsymbol{\varphi}_2(t) = (te^t, e^t)^{\mathrm{T}}$ 是方程组(14.5.19)满足初值条件 $\boldsymbol{\varphi}_1(0) = (1, 0)^{\mathrm{T}}, \boldsymbol{\varphi}_2(0) = (0, 1)^{\mathrm{T}}$ 的一个基本解组. 因此所求的解就是

$$\boldsymbol{x}(t) = \begin{bmatrix} e^t & te^t \\ 0 & e^t \end{bmatrix} \begin{bmatrix} -3 \\ 2 \end{bmatrix} = \begin{bmatrix} 2te^t - 3e^t \\ 2e^t \end{bmatrix}.$$

现在研究非齐次方程组(14.5.3)的解. 不难验证:如果向量值函数 $\boldsymbol{\Psi}_1(t), \boldsymbol{\Psi}_2(t)$ 是非齐次方程组(14.5.3)的任意两个解,则 $\boldsymbol{\Psi}_1(t) - \boldsymbol{\Psi}_2(t)$ 是齐次方程组(14.5.4)的解. 另外,如果 $\boldsymbol{\Psi}(t)$ 是非齐次方程组(14.5.3)的解,$\boldsymbol{\varphi}(t)$ 是齐次方程组(14.5.4)的解,则 $\boldsymbol{\Psi}(t) + \boldsymbol{\varphi}(t)$ 是非齐次方程组(14.5.3)的解. 由此立即得到下述定理.

定理 14.5.3 非齐次方程组(14.5.3)的通解可以表示为非齐次方程组(14.5.3)的任意一个特解与齐次方程组(14.5.4)的通

解之和.

也就是说,如果求出非齐次方程组(14.5.3)的任意一个特解 $\boldsymbol{\Psi}(t)$ 和齐次方程组(14.5.4)的一个基本解矩阵 $\boldsymbol{\Phi}(t)$,则非齐次方程组(14.5.3)的通解可以表示为

$$\boldsymbol{x}(t) = \boldsymbol{\Psi}(t) + \boldsymbol{\Phi}(t)\boldsymbol{c}. \qquad (14.5.22)$$

其中 $\boldsymbol{c} \in \mathbb{R}^n$ 为任意向量.

这个定理告诉我们,为了求非齐次方程组(14.5.3)的通解,只需求齐次方程组(14.5.4)的一个基本解矩阵 $\boldsymbol{\Phi}(t)$ 与非齐次方程组(14.5.3)的任意一个特解. 下面介绍一个由齐次方程组(14.5.4)的一个基本解矩阵 $\boldsymbol{\Phi}(t)$ 求非齐次方程组(14.5.3)的特解的一个方法,即常数变易法.

我们已经知道,如果求出齐次方程组(14.5.4)的一个基本解矩阵 $\boldsymbol{\Phi}(t)$,那么齐次方程组(14.5.4)的通解就可以由(14.5.21)式表示. 常数变易法的思路是,将(14.5.21)式中的常向量 $\boldsymbol{c}$ 看做 t 的向量值函数 $\boldsymbol{c}(t)$,假设非齐次方程组(14.5.3)式有一个形如

$$\boldsymbol{\Psi}(t) = \boldsymbol{\Phi}(t)\boldsymbol{c}(t) \qquad (14.5.23)$$

的解. 为了确定向量值函数 $\boldsymbol{c}(t)$,将(14.5.23)式代入方程组(14.5.3),得到

$$\frac{\mathrm{d}\boldsymbol{\Phi}}{\mathrm{d}t}\boldsymbol{c}(t) + \boldsymbol{\Phi}(t)\frac{\mathrm{d}\boldsymbol{c}}{\mathrm{d}t} = \boldsymbol{A}(t)\boldsymbol{\Phi}(t)\boldsymbol{c}(t) + \boldsymbol{f}(t). \qquad (14.5.24)$$

因为 $\boldsymbol{\Phi}(t)$ 是齐次方程组(14.5.4)的一个基本解矩阵,所以

$$\frac{\mathrm{d}\boldsymbol{\Phi}(t)}{\mathrm{d}t} = \boldsymbol{A}(t)\boldsymbol{\Phi}(t).$$

将此式代入(14.5.24)式又得到

$$\boldsymbol{\Phi}(t)\frac{\mathrm{d}\boldsymbol{c}(t)}{\mathrm{d}t} = \boldsymbol{f}(t),$$

从而

$$\boldsymbol{c}(t) = \int_{t_0}^{t} \boldsymbol{\Phi}^{-1}(s)\boldsymbol{f}(s)\mathrm{d}s.$$

代入(14.5.19)式就得到非齐次方程组(14.5.3)的一个特解

$$\boldsymbol{\Psi}(t) = \boldsymbol{\Phi}(t)\int_{t_0}^{t}\boldsymbol{\Phi}^{-1}(s)\boldsymbol{f}(s)\mathrm{d}s. \qquad (14.5.25)$$

这个解满足初值条件 $\boldsymbol{\Psi}(t_0)=\boldsymbol{0}$.

由以上讨论,我们立即得到下面关于非齐次方程组(14.5.3)的通解的结论.

定理 14.5.4 假设 $\boldsymbol{\Phi}(t)$ 是齐次方程组(14.5.4)的一个基本解矩阵,则非齐次方程组(14.5.3)的通解可以表示为

$$\boldsymbol{x}(t) = \boldsymbol{\Phi}(t)c + \boldsymbol{\Phi}(t)\int_{t_0}^{t}\boldsymbol{\Phi}^{-1}(s)\boldsymbol{f}(s)\mathrm{d}s, \qquad (14.5.26)$$

其中 c 是 $\mathbb{R}^n$ 中的任意向量.

又不难验证,非齐次方程组(14.5.3)满足初值条件 $\boldsymbol{x}(t_0)=\boldsymbol{\xi}\in\mathbb{R}^n$ 的解是

$$\boldsymbol{x}(t) = \boldsymbol{\Phi}(t)\boldsymbol{\Phi}^{-1}(t_0)\boldsymbol{\xi} + \boldsymbol{\Phi}(t)\int_{t_0}^{t}\boldsymbol{\Phi}^{-1}(s)\boldsymbol{f}(s)\mathrm{d}s. \qquad (14.5.27)$$

例 14.5.3 解初值问题

$$\begin{cases} \dfrac{\mathrm{d}\boldsymbol{x}}{\mathrm{d}t} = \begin{bmatrix} 1 & 1 \\ 0 & 1 \end{bmatrix}\boldsymbol{x} + \begin{bmatrix} \mathrm{e}^{-t} \\ 0 \end{bmatrix}, \\ \boldsymbol{x}(0) = \begin{bmatrix} -1 \\ 1 \end{bmatrix}, \end{cases}$$

其中 $\boldsymbol{x}(t)=(x_1(t),x_2(t))^{\mathrm{T}}$.

解 在例 14.5.1 中已经知道与这个非齐次方程组对应的齐次方程组

$$\frac{\mathrm{d}\boldsymbol{x}}{\mathrm{d}t} = \begin{bmatrix} 1 & 1 \\ 0 & 1 \end{bmatrix}\boldsymbol{x}$$

的一个基本解矩阵是

$$\boldsymbol{\Phi}(t) = \begin{bmatrix} \mathrm{e}^t & t\mathrm{e}^t \\ 0 & \mathrm{e}^t \end{bmatrix},$$

并且

$$\boldsymbol{\Phi}^{-1}(t) = \begin{bmatrix} 1 & -t \\ 0 & 1 \end{bmatrix} \mathrm{e}^{-t}, \quad \boldsymbol{\Phi}^{-1}(0) = \begin{bmatrix} 1 & 0 \\ 0 & 1 \end{bmatrix}.$$

于是由(14.5.27)式推出上述初值问题的解为

$$\begin{aligned}
\boldsymbol{x}(t) &= \boldsymbol{\Phi}(t)\,\boldsymbol{\Phi}^{-1}(0) \begin{bmatrix} -1 \\ 1 \end{bmatrix} + \boldsymbol{\Phi}(t) \int_0^t \boldsymbol{\Phi}^{-1}(s) \begin{bmatrix} \mathrm{e}^{-s} \\ 0 \end{bmatrix} \mathrm{d}s \\
&= \begin{bmatrix} -\mathrm{e}^t + t\mathrm{e}^t \\ \mathrm{e}^t \end{bmatrix} + \begin{bmatrix} \mathrm{e}^t & t\mathrm{e}^t \\ 0 & \mathrm{e}^t \end{bmatrix} \int_0^t \begin{bmatrix} 1 & -s \\ 0 & 1 \end{bmatrix} \mathrm{e}^{-s} \begin{bmatrix} \mathrm{e}^{-s} \\ 0 \end{bmatrix} \mathrm{d}s \\
&= \begin{bmatrix} -\mathrm{e}^t + t\mathrm{e}^t \\ \mathrm{e}^t \end{bmatrix} + \begin{bmatrix} \mathrm{e}^t & t\mathrm{e}^t \\ 0 & \mathrm{e}^t \end{bmatrix} \begin{bmatrix} -\dfrac{1}{2}\mathrm{e}^{-2t} \\ 0 \end{bmatrix} \\
&= \begin{bmatrix} t\mathrm{e}^t - \dfrac{1}{2}(\mathrm{e}^t + \mathrm{e}^{-t}) \\ \mathrm{e}^t \end{bmatrix}.
\end{aligned}$$

14.5.3　常系数微分方程组的解

1. 用指数矩阵 $\exp(\boldsymbol{A})$ 表示常系数微分方程组的解

设

$$\boldsymbol{A} = \begin{bmatrix} a_{11} & a_{12} & \cdots & a_{1n} \\ a_{21} & a_{22} & \cdots & a_{2n} \\ \vdots & \vdots & & \vdots \\ a_{n1} & a_{n2} & \cdots & a_{nn} \end{bmatrix},$$

令

$$\boldsymbol{B}_m = \boldsymbol{I} + \boldsymbol{A} + \frac{\boldsymbol{A}^2}{2!} + \cdots + \frac{\boldsymbol{A}^m}{m!},$$

其中 $\boldsymbol{I}$ 是 $n \times n$ 单位矩阵,则可以证明当 $m \to +\infty$ 时,矩阵 $\boldsymbol{B}_m$ 有极限(其中规定 $\boldsymbol{A}^0 = \boldsymbol{I}$). 令

$$\boldsymbol{B} = \lim_{m \to +\infty} \left(\boldsymbol{I} + \boldsymbol{A} + \frac{\boldsymbol{A}^2}{2!} + \cdots + \frac{\boldsymbol{A}^m}{m!} \right)$$

$$= I + A + \frac{A^2}{2!} + \cdots + \frac{A^m}{m!} + \cdots = \sum_{m=0}^{+\infty} \frac{A^m}{m!}.$$

这仍然是一个 $n \times n$ 矩阵. 记其为 $\exp(A)$ 或者 e^A.

指数矩阵有下列性质:

(1) 如果矩阵 A 和 B 可交换, 则

$$\exp(A + B) = \exp(A) \exp(B);$$

(2) 对于任意 $n \times n$ 矩阵 A, 有

$$\exp(-A) = (\exp(A))^{-1};$$

(3) 对于任意可逆 $n \times n$ 矩阵 T, 有

$$\exp(T^{-1}AT) = T^{-1} \exp(A)T.$$

指数矩阵 $\exp(At)$ 可以应用于表示线性常系数微分方程组的通解, 对此有以下定理.

定理 14.5.5　设 A 是 $n \times n$ 矩阵, 则指数矩阵 $\exp(At)$ 是线性常系数微分方程组

$$\frac{\mathrm{d}x}{\mathrm{d}t} = Ax$$

满足初值条件

$$\Phi(0) = I = \begin{bmatrix} 1 & & \\ & \ddots & \\ & & 1 \end{bmatrix}$$

的基本解矩阵.

证明　因为 A 是常数矩阵, 所以

$$\begin{aligned}
\frac{\mathrm{d}}{\mathrm{d}t} \exp(At) &= \frac{\mathrm{d}}{\mathrm{d}t} \left(I + At + \frac{A^2 t^2}{2!} + \cdots + \frac{A^m t^m}{m!} + \cdots \right) \\
&= A + A^2 t + \frac{A^3}{2!} t^2 + \cdots + \frac{A^{m+1}}{m!} t^m + \cdots \\
&= A \left(I + At + \frac{A^2 t^2}{2!} + \cdots + \frac{A^m t^m}{m!} + \cdots \right) \\
&= A \exp(At).
\end{aligned}$$

例 14.5.4 设

$$
A = \begin{bmatrix} \lambda_1 & & \\ & \ddots & \\ & & \lambda_n \end{bmatrix},
$$

求 $\exp(At)$.

解 对于任意自然数 m, 有

$$
A^m = \begin{bmatrix} \lambda_1^m & & \\ & \ddots & \\ & & \lambda_n^m \end{bmatrix},
$$

于是

$$
\exp(At) = I + At + \frac{1}{2!}A^2 t^2 + \cdots + \frac{1}{m!}A^m t^m + \cdots
$$

$$
= \sum_{m=0}^{\infty} \begin{bmatrix} \lambda_1^m & & \\ & \ddots & \\ & & \lambda_n^m \end{bmatrix} = \begin{bmatrix} e^{\lambda_1} & & \\ & \ddots & \\ & & e^{\lambda_n} \end{bmatrix}.
$$

例 14.5.5 计算 $\exp(At)$, 其中

$$
A = \begin{bmatrix} 2 & 1 \\ 0 & 2 \end{bmatrix}.
$$

解 注意到

$$
A = \begin{bmatrix} 2 & 1 \\ 0 & 2 \end{bmatrix} = \begin{bmatrix} 2 & 0 \\ 0 & 2 \end{bmatrix} + \begin{bmatrix} 0 & 1 \\ 0 & 0 \end{bmatrix} = B + C,
$$

并且 $BC = CB$, 于是由指数矩阵的性质 1 推出 $\exp(At) = \exp(Bt)\exp(Ct)$. 根据例 14.5.4 的结果, 有

$$
\exp(Bt) = \begin{bmatrix} e^{2t} & 0 \\ 0 & e^{2t} \end{bmatrix};
$$

另一方面, 注意到

$$
\begin{bmatrix} 0 & 0 \\ 0 & 0 \end{bmatrix} = \begin{bmatrix} 0 & 0 \\ 0 & 0 \end{bmatrix}^2 = \begin{bmatrix} 0 & 0 \\ 0 & 0 \end{bmatrix}^3 = \cdots,
$$

所以

$$\exp(\boldsymbol{C}t) = \sum_{m=0}^{\infty} \frac{\boldsymbol{C}^m t^m}{m!} = \boldsymbol{I} + \boldsymbol{C}t = \begin{bmatrix} 1 & t \\ 0 & 1 \end{bmatrix}.$$

因此

$$\exp(\boldsymbol{A}t) = \exp(\boldsymbol{B}t)\exp(\boldsymbol{C}t) = \begin{bmatrix} e^{2t} & 0 \\ 0 & e^{2t} \end{bmatrix} \begin{bmatrix} 1 & t \\ 0 & 1 \end{bmatrix} = \begin{bmatrix} e^{2t} & te^{2t} \\ 0 & e^{2t} \end{bmatrix}.$$

　　由于一般情况下，$\exp(\boldsymbol{A}t)$ 一般不能由定义直接计算，现在我们介绍一个简单的计算方法.

　　定理 14.5.6　设 $\boldsymbol{A}$ 是一个 $n \times n$ 矩阵，则存在 $a_i(t)(i=0,1,\cdots,n-1)$，使得

$$\exp(\boldsymbol{A}t) = a_{n-1}(t)\boldsymbol{A}^{n-1}t^{n-1} + a_{n-2}(t)\boldsymbol{A}^{n-2}t^{n-2} + \cdots$$
$$+ a_2(t)\boldsymbol{A}^2 t^2 + a_1(t)\boldsymbol{A}t + a_0(t)\boldsymbol{I}. \quad (14.5.28)$$

　　定理 14.5.7　设 $\boldsymbol{A}$ 是一个 $n \times n$ 矩阵，$a_i(t)(i=0,1,\cdots,n-1)$ 同定理 14.5.6，令

$$r(\lambda) = a_{n-1}(t)\lambda^{n-1} + a_{n-2}(t)\lambda^{n-2} + \cdots$$
$$+ a_2(t)\lambda^2 + a_1(t)\lambda + a_0(t). \quad (14.5.29)$$

如果 λ_i 是矩阵 $\boldsymbol{A}t$ 的一个单重特征值，则有

$$e^{\lambda_i} = r(\lambda_i). \quad (14.5.30)$$

如果 λ_i 是矩阵 $\boldsymbol{A}t$ 的一个 k 重特征值，则有

$$\begin{cases} e^{\lambda_i} = r(\lambda_i), \\ e^{\lambda_i} = \dfrac{\mathrm{d}}{\mathrm{d}\lambda}r(\lambda)\bigg|_{\lambda=\lambda_i}, \\ \vdots \\ e^{\lambda_i} = \dfrac{\mathrm{d}^{k-1}}{\mathrm{d}\lambda^{k-1}}r(\lambda)\bigg|_{\lambda=\lambda_i}, \end{cases} \quad (14.5.31)$$

这里，应注意到矩阵 $\boldsymbol{A}t$ 的特征值是矩阵 $\boldsymbol{A}$ 的特征值的 t 倍，方程 (14.5.30) 和方程 (14.5.31) 中一共包含 n 个方程，解这 n 个方程，就可以得到 $a_i(t)(i=0,1,\cdots,n-1)$，从而求出 $\exp(\boldsymbol{A}t)$.

例 14.5.6　设 $A = \begin{bmatrix} 0 & 1 \\ 8 & -2 \end{bmatrix}$，求方程组 $\dfrac{\mathrm{d}x}{\mathrm{d}t} = Ax$（$x = (x_1, x_2)^\mathrm{T}$）的通解.

解　根据定理 14.5.5，为了求方程组的通解，只需计算 $\exp(At)$. A 是 2×2 矩阵，根据 (14.5.28) 式有

$$\mathrm{e}^{At} = a_1 At + a_0 I = \begin{bmatrix} a_0 & a_1 t \\ 8a_1 t & -2a_1 t + a_0 \end{bmatrix}. \quad (14.5.32)$$

由 (14.5.29) 式，$r(\lambda) = a_1 \lambda + a_0$. 矩阵 At 有两个单重特征值 $\lambda_1 = 2t, \lambda_2 = -4t$，于是由 (14.5.30) 式得到两个方程：

$$\mathrm{e}^{2t} = a_1(2t) + a_0, \quad \mathrm{e}^{-4t} = a_1(-4t) + a_0.$$

解这个方程组得到

$$a_1 = \frac{1}{6t}(\mathrm{e}^{2t} - \mathrm{e}^{-4t}), \quad a_0 = \frac{1}{3}(2\mathrm{e}^{2t} + \mathrm{e}^{-4t}).$$

将这个结果代入 (14.5.32) 式，并化简得到

$$\mathrm{e}^{At} = \frac{1}{6} \begin{bmatrix} 4\mathrm{e}^{2t} + 2\mathrm{e}^{-4t} & \mathrm{e}^{2t} - \mathrm{e}^{-4t} \\ 8\mathrm{e}^{2t} - 8\mathrm{e}^{-4t} & \mathrm{e}^{2t} + 4\mathrm{e}^{-4t} \end{bmatrix}.$$

这就是方程组的一个基本解矩阵，而方程组的通解是

$$\mathrm{e}^{At} \begin{bmatrix} c_1 \\ c_2 \end{bmatrix} = \frac{1}{6} \begin{bmatrix} 4\mathrm{e}^{2t} + 2\mathrm{e}^{-4t} & \mathrm{e}^{2t} - \mathrm{e}^{-4t} \\ 8\mathrm{e}^{2t} - 8\mathrm{e}^{-4t} & 2\mathrm{e}^{5t} + 4\mathrm{e}^{-4t} \end{bmatrix} \begin{bmatrix} c_1 \\ c_2 \end{bmatrix}$$

$$= \frac{1}{6} \begin{bmatrix} \mathrm{e}^{2t}(4c_1 + c_2) + \mathrm{e}^{-4t}(2c_1 - c_2) \\ \mathrm{e}^{2t}(8c_1 + 2c_2) + \mathrm{e}^{-4t}(-8c_1 + 4c_2) \end{bmatrix}.$$

例 14.5.7　设 $A = \begin{bmatrix} 0 & 1 \\ -1 & 0 \end{bmatrix}$，求方程组 $\dfrac{\mathrm{d}x}{\mathrm{d}t} = Ax$，$x = (x_1, x_2)^\mathrm{T}$ 的通解.

解　首先计算 $\exp(At)$，A 是 2×2 矩阵，根据 (14.5.28) 式有

$$\mathrm{e}^{At} = a_1 At + a_0 I = \begin{bmatrix} a_0 & a_1 t \\ -a_1 t & a_0 \end{bmatrix} \quad (14.5.33)$$

以及 $r(\lambda) = a_1 \lambda + a_0$. 矩阵 At 有两个单重特征值 $\lambda_1 = \mathrm{i}t, \lambda_2 = -\mathrm{i}t$，

于是由(14.5.30)式得到两个方程:

$$\mathrm{e}^{it} = a_1(it) + a_0, \quad \mathrm{e}^{-it} = a_1(-it) + a_0.$$

解这个方程组得到

$$a_1 = \frac{1}{2it}(\mathrm{e}^{it} - \mathrm{e}^{-it}) = \frac{\sin t}{t}, \quad a_0 = \frac{1}{2}(\mathrm{e}^{it} + \mathrm{e}^{-it}) = \cos t.$$

将这个结果代入(14.5.33)式,并化简得到

$$\mathrm{e}^{At} = \begin{bmatrix} \cos t & \sin t \\ -\sin t & \cos t \end{bmatrix}.$$

因而方程组通解是

$$\boldsymbol{x}(t) = \mathrm{e}^{At} \begin{bmatrix} c_1 \\ c_2 \end{bmatrix} = \begin{bmatrix} \cos t & \sin t \\ -\sin t & \cos t \end{bmatrix} \begin{bmatrix} c_1 \\ c_2 \end{bmatrix} = \begin{bmatrix} c_1\cos t + c_2\sin t \\ c_2\cos t - c_1\sin t \end{bmatrix}.$$

例 14.5.8 设 $\boldsymbol{A} = \begin{bmatrix} 0 & 0 & 0 \\ 1 & 0 & 0 \\ 1 & 0 & 1 \end{bmatrix}$,求方程组 $\dfrac{\mathrm{d}\boldsymbol{x}}{\mathrm{d}t} = \boldsymbol{A}\boldsymbol{x}$, $\boldsymbol{x} =$

$(x_1, x_2, x_3)^{\mathrm{T}}$ 的通解.

解 首先计算 $\exp(\boldsymbol{A}t)$. $\boldsymbol{A}$ 是 3×3 矩阵,根据(14.5.28)式有

$$\mathrm{e}^{At} = a_2\boldsymbol{A}^2 t^2 + a_1\boldsymbol{A}t + a_0\boldsymbol{I} = \begin{bmatrix} a_0 & 0 & 0 \\ a_1 t & a_0 & 0 \\ a_2 t^2 + a_1 t & 0 & a_2 t^2 + a_1 t + a_0 \end{bmatrix},$$

$$(14.5.34)$$

以及 $r(\lambda) = a_2\lambda^2 + a_1\lambda + a_0$. 另外,矩阵 $\boldsymbol{A}t$ 有一个单重特征值 $\lambda_1 = t$ 和一个二重特征值 $\lambda_2 = 0$,于是根据(14.5.30)式和(14.5.31)式 得到 $\mathrm{e}^t = r(t)$, $\mathrm{e}^0 = r(0)$, $\mathrm{e}^0 = \dfrac{\mathrm{d}r(\lambda)}{\mathrm{d}\lambda}\bigg|_{\lambda=0}$,即

$$\mathrm{e}^t = a_2 t^2 + a_1 t + a_0, \quad \mathrm{e}^0 = a_2 0^2 + a_1 0 + a_0, \quad \mathrm{e}^0 = 2a_2 0 + a_1.$$

由此可以得到 $a_0 = 1$, $a_1 = 1$, $a_2 = \dfrac{\mathrm{e}^t - t - 1}{t^2}$,将这些值代入(14.5.34)

式,并化简得到

$$\mathrm{e}^{At} = \begin{bmatrix} 1 & 0 & 0 \\ t & 1 & 0 \\ \mathrm{e}^t - 1 & 0 & \mathrm{e}^t \end{bmatrix}.$$

再由定理 14.5.5 就得到方程组的通解表达式

$$\boldsymbol{x}(t) = \mathrm{e}^{At} \begin{bmatrix} c_1 \\ c_2 \\ c_3 \end{bmatrix} = \begin{bmatrix} 1 & 0 & 0 \\ t & 1 & 0 \\ \mathrm{e}^t - 1 & 0 & \mathrm{e}^t \end{bmatrix} \begin{bmatrix} c_1 \\ c_2 \\ c_3 \end{bmatrix} = \begin{bmatrix} c_1 \\ c_1 t + c_2 \\ (c_1 + c_3)\mathrm{e}^t - c_1 \end{bmatrix}.$$

2. 用系数矩阵的特征值和特征向量表示齐次微分方程组的解

对于常系数齐次线性微分方程组(14.5.8),也可以用类似于求解常系数齐次线性微分方程的方法来求解.

设方程组(14.5.8)的非平凡解具有形式

$$\boldsymbol{x} = \mathrm{e}^{\lambda t} \boldsymbol{r}, \tag{14.5.35}$$

其中 $\boldsymbol{x} = (x_1, x_2, \cdots, x_n)^{\mathrm{T}}, \boldsymbol{r} = (r_1, r_2, \cdots, r_n)^{\mathrm{T}}$.

将(14.5.35)式代入方程(14.5.8),并使之恒等得

$$\lambda \mathrm{e}^{\lambda t} \boldsymbol{r} = \boldsymbol{A} \mathrm{e}^{\lambda t} \boldsymbol{r} = \mathrm{e}^{\lambda t} \boldsymbol{A} \boldsymbol{r},$$

消去 $\mathrm{e}^{\lambda t}$,得 $\lambda \boldsymbol{r} = \boldsymbol{A} \boldsymbol{r}$,即

$$(\lambda \boldsymbol{I} - \boldsymbol{A}) \boldsymbol{r} = \boldsymbol{0}. \tag{14.5.36}$$

因为 $\boldsymbol{r} \neq \boldsymbol{0}$,所以线性代数方程组(14.5.36)有非零解的充分必要条件为

$$\det(\lambda \boldsymbol{I} - \boldsymbol{A}) = 0. \tag{14.5.37}$$

方程(14.5.36)称为微分方程组(14.5.8)的**特征方程**,它的根称为微分方程组的**特征根**. 从上述推导过程可以看出,若 λ 是矩阵 $\boldsymbol{A}$ 的一个特征值,$\boldsymbol{r}$ 是矩阵 $\boldsymbol{A}$ 的对应于 λ 的特征向量,则 $\boldsymbol{x} = \mathrm{e}^{\lambda t} \boldsymbol{r}$ 一定是微分方程组(14.5.8)的一个非平凡解.

在系数矩阵具有 n 个线性无关的特征向量的条件下,我们用下述定理就会很容易地得到微分方程组(14.5.8)的一个基本解组.

定理 14.5.8 若系数矩阵 A 有 n 个线性无关的特征向量 $r_i \in \mathbb{R}^n (i=1,2,\cdots,n)$，且其分别对应于（相同或不同）特征值 λ_i $(i=1,2,\cdots,n)$，则函数组

$$\boldsymbol{\varphi}_1(t) = \mathrm{e}^{\lambda_1 t}\boldsymbol{r}_1, \quad \boldsymbol{\varphi}_2(t) = \mathrm{e}^{\lambda_2 t}\boldsymbol{r}_2, \quad \cdots, \quad \boldsymbol{\varphi}_n(t) = \mathrm{e}^{\lambda_n t}\boldsymbol{r}_n$$

是齐次线性微分方程组(14.5.8)的一个基本解组.

证明 易知 $\boldsymbol{\varphi}_i(t) = \mathrm{e}^{\lambda_i t}\boldsymbol{r}_i (i=1,2,\cdots,n)$ 是方程组(14.5.8)的解.

又因为函数组 $\boldsymbol{\varphi}_1(t), \boldsymbol{\varphi}_2(t), \cdots, \boldsymbol{\varphi}_n(t)$ 在 $t=0$ 处的朗斯基行列式为

$$W[\boldsymbol{\varphi}_1, \boldsymbol{\varphi}_2, \cdots, \boldsymbol{\varphi}_n](0) = \det(\boldsymbol{r}_1, \boldsymbol{r}_2, \cdots, \boldsymbol{r}_n).$$

考虑到 $\boldsymbol{r}_1, \boldsymbol{r}_2, \cdots, \boldsymbol{r}_n$ 是一组线性无关的特征向量，知

$$W[\boldsymbol{\varphi}_1, \boldsymbol{\varphi}_2, \cdots, \boldsymbol{\varphi}_n](0) \neq 0.$$

因此 $\boldsymbol{\varphi}_1(t) = \mathrm{e}^{\lambda_1 t}\boldsymbol{r}_1, \boldsymbol{\varphi}_2(t) = \mathrm{e}^{\lambda_2 t}\boldsymbol{r}_2, \cdots, \boldsymbol{\varphi}_n(t) = \mathrm{e}^{\lambda_n t}\boldsymbol{r}_n$ 是方程组(14.5.8)的一组线性无关解，即基本解组.

另外，对于 A 的复特征值 λ，一般利用下述方法求得它所对应的微分方程的实解.

设 $\lambda_{\pm} = \alpha \pm \beta\mathrm{i}$ 是系数矩阵 A 的一对共轭复特征值，$\boldsymbol{r}_{\pm} = \boldsymbol{a} \pm \boldsymbol{b}\mathrm{i}$ 是与其对应的特征向量，则

$$\mathrm{e}^{\lambda_+ t}\boldsymbol{r}_+ = \mathrm{e}^{(\alpha+\beta\mathrm{i})t}(\boldsymbol{a}+\boldsymbol{b}\mathrm{i}),$$

$$\mathrm{e}^{\lambda_- t}\boldsymbol{r}_- = \mathrm{e}^{(\alpha-\beta\mathrm{i})t}(\boldsymbol{a}-\boldsymbol{b}\mathrm{i})$$

是微分方程的两个线性无关解. 利用叠加原理知

$$\mathrm{Re}(\mathrm{e}^{\lambda_+ t}\boldsymbol{r}_+) = \mathrm{e}^{\alpha t}(\boldsymbol{a}\cos\beta t - \boldsymbol{b}\sin\beta t),$$

$$\mathrm{Im}(\mathrm{e}^{\lambda_+ t}\boldsymbol{r}_+) = \mathrm{e}^{\alpha t}(\boldsymbol{b}\cos\beta t + \boldsymbol{a}\sin\beta t)$$

就是微分方程的两个线性无关的实解.

例 14.5.9 求方程组 $\dfrac{\mathrm{d}x_1}{\mathrm{d}t} = x_2 - x_3, \dfrac{\mathrm{d}x_2}{\mathrm{d}t} = x_3, \dfrac{\mathrm{d}x_3}{\mathrm{d}t} = x_2$ 的基本解矩阵.

解 记 $\boldsymbol{x} = (x_1, x_2, x_3)^{\mathrm{T}}$，将方程组写作

$$\frac{\mathrm{d}\boldsymbol{x}}{\mathrm{d}t} = \boldsymbol{A}\boldsymbol{x} = \begin{bmatrix} 0 & 1 & -1 \\ 0 & 0 & 1 \\ 0 & 1 & 0 \end{bmatrix} \boldsymbol{x}.$$

矩阵 $\boldsymbol{A}$ 有三个特征值 $\lambda_1 = 0, \lambda_2 = 1, \lambda_3 = -1$,它们的特征向量分别为

$$\boldsymbol{v}_1 = (1, 0, 0)^{\mathrm{T}}, \quad \boldsymbol{v}_2 = (0, 1, 1)^{\mathrm{T}}, \quad \boldsymbol{v}_3 = (2, -1, 1)^{\mathrm{T}}.$$

于是方程组的一个基本解组是

$$\boldsymbol{\varphi}_1(t) = \begin{bmatrix} 1 \\ 0 \\ 0 \end{bmatrix}, \quad \boldsymbol{\varphi}_2(t) = \begin{bmatrix} 0 \\ 1 \\ 1 \end{bmatrix} \mathrm{e}^t, \quad \boldsymbol{\varphi}_3(t) = \begin{bmatrix} 2 \\ -1 \\ 1 \end{bmatrix} \mathrm{e}^{-t},$$

基本解矩阵是

$$\boldsymbol{\Phi}(t) = \begin{bmatrix} 1 & 0 & 2\mathrm{e}^{-t} \\ 0 & \mathrm{e}^t & -\mathrm{e}^{-t} \\ 0 & \mathrm{e}^t & \mathrm{e}^{-t} \end{bmatrix}.$$

例 14.5.10 求方程组 $\dfrac{\mathrm{d}\boldsymbol{x}}{\mathrm{d}t} = \boldsymbol{A}\boldsymbol{x}$ 的一个实基本解矩阵,其中

$$\boldsymbol{A} = \begin{bmatrix} 3 & 5 \\ -5 & 3 \end{bmatrix}.$$

解 矩阵 $\boldsymbol{A}$ 有一对互相共轭的复特征值 $\lambda_1 = 3 + 5\mathrm{i}, \lambda_2 = 3 - 5\mathrm{i}$,对应的复特征向量分别为

$$\boldsymbol{v}_1 = (1, \mathrm{i})^{\mathrm{T}}, \quad \boldsymbol{v}_2 = (1, -\mathrm{i})^{\mathrm{T}}.$$

由此得到方程组的两个线性无关的复解

$$\boldsymbol{\Psi}_1(t) = \begin{bmatrix} \mathrm{e}^{(3+5\mathrm{i})t} \\ \mathrm{i}\mathrm{e}^{(3+5\mathrm{i})t} \end{bmatrix}, \quad \boldsymbol{\Psi}_2(t) = \begin{bmatrix} \mathrm{e}^{(3-5\mathrm{i})t} \\ -\mathrm{i}\mathrm{e}^{(3-5\mathrm{i})t} \end{bmatrix}.$$

其中第一(或者第二)个解的实部和虚部就是方程组的两个实线性无关解

$$\boldsymbol{\varphi}_1(t) = \begin{bmatrix} \mathrm{e}^{3t}\cos 5t \\ -\mathrm{e}^{3t}\sin 5t \end{bmatrix}, \quad \boldsymbol{\varphi}_2(t) = \begin{bmatrix} \mathrm{e}^{3t}\sin 5t \\ \mathrm{e}^{3t}\cos 5t \end{bmatrix},$$

从而得到方程组的一个实基本解矩阵

$$\boldsymbol{\Phi}(t) = \begin{bmatrix} e^{3t}\cos 5t & e^{3t}\sin 5t \\ -e^{3t}\sin 5t & e^{3t}\cos 5t \end{bmatrix}.$$

例 14.5.11 求微分方程组

$$\begin{cases} \dfrac{\mathrm{d}x}{\mathrm{d}t} = y + z, \\[2mm] \dfrac{\mathrm{d}y}{\mathrm{d}t} = z + x, \\[2mm] \dfrac{\mathrm{d}z}{\mathrm{d}t} = x + y \end{cases}$$

满足初始条件 $x(0)=1, y(0)=0, z(0)=5$ 的特解.

解 方程组的系数矩阵为

$$\boldsymbol{A} = \begin{bmatrix} 0 & 1 & 1 \\ 1 & 0 & 1 \\ 1 & 1 & 0 \end{bmatrix}.$$

由 $|\lambda \boldsymbol{I} - \boldsymbol{A}| = (\lambda+1)^2(\lambda-2) = 0$ 得 $\boldsymbol{A}$ 的特征根是 $\lambda_1 = -1$(二重), $\lambda_2 = 2$.

解 $(\lambda_1 \boldsymbol{I} - \boldsymbol{A})\boldsymbol{r} = (-\boldsymbol{I} - \boldsymbol{A})\boldsymbol{r} = \boldsymbol{0}$ 得 λ_1 对应的两个线性无关特征向量是

$$\boldsymbol{r}_1 = (1, 0, -1)^{\mathrm{T}}, \quad \boldsymbol{r}_2 = (0, 1, -1)^{\mathrm{T}}.$$

解 $(\lambda_2 \boldsymbol{I} - \boldsymbol{A})\boldsymbol{r} = (2\boldsymbol{I} - \boldsymbol{A})\boldsymbol{r} = \boldsymbol{0}$ 得 λ_2 对应的特征向量是

$$\boldsymbol{r}_3 = (1, 1, 1)^{\mathrm{T}}.$$

因此,方程组的一个基本解组是

$$\boldsymbol{\varphi}_1(t) = e^{-t}\boldsymbol{r}_1, \quad \boldsymbol{\varphi}_2(t) = e^{-t}\boldsymbol{r}_2, \quad \boldsymbol{\varphi}_3(t) = e^{2t}\boldsymbol{r}_3.$$

其通解是

$$\boldsymbol{\varphi}(t) = c_1 e^{-t}\boldsymbol{r}_1 + c_2 e^{-t}\boldsymbol{r}_2 + c_3 e^{2t}\boldsymbol{r}_3.$$

记 $\boldsymbol{\varphi}(0) = (x(0), y(0), z(0))^{\mathrm{T}} = (1, 0, 5)^{\mathrm{T}}$.

解 $c_1 \boldsymbol{r}_1 + c_2 \boldsymbol{r}_2 + c_3 \boldsymbol{r}_3 = \boldsymbol{\varphi}(0)$ 得 $c_1 = -1, c_2 = -2, c_3 = 2$,所以,

要求的特解为
$$\boldsymbol{\varphi}(t) = -\mathrm{e}^{-t}\boldsymbol{r}_1 - 2\mathrm{e}^{-t}\boldsymbol{r}_2 + 2\mathrm{e}^{2t}\boldsymbol{r}_3,$$

即
$$\begin{cases} x(t) = -\mathrm{e}^{-t} + 2\mathrm{e}^{2t}, \\ y(t) = -2\mathrm{e}^{-t} + 2\mathrm{e}^{2t}, \\ z(t) = 3\mathrm{e}^{-t} + 2\mathrm{e}^{2t}. \end{cases}$$

以上讨论只考虑了矩阵 A 有 n 个线性无关的特征向量的情形. 如果矩阵 A 的线性无关特征向量少于 n 个,则同样可以找出方程 (14.5.8)的一个基本解组. 不过问题会变得比较复杂. 由于篇幅所限,不再进行具体讨论.

除了利用上述所讲的两种方法,求解线性微分方程组常用的另外一种方法就是所谓的消元法. 这种方法与求解线性代数方程组的消元法有点类似,只是在此消元时,除了用到加、减、乘、除等代数运算外,还会用到微分、积分等解析运算. 下面,我们通过两个例子说明消元法的一般过程.

例 14.5.12 求微分方程组 $\begin{cases} \dfrac{\mathrm{d}x}{\mathrm{d}t} = -3x - y, \\ \dfrac{\mathrm{d}y}{\mathrm{d}t} = x - y \end{cases}$ 的通解.

解 由第一个方程得 $y = -3x - x'$. 两端关于 t 求导得 $y' = -3x' - x''$.

将以上两式代入方程组的第二个方程得
$$-3x' - x'' = x + 3x + x',$$

即
$$x'' + 4x' + 4x = 0.$$

解此二阶线性常系数齐次微分方程得
$$x = (c_1 + c_2 t)\mathrm{e}^{-2t},$$

所以

$$y = -3x - x' = -(c_1 + c_2 + c_2 t)e^{-2t}.$$

于是原方程组的通解为

$$\begin{cases} x = (c_1 + c_2 t)e^{-2t}, \\ y = -(c_1 + c_2 + c_2 t)e^{-2t}. \end{cases}$$

例 14.5.13　求解定解问题

$$\begin{cases} \dfrac{\mathrm{d}x}{\mathrm{d}t} = -x, \\[2mm] \dfrac{\mathrm{d}y}{\mathrm{d}t} = x - 2y, \\[2mm] \dfrac{\mathrm{d}z}{\mathrm{d}t} = 2y, \\[2mm] x(0) = 1, y(0) = 0, z(0) = 0. \end{cases}$$

解　由第一式得 $x = c_1 e^{-t}$. 因为 $x(0) = 1$，所以 $c_1 = 1$，因此 $x = e^{-t}$.

将 $x = e^{-t}$ 代入第二式得 $\dfrac{\mathrm{d}y}{\mathrm{d}t} = e^{-t} - 2y$，即

$$y' + 2y = e^{-t},$$

解此方程得

$$y = e^{-t} + c_2 e^{-2t}.$$

利用 $y(0) = 0$ 得 $c_2 = -1$，所以

$$y = e^{-t} - e^{-2t}.$$

将 $y = e^{-t} - e^{-2t}$ 代入第三式得

$$\frac{\mathrm{d}z}{\mathrm{d}t} = 2e^{-t} - 2e^{-2t},$$

所以 $z = -2e^{-t} + e^{-2t} + c_3$，再利用 $z(0) = 0$ 推出 $c_3 = 1$.

于是所求定解问题的解为

$$\begin{cases} x = e^{-t}, \\ y = e^{-t} - 2e^{-2t}, \\ z = -2e^{-t} + e^{-2t} + 1. \end{cases}$$

习　题　14.5

1. 求下列方程组满足指定条件的解：

(1) $\begin{cases} \dfrac{dx_1}{dt} = x_1 + x_2, \\[2mm] \dfrac{dx_2}{dt} = 2x_1 - 4x_2, \end{cases}$ 　　$(x_1(0), x_2(0)) = (1, -1);$

(2) $\begin{cases} \dfrac{dx_1}{dt} = x_1 + 2x_2, \\[2mm] \dfrac{dx_2}{dt} = 4x_1 + 3x_2, \end{cases}$ 　　$(x_1(0), x_2(0)) = (1, 0);$

(3) $\begin{cases} \dfrac{dx_1}{dt} = x_1 - x_2, \\[2mm] \dfrac{dx_2}{dt} = x_1 + 3x_2, \end{cases}$ 　　$(x_1(0), x_2(0)) = (2, 3);$

(4) $\begin{cases} \dfrac{dx_1}{dt} = 4x_1 - 2x_2, \\[2mm] \dfrac{dx_2}{dt} = x_1 - 4x_2, \end{cases}$ 　　$(x_1(0), x_2(0)) = (1, 0);$

(5) $\begin{cases} \dfrac{dx_1}{dt} = x_2 + x_3, \\[2mm] \dfrac{dx_2}{dt} = x_3 + x_1, \\[2mm] \dfrac{dx_3}{dt} = x_1 + x_2, \end{cases}$ 　$(x_1(0), x_2(0), x_3(0)) = (2, 3, 1);$

(6) $\begin{cases} \dfrac{dx_1}{dt} = x_2 - x_1, \\[2mm] \dfrac{dx_2}{dt} = 4x_3 - x_2, \\[2mm] \dfrac{dx_3}{dt} = x_1 - 4x_3, \end{cases}$ 　$(x_1(0), x_2(0), x_3(0)) = (2, 3, 1).$

2. 求下列方程组的通解：

(1) $\begin{cases} \dfrac{dx_1}{dt} = x_1 + 2x_2 - e^{-t}, \\[2mm] \dfrac{dx_2}{dt} = 4x_1 + 3x_2 + 4e^{-t}; \end{cases}$

$$(2) \begin{cases} \dfrac{\mathrm{d}x_1}{\mathrm{d}t} = -x_1 - x_2 + t^2, \\[2mm] \dfrac{\mathrm{d}x_2}{\mathrm{d}t} = -x_2 - x_3 + 2t, \\[2mm] \dfrac{\mathrm{d}x_3}{\mathrm{d}t} = -x_3 + t; \end{cases}$$

$$(3) \begin{cases} \dfrac{\mathrm{d}x_1}{\mathrm{d}t} = 2x_1 - x_2 + x_3 + 2, \\[2mm] \dfrac{\mathrm{d}x_2}{\mathrm{d}t} = x_1 + x_3 + 1, \\[2mm] \dfrac{\mathrm{d}x_3}{\mathrm{d}t} = -3x_1 + x_2 - 2x_3 - 3; \end{cases}$$

$$(4) \begin{cases} 4\dfrac{\mathrm{d}x_1}{\mathrm{d}t} - \dfrac{\mathrm{d}x_2}{\mathrm{d}t} = -3x_1 + \sin t, \\[2mm] \dfrac{\mathrm{d}x_1}{\mathrm{d}t} = -x_2 + \cos t. \end{cases}$$

14.6　稳定性初步

在前面几节中,主要研究了如何求解微分方程(组)的问题,尤其是对线性微分方程(组)进行了比较系统的讨论. 即使是对线性微分方程(组),也只是在某些简单情况下才能得到它们的通解. 对于一般的线性微分方程(组),要想得到它们的通解表达式是非常困难的. 而在实际问题中碰到的微分方程大都是非线性的,从求解的意义上讲它们几乎都是不可解的(求解非常困难或是通解不存在初等表达式). 因此对于一般的微分方程,比求解更有意义的是如何在不知道通解的情况下通过对微分方程本身的研究得到其解的主要特征,这正是微分方程定性理论的主要内容. 稳定性问题是微分方程定性理论研究的主要问题之一. 本节将简要介绍微分方程稳定性的有关概念和结论. 基于线性微分方程在理论和应用上的特殊地位,我们将着重介绍线性微分方程的有关内容.

14.6.1　稳定性的基本概念

稳定性问题是一个在实际应用中经常遇到的问题. 例如在卫星的发射过程中就要研究其轨道的稳定性, 也就是说卫星轨道的设计应保证实际发射过程中的一些微小因素的干扰不会使卫星偏离其预定轨道很远. 这样的轨道也称为稳定的. 微分方程(组)的稳定性指的又是什么呢？先看下面的例子.

在例 14.1.4 中, 曾讨论了两个鱼群的生态平衡问题, 并导出了以下方程组

$$\begin{cases} \dfrac{\mathrm{d}x}{\mathrm{d}t} = ax - bxy, \\ \dfrac{\mathrm{d}y}{\mathrm{d}t} = -cy + dxy, \end{cases} \qquad (14.6.1)$$

其中 $x = x(t), y = y(t)$ 分别表示两个鱼群在时刻 t 的数量. 对于这个方程组, 我们最想了解的主要是以下几点：

(1) 两个鱼群之间是否存在生态平衡？即是否存在两个常数 ξ_1, ξ_2 使得 $x(t) = \xi_1, y(t) = \xi_2$ 是方程组(14.6.1)的解；

(2) 当两个鱼群达到生态平衡后, 小的扰动(如 x 有所减少或 y 有所增加等)是否会对平衡造成很大的破坏？即能否在扰动充分小时保证对平衡的偏离也足够小；

(3) 若平衡遭到破坏时, 随着时间的推移, 这个平衡状态能否恢复？即当 $x(t), y(t)$ 在某时刻 t_0 偏离了 ξ_1, ξ_2 后, 是否有

$$\lim_{t \to +\infty} x(t) = \xi_1,$$

$$\lim_{t \to +\infty} y(t) = \xi_2.$$

对于一般的微分方程组, 为了研究上述三类问题, 就需要引进下面的稳定性概念.

考虑一阶微分方程组

$$\begin{cases} \dfrac{\mathrm{d}x_1}{\mathrm{d}t} = f_1(t, x_1, x_2, \cdots, x_n), \\[2mm] \dfrac{\mathrm{d}x_2}{\mathrm{d}t} = f_2(t, x_1, x_2, \cdots, x_n), \\[2mm] \vdots \\[2mm] \dfrac{\mathrm{d}x_n}{\mathrm{d}t} = f_n(t, x_1, x_2, \cdots, x_n), \end{cases} \qquad (14.6.2)$$

写成向量形式为

$$\frac{\mathrm{d}\boldsymbol{x}}{\mathrm{d}t} = \boldsymbol{f}(t, \boldsymbol{x}), \qquad (14.6.3)$$

其中 $\boldsymbol{x} = (x_1, x_2, \cdots, x_n)^{\mathrm{T}}, \boldsymbol{f}(t, \boldsymbol{x}) = (f_1(t, \boldsymbol{x}), f_2(t, \boldsymbol{x}), \cdots, f_n(t, \boldsymbol{x}))^{\mathrm{T}}.$

定义 14.6.1 若存在常值向量 $\boldsymbol{x}^* = (x_1^*, x_2^*, \cdots, x_n^*)^{\mathrm{T}}$ 使得 $\boldsymbol{f}(t, \boldsymbol{x}^*) = \boldsymbol{0}$, 则称 $\boldsymbol{x}^*$ 是方程组 (14.6.3) 的一个**平衡点**. 平衡点也称为方程组的**奇点**.

当 $\boldsymbol{x}^*$ 是 (14.6.3) 的平衡点时, 由定义不难看出 $\boldsymbol{x} = \boldsymbol{x}^*$ 就是方程组 (14.6.3) 的一个常值解. 因此平衡点又称为**平衡解**.

定义 14.6.2 设 $\boldsymbol{\varphi}(t)$ 是方程组 (14.6.3) 的一个解, t_0 为任一时刻. 若对任意的正数 ε, 都存在正数 $\delta = \delta(t_0, \varepsilon)$, 使得对于方程组 (14.6.3) 的任意一个解 $\boldsymbol{x}(t)$, 只要 $d(\boldsymbol{x}(t_0), \boldsymbol{\varphi}(t_0)) < \delta$, 就有 $d(\boldsymbol{x}(t), \boldsymbol{\varphi}(t)) < \varepsilon$ 对任意的 $t \geqslant t_0$ 成立, 则称 $\boldsymbol{\varphi}(t)$ 在李雅普诺夫意义下是**稳定**的. 否则, 称 $\boldsymbol{\varphi}(t)$ 是**不稳定**的.

当 $\boldsymbol{\varphi}(t)$ 是方程组 (14.6.3) 的一个稳定平衡点时, 由稳定的定义可知, 对于 (14.6.3) 的任一解 $\boldsymbol{x}(t)$, 只要其在某时刻 t_0 接近了平衡点 $\boldsymbol{\varphi}(t_0)$, 在此时刻以后, 它就再也不会偏离此平衡点太多.

定义 14.6.3 设 $\boldsymbol{\varphi}(t)$ 是方程组 (14.6.3) 的一个稳定解, t_0 是任一时刻. 若存在正数 η, 使得对于方程组 (14.6.3) 的任意一个解 $\boldsymbol{x}(t)$, 只要 $d(\boldsymbol{x}(t_0), \boldsymbol{\varphi}(t_0)) < \eta$, 就有

$$\lim_{t \to +\infty} d(\boldsymbol{x}(t), \boldsymbol{\varphi}(t)) = 0$$

成立, 则称 $\boldsymbol{\varphi}(t)$ 是**渐近稳定**的.

当 $\eta = +\infty$ 时,称 $\boldsymbol{\varphi}(t)$ 是**全局渐近稳定**的.

例如,$x(t) \equiv 0$ 是微分方程 $\dfrac{\mathrm{d}x}{\mathrm{d}t} = cx$ 的一个平衡解,由于此方程满足条件 $x(t_0) = x_0$ 的解是 $x(t) = x_0 \mathrm{e}^{c(t-t_0)}$. 由上述定义不难得到以下结论:

(1) 当 $c > 0$ 时,平衡解 $x(t) \equiv 0$ 不稳定;

(2) 当 $c = 0$ 时,平衡解 $x(t) \equiv 0$ 稳定但非渐近稳定;

(3) 当 $c < 0$ 时,平衡解 $x(t) \equiv 0$ 稳定且全局渐近稳定.

以下只讨论零解(恒等于零的解)的稳定性.因为其他解的稳定性可以转化为对于零解的讨论.

14.6.2　线性微分方程(组)解的稳定性

考虑线性微分方程组

$$\frac{\mathrm{d}x}{\mathrm{d}t} = \boldsymbol{A}(t)\boldsymbol{x} + \boldsymbol{f}(t), \tag{14.6.4}$$

其中 $\boldsymbol{x}(t) = (x_1(t), x_2(t), \cdots, x_n(t))^{\mathrm{T}}, \boldsymbol{f}(t) = (f_1(t), f_2(t), \cdots, f_n(t))^{\mathrm{T}}, \boldsymbol{A}(t)$ 是一个 $n \times n$ 函数矩阵.

关于方程组(14.6.4)的解的稳定性,有以下两个重要结论.

定理 14.6.1　线性微分方程组的所有解具有相同的稳定性.

此定理成立的理由很简单,因为当 $\boldsymbol{\varphi}(t)$ 是方程组(14.6.4)的一个解时,若令 $\boldsymbol{y}(t) = \boldsymbol{x}(t) - \boldsymbol{\varphi}(t)$,则 $\boldsymbol{y}(t) \equiv \boldsymbol{0}$ 是方程组

$$\frac{\mathrm{d}\boldsymbol{y}}{\mathrm{d}t} = \boldsymbol{A}(t)\boldsymbol{y} \tag{14.6.5}$$

的一个平衡解,且 $\boldsymbol{\varphi}(t)$ 的稳定性与 $\boldsymbol{y}(t) \equiv \boldsymbol{0}$ 的稳定性一致.而方程(14.6.5)显然与 $\boldsymbol{\varphi}(t)$ 无关.所以方程组(14.6.4)任一解的稳定性都与(14.6.5)的平衡解 $\boldsymbol{y}(t) \equiv \boldsymbol{0}$ 的稳定性一致.

当 $\boldsymbol{A}(t)$ 是 $n \times n$ 常数矩阵 $\boldsymbol{A}$ 时,方程组(14.6.4)就变成了一个线性常系数微分方程组,这时其解的稳定性问题可通过对矩阵 $\boldsymbol{A}$ 的特征值的研究加以解决.在此不加证明地给出以下定理.

定理 14.6.2 设常数矩阵 A 的特征值为 $\lambda_1, \lambda_2, \cdots, \lambda_k$，则

(1) 若方程组(14.6.4)是稳定的(即其所有解都是稳定的)，则 $\mathrm{Re}(\lambda_i) \leqslant 0$ $(i=1,2,\cdots,k)$，即 A 的所有特征值的实部非正；

(2) 若 $\mathrm{Re}(\lambda_i) \leqslant 0$ $(i=1,2,\cdots,k)$，且其中没有零实部的重特征值，则方程组(14.6.4)是稳定的；

(3) 若 $\mathrm{Re}(\lambda_i) < 0$ $(i=1,2,\cdots,k)$，则方程组(14.6.4)是渐近稳定的.

有了定理 14.6.2 后，对于系数矩阵 A 没有零实部重特征值的微分方程组 $\dfrac{\mathrm{d}x}{\mathrm{d}t} = Ax + f(t)$ 的稳定性问题就彻底解决了. 当 n 比较小时，这个定理是一个非常有用的结果. 当 n 较大时，如何判断 A 的特征值只有非正实部将是非常复杂的. 对此，我们不作更深入的研究.

例 14.6.1 讨论线性微分方程组

$$\begin{cases} \dfrac{\mathrm{d}x_1}{\mathrm{d}t} = -3x_2, \\[2mm] \dfrac{\mathrm{d}x_2}{\mathrm{d}t} = 2x_1 \end{cases} \tag{14.6.6}$$

的稳定性.

解 设 A 为方程组(14.6.6)的系数矩阵，则

$$A = \begin{bmatrix} 0 & -3 \\ 2 & 0 \end{bmatrix}.$$

A 的两个特征值为 $\lambda_1 = \sqrt{6}\,\mathrm{i}, \lambda_2 = -\sqrt{6}\,\mathrm{i}$. 因此根据定理 14.6.2 的 (2)知，线性常系数微分方程组(14.6.6)是稳定的.

但是这个微分方程组不是渐近稳定的. 因为方程组(14.6.6)的通解为

$$\begin{bmatrix} x_1(t) \\ x_2(t) \end{bmatrix} = C_1 \begin{bmatrix} -\sqrt{6}\sin\sqrt{6}\,t \\ 2\cos\sqrt{6}\,t \end{bmatrix} + C_2 \begin{bmatrix} \sqrt{6}\cos\sqrt{6}\,t \\ 2\sin\sqrt{6}\,t \end{bmatrix},$$

所以每一个解都是以 $\dfrac{2\pi}{\sqrt{6}}$ 为周期的周期函数. 因此,任一非零解 $x(t)$ 都不可能满足 $\lim\limits_{t\to+\infty} x(t)=0$,即方程组(14.6.6)的零解不是渐近稳定的,于是由定理 14.6.1 推出方程(14.6.6)也不是渐近稳定的.

例 14.6.2　讨论线性微分方程组

$$\begin{cases} \dfrac{\mathrm{d}x_1}{\mathrm{d}t} = -x_2, \\[3mm] \dfrac{\mathrm{d}x_2}{\mathrm{d}t} = x_1 + kx_2 \end{cases} \tag{14.6.7}$$

的稳定性,其中 k 为常数.

解　方程组(14.6.7)的系数矩阵为

$$A = \begin{bmatrix} 0 & -1 \\ 1 & k \end{bmatrix}.$$

A 的两个特征值分别为 $\lambda_1 = \dfrac{k+\sqrt{k^2-4}}{2}, \lambda_2 = \dfrac{k-\sqrt{k^2-4}}{2}$.

易见,当 $k>0$ 时,$\mathrm{Re}(\lambda_1)>0, \mathrm{Re}(\lambda_2)>0$,根据定理 14.6.2 的 (1)知微分方程组(14.6.7)不稳定.

当 $k=0$ 时,由于 $\lambda_1=\mathrm{i}, \lambda_2=-\mathrm{i}$,由定理 14.6.2 的(2)知微分方程组(14.6.7)稳定但不是渐近稳定的.

当 $k<0$ 时,由 $\mathrm{Re}(\lambda_1)<0, \mathrm{Re}(\lambda_2)<0$ 及定理 14.6.2 的(3)知微分方程组(14.6.7)渐近稳定.

14.6.3　非线性微分方程解的稳定性的判定

非线性微分方程解的稳定性的研究一般是非常困难的,常用的几种方法也都有它们的局限性. 在此我们仅对一类特殊的方程介绍一种判定稳定性的方法,这种方法是通过对原微分方程在某平衡点附近进行局部线性化,由其线性近似方程系数矩阵的特征值的情况来判定原微分方程平衡解的稳定性.

考虑非线性方程组

$$
\begin{cases}
\dfrac{\mathrm{d}x_1}{\mathrm{d}t} = f_1(x_1, x_2, \cdots, x_n), \\[2mm]
\dfrac{\mathrm{d}x_2}{\mathrm{d}t} = f_2(x_1, x_2, \cdots, x_n), \\[2mm]
\vdots \\[2mm]
\dfrac{\mathrm{d}x_n}{\mathrm{d}t} = f_n(x_1, x_2, \cdots, x_n),
\end{cases}
\tag{14.6.8}
$$

其右端的函数 $f_i (i=1,2,\cdots,n)$ 与 t 无关. 这类方程所描述的物理系统也称为**自治系统**. 下面我们讨论如何用线性近似方程判定自治系统平衡解的稳定性.

设 $\boldsymbol{\xi} = (\xi_1, \xi_2, \cdots, \xi_n)^{\mathrm{T}}$ 是方程组(14.6.8)的一个平衡解,即有

$$
\begin{cases}
f_1(\xi_1, \xi_2, \cdots, \xi_n) = 0, \\
f_2(\xi_1, \xi_2, \cdots, \xi_n) = 0, \\
\vdots \\
f_n(\xi_1, \xi_2, \cdots, \xi_n) = 0.
\end{cases}
$$

当 $f_i(i=1,2,\cdots,n)$ 在 $\boldsymbol{\xi}$ 点可导时,将 $f_i(i=1,2,\cdots,n)$ 在 $\boldsymbol{\xi}$ 点作一阶泰勒展开得

$$
\begin{cases}
f_1(x_1, x_2, \cdots, x_n) = \displaystyle\sum_{i=1}^{n} \frac{\partial f_1(\boldsymbol{\xi})}{\partial x_i}(x_i - \xi_i) + g_1(x_1, x_2, \cdots, x_n), \\[4mm]
f_2(x_1, x_2, \cdots, x_n) = \displaystyle\sum_{i=1}^{n} \frac{\partial f_2(\boldsymbol{\xi})}{\partial x_i}(x_i - \xi_i) + g_2(x_1, x_2, \cdots, x_n), \\[4mm]
\vdots \\[4mm]
f_n(x_1, x_2, \cdots, x_n) = \displaystyle\sum_{i=1}^{n} \frac{\partial f_n(\boldsymbol{\xi})}{\partial x_i}(x_i - \xi_i) + g_n(x_1, x_2, \cdots, x_n).
\end{cases}
$$

$$
\tag{14.6.9}
$$

记 $\boldsymbol{x}=(x_1,x_2,\cdots,x_n)^{\mathrm{T}}, \boldsymbol{f}=(f_1,f_2,\cdots,f_n)^{\mathrm{T}}, \boldsymbol{g}=(g_1,g_2,\cdots,g_n)^{\mathrm{T}}, \boldsymbol{A}=\dfrac{\partial(f_1,f_2,\cdots,f_n)}{\partial(x_1,x_2,\cdots,x_n)}\Big|_{x=\xi}$,则(14.6.9)式可写成向量形式

$$\boldsymbol{f}(\boldsymbol{x}) = \boldsymbol{A}(\boldsymbol{x}-\boldsymbol{\xi}) + \boldsymbol{g}(\boldsymbol{x}), \qquad (14.6.10)$$

其中 $\boldsymbol{g}(\boldsymbol{x})$ 满足 $\lim\limits_{x\to\xi}\dfrac{\|\boldsymbol{g}(\boldsymbol{x})\|}{d(\boldsymbol{x},\boldsymbol{\xi})}=0$.

若令 $\boldsymbol{y}=\boldsymbol{x}-\boldsymbol{\xi}$, $\boldsymbol{h}(\boldsymbol{y})=\boldsymbol{g}(\boldsymbol{x})=\boldsymbol{g}(\boldsymbol{y}+\boldsymbol{\xi})$,则方程组(14.6.8)可改写为

$$\frac{\mathrm{d}\boldsymbol{y}}{\mathrm{d}t} = \boldsymbol{A}\boldsymbol{y} + \boldsymbol{h}(\boldsymbol{y}), \qquad (14.6.11)$$

其中 $\boldsymbol{h}(\boldsymbol{y})$ 满足 $\lim\limits_{y\to 0}\dfrac{\|\boldsymbol{h}(\boldsymbol{y})\|}{\|\boldsymbol{y}\|}=0$.

当 $\boldsymbol{y}$ 的模很小,即 $\boldsymbol{y}$ 离原点 O 很近时,方程组(14.6.11)可以近似地写成如下线性常系数微分方程组

$$\frac{\mathrm{d}\boldsymbol{y}}{\mathrm{d}t} = \boldsymbol{A}\boldsymbol{y}. \qquad (14.6.12)$$

线性方程组(14.6.12)称为非线性微分方程组(14.6.8)在其平衡点 $\boldsymbol{\xi}$ 附近的**线性近似方程**或**变分方程**.关于方程组(14.6.8)的平衡解 $\boldsymbol{\xi}$ 的稳定性与其线性近似方程(14.6.12)的零解稳定性之间的关系,我们不加证明地给出如下定理.

定理 14.6.3

(1) 若矩阵 $\boldsymbol{A}$ 没有零实部特征值,则方程组(14.6.8)的平衡解的稳定性与其线性近似方程组(14.6.12)的零解的稳定性一致,即有

① 当 $\boldsymbol{A}$ 的所有特征值的实部都是负数时,方程组(14.6.8)的平衡解 $\boldsymbol{\xi}$ 是渐近稳定的;

② 当 $\boldsymbol{A}$ 的特征值中至少有一个具有正实部时,方程组(14.6.8)的平衡解 $\boldsymbol{\xi}$ 不是稳定的.

（2）当 A 的所有特征值的实部都非正且有零实部特征值时，称为临界情形. 在临界情形, 方程组（14.6.8）的平衡解 ξ 的稳定性不能由其线性近似方程组（14.6.12）的零解的稳定性判定.

例如, 考察有阻尼的单摆振动方程

$$\frac{\mathrm{d}^2\varphi}{\mathrm{d}t^2} + \frac{\mu}{m}\frac{\mathrm{d}\varphi}{\mathrm{d}t} + \frac{g}{l}\sin\varphi = 0, \qquad (14.6.13)$$

其中 m 为摆的质量, l 为摆线的长度, g 为重力常数, μ 为阻尼系数.

令 $x=\varphi, y=\dfrac{\mathrm{d}\varphi}{\mathrm{d}t}$, 则将其化为微分方程组

$$\begin{cases} \dfrac{\mathrm{d}x}{\mathrm{d}t} = y, \\ \dfrac{\mathrm{d}y}{\mathrm{d}t} = -\dfrac{g}{l}\sin x - \dfrac{\mu}{m}y. \end{cases} \qquad (14.6.14)$$

易知方程组（14.6.14）具有两个平衡解 $(0,0)^{\mathrm{T}}$ 与 $(\pi,0)^{\mathrm{T}}$, 下面我们分别讨论这两个平衡解的稳定性.

（1）对于平衡解 $(0,0)^{\mathrm{T}}$, 方程组（14.6.14）的线性近似方程为

$$\begin{cases} \dfrac{\mathrm{d}x}{\mathrm{d}t} = y, \\ \dfrac{\mathrm{d}y}{\mathrm{d}t} = -\dfrac{g}{l}x - \dfrac{\mu}{m}y. \end{cases} \qquad (14.6.15)$$

方程组（14.6.15）的系数矩阵的两个特征值分别为

$$\lambda_1 = -\frac{\mu}{2m} + \frac{1}{2}\sqrt{\left(\frac{\mu}{m}\right)^2 - 4\frac{g}{l}},$$

$$\lambda_2 = -\frac{\mu}{2m} - \frac{1}{2}\sqrt{\left(\frac{\mu}{m}\right)^2 - 4\frac{g}{l}}.$$

根据定理 14.6.3 可得：

① 当 $\mu>0$ 时, 若 $\left(\dfrac{\mu}{m}\right)^2 > 4\dfrac{g}{l}$, λ_1, λ_2 均为负数, 所以方程组

(14.6.15)的零解是渐近稳定的,方程组(14.6.14)的平衡解 $(0,0)^T$ 也是渐近稳定的;若 $\left(\dfrac{\mu}{m}\right)^2 \leqslant 4\dfrac{g}{l}$,$\lambda_1,\lambda_2$ 的实部均为负数,方程组(14.6.14)的平衡解 $(0,0)^T$ 仍是渐近稳定的.

② 当 $\mu = 0$ 时,$\lambda_1 = \sqrt{\dfrac{g}{l}}\,\mathrm{i}$,$\lambda_2 = -\sqrt{\dfrac{g}{l}}\,\mathrm{i}$ 属于定理 14.6.3 中的临界情形.尽管由定理 14.6.2 知道方程组(14.6.15)的零解是稳定的,但却无法用定理 14.6.3 得到方程组(14.6.14)的平衡解 $(0,0)^T$ 的稳定性.用其他的方法(如李雅普诺夫函数法)可以证明方程组(14.6.14)的平衡解 $(0,0)^T$ 是稳定的.

(2) 方程组(14.6.14)在其平衡点 $(\pi,0)^T$ 附近的线性近似方程组是

$$\begin{cases} \dfrac{\mathrm{d}x}{\mathrm{d}t} = y, \\[2mm] \dfrac{\mathrm{d}y}{\mathrm{d}t} = \dfrac{g}{l}x - \dfrac{\mu}{m}y. \end{cases} \tag{14.6.16}$$

方程组(14.6.16)的系数矩阵的两个特征值为

$$\lambda_1 = -\frac{\mu}{2m} + \frac{1}{2}\sqrt{\left(\frac{\mu}{m}\right)^2 + 4\frac{g}{l}},$$

$$\lambda_2 = -\frac{\mu}{2m} - \frac{1}{2}\sqrt{\left(\frac{\mu}{m}\right)^2 + 4\frac{g}{l}}.$$

由于 λ_1 恒为正数,根据定理 14.6.3 可知方程组的平衡解 $(\pi,0)^T$ 是不稳定的.

例 14.6.3　讨论方程组

$$\begin{cases} \dfrac{\mathrm{d}x}{\mathrm{d}t} = y - x(x^2 + y^2), \\[2mm] \dfrac{\mathrm{d}y}{\mathrm{d}t} = -x - y(x^2 + y^2) \end{cases} \tag{14.6.17}$$

的平衡解的稳定性.

解 由 $\begin{cases} y - x(x^2 + y^2) = 0, \\ -x - y(x^2 + y^2) = 0 \end{cases}$ 得方程组(14.6.17)的惟一平衡

解是$(0,0)^T$. 方程组(14.6.17)关于其平衡解$(0,0)^T$的线性近似
方程为

$$\begin{cases} \dfrac{\mathrm{d}x}{\mathrm{d}t} = y, \\ \dfrac{\mathrm{d}y}{\mathrm{d}t} = -x, \end{cases}$$

其系数矩阵的特征值为$\lambda_1 = i, \lambda_2 = -i$, 这属于临界情形, 所以由定
理14.6.3不能判定平衡解$(0,0)^T$的稳定性.

对于方程组(14.6.17), 可以用以下方法证明其平衡解$(0,0)^T$
是渐近稳定的.

分别将x, y乘到方程组(14.6.17)中的一、二两式上并将两
式相加得

$$x\frac{\mathrm{d}x}{\mathrm{d}t} + y\frac{\mathrm{d}y}{\mathrm{d}t} = -(x^2 + y^2)^2,$$

即

$$\frac{\mathrm{d}(x^2 + y^2)}{\mathrm{d}t} = -2(x^2 + y^2)^2.$$

解此方程得

$$x^2 + y^2 = \frac{1}{2t + C},$$

因此 $\qquad \lim_{t \to +\infty} x(t) = 0, \qquad \lim_{t \to +\infty} y(t) = 0.$

这说明方程(14.6.17)的平衡解$(0,0)^T$是渐近稳定的, 而且是全
局渐近稳定的.

习 题 14.6

1. 设某个方程组具有下列形式的通解, 试讨论该方程组零解的稳定性:

(1) $x = c_1 \cos^2 t - c_2 \mathrm{e}^{-t}, y = c_1 t^4 \mathrm{e}^{-t} + 2c_2$;

(2) $x = \dfrac{c_1 - c_2 t}{1 + t^2}, y = (c_1 t^3 + c_2) e^{-t}$;

(3) $x = (c_1 - c_2 t) e^{-t}, y = \dfrac{c_1 \sqrt[3]{t}}{\ln(t^2 + 2)} + c_2$.

2. 证明：若线性齐次方程组的每个解是有界的$(t > 0)$，则其零解是稳定的.

3. 证明：若线性齐次方程组的每个解 $\boldsymbol{x}(t) = (x_1(t), x_2(t), \cdots, x_n(t))^{\mathrm{T}}$ 都满足 $\lim\limits_{t \to +\infty} \| \boldsymbol{x}(t) \| = 0$，则其零解是渐近稳定的.

4. 指出下列方程组的所有平衡解，并用线性近似方程讨论这些平衡解的稳定性.

(1) $\begin{cases} \dfrac{\mathrm{d}x}{\mathrm{d}t} = x(1 - x - y), \\ \dfrac{\mathrm{d}y}{\mathrm{d}t} = \dfrac{1}{4} y(2 - 3x - y); \end{cases}$
(2) $\begin{cases} \dfrac{\mathrm{d}x}{\mathrm{d}t} = y, \\ \dfrac{\mathrm{d}y}{\mathrm{d}t} = -x + k(y - x^2), \end{cases} \quad k > 0.$

5. 判定下列方程组零解的稳定性：

(1) $\begin{cases} \dfrac{\mathrm{d}x}{\mathrm{d}t} = kx - y, \\ \dfrac{\mathrm{d}y}{\mathrm{d}t} = ky - z, \quad k > 0; \\ \dfrac{\mathrm{d}z}{\mathrm{d}t} = kz - x, \end{cases}$
(2) $\begin{cases} \dfrac{\mathrm{d}x}{\mathrm{d}t} = 2xy - x + y, \\ \dfrac{\mathrm{d}y}{\mathrm{d}t} = 5x^4 + y^3 + 2x - 3y; \end{cases}$

(3) $\begin{cases} \dfrac{\mathrm{d}x}{\mathrm{d}t} = e^{x+2y} - \cos 3x, \\ \dfrac{\mathrm{d}y}{\mathrm{d}t} = \sqrt{4 + 8x} - 2e^y; \end{cases}$
(4) $\begin{cases} \dfrac{\mathrm{d}x}{\mathrm{d}t} = e^x - e^{-3x}, \\ \dfrac{\mathrm{d}y}{\mathrm{d}t} = 4z - 3\sin(x + y), \\ \dfrac{\mathrm{d}z}{\mathrm{d}t} = \ln(1 - 3x + z); \end{cases}$

(5) $\begin{cases} \dfrac{\mathrm{d}x}{\mathrm{d}t} = y - z - 2\sin x, \\ \dfrac{\mathrm{d}y}{\mathrm{d}t} = x - 2y + (\sin y + z^2) e^x, \\ \dfrac{\mathrm{d}z}{\mathrm{d}t} = x + y - \dfrac{z}{1 - z}; \end{cases}$
(6) $\begin{cases} \dfrac{\mathrm{d}x}{\mathrm{d}t} = -y + xy^2 - x^3, \\ \dfrac{\mathrm{d}y}{\mathrm{d}t} = x + ky - x^2 y - y^3, \end{cases} \quad k \neq 0.$

第 14 章补充题

1. 设 $f(x)$ 在 $[0,+\infty)$ 连续，且 $\lim\limits_{x\to+\infty} f(x)=b$. 求证：

(1) 若 $a>0$，则方程 $y'+ay=f(x)$ 的每个解 $y(x)$ 都满足 $\lim\limits_{x\to+\infty} y(x)=\dfrac{b}{a}$；

(2) 若 $a<0$，则方程 $y'+ay=f(x)$ 只有一个解 $y_0(x)$ 都满足 $\lim\limits_{x\to+\infty} y_0(x)=\dfrac{b}{a}$.

2. 设 $f(x)$ 连续.

(1) 求方程 $y'+ay=f(x)$ 满足 $y\big|_{x=0}=0$ 的解 $y(x)(a>0)$；

(2) 若 $|f(x)|\leqslant k$，求证当 $x\geqslant0$ 时，有 $|y(x)|\leqslant\dfrac{k}{a}(1-\mathrm{e}^{-ax})$.

3. 设 $y_1(x)$ 和 $y_2(x)$ 是方程 $y''+p(x)y'+q(x)y=0$ 的两个解，并且函数 $f(x)=\dfrac{y_2(x)}{y_1(x)}$ 在某个点 x_0 处取得极值. 问 $y_1(x)$ 和 $y_2(x)$ 能否构成该方程的一个基本解组？

4. 已知 $f(x)$ 二阶连续可导，并且对于 xOy 平面上每一条逐段光滑的有向曲线 L 都有

$$\oint_L [f'(x)+6f(x)+4\mathrm{e}^{-x}]y\mathrm{d}x+f'(x)\mathrm{d}y = 0.$$

试求 $f(x)$.

5. 假定对于半空间 $x>0$ 的任意光滑的封闭曲面 S，有

$$\oiint_S xf(x)\mathrm{d}y\mathrm{d}z - xyf(x)\mathrm{d}z\mathrm{d}x + \mathrm{e}^{2x}z\mathrm{d}x\mathrm{d}y = 0,$$

其中 $f(x)$ 在 $(0,+\infty)$ 有连续导数，且满足 $\lim\limits_{x\to0_+} f(x)=1$. 求 $f(x)$.

6. 设 $f(x)$ 有二阶连续导数，并满足方程 $f(x) = \displaystyle\int_0^x f(1-t)\mathrm{d}t+1$，求 $f(x)$.

7. 求级数 $x+\dfrac{1}{1\times3}x^3+\dfrac{1}{1\times3\times5}x^5+\cdots+\dfrac{1}{(2n+1)!!}x^{2n+1}+\cdots$ 的收敛域以及和函数.

8. 求方程 $y''\cos x - 2y'\sin x + 3y\cos x = e^x$ 的通解.

9. 设 $f(x)$ 是定解问题

$$\begin{cases} y' = x^2 + y^2, \\ y(0) = 0 \end{cases}$$

的解. 试研究函数 $f(x)$ 的增减性和凸凹性,并求 $\lim\limits_{x \to 0} \dfrac{f(x)}{x^3}$.

附录 A　探索与发现

A1　条件极值与罚函数

求解条件极值问题的罚函数方法.

考察条件极值问题

$$\begin{cases} \min f(x,y) \\ g(x,y) = 0. \end{cases} \tag{A1.1}$$

由于直接求解条件极值比较困难,所以考虑无条件极值问题

$$\min F_n(x,y) = f(x,y) + ng^2(x), \tag{A1.2}$$

其中 n 为正整数, $ng^2(x,y)$ 称为罚函数.

问题的意义是:限制 (x,y) 满足约束条件 $g(x,y)=0$ 使得问题的求解变得比较困难. 因此转而考察无条件极值问题. n 越大,问题(A1.2)的解可能越接近于问题(A1.1)的解. 当 $n \to \infty$ 时,问题(A1.2)的解可能趋近于问题(A1.1)的解.

罚函数的意义可以直观地做如下解释:为了限制采购员,采购物品时遵守 $g(x,y)=0$ 的规定,当采购员违反这个规定时,对于不符合这个规定的花费处以 n 倍罚款. n 越大,采购员就越倾向于遵守 $g(x,y)=0$ 的规定.

实验　设有条件极值问题

$$\begin{cases} \min(x^2 + 2y^2) \\ 2x - y = 1. \end{cases} \tag{A1.3}$$

考察无条件极值问题

$$\min f(x,y) = x^2 + 2y^2 + n(2x-y)^2. \tag{A1.4}$$

用 Mathematica 求解问题(A1.3)和(A1.4),观察 n 越来越大时,问题(A1.4)的解是否趋近于问题(A1.3)的解.

1. 用 Mathematica 求解条件极值问题(A1.3):

```
Minimize[{x^2 + 2 * y^2, 2 * x - y ≤ 1, 2 * x - y ≥ 1}, {x, y}]
```
$$\left\{\frac{2}{9}, \left\{x \to \frac{4}{9}, y \to -\frac{1}{9}\right\}\right\}$$

得到精确答案:$x_0 = \frac{4}{9}, y_0 = -\frac{1}{9}, f(x_0, y_0) = \frac{2}{9}$.

化为小数:$x_0 = 0.\dot{4}, y_0 = 0.\dot{1}$.

2. 对于不同的 n,用 Mathematica 求解无约束极值问题(A1.4).即求 $x^2 + 2y^2 + n(2x - y - 1)^2$ 得最小值. 以下分别就 $n = 10, 50, 200, 1000$ 求解无约束极值问题(A1.4).

```
FindMinimum[x^2 + 2 * y^2 + 10 * (2 * x - y - 1)^2, {x, 0}, {y, 0}]
{0.217391, {x → 0.434783, y → -0.108696}}
FindMinimum[x^2 + 2 * y^2 + 50 * (2 * x - y - 1)^2, {x, 0}, {y, 0}]
{0.221239, {x → 0.442478, y → -0.110619}}
FindMinimum[x^2 + 2 * y^2 + 200 * (2 * x - y - 1)^2, {x, 0}, {y, 0}]
{0.221976, {x → 0.443951, y → -0.110988}}
FindMinimum[x^2 + 2 * y^2 + 1000 * (2 * x - y - 1)^2, {x, 0}, {y, 0}]
{0.222173, {x → 0.444346, y → -0.111086}}
```

观察发现:n 越来越大时,问题(A1.4)的解趋向于问题(A1.3)的解.

3. 进行理论研究:当 $n \to \infty$ 时,问题(A1.4)的解是否趋向于问题(A1.3)的解?

提示 为了简单起见,假设条件极值问题(A1.1)和无条件极值问题(A1.2)都存在惟一的解.

A2 捕鱼问题的数学模型

概述 养鱼池饲养某种鱼,用 $x = x(t)$ 表示鱼群在时刻 t(单位月)的数量,又分别用 k_1, k_2 表示鱼的出生率和死亡率. 当鱼的个体数量比较少时,由于食物充足,生存空间相对广阔,鱼群生育率 k_1 超过死亡率 k_2,因此鱼的个体数量 $x=x(t)$ 近似地满足微分方程

$$\frac{\mathrm{d}x}{\mathrm{d}t} = (k_1 - k_2)x. \qquad (A2.1)$$

但是,当鱼的个体数量多起来时,由于食物短缺和空间拥挤的原因而出现生存竞争. 竞争的激烈程度应当和鱼群个体数量的平方成正比. 这个竞争会制约鱼的数量增长,因此应当对于方程(A2.1)做出如下修正:

$$\frac{\mathrm{d}x}{\mathrm{d}t} = (k_1 - k_2)x - bx^2.$$

记 $a=k_1-k_2>0$,将上述方程写做

$$\frac{\mathrm{d}x}{\mathrm{d}t} = ax - bx^2. \qquad (A2.2)$$

当鱼的数量比较多的情况下,竞争对于鱼群个体数量的增长的制约才会明显起来,所以正数 b 应当很小. 不过,正数 k_1, k_2 和 a, b 都需要通过观察与统计获得.

假定 $a=2, b=0.01$. 在时刻 $t=0$,鱼的个体数量为 1000(尾). 这时方程(A2.2)变成

$$\begin{cases} \dfrac{\mathrm{d}x}{\mathrm{d}t} = 2x - 0.01x^2, \\ x(0) = 1000. \end{cases} \qquad (A2.3)$$

实验内容

1. 微分方程(A2.3)是一个伯努利方程,可以求出它的初等解. 求出解的表达式后,对于解的表达式进行微分学分析,找出鱼的数量随时间变化的规律.

2. 用 Mathematica 求微分方程(A2.3)的数值解并作图,观察鱼的数量随时间变化的规律.

(1) 求解的表达式

```
DSolve[{y'[x] = = 2 * y[x] - (1/100) * y[x]^2, y[0] = = 1000},
y[x],x]
```

$$\left\{\left\{y\{x\} \to \frac{100(10 + 9x)}{1 + 9x}\right\}\right\}$$

(2) 求数值解并作图(见图 A1),观察鱼的数量随时间变化的规律.

```
solution = NDSolve[{y'[x] = = 2 * y[x] - (1/100) * y[x]^2,
y[.0] = = 1000.},y[x],{x,0,30}];
    Plot[y[x]/.solution,{x,0,10},PlotRange - >{0,1000}];
```

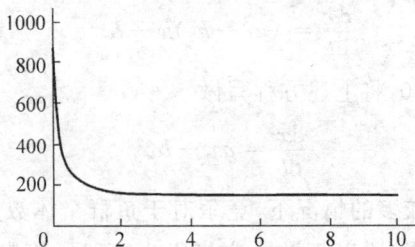

图　A1

改变方程(A2.3)的初值,例如分别取 $y(0) = 2000, 3000,$ 4000. 可以发现当时间 $x \to +\infty$ 时,鱼的数量总是趋向于一个固定值 $y(+\infty) = 200$. 这就是环境对于鱼的数量的承载量.

3. 研究每月的最大捕捞量

在保持鱼群不消亡的前提下,尽可能地增加月捕捞量. 用 Mathematica 研究最大捕捞量. 假定每月捕捞 N 条,则方程(A2.3) 变成

$$\begin{cases} \dfrac{\mathrm{d}x}{\mathrm{d}t} = 2x - 0.01x^2 - N, \\ x(0) = 1000, \end{cases} \quad (A2.4)$$

分别取 N 等于 $90, 100, 101$,求微分方程(A2.4)的数值解并作图:

```
Solution = NDSolve[{y'[x] == 2 * y[x] - (1/100) * y[x]^2 —
 - 90, y[.0] == 1000.}, y[x], {x, 0, 30}];
Plot[y[x]/. solution, {x, 0, 30}, PlotRange->{0, 1000}];


Solution = NDSolve[{y'[x] == 2 * y[x] - (1/100) * y[x]^2 —
 - 100, y[.0] == 1000.}, y[x], {x, 0, 30}];
Plot[y[x]/. solution, {x, 0, 30}, PlotRange->{0, 1000}];


Solution = NDSolve[{y'[x] == 2 * y[x] - (1/100) * y[x]^2 —
 - 101, y[.0] == 1000.} y[x], {x, 0, 30}];
Plot[y[x]/. solution, {x, 0, 30}, PlotRange->{0, 1000}];
```

可以发现：最大捕捞量为 100(尾/月). 当 $N=101$ 时,捕捞仅能维持 30 个月. 如果增加初始投放量 $y[0]$,同样的计算发现,不能提高捕捞量.

如果改善饲养条件,可以减少方程(A2.2)中的正数 b. 例如取 $b=0.005$,则有方程

$$\begin{cases} \dfrac{\mathrm{d}x}{\mathrm{d}t} = 2x - 0.005x^2 - N, \\ x(0) = 1000. \end{cases} \tag{A2.5}$$

再做同样的实验发现,最大捕捞量可以增加到 200(尾/月).

A3 二元函数临界点的观察

假设 $f(x,y)$ 在点 (x_0, y_0) 的某个邻域中存在连续的二阶偏导数,(x_0, y_0) 是 $f(x,y)$ 的一个临界点(即驻点). 令 $A = \dfrac{\partial^2 f}{\partial x^2}\Big|_{(x_0, y_0)}$,

$B = \dfrac{\partial^2 f}{\partial x \partial y}\Big|_{(x_0, y_0)}$,$C = \dfrac{\partial^2 f}{\partial y^2}\Big|_{(x_0, y_0)}$. 根据有关的研究,当 $AC - B^2 = 0$ 时,仅由二阶偏导数不足以判定 $f(x_0, y_0)$ 是不是极值. 这个情形下会出现各种现象. 例如对于以下三个函数 $f(x,y) = x^4 + y^4$,$g(x,y) = -(x^4 + y^4)$ 和 $h(x,y) = x^4 - y^4$,原点 $(0,0)$ 都是临界

点. 但是对于第一个函数,原点是极小值点;对于第二个函数原点是极大值点;对于第三个函数原点不是极值点.

实际上,当 $AC-B^2=0$ 时,$f(x,y)$ 在点 (x_0,y_0) 的附近将会呈现各种复杂的现象.

例 A3.1　考察函数 $f(x,y)=(y-x^2)(y-2x^2)$. 原点 $(0,0)$ 是临界点,并且在原点满足 $AC-B^2=0$. 下面借助于 Mathematica 研究这个函数在原点附近的状态. 例如原点是否为极值点,函数在原点处沿各个方向是怎样变化的,等等.

从函数表达式可以看出:

$$f(x,y)\begin{cases} >0, & \text{当 } y>2x^2 \text{ 或者 } y<x^2 \text{ 时,} \\ <0, & \text{当 } x^2<y<2x^2 \text{ 时,} \\ =0, & \text{当 } y=x^2 \text{ 或者 } y=2x^2 \text{ 时.} \end{cases} \qquad (A3.1)$$

请读者根据这样的分析证明下列结论:

① 将自变量 (x,y) 限制在经过原点的一条直线上,$f(0,0)$ 是极小值;

② $f(0,0)$ 不是二元函数 $f(x,y)$ 的极值.

用 Mathematica 画出曲线 $f(x,y)=0$(即 $f(x,y)$ 的一条等值线):

```
ContourPlot[(y- x^2) * (y - 2 * x^2),{x, - 1, 1},{y, - 1, 1},
ContourShading False,Contours 1,PlotRange {0,0},PlotPoints 500]
```

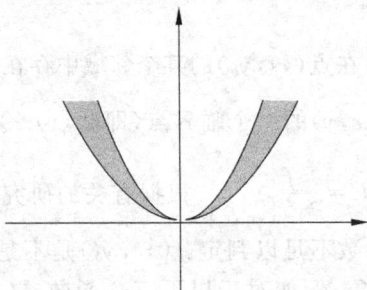

图　A2

图 A2 中阴影部分是 $f(x,y)$ 取负值的区域. 观察分析这个图形, 可以帮助发现 $f(0,0)$ 不是二元函数 $f(x,y)$ 的极值这个事实, 并且启发我们找到证明的思路.

例 A3. 2 $f(x,y)=(y-x^2)(y+x^2)$.

原点是这个函数的临界点, 并且在原点满足 $AC-B^2=0$. 类似的分析表明, 在经过原点的任何一条直线上, $f(0,0)$ 是极小值; 但 $f(0,0)$ 不是二元函数 $f(x,y)$ 的极值 (见图 A3).

用 Mathematica 画出曲线 $f(x,y)=0$ (即 $f(x,y)$ 的一条等值线):

```
ContourPlot[(y - x^2) * (y + x^2),{x, - 1, 1},{y, - 1, 1},
ContourShading False,Contours 1,PlotRange {0,0},PlotPoints 500]
```

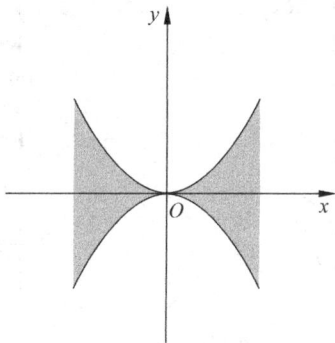

图　A3

练习 1: 图 A4 中的 (a), (b), (c) 和 (d) 分别画出了四个函数的等值线 $f(x,y)=0$, $g(x,y)=0$, $h(x,y)=0$ 和 $k(x,y)=0$. 请读者构造出满足这些条件的多项式函数 f,g,h 和 k. 讨论这些函数在原点附近的状态. 用 Mathematica 作图验证你的结论.

参考答案 Mathematica 命令:

① ContourPlot[(y~2 − x~2) * (2 * x~2 − y~2),{x,−1,1},{y,−1,1},
Contours 1,PlotRange {0,0},PlotPoints 500]

② ContourPlot[(y − x^3) * (y − 2 * x^3),{x,−1,1},{y,−1,1},
Contours 1,PlotRange {0,0},PlotPoints 500]

③ ContourPlot[(x − y~3) * (2 * x − y~3) * (y − x~3) * (2 * y − x~3),{x,
−1,1},{y,−1,1},Contours 1,PlotRange {0,0},PlotPoints 500]

④ ContourPlot[(x − y~2) * (x − y~3) * (y − x~2) * (y − x~3),{x,−1,
1},{y,−1,1},Contours 1,PlotRange {0,0},PlotPoints 500]

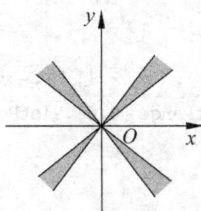
(a)

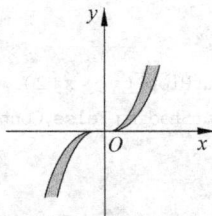
(b)

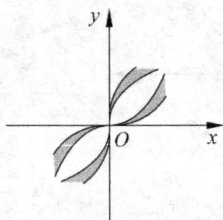
(c)

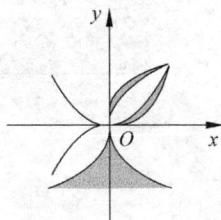
(d)

图 A4

附录 B 习 题 答 案

第 9 章

习题 9.1

1. 充分性利用反证法证明，取 $\lambda = -\dfrac{\boldsymbol{a} \cdot \boldsymbol{b}}{\|\boldsymbol{b}\|^2}$.

2. 利用两向量正交的充要条件是它们的点积为零及向量模的定义直接证明.

3. 利用向量模的定义直接证明等式；等式的几何意义是：平行四边形边长的平方和等于对角线长度的平方和.

4. $[(\boldsymbol{a} \cdot \boldsymbol{c})\boldsymbol{b} - (\boldsymbol{b} \cdot \boldsymbol{c})\boldsymbol{a}] \cdot \boldsymbol{c} = 0$.

5. $-\dfrac{3}{2}$.　　　　　　6. ± 30.　　　　　7. 16.

8. 在 $\boldsymbol{a} + \boldsymbol{b} + \boldsymbol{c} = \boldsymbol{0}$ 两端分别与 $\boldsymbol{a}, \boldsymbol{b}, \boldsymbol{c}$ 做叉积.

9. 证明：$(\boldsymbol{a} - \boldsymbol{d}) \times (\boldsymbol{b} - \boldsymbol{c}) = \boldsymbol{0}$.

10. 利用向量点积与叉积的定义直接证明.

习题 9.2

1. $13\boldsymbol{i} + 17\boldsymbol{j} + 15\boldsymbol{k}$.　　2. $a_1 = 15$,　$b_3 = -\dfrac{1}{5}$.

3. $\left(\dfrac{314}{17}, \dfrac{383}{17}, \dfrac{301}{17}\right)$.　　4. $\pm \dfrac{1}{10\sqrt{3}}(2\boldsymbol{i} + 14\boldsymbol{j} - 10\boldsymbol{k})$.

5. $\sqrt{\dfrac{781}{2}}$.　　　6. $3\sqrt{10}$.　　　7. 72.　　　8. $\dfrac{45}{2}$.

9. 反证法. 若 $\exists M^* \in D$, 使得 $\overrightarrow{M_0 M_1} \cdot \overrightarrow{M_0 M^*} < 0$, 则 $<\overrightarrow{M_0 M_1}, \overrightarrow{M_0 M^*}> \ > \dfrac{\pi}{2}$.

由于 D 是凸集, 所以直线段 $M_1 M^* \subset D$.

过 M_0 向直线段 $M_1 M^*$ 作垂线, 垂足为 M_2, 则 $M_2 \in M_1 M^*$, 从而 $M_2 \in$

$D.$ 这时显然有 $|\overrightarrow{M_0M_2}| < |\overrightarrow{M_0M_1}|$,这与 M_1 的取法矛盾.

习题 9.3

1. $x - 3y + 4z - 12 = 0$.　　　　　　2. $5x + 11y + z - 4 = 0$.

3. $x - 3y - 7z + 4 = 0$.　　　　　　4. $2x + 3y + z - 6 = 0$.

5. $3x + 4y = 0$.　　　　　　　　　　6. $\dfrac{\pi}{3}$.

7. $x - 2y = 0$.　　　　　8. 1.　　　　9. 3.

10. $\left(0, \dfrac{73}{12}, 0\right)$ 或 $\left(0, -\dfrac{73}{282}, 0\right)$.　　11. $3x + y - z - 6 = 0$.

12. $x - z - 2 = 0$.

13. (1) $\dfrac{x-2}{3} = \dfrac{y-5}{2} = \dfrac{z+3}{5}$;　　(2) $\begin{cases} \dfrac{x-2}{2} = \dfrac{y-5}{1}, \\ z = -3. \end{cases}$

14. (1) $\dfrac{x-2}{3} = \dfrac{y-3}{2} = \dfrac{z+8}{5}$;　　(2) $\dfrac{x-2}{1} = \dfrac{y-3}{-1} = \dfrac{z+8}{2}$.

15. $\begin{cases} x = 2, \\ z = 4. \end{cases}$

16. $\dfrac{x+1}{12} = \dfrac{y+4}{46} = \dfrac{z-3}{-1}$.

17. 共面;交点为 $(0, -3, 0)$.

习题 9.4

1. (1) 椭球面;　　　　　　　　(2) 单叶双曲面;

(3) 双叶双曲面;　　　　　　　(4) 原点;

(5) 顶点在原点,开口指向 x 轴正向的旋转抛物面;

(6) 顶点在原点,开口指向 z 轴正向的圆锥面.

习题 9.5

1. (1) xOy 平面上的一个点,空间中平行于 z 轴的一条直线;

(2) xOy 平面上的一个点,空间中平行于 z 轴的一条直线.

2. $3z^2 - y^2 = 16$, $x^2 + 2z^2 = 16$.

3. $\begin{cases} y^2 + 2z^2 - 2z = 8, \\ x = 0. \end{cases}$

4. $\begin{cases} x^2 + y^2 \leqslant ax, \\ z = 0; \end{cases}$ $\begin{cases} 0 \leqslant x \leqslant a, \\ 0 \leqslant z \leqslant \sqrt{a^2 - x^2}, \\ y = 0. \end{cases}$

5. $\begin{cases} x^2 + y^2 \leqslant 4, \\ z = 0; \end{cases}$ $\begin{cases} -2 \leqslant x \leqslant 2, \\ x^2 \leqslant z \leqslant 4, \\ y = 0; \end{cases}$ $\begin{cases} -2 \leqslant y \leqslant 2, \\ y^2 \leqslant z \leqslant 4, \\ x = 0. \end{cases}$

第 10 章

习题 10.1

1. (1) 定义域为 $\{(x,y) \mid x \geqslant 0, x + y > 0\}$;

(2) 定义域为 $\{(x,y) \mid y > x^2\}$;

(3) 定义域为 $\{(x,y) \mid y \neq 0, x \neq y^2\}$;

(4) 定义域为 $\left\{(x,y) \mid -1 \leqslant \dfrac{x}{y} \leqslant 1\right\}$.

2. (1) 不存在;　　　　(2) 存在, 等于 0;

(3) 存在, 等于 1;　　(4) 存在, 等于 0.

习题 10.2

1. 不能; 不能.

2. $x > 0, \dfrac{\partial z}{\partial x} = \dfrac{\sqrt{|y|}}{2\sqrt{x}}$; $x < 0, \dfrac{\partial z}{\partial x} = -\dfrac{\sqrt{|y|}}{2\sqrt{-x}}$;

$x = 0, y = 0, \dfrac{\partial z}{\partial x} = 0$; $x = 0, y \neq 0, \dfrac{\partial z}{\partial x}$ 不存在.

3. (1) $-\dfrac{2y}{(x-y)^2}, \dfrac{2x}{(x-y)^2}$;　　　(2) $-\dfrac{y}{x^2+y^2}, \dfrac{x}{x^2+y^2}$;

(3) $\dfrac{\pi}{4} \sin \dfrac{2}{\pi}, -\dfrac{1}{2} \sin \dfrac{2}{\pi}$;　　(4) $\dfrac{1}{2}(1 - 3e^2), \dfrac{1}{4}(e^2 - 1)$;

(5) $\dfrac{1}{2}$;　　(6) 0;　　(7) 1.

4. (1) 1;　(2) $\dfrac{y^{\ln x}}{xy}(\ln x \ln y + 1)$;

(3) $-\dfrac{y}{(x^2+y^2)\sqrt{x^2+y^2}}$;　(4) 0;

(5) $\dfrac{2}{\sqrt{x^2+y^2+z^2}}$;　(6) $-2x\sin xy-x^2 y\cos xy$;　(7) 2,2,0,0.

习题 10.3

1. (1) $\dfrac{-y\mathrm{d}x+x\mathrm{d}y}{x^2+y^2}$;　(2) $\dfrac{1}{3}(\mathrm{d}x+\mathrm{d}y)$;

(3) $-2(\mathrm{d}x+\mathrm{d}y)$;　(4) $\dfrac{2}{5}(\mathrm{d}x-\mathrm{d}y)$;

(5) $\dfrac{z}{y}\left(\dfrac{x}{y}\right)^{z-1}\mathrm{d}x-\dfrac{zx}{y^2}\left(\dfrac{x}{y}\right)^{z-1}\mathrm{d}y+\left(\dfrac{x}{y}\right)^{z}\ln\dfrac{x}{y}\mathrm{d}z$.

4. (1) 2.218;　(2) 0.97.

5. $z=\dfrac{1}{2}(x^2 y+xy^2)+y^2+x$.

7. $y^2 \mathrm{e}^{x+y}$.

习题 10.4

1. (1) $2xy+xf(u)$;　(2) $\dfrac{x}{y^3}\left(2\dfrac{\partial f}{\partial v}+\dfrac{x}{y}\dfrac{\partial^2 f}{\partial v^2}\right)$;

(3) $-\dfrac{y}{x^2}f''(u)-\dfrac{x}{y^2}g''(v),u=\dfrac{y}{x},v=\dfrac{x}{y}$;　(4) $\dfrac{1}{yf(x^2-y^2)}$;

(5) $f_1'+yf_2'+yzf_3'$,$xf_2'+xzf_3'$,xyf_3';

(6) $(\cos t-6t^2)\mathrm{e}^{\sin t-2t^3}$.

2. $2f'+4x^2 f''$,$2f'+4y^2 f''$,$4xyf''$.

3. $z''_{xx}=y^3\left(4x^2 f''_{uu}-\dfrac{4}{x}f''_{uv}+\dfrac{1}{x_4}f''_{vv}\right)+2y^2\left(f'_u+\dfrac{1}{x^3}f'_v\right)$,

$z''_{xy}=4xyf'_u-\dfrac{2y}{x^2}f'_v+y^2\left(2x^3 f''_{uu}+f''_{uv}-\dfrac{1}{x^3}f''_{vv}\right)$.

4. 0.

5. $\dfrac{1}{\sqrt{a^2+b^2}}\left(a\dfrac{2\mathrm{e}-1}{\mathrm{e}+1}-b\dfrac{\mathrm{e}}{1+\mathrm{e}}\right)$.

6. (1) $\dfrac{1}{\sqrt{2}}(1,1),\sqrt{2},-\dfrac{1}{\sqrt{2}}(1,1),-\sqrt{2},\dfrac{1}{\sqrt{2}}(-1,1),\dfrac{1}{\sqrt{2}}(1,-1)$;

(2) $(1,1)$.

习题 **10.5**

1. $\dfrac{\mathrm{d}z}{\mathrm{d}x} = \dfrac{(f+xf')\dfrac{\partial F}{\partial y} - xf'\dfrac{\partial F}{\partial x}}{\dfrac{\partial F}{\partial y} + xf'\dfrac{\partial F}{\partial z}}.$

2. $\dfrac{\partial z}{\partial x} = -\dfrac{F'_x}{F'_z} = -\dfrac{F'_u \cdot \dfrac{1}{z}}{-F'_u \cdot \dfrac{x}{z^2} + F'_v \cdot \dfrac{1}{y}} = \dfrac{yzF'_u}{xyF'_u - z^2F'_v},$

$\dfrac{\partial z}{\partial y} = -\dfrac{F'_y}{F'_z} = -\dfrac{-F'_v \cdot \dfrac{z}{y^2}}{-F'_u \cdot \dfrac{x}{z^2} + F'_v \cdot \dfrac{1}{y}} = -\dfrac{z^3F'_v}{y(xyF'_u - z^2F'_v)}.$

5. $\dfrac{\partial^2 z}{\partial y \partial x} = -\dfrac{(F'_2)^2 F''_{11} - 2F'_1 F'_2 F''_{12} + (F'_1)^2 F''_{22}}{(F'_2)^3}.$

6. $\dfrac{\mathrm{d}y}{\mathrm{d}x} = -\dfrac{10x - 4z - 15}{2(5y + 3z)},$

$\dfrac{\mathrm{d}z}{\mathrm{d}x} = -\dfrac{4y + 6x - 9}{2(5y + 3z)}.$

习题 **10.6**

1. $x + (x-1)(y-1) + \dfrac{1}{2}(x-1)^2(y-1) + o\{(\sqrt{(x-1)^2 + (y-1)^2})^3\},$

$1.1^{1.02} \approx 1.1021.$

3. $\sqrt{2} + \dfrac{1}{\sqrt{2}}(y-1) + R_1(x,y),$

$R_1(x,y) = \dfrac{1}{2}\left\{-x^2(\cos\theta x)\sqrt{1+(1+\theta(y-1))^2} - 2x(y-1)\right.$

$\left. \times \dfrac{(1+\theta(y-1))\sin\theta x}{\sqrt{1+(1+\theta(y-1))^2}} + (y-1)^2\dfrac{\cos\theta x}{[1+(1+\theta(y-1))^2]^{3/2}}\right\}$

$(0 < \theta < 1).$

第 11 章

习题 11.1

2. (1) $\left(\dfrac{2}{3}, -\dfrac{2}{3}, \dfrac{1}{3}\right)$;　(2) $\dfrac{1}{5}(2, 2\sqrt{3}, -3)$.

3. (1) $\begin{cases} x = 1 + 2t, \\ y = 1 + t, \\ z = 1 - t; \end{cases}$　(2) $\begin{cases} x = -\pi t, \\ y = 1 + \dfrac{1}{2}t, \\ z = -1. \end{cases}$

4. (1) $\left(\dfrac{1}{2}, \dfrac{1}{2}, \dfrac{4-\pi}{4\sqrt{2}}\right)$;　(2) $\left(\dfrac{14}{3}, e^{-1}(2 - 5e^{-3}), \dfrac{3}{4}\right)$.

5. (1) $\boldsymbol{r}(t) = \left(\dfrac{1}{3}t^3, t^4 + 1, -\dfrac{1}{3}t^3\right)$;

(2) $\boldsymbol{r}(t) = (2 - \cos t)\boldsymbol{i} + (1 - \sin t)\boldsymbol{j} + (2 + t^2)\boldsymbol{k}$.

7. $\boldsymbol{v} = \dfrac{\mathrm{d}\boldsymbol{r}}{\mathrm{d}t} - \omega R\sin\omega t\,\boldsymbol{i} + \omega R\cos\omega t\,\boldsymbol{j}$, $\boldsymbol{a} = \dfrac{\mathrm{d}\boldsymbol{v}}{\mathrm{d}t} = -\omega^2 R\cos\omega t\,\boldsymbol{i} - \omega^2 R\sin\omega t\,\boldsymbol{j}$.

8. $\dfrac{x - a\cos\theta_0}{-a\sin\theta_0} = \dfrac{y - a\sin\theta_0}{a\cos\theta_0} = \dfrac{z - b\theta_0}{b}$.

9. $-\pi ab\,\boldsymbol{i} + \pi a^2\,\boldsymbol{k}$.

习题 11.2

1. (1) $x - 1 = \dfrac{y - 2}{2} = \dfrac{z - 3}{3}$, $x + 2y + 3z = 14$;

(2) $\dfrac{x - 2}{2} = \dfrac{y + 1}{2} = 1 - z$, $2x + 2y - z = 1$;

(3) $x - a = a - y = a - z$, $x - y - z = -a$;

(4) $a\left(x - \dfrac{a}{\sqrt{3}}\right) = b\left(y - \dfrac{b}{\sqrt{3}}\right) = c\left(z - \dfrac{c}{\sqrt{3}}\right)$, $\dfrac{x}{a} + \dfrac{y}{b} + \dfrac{z}{c} = \sqrt{3}$;

(5) $\dfrac{x - u_0\cos v_0}{a\sin v_0} = \dfrac{y - u_0\sin v_0}{-a\cos v_0} = \dfrac{z - av_0}{u_0}$,

$a\sin v_0 \cdot x - a\cos v_0 \cdot y + u_0 z = au_0 v_0$.

2. (1) $x + 4y + 6z = \pm 21$;　(2) $2x + 2y - z = 2$;　(3) $y + z = 1$.

习题 11.3

1. (1) -1,极小；　(2) $10+\dfrac{1}{486}$,极大；　(3) $3\sqrt[3]{a^2}$,极小.

2. 极大值点为$(1,2)$,极小值点为$(-1,-2)$.

习题 11.4

1. $(4,4)$.

2. 第一象限中的定点为$\dfrac{1}{\sqrt{3}}(a,b,c)$,最大体积$\dfrac{8}{3\sqrt{3}}abc$.

3. $1+\sqrt{2}$,$-\dfrac{1}{2}$.

6. $\left(-\dfrac{1+\sqrt{3}}{2},-\dfrac{1+\sqrt{3}}{2},2+\sqrt{3}\right)$,$\left(\dfrac{-1+\sqrt{3}}{2},\dfrac{-1+\sqrt{3}}{2},2-\sqrt{3}\right)$.

7. $\left(\dfrac{\pi l}{\pi+4+3\sqrt{3}},\dfrac{4l}{\pi+4+3\sqrt{3}},\dfrac{3\sqrt{3}\,l}{\pi+4+3\sqrt{3}}\right)$.

第 12 章

习题 12.1

1. (1) $\dfrac{2}{3}\pi R^3$；　(2) 2.　　2. (1) $\left[0,\dfrac{3}{8}\pi\right]$；　(2) $[0,48\pi]$.

3. (1) $\displaystyle\iint\limits_{D}(x+y)^2\,\mathrm{d}\sigma\leqslant\iint\limits_{D}(x+y)^3\,\mathrm{d}\sigma$；　(2) $\displaystyle\iint\limits_{D}\ln(x+y)\,\mathrm{d}\sigma\leqslant\iint\limits_{D}xy\,\mathrm{d}\sigma$.

6. (1) 0；　(2) 0；　(3) 0；

(4) 若 m,n 中至少有一个为奇数,则为 0；否则,为 $4\displaystyle\iint\limits_{D_1}x^m y^n\,\mathrm{d}x\mathrm{d}y$；其中

D_1 为 $D:x^2+y^2\leqslant R^2$ 落在第一象限内的部分.

习题 12.2

1. (1) -2；　(2) 0；　(3) 0；　(4) $\dfrac{11}{30}$；　(5) $\dfrac{1}{2}(1-\sin 1)$.

2. (1) $-6\pi^2$；　(2) $\pi\ln 2$；　(3) $\dfrac{3}{16}\pi^2$；　(4) 80π.

3. (1) $\displaystyle\int_0^1 \mathrm{d}y \int_0^y f(x,y)\mathrm{d}x = \int_0^1 \mathrm{d}x \int_x^1 f(x,y)\mathrm{d}y$,

　　$D = \{(x,y) \mid 0 \leqslant x \leqslant 1, x \leqslant y \leqslant 1\}$；

(2) $\displaystyle\int_{-1}^1 \mathrm{d}x \int_{-\sqrt{1-x^2}}^{\sqrt{1-x^2}} f(x,y)\mathrm{d}y = \int_{-1}^1 \mathrm{d}y \int_{-\sqrt{1-y^2}}^{\sqrt{1-y^2}} f(x,y)\mathrm{d}x$,

　　$D = \{(x,y) \mid x^2 + y^2 \leqslant 1\}$；

(3) $\displaystyle\int_0^a \mathrm{d}x \int_{a-x}^{\sqrt{a^2-x^2}} f(x,y)\mathrm{d}y = \int_0^a \mathrm{d}y \int_{a-y}^{\sqrt{a^2-y^2}} f(x,y)\mathrm{d}x$,

　　$D=\{$直线 $x+y=a$ 与圆 $x^2+y^2=a^2$ 在第一象限围成的部分$\}$；

(4) $\displaystyle\int_1^e \mathrm{d}x \int_0^{\ln x} f(x,y)\mathrm{d}y = \int_0^1 \mathrm{d}y \int_{e^y}^e f(x,y)\mathrm{d}x$,

　　$D = \{(x,y) \mid 1 \leqslant x \leqslant \mathrm{e}, 0 \leqslant y \leqslant \ln x\}$.

4. (1) $\displaystyle\int_0^a \mathrm{d}y \int_{a-\sqrt{a^2-y^2}}^y f(x,y)\mathrm{d}x$；

(2) $\displaystyle\int_{-1}^0 \mathrm{d}y \int_{-2\sqrt{1+y}}^{2\sqrt{1+y}} f(x,y)\mathrm{d}x + \int_0^8 \mathrm{d}y \int_{-2\sqrt{1+y}}^{2-y} f(x,y)\mathrm{d}x$.

习题 12.3

1. $\dfrac{a^2}{2}\ln 2$.　　2. $\dfrac{1}{2}\sin 1$.　　3. $\dfrac{2}{15}$.　　5. $\displaystyle\int_{-1}^1 f(u)\mathrm{d}u$.

习题 12.4

1. $\dfrac{1}{2}(1-\cos 1)$.　　　　　　2. 9π.　　　　　　3. $\dfrac{5}{2}\pi$.

4. (1) $\dfrac{\pi}{8}a^4$；　(2) $\dfrac{\pi}{8}$.　　　　　5. $\dfrac{256}{3}\pi$.

6. 直角坐标：$I = \displaystyle\iiint\limits_{\Omega} z^2 \mathrm{d}V = \int_{-\frac{\sqrt{3}}{2}R}^{\frac{\sqrt{3}}{2}R} \mathrm{d}x \int_{-\sqrt{\frac{3}{4}R^2-x^2}}^{\sqrt{\frac{3}{4}R^2-x^2}} \mathrm{d}y \int_{R-\sqrt{R^2-x^2-y^2}}^{\sqrt{R^2-x^2-y^2}} z^2 \mathrm{d}z$.

　　柱坐标：$I = \displaystyle\iiint\limits_{\Omega} z^2 \mathrm{d}V = \int_0^{\frac{\sqrt{3}}{2}R} r\mathrm{d}r \int_0^{2\pi} \mathrm{d}\theta \int_{R-\sqrt{R^2-r^2}}^{\sqrt{R^2-r^2}} z^2 \mathrm{d}z$.

球坐标: $I = \iiint\limits_{\Omega} z^2 \, dV = \int_0^{\frac{\pi}{3}} d\varphi \int_0^{2\pi} d\theta \int_0^R d\rho \cdot \rho^2 \sin\varphi \cdot \rho^2 \cos^2\varphi$

$\qquad\qquad + \int_{\frac{\pi}{3}}^{\frac{\pi}{2}} d\varphi \int_0^{2\pi} d\theta \int_0^{2R\cos\varphi} d\rho \cdot \rho^2 \sin\varphi \cdot \rho^2 \cos^2\varphi.$

$\dfrac{59}{480}\pi R^5.$

7. $\dfrac{1}{6}(8\sqrt{2}-5)\pi.$　　　8. $4\pi R^5.$　　　9. $0, \dfrac{1}{3}\pi h^3 + \pi h f(0).$

11. $10\pi.$　　12. $a^2\left(2+\dfrac{\pi}{4}\right).$　　　13. $2\pi\left(2\sqrt{6}-\dfrac{11}{3}\right).$

14. (1) $\dfrac{27}{48}$;　　(2) $\dfrac{\pi(2-\sqrt{2})(b^3-a^3)}{3}.$

15. $\dfrac{8h_1 h_2 h_3}{|\Delta|}.$　　16. (1) $\left(\dfrac{5824}{1125\pi}, \dfrac{5824}{1125\pi}\right)$;　　(2) $\dfrac{1525}{12}\pi.$

17. 质量为 $\dfrac{4}{3}\pi a^2$; 质心为 $\left(0,0,\dfrac{4}{5}a\right).$　　18. $\dfrac{\pi}{8}.$

习题 12.5

1. $1+\sqrt{2}.$　　　　2. $2.$　　　　3. $\dfrac{256}{15}a^3 \ (a>0).$　　　4. $2a^2.$

5. $12a.$　　　　6. $\sqrt{3}.$　　　　7. $\dfrac{2\pi}{3}(3a^2+4\pi^2 b^2)\sqrt{a^2+b^2}.$

习题 12.6

1. $\sqrt{2}\pi.$　　　　2. $\dfrac{2}{3}\pi(2\sqrt{2}-1).$　　　　3. $\dfrac{2\pi}{3}\left[(1+a)^{\frac{3}{2}}-1\right].$

4. (1) πR^3;　　(2) $\dfrac{25\sqrt{5}+1}{30}$;　　(3) $4\pi d^2 R^2 + \dfrac{4}{3}\pi(a^2+b^2+c^2)R^4.$

习题 12.7

1. (1) $f'(x) = \displaystyle\int_0^\pi y\cos(xy)\,dy$;

(2) $f'(x) = \displaystyle\int_0^x y\cos(xy)\,dy + \sin x^2$;

(3) $\dfrac{1}{\sqrt{1-x^2}}$;　(4) $f(2a,0)+\displaystyle\int_0^a (f_1'-f_2')\,\mathrm{d}x$.

2. $F^{(n)}(x)=(n-1)!\,f(x)$.

3. $f'(y)=\displaystyle\int_0^1 (x-1)x^y\,\mathrm{d}x$, $\lim\limits_{y\to+\infty}f(y)=0$.

第 13 章

习题 13.1

3. (1) $f'(r)\dfrac{\boldsymbol{r}}{r}$;　(2) $f(r)=\dfrac{c}{r^3}$.

5. (1) $6xyz$;　(2) 0;　(3) $2\boldsymbol{v}\cdot\boldsymbol{c}$.

6. (1) $x^2+y^2+z^2-2(xy+yz+zx)$;　(2) 0.

习题 13.2

1. $-ab\pi$.　　2. $\dfrac{2}{5}$.　　3. 2π.　　4. 0.

5. 2.　　6. $\dfrac{4}{3}$.　　7. $\dfrac{\pi}{8\sqrt{2}}$.　　8. 0.

9. -4.　　10. $\dfrac{k}{2}(a^2-b^2)$.　　11. $-\pi a^2$.

习题 13.3

1. (1) πa^4;　(2) 18π;　(3) -1;　(4) $\dfrac{1}{30}$;

(5) $-\pi ab$;　(6) π;　(7) $\dfrac{1-\mathrm{e}^\pi}{5}$.

2. (1) 0;　(2) -2π.

习题 13.4

1. $-\dfrac{\pi}{2}$.　　2. $-\dfrac{2}{3}\pi R^3$.　　3. $\dfrac{2}{15}$.　　4. $\dfrac{5}{32}\pi a^4$.

5. $\dfrac{28}{3}\pi$.　　　6. $\dfrac{\pi}{4}a^2h$.　　　7. $\dfrac{2}{3}$.　　　　8. 0.

9. $4\pi R^3$.　　10. 0.　　11. 4π.

习题 13.5

1. (1) 224π；　(2) 0；　(3) 3；　(4) $\dfrac{1}{8}$；

(5) $-\dfrac{5\pi}{6}$；　(6) -4π；　(7) 4π.

2. (1) $-\sqrt{3}\pi R^2$；　(2) $-2\pi a^2$.

3. (1) 0；　(2) 2π.

习题 13.6

1. (1) 4；　(2) 0；　(3) $\mathrm{e}\ln 3$；　(4) $\dfrac{1}{2}+\displaystyle\int_0^2 f(x)\,\mathrm{d}x$.

2. $-\dfrac{79}{5}$.

3. (1) $x^2\cos y+y^2\cos x+c$；　(2) $x^2y^2+\mathrm{e}^x\cos y+c$.

5. $3f(r)+rf'(r)=0,f(r)=\dfrac{c}{r^3}$.

7. $f''(r)+\dfrac{2}{r}f'(r)=0,f(r)=\dfrac{c_1}{r}+c_2$.

9. 4π.

第 14 章

习题 14.1

1. (1) 0,1；　(2) $\dfrac{1}{\mathrm{e}}$；　(3) 1；　(4) 0.

2. $m\dfrac{\mathrm{d}^2x}{\mathrm{d}t^2}+\mu\dfrac{\mathrm{d}x}{\mathrm{d}t}+kx=0$.

3. (1) $\begin{cases} yy'+2x=0, \\ y(2)=3; \end{cases}$　(2) $\begin{cases} y'-\dfrac{1}{x}y=-\dfrac{1}{x}+6x, \\ y(1)=0. \end{cases}$

习题 14.2

1. (1) $y - \dfrac{1}{3}y^3 - \dfrac{1}{4}\ln(1+x^4) = c$;　(2) $y = ce^{\frac{1}{x}}$;

(3) $1 + y^2 = \dfrac{cx}{1+x}$;　(4) $x = c(1+y)e^{-\frac{y}{2}}$;

(5) $y = \dfrac{c}{\sin x} - 3$;　(6) $\dfrac{1}{2}(x^2 + y^2) = \ln x + c$.

2. (1) $\ln x = c - e^{\frac{y}{x}}$;　(2) $y = x\arcsin cx$;　(3) $y = xe^{cx+1}$;

(4) $y^2 = x^2(2\ln x + 4)$;　(5) $2\sqrt{y+x^2} = x + c$;　(6) $\sin\dfrac{y}{x} = \ln x$.

3. (1) $y = e^{-x^2}(c+x^2)$;　(2) $y = \dfrac{e^x}{x}$;　(3) $y = \dfrac{c+\sin x}{x}$;

(4) $x = ce^{\sin y} - 2\sin y - 2$;　(5) $x = (c+y)e^{-\frac{1}{2}y^2}$;　(6) $y = cx + \dfrac{x^3}{2}$;

(7) $y = cx - \dfrac{1}{2}xe^{-x^2}$;　(8) $y = \dfrac{1}{x}(\pi - \cos x - 1)$;

(9) $y = 2e^{-\sin x} + \sin x - 1$;　(10) $y = \dfrac{e^x}{x}(e^x - 1)$.

4. (1) $y^2 = \left(1 + \dfrac{x^2}{2}\right)e^{-x^2}$;　(2) $y = \dfrac{\pi}{\pi + \sin x}$.

5. (1) $xy + \dfrac{1}{3}x^3 + \dfrac{1}{4}x^4 + y = c$;　(2) $x\sin y + y\cos x = c$;

(3) $x\ln y - y\ln x = c$;　(4) $\dfrac{1}{2}\ln(x^2 + y^2) + \arctan\dfrac{x}{y} = c$;

(5) $f(x) = -e^x\left(x + \dfrac{1}{2}\right), \dfrac{3}{2}e^{-1}$.

6. (1) $y^2 = \dfrac{1}{cx^2 + 2x}$;　(2) $y = x^4\left(\dfrac{1}{2}\ln x + c\right)^2$;

(3) $\dfrac{1}{y} = \dfrac{c}{x} - \ln x - 1$.

7. (1) $y = \arcsin x$;　(2) $y = \tan\left(x + \dfrac{\pi}{4}\right)$;　(3) $y = e^x$;

(4) $y = (x+1)e^{x+1} + 2$.

8. (1) $y = 2x + cx^2$;　(2) $\dfrac{m}{k}\ln\dfrac{mg + kv_0}{mg}$;　(3) $3(1 - e^{-1})$.

习题 14.3

1. (1) 线性无关；   (2) 线性无关；   (3) 线性无关；

(4) 线性无关；   (5) 线性无关；   (6) 线性无关.

2. 通解为 $y = (c_1 + c_2 x)e^{x^2}, c_1, c_2$ 为任意常数.

4. $y = c_1 e^x + c_2 (2x+1)$.

5. $y = (x + c_1)\sin x + (\ln|\cos x| + c_2)\cos x$.

6. 反证法. 利用解的存在惟一性.

7. 不存在 $x_0 \in I$, 使得 $y_1(x_0) = y_2(x_0) = y_3(x_0) = 0$; 若存在满足上述条件的 x_0, 则得到 $y_1(x), y_2(x), y_3(x)$ 线性相关, 与条件矛盾.

8. 证明 $y_2(x) - y_1(x)$ 与 $y_3(x) - y_1(x)$ 是齐次方程的两个线性无关解.

9. 设 $\bar{y}_1(x), \bar{y}_2(x), \cdots, \bar{y}_n(x)$ 是齐次方程的 n 个线性无关解, $\bar{y}(x)$ 是非齐次方程的一个解. 记 $y_k(x) = \bar{y}_k(x) + \bar{y}(x) \ (k=1,2,\cdots,n)$, 则 $y_1(x)$, $y_2(x), \cdots, y_n(x), \bar{y}(x)$ 是非齐次方程的 $n+1$ 个线性无关解, 且其通解为

$$y(x) = c_1(y_1(x) - \bar{y}(x)) + c_2(y_2(x) - \bar{y}(x)) + \cdots$$
$$+ c_n(y_n(x) - \bar{y}(x)) + \bar{y}(x).$$

习题 14.4

1. (1) $y = (c_1 + c_2 x)e^{-3x}$;

(2) $y = (c_1 \cos x + c_2 \sin x)e^{-2x}$;

(3) $y = (c_1 + c_2 x)e^{-x} + \left[c_3 \cos\left(\frac{\sqrt{3}}{2}x\right) + c_4 \sin\left(\frac{\sqrt{3}}{2}x\right) \right]e^{\frac{x}{2}}$;

(4) $y = c_1 e^{2x} + c_2 e^{-\frac{4}{3}x}$;

(5) $y = (c_1 + c_2 x)e^{-x} + c_3 + c_4 x + c_5 x^2 + c_6 x^3$;

(6) $y = c_1 e^{-x} + c_2 e^{-2x} + c_3 e^{-3x}$.

2. (1) $y'' - 4y = 0$;   (2) $y'' - 2y' + y = 0$;

(3) $y''' + y' = 0$;   (4) $y''' + y'' - y' - y = 0$.

3. (1) $y = Ae^{4x}$;

(2) $y = (ax^2 + bx + c)e^x$;

(3) $y=x\mathrm{e}^x[(a_1x+b_1)\cos2x+(a_2x+b_2)\sin2x]$；

(4) $y=A+a\cos4x+b\sin4x$；

(5) $y=a\cos kx+b\sin kx$；

(6) $y=Ax^3$.

4. (1) $y=c_1\mathrm{e}^x+c_2\mathrm{e}^{-3x}-\dfrac{4}{3}\left(x+\dfrac{2}{3}\right)$；

(2) $y=c_1\mathrm{e}^{\frac{x}{2}}+c_2\mathrm{e}^{-x}+\mathrm{e}^x$；

(3) $y=c_1\mathrm{e}^x+c_2\mathrm{e}^{2x}-x\left(\dfrac{1}{2}x+1\right)\mathrm{e}^x$；

(4) $y=c_1\mathrm{e}^x+c_2\mathrm{e}^{2x}+\dfrac{1}{10}(\cos x-3\sin x)$；

(5) $y=(c_1\cos x+c_2\sin x)\mathrm{e}^{-2x}+\dfrac{1}{8}(\sin x-\cos x)$.

5. (1) $y=\dfrac{1}{2}\mathrm{e}^{-x}-\dfrac{1}{5}\mathrm{e}^{-2x}+\dfrac{1}{10}(\sin x-3\cos x)$；

(2) $y=\dfrac{1}{4}(\mathrm{e}^{-x}+\sin x-\cos x)$.

6. (1) $y=c_1x+\dfrac{c_2}{x^2}$； (2) $y=c_1x+\dfrac{c_2}{x^2}$.

7. (1) $\sqrt{\dfrac{6}{g}}\ln(6+\sqrt{35})$；

(2) $x=a\cos\sqrt{\dfrac{g}{2a}}t$，取挂有两个重物时的平衡点为坐标原点.

习题 14.5

1. (1) $x_1=\dfrac{1}{2}\left(1-\dfrac{\sqrt{33}}{11}\right)\mathrm{e}^{\frac{-3-\sqrt{33}}{2}t}+\dfrac{1}{2}\left(1+\dfrac{\sqrt{33}}{11}\right)\mathrm{e}^{\frac{-3+\sqrt{33}}{2}t}$，

$x_2=-\dfrac{1}{4}(5+\sqrt{33})\left(1-\dfrac{\sqrt{33}}{11}\right)\mathrm{e}^{\frac{-3-\sqrt{33}}{2}t}+\dfrac{1}{4}(-5+\sqrt{33})$

$\times\left(1+\dfrac{\sqrt{33}}{11}\right)\mathrm{e}^{\frac{-3+\sqrt{33}}{2}t}$；

(2) $x_1=\dfrac{2}{3}\mathrm{e}^{-t}+\dfrac{1}{3}\mathrm{e}^{5t}$, $x_2=\dfrac{2}{3}(\mathrm{e}^{5t}-\mathrm{e}^{-t})$；

(3) $x_1 = (2 - 5t)e^{2t}$, $x_2 = (3 + 5t)e^{2t}$;

(4) $x_1 = \dfrac{1}{2}\left(1 - \dfrac{2}{7}\sqrt{14}\right)e^{-\sqrt{14}t} + \dfrac{1}{2}\left(1 + \dfrac{2}{7}\sqrt{14}\right)e^{\sqrt{14}t}$,

$\quad x_2 = \dfrac{\sqrt{14}}{28}(e^{\sqrt{14}t} - e^{-\sqrt{14}t})$;

(5) $x_1 = 2e^{2t}$; $x_2 = e^{-t} + 2e^{2t}$; $x_3 = 2e^{2t} - e^{-t}$;

(6) $x_1 = -\left(\dfrac{2}{3} + t\right)e^{-3t} + \dfrac{8}{3}$, $x_2 = \left(\dfrac{1}{3} - t\right)e^{-3t} + \dfrac{8}{3}$,

$\quad x_3 = \left(\dfrac{1}{3} + 2t\right)e^{-3t} + \dfrac{2}{3}$.

2. (1) $x_1 = c_1 e^{-t} + c_2 e^{5t} - 2te^{-t}$, $x_2 = 2c_2 e^{5t} - \dfrac{1}{2}(1 + 2c_1)e^{-t} + 2te^{-t}$;

(2) $x_1 = \left(c_1 - c_2 t + \dfrac{1}{2}c_3 t^2\right)e^{-t} + 3t - 7$, $x_2 = (c_2 - c_3 t)e^{-t} + t^2 - 3t + 4$,

$\quad x_3 = c_3 e^{-t} + t - 1$;

(3) $x_1 = c_1 - 1 + c_2 e^{-t} - c_3 e^t$, $x_2 = c_1 + c_2 e^{-t}$, $x_3 = c_3 e^t - c_1 - 2c_2 e^{-t}$;

(4) $x_1 = c_1 e^{-t} + \dfrac{1}{3}c_2 e^{-3t}$, $x_2 = c_1 e^{-t} + c_2 e^{-3t} + \cos t$.

习题 14.6

1. (1) 稳定; (2) 稳定; (3) 不稳定.

4. (1) 不稳定; (2) $k < 0$ 时稳定.

5. (1) 不稳定; (2) 稳定; (3) 不稳定; (4) 不稳定;

(5) 不能确定; (6) $k < 0$ 时稳定.

附录 C　补充题提示或答案

第 10 章

1. 设 $a=f(0,0)$，则由题目条件推出存在正数 R，使得当 $x^2+y^2>R^2$ 时，恒有 $f(x,y)>a$.

函数 $f(x,y)$ 在有界闭集 $U_R=\{(x,y)\,|\,x^2+y^2\leqslant R^2\}$ 内连续，所以存在 $(x_0,y_0)\in U_R$，使得 $f(x_0,y_0)=\min\{f(x,y)\,|\,(x,y)\in U_R\}$. 由于 $f(x_0,y_0)\leqslant f(0,0)=a$，并且当 $(x,y)\notin U_R$ 时，有 $f(x,y)>a\geqslant f(x_0,y_0)$，所以 $f(x_0,y_0)=\min\{f(x,y)\,|\,(x,y)\in \mathbb{R}^2\}$.

2. 单位球面 $S_1=\{(x,y)\,|\,x^2+y^2=1\}$ 是 $\mathbb{R}^2$ 中的有界闭集，所以存在 S_1 上的两点 $M_1(x_1,y_1)$ 和 $M_2(x_2,y_2)$，使得
$$f(x_1,y_1)=\min\{f(x,y)\,|\,(x,y)\in S_1\},$$
$$f(x_2,y_2)=\max\{f(x,y)\,|\,(x,y)\in S_1\}.$$

由于 $M_1(x_1,y_1)$ 和 $M_2(x_2,y_2)$ 都不是原点，所以根据题目条件推出
$$0<f(x_1,y_1)\leqslant f(x_2,y_2).$$
记 $a=f(x_1,y_1)$，$b=f(x_2,y_2)$. 对于任意的 $(x,y)\in\mathbb{R}^2$，$(x,y)\neq(0,0)$，令
$$(u,v)=\left(\frac{x}{\sqrt{x^2+y^2}},\frac{y}{\sqrt{x^2+y^2}}\right),$$
则 $(u,v)\in S_1$. 根据已经得到的结果有
$$a\leqslant f(u,v)\leqslant b.\tag{C.1}$$
另一方面，根据题意有
$$f(x,y)=f\left(\sqrt{x^2+y^2}\,\frac{x}{\sqrt{x^2+y^2}},\sqrt{x^2+y^2}\,\frac{y}{\sqrt{x^2+y^2}}\right)$$
$$=(x^2+y^2)f\left(\frac{x}{\sqrt{x^2+y^2}},\frac{y}{\sqrt{x^2+y^2}}\right)=(x^2+y^2)f(u,v).$$
于是由(C.1)式得到
$$a(x^2+y^2)\leqslant f(x,y)\leqslant b(x^2+y^2).$$

3. 在等式 $f(tx,ty,tz)=t^k f(x,y,z)$ 两端对于 t 求导得到

$$x \frac{\partial f}{\partial x} + y \frac{\partial f}{\partial y} + z \frac{\partial f}{\partial z} = kt^{k-1} f(x, y, z).$$

令 $t=1$,就得到所需要的等式.

4. 令 $G(x,y,z,u)=F(u^2-x^2,u^2-y^2,u^2-z^2)$,则由隐函数求导公式得到 u'_x, u'_y 和 u'_z,分别除以 x,y,z 再相加便得到结论.

5. $\dfrac{\partial z}{\partial y} = \displaystyle\int_0^x (x+y)\mathrm{d}x + \varphi_0(y) = \dfrac{x^2}{2} + xy + \varphi_0(y).$

$$z(x,y) = \int_0^y \left[\frac{x^2}{2} xy + \varphi_0(y) \right] \mathrm{d}y + \varphi_0(y) = \frac{x^2 y}{2} + \frac{xy^2}{2} + \varphi(y) + \psi(x),$$

其中 $\varphi(y) = \displaystyle\int_0^y \varphi_0(t)\mathrm{d}t.$

利用条件 $z(x,0)=x$,求出 $z(x,0)=\psi(x)=x$,从而 $z(x,y)=\dfrac{x^2 y}{2} + \dfrac{xy^2}{2} + \varphi(y)+x.$

再由条件 $z(0,y)=y^2$,得到 $z(0,y)=\varphi(y)=y^2$. 因此 $z(x,y)=\dfrac{x^2 y}{2} + \dfrac{xy^2}{2} + y^2 + x.$

6. 如果 $z=g(ax+by)$,则对于任意常数 C, z 在直线 $ax+by=C$ 上恒等于常数. 因此 z 在该直线方向的方向导数恒等于零.

第 11 章

1. 考虑条件极值问题

$$\begin{cases} \min(\max)\left(x^2 + \dfrac{y^2}{4} + \dfrac{z^2}{9}\right) \\ x - 2y + 3z = 100. \end{cases}$$

作辅助函数 $L(x,y,z,\lambda)=x^2 + \dfrac{y^2}{4} + \dfrac{z^2}{9} - \lambda(x-2y+3z-100).$

2. 由题目条件推出 $\lim\limits_{x^2+y^2 \to +\infty} |f(x,y)| = +\infty$. 首先证明下述结论：当 $x^2+y^2 \to +\infty$ 时,或者 $f(x,y) \to +\infty$,或者 $f(x,y) \to -\infty$.

反证：由 $\lim\limits_{x^2+y^2 \to +\infty} |f(x,y)| = +\infty$,存在正数 R,使得对于所有满足 $x^2+y^2 > R^2$ 的 (x,y),都有 $|f(x,y)| > 1$. 假若既不是 $f(x,y) \to +\infty$,也不是

$f(x,y) \rightarrow -\infty$. 那么必然存在两个点 $M(x_1,y_1)$ 和 $M(x_2,y_2)$，满足 $x_1^2 + y_1^2 > R^2$，$x_2^2 + y_2^2 > R^2$，并且 $f(x_1,y_1) < 0$，$f(x_2,y_2) > 0$. $M(x_1,y_1)$ 和 $M(x_2,y_2)$ 都位于闭圆 $x^2 + y^2 \leqslant R^2$ 之外，能够以点 $M(x_1,y_1)$ 和 $M(x_2,y_2)$ 分别为起点和终点作一条完全位于闭圆 $x^2 + y^2 \leqslant R^2$ 之外的连续曲线 L，将 $M(x_1,y_1)$ 和 $M(x_2,y_2)$ 连接. 一方面，由于连续曲线 L 完全位于闭圆 $x^2 + y^2 \leqslant R^2$ 之外，所以对于 L 上的每一个点 $M(x,y)$，都有 $|f(x,y)| > 1$. 另一方面，将自变量 (x,y) 局限在连续曲线 L 上，$f(x,y)$ 变成一元连续函数. 运用函数的零点定理可推出在 L 上存在一点 $M(\xi,\eta)$，使得 $f(\xi,\eta) = 0$，这是不可能的.

现在证明题目结论：对于任意一对实数 (a,b)，首先由题目条件可以证明：当 $x^2 + y^2 \rightarrow +\infty$ 时，$f(x,y) - (ax+by) \rightarrow +\infty$. 根据第 1 题的结论，存在点 (x_0,y_0)，使得函数 $g(x,y) = f(x,y) - (ax+by)$ 在点 (x_0,y_0) 达到整个平面上的最小值. 这个最小值一定是极小值，于是在点 (x_0,y_0) 有 $\dfrac{\partial g}{\partial x} = \dfrac{\partial g}{\partial y} = 0$. 由此立即得到结论.

第 12 章

1. 用归纳法. 首先证明

$$\int_a^b \mathrm{d}x_1 \int_a^{x_1} f(x_2)\,\mathrm{d}x_2 = \int_a^b (b-x) f(x)\,\mathrm{d}x.$$

2. 转动惯量

$$J_k = \iint_{\frac{x^2}{a^2}+\frac{y^2}{b^2} \leqslant 1} \mu \frac{(y-kx)^2}{1+k^2}\,\mathrm{d}x\mathrm{d}y = \frac{ab\mu\pi}{4} \cdot \frac{b^2 + a^2 k^2}{1+k^2}$$

$$= \frac{ab\mu\pi}{4}\left[b^2 + (a^2 - b^2)\frac{k^2}{1+k^2}\right].$$

当 $a = b$ 时，转动惯量与 k 无关；

当 $a < b$ 时，$k = 0$，绕 x 轴的转动惯量最大；

当 $a > b$ 时，$k = \infty$，绕 y 轴的转动惯量最大.

3. 圆锥面方程为 $z = \dfrac{H}{R}\sqrt{x^2 + y^2}$ （$0 \leqslant z \leqslant H$）.

(1) 由对称性推出 $F_x = F_y = 0$.

$$F_z = G\mu m \iiint\limits_{\Omega} \frac{z\,\mathrm{d}V}{(x^2+y^2+z^2)^{\frac{3}{2}}} = G\mu m \int_0^{2\pi} \mathrm{d}\theta \int_0^R \mathrm{d}\rho \int_{H\rho/R}^H \frac{z\rho\,\mathrm{d}z}{(\rho^2+z^2)^{\frac{3}{2}}}$$

$$= 2\pi G\mu m \int_0^R \left[\frac{R}{\sqrt{R^2+H^2}} - \frac{\rho}{\sqrt{\rho^2+H^2}} \right] \mathrm{d}\rho$$

$$= 2\pi G\mu m \left[H - \frac{H^2}{\sqrt{R^2+H^2}} \right].$$

（2）转动惯量

$$J = \iiint\limits_{\Omega} (x^2+y^2)\mu\,\mathrm{d}V = \mu \int_0^{2\pi} \mathrm{d}\theta \int_0^R \mathrm{d}\rho \int_{H\rho/R}^H \rho^2 \rho\,\mathrm{d}\rho$$

$$= 2\pi\mu H \cdot \frac{1}{20}R^4 = \frac{\pi\mu H R^4}{10}.$$

4. 用极坐标计算得到

$$\iint\limits_{D} (x^2+y^2)^{\frac{1}{2}}\,\mathrm{d}x\mathrm{d}y$$

$$= 2\int_0^{\frac{\pi}{4}} \mathrm{d}\theta \int_0^{\frac{a}{\cos\theta}} r^2\,\mathrm{d}r = 2\int_0^{\frac{\pi}{4}} \frac{1}{3}r^3 \Big|_0^{\frac{a}{\cos\theta}} \mathrm{d}\theta = \frac{2a^2}{3}\int_0^{\frac{\pi}{4}} \frac{\mathrm{d}\theta}{\cos^3\theta}$$

$$= \frac{2a^2}{3}\int_0^{\frac{\pi}{4}} \sqrt{1+\tan^2\theta}\,\sec^2\theta\mathrm{d}\theta = \frac{2a^2}{3}\left[\frac{1}{\sqrt{2}} + \frac{1}{2}\ln(1+\sqrt{2})\right].$$

5. 记 $\varphi(y) = \left(\int_0^y f(z)\mathrm{d}z\right)^2$，则 $\varphi'(y) = 2f(y)\int_0^y f(z)\mathrm{d}z$. 于是

$$\int_0^x \mathrm{d}y \int_0^y f(y)f(z)\mathrm{d}z = \int_0^x \mathrm{d}y\left[f(y)\int_0^y f(z)\mathrm{d}z\right] = \frac{1}{2}\int_0^x \mathrm{d}\varphi(y)$$

$$= \frac{1}{2}\varphi(x) = \frac{1}{2}\left(\int_0^x f(s)\mathrm{d}s\right)^2.$$

$$\int_0^t \mathrm{d}x \int_0^x \mathrm{d}y \int_0^y f(x)f(y)f(z)\mathrm{d}z = \frac{1}{2}\int_0^t \mathrm{d}x\left[f(x)\left(\int_0^x f(s)\mathrm{d}s\right)^2\right]$$

$$= \frac{1}{6}\int_0^t \mathrm{d}\left(\int_0^x f(s)\mathrm{d}s\right)^3 = \frac{1}{6}\left(\int_0^t f(s)\mathrm{d}s\right)^3.$$

6. $4a^{\frac{7}{3}}$. 提示：$x = a\cos^3 t, x = a\sin^3 t \quad (0 \leqslant t \leqslant 2\pi)$.

7.
$$\iint\limits_{D} \frac{f(x)}{f(x)+f(y)}\mathrm{d}x\mathrm{d}y = \iint\limits_{D} \frac{f(y)}{f(x)+f(y)}\mathrm{d}x\mathrm{d}y$$

$$= \frac{1}{2}\iint\limits_{D} \frac{f(x)+f(y)}{f(x)+f(y)}\mathrm{d}x\mathrm{d}y = \frac{1}{2}\,|D|,$$

$$\iint\limits_{D} \frac{af(x)+bf(y)}{f(x)+f(y)} \mathrm{d}x\mathrm{d}y \quad \frac{1}{2}(a+b)\mid D\mid \quad (\mid D\mid \text{ 表示 } D \text{ 的面积}).$$

8. 方法 1：将重积分化为累次积分,有

$$\iint\limits_{|x|+|y|\leqslant 1} f(x+y)\mathrm{d}x\mathrm{d}y = \int_{-1}^{0} \mathrm{d}x \int_{-1-x}^{1+x} f(x+y)\mathrm{d}y + \int_{0}^{1} \mathrm{d}x \int_{x-1}^{1-x} f(x+y)\mathrm{d}y.$$

令 $x+y=u$,

$$上式 = \int_{-1}^{0} \mathrm{d}x \int_{-1}^{1+2x} f(u)\mathrm{d}u + \int_{0}^{1} \mathrm{d}x \int_{2x-1}^{1} f(u)\mathrm{d}u$$

$$= \int_{-1}^{1} \mathrm{d}u \int_{\frac{u-1}{2}}^{\frac{u+1}{2}} f(u)\mathrm{d}x = \int_{-1}^{1} f(u)\mathrm{d}u.$$

方法 2：做变换 $x+y=u, x-y=v, x=\dfrac{u+v}{2}, y=\dfrac{u-v}{2}$,

$$J = \det \frac{\partial(x,y)}{\partial(u,v)} = \begin{vmatrix} \dfrac{\partial x}{\partial u} & \dfrac{\partial x}{\partial v} \\ \dfrac{\partial y}{\partial u} & \dfrac{\partial y}{\partial v} \end{vmatrix} = \begin{vmatrix} -\dfrac{1}{2} & \dfrac{1}{2} \\ \dfrac{1}{2} & \dfrac{1}{2} \end{vmatrix} = -\dfrac{1}{2}.$$

u,v 的变化范围是 $D=\{(u,v)\mid -1\leqslant u\leqslant 1, -1\leqslant v\leqslant 1\}$. 所以

$$\iint\limits_{D} f(x+y)\mathrm{d}x\mathrm{d}y = \iint\limits_{D} f(u)\left|-\dfrac{1}{2}\right|\mathrm{d}u\mathrm{d}v = \dfrac{1}{2}\int_{-1}^{1} f(u)\mathrm{d}u \int_{-1}^{1} \mathrm{d}v$$

$$= \int_{-1}^{1} f(u)\mathrm{d}u.$$

9. $\dfrac{\mathrm{d}F}{\mathrm{d}t}=\dfrac{2}{3}\pi h^3 t + 2\pi h t f(t^2)$; $\lim\limits_{t\to 0} \dfrac{F(t)}{t^2}=\dfrac{1}{3}\pi h^3 + \pi h f(0)$.

10. (1) $\dfrac{4}{15}\pi(a^2+b^2+c^2)R^5$.

提示：

$$\iiint\limits_{\Omega} (ax+by+cz)^2 \mathrm{d}V = a^2 \iiint\limits_{\Omega} x^2 \mathrm{d}V + b^2 \iiint\limits_{\Omega} y^2 \mathrm{d}V + c^2 \iiint\limits_{\Omega} z^2 \mathrm{d}V$$

$$= \dfrac{1}{3}(a^2+b^2+c^2) \iiint\limits_{\Omega} (x^2+y^2+z^2)\mathrm{d}V.$$

(2) $\dfrac{4}{5}\pi abcR^5$. 提示：换元 $x=au, y=bv, z=cw$.

第 13 章

1. 令 $u = \dfrac{y}{x}, v = xy$，则 $D = \{(u,v) \mid 1 \leqslant u \leqslant 4, 1 \leqslant v \leqslant 4\}$，

$$\mathrm{d}x\mathrm{d}y = \left| \det \frac{\partial(x,y)}{\partial(u,v)} \right| \mathrm{d}u\mathrm{d}v = \left| \det \left(\frac{\partial(u,v)}{\partial(x,y)} \right)^{-1} \right| \mathrm{d}u\mathrm{d}v = \frac{1}{2u}.$$

由格林公式，有

$$\oint_{\partial D} \frac{F(xy)}{y} \mathrm{d}y = \iint_D \frac{\partial}{\partial x} \left(\frac{F(xy)}{y} \right) \mathrm{d}x\mathrm{d}y = \iint_D f(xy) \mathrm{d}x\mathrm{d}y$$

$$= \iint_D f(v) \frac{\mathrm{d}u\mathrm{d}v}{2u} = \frac{1}{2} \int_1^4 f(v) \mathrm{d}v \int_1^4 \frac{1}{u} \mathrm{d}u = \ln 2 \int_1^4 f(v) \mathrm{d}v.$$

2. $\displaystyle\oint_{\partial D} \begin{vmatrix} \dfrac{\partial u}{\partial \boldsymbol{n}} & \dfrac{\partial v}{\partial \boldsymbol{n}} \\ u & v \end{vmatrix} \mathrm{d}l = \oint_{\partial D} \left(v \dfrac{\partial u}{\partial \boldsymbol{n}} - u \dfrac{\partial v}{\partial \boldsymbol{n}} \right) \mathrm{d}l$

$$= \oint_{\partial D} (v \, \mathrm{grad} u - u \, \mathrm{grad} v) \cdot \boldsymbol{n} \mathrm{d}l$$

$$= \iint_D \mathrm{div}(v \mathrm{grad} u - u \mathrm{grad} v) \mathrm{d}x\mathrm{d}y$$

$$= \iint_D \left[\frac{\partial}{\partial x} \left(v \frac{\partial u}{\partial x} - u \frac{\partial v}{\partial x} \right) + \frac{\partial}{\partial y} \left(v \frac{\partial u}{\partial y} - u \frac{\partial v}{\partial y} \right) \right] \mathrm{d}x\mathrm{d}y$$

$$= \iint_D \left[\left(v \frac{\partial^2 u}{\partial x^2} - u \frac{\partial^2 v}{\partial x^2} \right) + \left(v \frac{\partial^2 u}{\partial y^2} - u \frac{\partial^2 v}{\partial y^2} \right) \right] \mathrm{d}x\mathrm{d}y$$

$$= \iint_D \begin{vmatrix} \Delta u & \Delta v \\ u & v \end{vmatrix} \mathrm{d}\sigma.$$

3. 由于 $\boldsymbol{n}$ 是单位向量，所以 $\cos \widehat{r\boldsymbol{n}} = \dfrac{\boldsymbol{r}}{r} \cdot \boldsymbol{n}$，于是

$$I = \oiint_S \frac{\cos \widehat{r\boldsymbol{n}}}{r^2} \mathrm{d}S = \oiint_S \frac{\boldsymbol{r}}{r^3} \cdot \boldsymbol{n} \mathrm{d}S.$$

S_δ 表示以 M_0 为中心、以正数 δ 为半径的球面外侧. Ω_δ 为 S 和 S_δ 围成的

区域. 于是 $I = \oiint_S \dfrac{\cos \widehat{r\boldsymbol{n}}}{r^2} \mathrm{d}S = \oiint_{S_\delta} \dfrac{\cos \widehat{r\boldsymbol{n}}}{r^2} \mathrm{d}S.$ 直接计算后者等于 4π.

4. (1) 注意到 $\dfrac{\partial u}{\partial \boldsymbol{n}} = \nabla u \cdot \boldsymbol{n}$，运用高斯公式.

(2) $\displaystyle\oiint_{\partial\Omega} u\,\frac{\partial u}{\partial n}\mathrm{d}S=\oiint_{\partial\Omega}(u\,\nabla u)\cdot\boldsymbol{n}\mathrm{d}S.$ 利用高斯公式.

(3) $\displaystyle\oiint_{\partial\Omega} v\,\frac{\partial u}{\partial n}\mathrm{d}S=\oiint_{\partial\Omega}(v\,\nabla u)\cdot\boldsymbol{n}\mathrm{d}S.$

5. 必要性：根据格林公式的第二种形式得到

$$\oint_L \frac{\partial u}{\partial n}\mathrm{d}l=\oint_L \nabla u\cdot\boldsymbol{n}\mathrm{d}l=\iint_\Omega \nabla\cdot(\nabla u)\mathrm{d}x\mathrm{d}y=\iint_\Omega\left(\frac{\partial^2 u}{\partial x^2}+\frac{\partial^2 u}{\partial y^2}\right)\mathrm{d}x\mathrm{d}y=0.$$

充分性：反证. 若 $\Delta u=\dfrac{\partial^2 u}{\partial x^2}+\dfrac{\partial^2 u}{\partial y^2}$ 在 D 上不恒等于零,则至少存在一点 M_0,使得

$$\left.\left(\frac{\partial^2 u}{\mathrm{d}x^2}+\frac{\partial^2 u}{\mathrm{d}y^2}\right)\right|_{M_0}\neq 0.$$

不妨设 $\left.\left(\dfrac{\partial^2 u}{\mathrm{d}x^2}+\dfrac{\partial^2 u}{\mathrm{d}y^2}\right)\right|_{M_0}>0.$ 由连续性知,存在位于 D 内的、以 M_0 为中心的一个闭圆域 U,在 U 上处处有 $\left(\dfrac{\partial^2 u}{\partial x^2}+\dfrac{\partial^2 u}{\partial y^2}\right)>0$,从而

$$\iint_U\left(\frac{\partial^2 u}{\partial x^2}+\frac{\partial^2 u}{\partial y^2}\right)\mathrm{d}x\mathrm{d}y>0.$$

用 ∂U 表示 U 的边界正向(这是 D 内的一个圆周),于是由高斯公式得到

$$\oint_{\partial U}\frac{\partial u}{\partial n}\mathrm{d}l=\iint_U\left(\frac{\partial^2 u}{\partial x^2}+\frac{\partial^2 u}{\partial y^2}\right)\mathrm{d}x\mathrm{d}y>0.$$

这与假设矛盾.

6. 用 Ω_δ 表示 S 和 S_δ 围成的区域,在区域 Ω_δ 运用上面第 4 题的(3).

7. (1) $\displaystyle\oiint_{\partial\Omega}\frac{\partial f}{\partial n}\mathrm{d}S=\oiint_{\partial\Omega}\nabla f\cdot\boldsymbol{n}\mathrm{d}S=\iiint_\Omega\nabla\cdot\nabla f\mathrm{d}V=\iiint_\Omega\Delta f\mathrm{d}V=0.$

(2) 利用第 4 题(2),并注意到 f 在 Ω 内调和,可以得到所需要的结论.

(3) 若当 $(x,y,z)\in\partial\Omega$ 时,$f(x,y,z)\equiv0$,则 $\displaystyle\oiint_{\partial\Omega} f\frac{\partial f}{\partial n}\mathrm{d}S=0$,于是由(2)得到 $\displaystyle\iiint_\Omega|\nabla f|^2\mathrm{d}V=0.$ 由此立即推出：在 Ω 内处处有 $|\nabla f|^2=0$,从而 $\nabla f=0.$ 于是在 Ω 内 f 恒等于常数. 因为当 $(x,y,z)\in\partial\Omega$ 时,$f(x,y,z)\equiv0$,再由连续性就推出在 Ω 内 $f(x,y,z)\equiv0.$

8. (1) $4\pi.$

(2) 用 Λ_a 表示锥体 Λ 位于 S_a 和曲面 S 之间的部分(假定正数 a 充分小,使得球面 S_a 位于点 M_0 和曲面 S 之间),$\partial\Lambda_a$ 是 Λ_a 的外部边界. 则 $\partial\Lambda_a$ 由三部分组成:锥体 Λ 的侧面 S_Λ,曲面 S 的外侧(背向点 M_0 的一侧),以及 S_a 内侧(指向点 M_0 的一侧). 由高斯公式得到

$$\iint_{\partial\Lambda_a} \boldsymbol{v} \cdot \boldsymbol{n}\,\mathrm{d}S = \iiint_{\Lambda_a} \nabla \cdot \boldsymbol{v}\,\mathrm{d}V = 0.$$

注意到锥体 Λ 的侧面 S_Λ 的外法向量 $\boldsymbol{n}$ 与向量场 $\boldsymbol{v}$ 垂直,所以

$$\iint_{S_\Lambda} \boldsymbol{v} \cdot \mathrm{d}\boldsymbol{S} = 0.$$

于是利用高斯公式得到

$$\iint_S \frac{\boldsymbol{r} \cdot \boldsymbol{n}}{r^3}\,\mathrm{d}S = \iint_{S_a} \frac{\boldsymbol{r} \cdot \boldsymbol{n}}{r^3}\,\mathrm{d}S = \frac{1}{a^2}\iint_{S_a}\mathrm{d}S = \frac{1}{a^2}S_a.$$

第 14 章

1. (1) 写出通解表达式 $y = \mathrm{e}^{-ax}\left[\displaystyle\int_0^x f(t)\mathrm{e}^{at}\,\mathrm{d}t + c\right]$,用洛必达法则.

(2) 在通解表达式中令 $c = -\displaystyle\int_0^{+\infty} f(t)\mathrm{e}^{at}\,\mathrm{d}t$,得到的特解满足结论.

2. (1) 原方程的通解为 $y = \mathrm{e}^{-ax}\left[\displaystyle\int_0^x f(t)\mathrm{e}^{at}\,\mathrm{d}t + c\right]$. 满足初值条件 $y\big|_{x=0} = 0$ 的特解为

$$y_*(x) = \mathrm{e}^{-x}\int_0^x f(t)\mathrm{e}^{at}\,\mathrm{d}t = \int_0^x f(t)\mathrm{e}^{-a(x-t)}\,\mathrm{d}t.$$

(2) 当 $x>0$ 时,

$$|y_*(x)| = \left|\int_0^x f(t)\mathrm{e}^{-a(x-t)}\,\mathrm{d}t\right| = \int_0^x |f(t)|\,\mathrm{e}^{-a(x-t)}\,\mathrm{d}t$$

$$\leqslant K\int_0^x \mathrm{e}^{-a(x-t)}\,\mathrm{d}t = \frac{K}{a}\left[\mathrm{e}^{-a(x-t)}\right]\Big|_0^x = \frac{K}{a}(1 - \mathrm{e}^{-ax}).$$

3. 不能. 由题目条件可以推出 $y_1(x)$ 和 $y_2(x)$ 的朗斯基行列式在点 x_0 的值等于零.

4. 根据积分与路径无关条件列出 $f(x)$ 满足的微分方程.

5. $\dfrac{\mathrm{e}^x(\mathrm{e}^x-1)}{x}$. 提示:利用高斯公式得到 $f(x)$ 满足的微分方程.

6. 方程两端求两次导数,整理得到:

$$f''(x) = - f(x).$$

显然 $f(0)=1$. 又在(1)式中令 $x=0$,得到 $f'(0)=f(1)$,于是原积分方程化为二阶微分方程的初值问题

$$\begin{cases} f''(x) + f(x) = 0, \\ f(0) = 1, f'(0) = f(1). \end{cases} \tag{C.2}$$

于是 $f(x) = \cos x + \dfrac{\cos 1}{1 - \sin 1} \sin x$.

7. 逐项求导得到

$$S'(x) = \left[\sum_{n=0}^{\infty} \frac{x^{2n+1}}{(2n+1)!!} \right]' = \sum_{n=0}^{\infty} \left[\frac{x^{2n+1}}{(2n+1)!!} \right]'$$

$$= 1 + \sum_{n=1}^{\infty} \frac{x^{2n}}{(2n-1)!!} = 1 + x \sum_{n=1}^{\infty} \frac{x^{2n+1}}{(2n+1)!!} = 1 + xS(x).$$

由此推出 $S(x)$ 满足一阶线性常微分方程

$$S'(x) - xS(x) = 1,$$

并且 $S(0) = 0$. 解这个微分方程得到 $S(x) = \mathrm{e}^{\frac{x^2}{2}} \displaystyle\int_0^x \mathrm{e}^{-\frac{t^2}{2}} \, \mathrm{d}t$.

8. 令 $u = y\cos x$,原方程化为

$$u'' + 4u = \mathrm{e}^x.$$

此方程通解为

$$u = c_1 \cos 2x + c_2 \sin 2x + \frac{\mathrm{e}^x}{5},$$

所以原方程通解为

$$y = \frac{1}{\cos x} \left(c_1 \cos 2x + c_2 \sin 2x + \frac{\mathrm{e}^x}{5} \right).$$

9. $f(x)$ 在 $(-\infty, +\infty)$ 单调增加;在 $(0, +\infty)$ 下凸;在 $(-\infty, 0)$ 上凸.

$\lim\limits_{x \to 0} \dfrac{f(x)}{x^3} = \dfrac{1}{3}$.

索　引

索　引

索　引

索　引